遷都と国土経営

古代から近代にいたる国土史

松浦茂樹 著

古今書院

Transfer of the Capital and Management of the National Land in Japan

by Shigeki MATSUURA

ISBN978-4-7722-4208-0

Kokon Shoin Ltd., Tokyo, 2018

はじめに

徳川家康が天下人となったのちも江戸に幕府をおいていたのは、「歴史上の一つの疑問」である。この論を栗原東洋著『印旛沼開発史』（一九七二）で知ったのは、二〇歳代中頃であった。歴史に興味をもち、少々ながら自我流で勉強してきた私にとって、その発想は衝撃的であった。そうか、政治センターの立地から歴史を考える、そのような地理・空間を意識した見方があるのかと驚いたのである。

豊臣秀吉は、瀬戸内海と淀川の接点に位置する大坂を拠点としたのだが、それは地理的にみた日本列島支配におけるこの地の重要性からである。その当時、畿内が、なかでも大坂がとうぜん日本支配の中心地となる条件をもっていた。また歴史的にも鎌倉に幕府があった一時期をのぞき、政治センターは畿内にあった。だが、大坂の陣で豊臣氏を葬り去ったのちも家康は江戸を動こうとしなかった。なぜだろうか。その理解には、日本列島のもつ自然特性の把握が出発点となるだろう。

『印旛沼開発史』では、さらに天然の運河と考えてよい瀬戸内海の要津であった大輪田（現・神戸）を重視し、大陸との積極的な交易をめざし福原遷都まで行った平 清盛の意図にふれ、鎌倉に幕府を開いた源 頼朝政権の性格をも考察している。これに刺激をうけ、そのご首都立地について興味深く考えていった。いうまでもなくヤマト王権の誕生の地は大和盆地であり、平安京に落ちつくまで遷都が畿内でいくたびか行われた。幸い社会に出てから、奈良市、大阪府枚方市在住の二回の関西勤務があり、畿内における遷都について現地を歩きながら考える時間をもてた。また地理的感覚も得た。

一方、「国土経営」なる用語も『印旛沼開発史』で知った。魅力的な言葉であった。私は、すでに『明治の国土開発史』、『国土づくりの礎』、『戦前の国土整備政策』など、「国土開発」、「国土づくり」、「国土整備」の用語を用いた著書を刊行している。「国土経営」と、「国土開発」「国土づくり」「国土整備」とはどのような違いがあるのか、明確に整理したことはない。だが、後の三つは特定のプロジェクトに焦点をあてていった用語と、なんとなく理解している。

それに対し「国土経営」は、広い地域をどのように結びつけ連携を図っているのかとのイメージをもつ。本書では、政治センターである「首都」とその管轄する国土（支配地域）がどのようにつながっているのか、あるいはつなげようとしたのか、またどのようなつながりがあって「首都」となったのかをテーマとしている。このため「国土経営」を用いたが、各地と首都のつながりに重きをおくので、どうしても交通が重視される。『印旛沼開発史』では、主に舟運から「国土経営」を述べている。

さらに「国土経営」は、各地域の開発・整備が中心となる「国土開発」、「国土づくり」、「国土整備」よりも上位の概念ととらえている。各地の開発・整備、つまり「国土づくり」が進展していったら「国土経営」の中心地である首都の備えるべき条件も異なってくるだろう。このような認識のもとに本書は述べていく。

本書は一〇章よりなるが、古代を扱っている章が五章と多い。それは、大和盆地で誕生したヤマト王権が藤原京、平城京など盆地内、あるいは恭仁京、難波京、長岡京、平安京など盆地外の畿内でたびたび遷都を行っているからである。畿外の関東地方に政治センターをおいたのは鎌倉幕府、徳川（江戸）幕府、そして明治以降の近代国家になってからである。江戸に政治センターをおいた徳川幕府についてもっとも多くの頁をさいているが、今日の首都・東京と直接的につながるからである。

また、近代となって開発が進められた北海道についても、その本府がおかれた札幌を政治センターとして一章を置いている。さらに必要ないかもしれないが、大正以降について「国土づくり」として簡単に整理し一章を置いている。首都は東京におかれたままであるので「国土づくり」とした。

ここで本論に入る前に、「国土経営」に重要な制約となる日本の自然特性を整理しょう。理科的な話が中心となるので、興味のない方は飛ばしていただいてもかまわない。

国土経営からみた日本の自然特性

①島々からなる列島、その周りの海流
日本列島は、北緯二四度から四五・五度まで、東西は約三〇〇〇kmにわたっている。気候帯からみると、亜熱帯から亜寒帯まで幅広くひろがっている。

海流は、世界で最も強い黒潮（日本海流）がフィイリピン沖から北上し、沖縄諸島の北側からほぼ東北に向かい、九州・四国沖を流れて紀伊半島先端に接近したのち本州から少し離れて太平洋岸を進み、房総半島に沿って犬吠崎付近から向きを次第に東に変え、続黒潮・北太平洋海流となって北アメリカ大陸に向かう。一方、奄美大島付近で黒潮から分派した対馬海流が日本海岸に沿って東北方向、さらに樺太の西岸を流れていく。また北方からは、北海道・東北地方の太平洋岸沿いに親潮（千島海流）が流下する。
②複雑な海岸線と瀬戸内海
日本列島には、長くて複雑な海岸線がある。海岸線延長一kmあたりの陸地面積は一二・七六平方kmにすぎない。

この複雑な海岸線に、小さな港・船着場をもつ多くの集落が発達し、津々浦々との言葉が生まれた。そして海を通じて人々は交流した。それは国内のみでなく、海外とも活発に交流できる重要な条件であった。また、四国と本州の間の瀬戸内海は、外海にくらべ波静かで舟運にとって条件がよかった。

③脊梁山脈

本州は、そのほぼ中央に脊梁山脈が走り、日本海側と太平洋側との交通に大きな障害となっている。技術の発達した今日では、トンネルによって連絡しているが、それでも交通路は限られている。いわんや、近世までは、その連絡は非常に不便であった。

歴史的に、この本州でもっとも連絡が取りやすかったのが、大阪・京都・琵琶湖・敦賀のルートであった。ここには、琵琶湖から淀川が流出し、人々を阻む高い山々は比較的少ない。

④沖積低地が人間活動の中心

沖積低地とは、最後の氷河期が終わったのち約一万年の間に河川が運搬してきた土砂によって堆積した大地で、河川の氾濫原・氾濫区域と同義といってよい。その広さは、全国土の一三・八%に過ぎないが、この氾濫区域内に人口の五〇%、資産の七〇%が集中し、人々の活動の中心地となっている。歴史的にみても、日本では沖積低地での灌漑稲作農業が長い間の生産基盤であり、日本の社会経済の中心であった。このことはまた、洪水から人々の生活を守る治水が重要であることを物語っている。

⑤大地がモザイク的な地塊

日本列島は、大地が断層運動によって細かく分断されている。このため、沖積低地それぞれの面積は大きくない。そのモザイク状況を河川の流域面積でみると、日本で最大の流域をもつ利根川（流域面積一万六八四〇平方

㎞）は、日本の国土面積三七万八〇〇〇平方㎞のわずか四・四％に過ぎない。

⑤アジアモンスーン地帯の多雨多湿地域

年平均降水量でみると、日本の平均は一七一四㎜で世界平均の約九七〇㎜の約二倍近くとなっていて、大量の降雨がある。また夏期は高温多湿であり、沖積低地での灌漑水田にとって有利で、ここでの稲作が長い間、生産力の中心であった。

⑥多発する災害

大量の降雨があるため、河川の氾濫被害があり、山地・台地では、山崩れ・崖崩れ・地すべり・土砂流がしばしば発生し、人々の生活に被害を生じさせている。

また地震災害にしばしば見舞われる。マグニチュード七以上の地震は世界中でこの九〇年間に九〇〇回程度生じているが、そのうちの一〇％もの地震が、付近の海を入れても面積では世界の一％しかない日本で起きている。

私は長く「河川と地域社会のかかわり」をテーマに勉強してきた。つまり、地域社会を河川・水との観点から、それも自然条件の理解をベースに歴史的に研究してきた。このため、本書でも治水・利水を取り扱っているところが多いことは否めない。専門的すぎるところもあるかもしれないが、少なくとも近世までは地域社会において河川・水は実に重要な役割をもっていた。生産面での水田稲作、流通面での舟運からである。その視点は大きく間違っているとは思わない。

ところで、「河川」とは何かと問われたら、私は「文化が通る道」と答える。人々が行きかい、物資が運ばれる文化交流の場である。往々にして日本人は、河川とは境をなすものと意識している。それは、利根川が埼玉県と群馬県さらに千葉県と茨城県との境界、また淀川が大阪府と兵庫県などの境界となっていることから、そのように感じるのだろう。だが、世界に目を移すならば、大河川が国境となっているところはわずかしかない。

ヨーロッパではルーマニアがブルガリアとの国境をドナウ川としているが、ルーマニアは古代ローマ帝国によりドナウ川の東に殖民地としてつくられた国である。人工的に新国家がつくられたため国境をドナウ川としているのである。アジアをみると、メコン川がラオスとタイとの国境となっているが、互いの言語がかなり通じ合うようにラオスはタイの一地方であった。それを、フランスがメコン川から東を植民地としラオスを人工的に誕生させたのである。

世界の大河川とはいえないが、中国と朝鮮（韓）国との国境に鴨緑江が流れている。ここが今日にいたるまでの国境となったのは、（李氏）朝鮮国が成立してまもない一五世紀初頭であった。七世紀後半の統一新羅成立以来、国境をめぐり中国との間で激しい攻防戦が続けられた。一〇世紀中頃の高麗国成立後、一時的に鴨緑江まで中国勢力を追い出したが、元の侵攻によりふたたびその南が中国の支配下におかれた。それを駆逐して鴨緑江を国境としたのである。両国間の歴史的な激しい攻防が、両国を隔てる境として鴨緑江を国境としたのである。

さらに、アムール川（黒竜江）とその支川ウスリー川がロシアと中国の国境となっている。ロシアの東進によって両国は接することとなったが、当初は山脈である外興安嶺《そとこうあんれい》が境であった。だが、アヘン戦争以降の清（中国）の弱体化によりロシアが南進し、一八五八年のアイシン条約によりアムール川が国境となり、六〇年の北京条約によりウスリー川を境にして沿海州がロシアに編入されたのである。当時この地域は人口希薄地帯であって、武力進出にたいし地域を隔てる空間として河川が国境とされたのである。

逆にいえば、氾濫する左右岸区域が、別々の国に分かれることは少なかったのである。世界の大河川である黄河、長江が流れ、その流域に別々の文明が誕生しながら中国という一つの国として存在するのは、黄河の氾濫が長江にまで達するという自然条件なくして理解できないだろう。

最後に、年号の表記であるが、太陽暦が使用されたのは一八七三年（明治六）一月一日からである。この日は、和暦でいったら明治五年一二月三日であった。このこともあり、これ以降は西暦（和暦）とし、それまでは和暦（西暦）を原則とする。ただし、古い時代には和暦は明らかでないので、推古元年にあたる五九三年から和暦を用いる。また、海外のできごと、海外の文献にもとづくものは西暦を用いる。

目次

第一〇章　大正以降の「国土づくり」……309

付章一　国土経営から「記紀神話」「出雲神話」を考える……331

第一章　大和盆地と古代ヤマト王権の成立

西暦三世紀に書かれた中国の正史『三国志』「魏志倭人伝」にある邪馬台国がどこに存在していたのか、いまだ決着はみていない。だが、日本の統一政権発祥の地が大和盆地であることはほぼ識者の一致した意見である。そのヤマト王権は四世紀前半に成立したと考えられていて、王宮がおかれたのは三輪山周辺の纏向《まきむく》、磯城《しき》、泊瀬《はつせ》、磐余《いわれ》（以上奈良県桜井市）、柳本（天理市）、少し離れた飛鳥（奈良県明日香村）など大和盆地東南部である。さらに、この地に藤原京が建設されたが、和銅三年（七一〇）に盆地東北部の平城京へと遷《うつ》っていった。

また大和盆地を流域とする大和川は、上町台地直北方で淀川に合流しその直後に大阪湾に流出するが、この台地の北端に五世紀はじめ仁徳天皇の高津宮、七世紀中ごろ孝徳天皇による長柄豊碕宮《ながらとよさき》(前期難波宮)が造られた。その後、ここには外国からの使者の宿泊所である難波館がおかれ、さらに聖武天皇による難波宮（後期）が造営された。ここには港機能をもつ難波津があり、瀬戸内海をつうじて西国、韓（朝鮮）半島・中国大陸との連絡を背景として造られた。さらに、大和川が亀の瀬峡谷を出た直後の河内平野に誉田山《こんだやま》古墳（現・応神陵）をはじめとする古市《ふるいち》古墳群がある。大和・河内・摂津よりなる大和川流域が、古代の政治中心地であった（図1・1）。

ここでは、なぜ大和盆地あるいは大和川流域が古代ヤマト王権発祥の地となりえたのか、その物的基盤を考えていきたい。物的基盤は、主に生産面そして交通・流通面からなる。生産面としては、それなりの耕地があったことであ

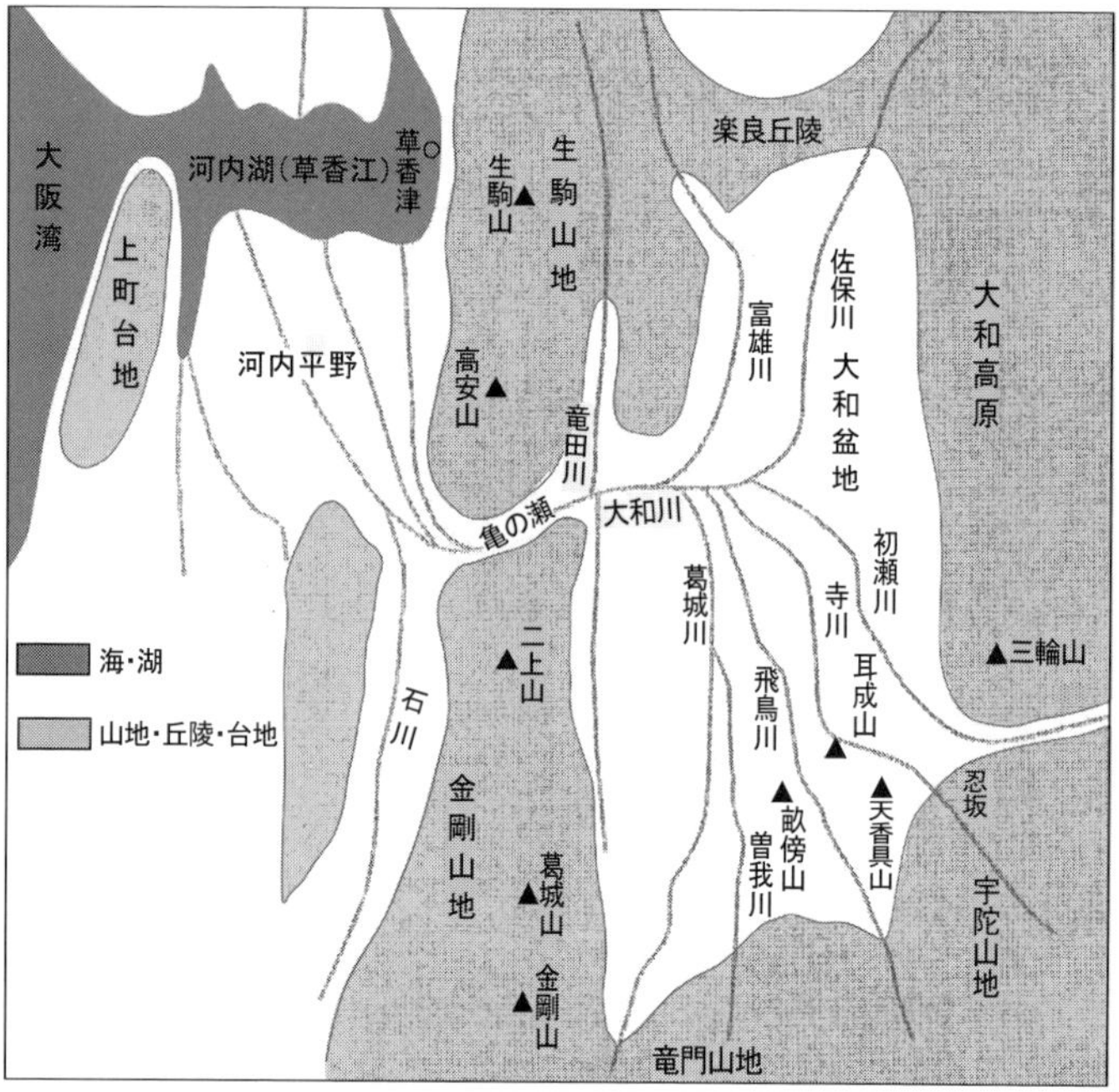

図 1.1　大和川周辺地形概況（河内平野は古代を想定）

る。当時、稲作水田が重要だっただろう。古代の稲作にとって、大和盆地は有利な条件を備えていたと考えられる。

交通・流通面としては、人・物資の集散地になりえたことである。集散地は交通の要衝に立地されるが、道路とともに舟運が大事である。三世紀中頃の都市とされる纒向遺跡でも、運搬のための幅六mで両岸が木板でおおわれた運河が発掘されている。そこから北へ遠くない場所に四世紀初めの築造とされる東殿塚古墳（天理市）があるが、ここから発掘された円筒埴輪の下部にヘラ書きで船の絵が描かれている。とくに往古、重い物資の輸送には舟運が重要だっただろう。舟運輸送と陸運輸送の比較について、一〇世紀はじめの平安時代に編集された『延喜式』[1]「諸国運漕雑物功賃」にもとづき、千田 稔氏が次のように分析している。[2] 山陽道・南海道諸国と北陸道諸国、山陽道・南海道諸国と北陸道諸国からの輸送費が表1・1、表1・2のように整理される。平安京までの米五〇石あたりに換算しての輸送費であり、各国のそれぞれの津（港）までの陸上費（陸路駄賃）と、そこから平安京までの費用に分けてある。北陸道諸国からは敦賀津に海路で、

表 1.1　山陽道，南海道諸国の米 50 石あたりの輸送費

	陸路駄賃	国津ー淀津船賃（A）	淀津ー京車賃（B）	A+B
山陽道				
播磨国	25.5	4.6	2.5	7.1
美作国	35.7	4.6 ?		15.6（イ）
備前国	40.8	5.0		7.7
備中国	40.8	6.2		8.65
備後国	56.1	8.45（ロ）		10.95
安芸国	71.4	8.88（ハ）		11.38
周防国	96.9	8.25		10.75
長門国	107.1	18.75		11.25
南海道				
紀伊国	20.4	4.1	2.5	6.6
淡路国	20.4	5.6（ニ）		8.1
阿波国	45.9	5.8（ホ）		8.3
讃岐国	51.0	5.28（へ）		7.8
伊予国	51.0	9.5（ト）		12.0
土佐国	178.5	18.0		20.5

（イ）国より備前国の方上津までの駄賃を加算.（ロ）挾杪（かじとり）1 人水手（かこ）4 人で 50 石運ぶものする.（ハ）挾杪 1 人水手 3 人で.（ニ）挾杪 1 人水手 5 入で。（ホ）挾杪 1 人水手 4 入で.（へ）挾杪 1 人水手 4 人で.（ト）挾杪 1 人水手 4 人で.
(表内の数字の単位は石)

(出典）千田　稔（1974）:『埋もれた港』学生社.

表 1.2　北陸道諸国の米 50 石あたりの輸送費

	陸路駄賃	国津ー敦賀津　船賃(A)	敦賀津ー京功賃（B）	A+B
越前国	40.8		17.82	11.82
加賀国	40.8	7.75		19.57
能登国	132.5	16.00		27.82
越中国	132.6	15.00		26.82
越後国	178.5	19.25		31.07
佐渡国	183.6	17.75		29.57

(注）数字の単位は石.
(出典）千田　稔 :『埋れた港』前出.

そこから琵琶湖北岸の塩津に陸路で運び、琵琶湖を船で下って南岸の大津で陸揚げし、陸路でそこから平安京に運びこまれる。敦賀津～平安京運賃の内訳としては、敦賀津～塩津は駄賃（馬による陸上輸送費）、塩津～大津は船賃・屋賃、大津～京は駄賃である。また山陽道・南海道諸国からは淀川をさかのぼって淀津に運び、ここから陸路で平安京に運びこまれる。国からの各国津～淀津船賃の内訳は、海上と淀川の舟運費である。車により陸上輸送される淀津と京の間の距離は、約一一㎞である。

馬による陸上輸送に比べて船を利用した方が、かなり安いことがわかる。たとえば越中国の場合は陸上輸送が舟運輸送の約五倍、安芸国の場合は約六倍と高くなっている。重くてかさむ米輸送で、舟運輸送がいかに有利かを示して

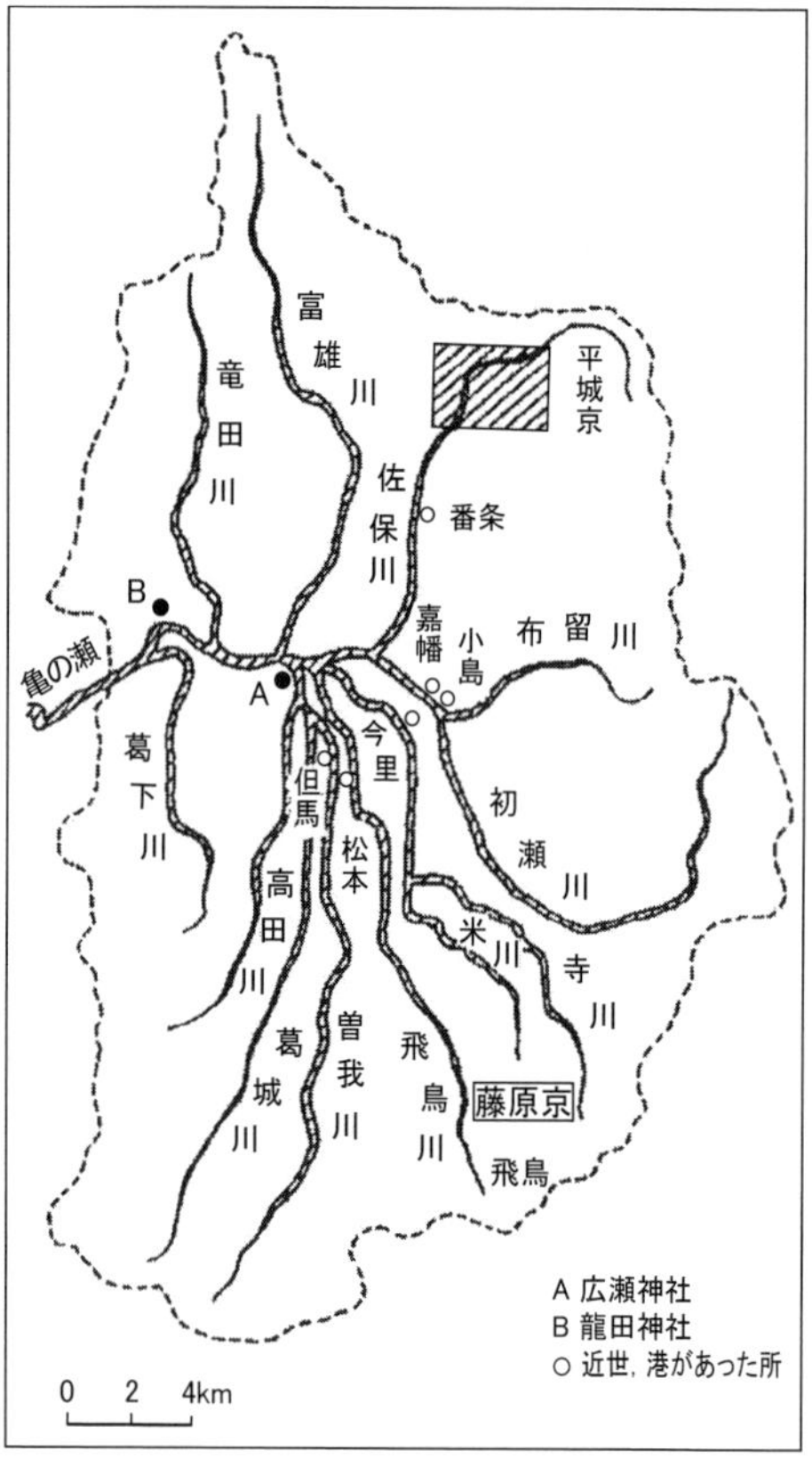

図 1.2　大和盆地内河川概況図

いる。平安時代と大和盆地に政治の中心地・都があった時代とは、都に居住している人口に大きな違いがあるので一口に比較はできないが、外部から運びこむ米などの生活物資は必要だっただろう。また、宮殿などの建築木材も運びこまねばならない。

ここで、大和盆地内河川をみると（図1・2）、大和盆地をふくむ奈良県下の流域面積は七一〇平方kmであるが、一つの大きな河川が流れている形状ではなく、いくつかの支川に分かれる。このため、それぞれ支川の流域面積は最大の佐保川一四一平方kmから最少の飛鳥川四三平方kmと、大きくはない。古代の技術でもって容易に処理できる自然条件である。

一　舟運からみた大和盆地

大和盆地を舟運からみると、ここへは三つの方向からの出入りが考えられる。一つが、大和川を下って河内、難波をむすぶ方向、もう一つが、佐保川、その支川の秋篠川をつたい、低い丘陵を越えて北方の木津川に出る方向である。

最後の一つが、葛城川を南下し風の森峠を越えて宇智川に入り、紀ノ川（奈良県では吉野川とよぶ）に出る方向である。このなかでとくに重要なのは、難波とつながる大和川であることはいうまでもないだろう。まず大和川舟運からみていこう。

一・二　大和川舟運

激しく曲流する河道

盆地北部にあるのが佐保川・富雄川で、南部にあるのが初瀬《はせ》川・寺川・飛鳥川・曽我川・葛城川・高田川であって、盆地最下流部で一つの河道となる（図1・3）。それぞれ河川は、条里制にしたがって東西南北に人工的に曲流されて整備されている。盆地南部の河川の配列をみると、初瀬川・寺川・飛鳥川・曽我川・葛城川はほぼ南北に平行して流れている。地形に反しての流下であり、人工的に整備されたことがわかる。そして著しい天井川となっている。また部分的に激しい曲流となっている。

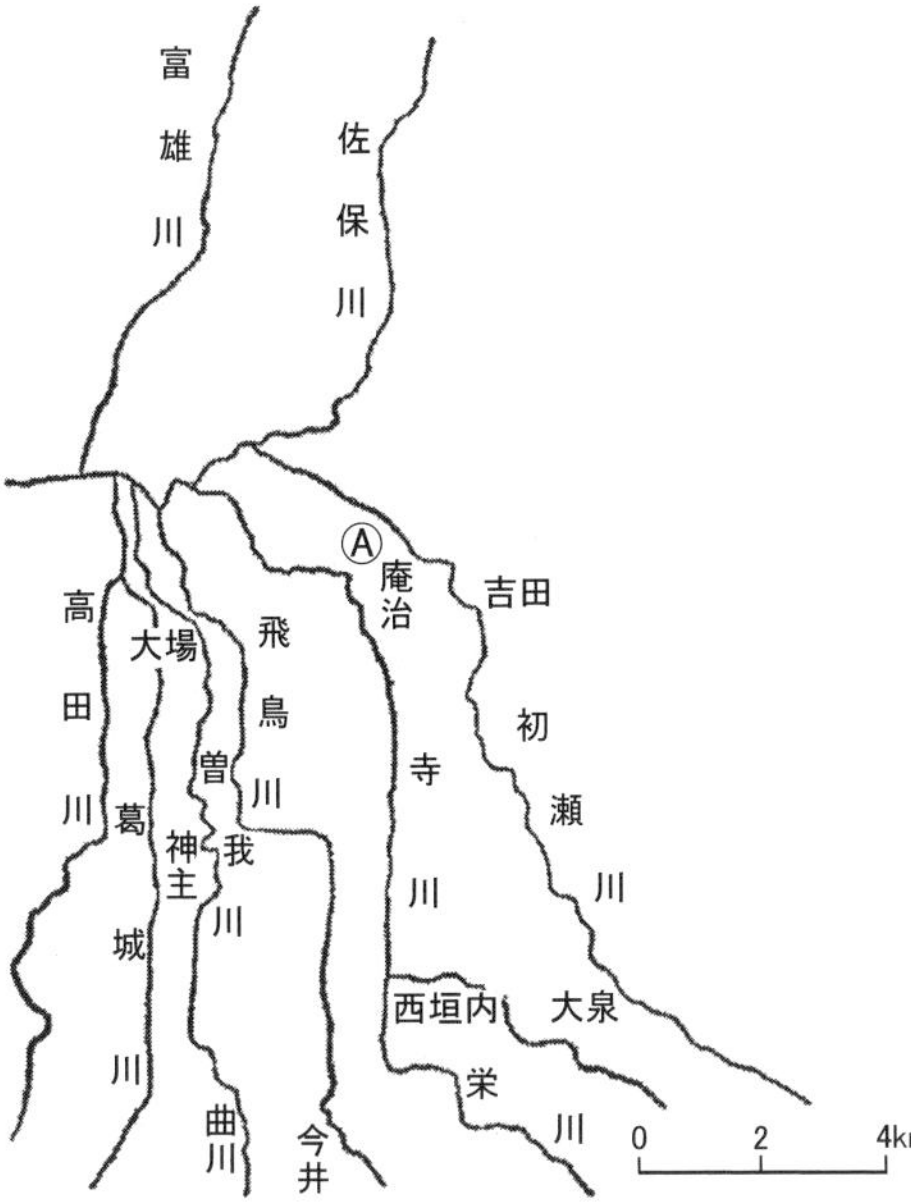

図1.3　盆地中央部の河道法線概況図
（注）Aは唐古遺跡.
（出典）明治41年測量図にもとづき作成.

明治時代の地形図によると、初瀬川の大泉（桜井市）地先から庵治《おうじ》（天理市）地先にかけて一二カ所にわたる曲流がある。直線距離にして一二kmのところを北方に向かっていたのが東方に、また北方にと直角に曲がっている。自然地形は北西に向かうのが自然であるが、初瀬川はこれにまったく反している。他の河川も同様である。曽我川では神主（北葛城郡広陵町）から大場（同）、飛鳥川では今井（橿原市）から新町（磯城郡田原町）、曽我川では御所《ごせ》での曲流がある。激しく曲流させることによって勾配（傾き）をゆるめ、水を滞留させて舟運の便をはかったと考えている。曲流の状況について『万葉集』（第一巻の七十九）に次の歌がある。[3]

「或本、藤原京より寧楽《なら》宮に遷りし時の歌」

「大君《おおきみ》の　命《みこと》かしこみ　にきびにし　家を置き　こもりくの　泊瀬《はつせ》の川に　舟浮けて　我が行く川の　川隈《かわくま》の八十隈《やそくま》おちず　万《よろづ》たび　かへり見しつつ　玉桙《たまほこ》の　道行き暮らし　あをによし　奈良の京《みやこ》の　佐保川に　い行き至りて　我が寝たる　衣の上ゆ　朝月夜《あさづくよ》　さやかに見れば　たへのほに　夜の霜ふり　岩床《いわとこ》と川の氷凝《ひこご》り　寒き夜を　息むことなく　通ひつつ　作れる宮に　千代《ちよ》までに　いませ大君よ　我も通はむ」

この歌は、藤原京から平城京へ遷都した和銅三年（七一〇）頃に作られたものである。藤原京にいた農民などが船で泊瀬川（初瀬川）を下って吐田《はんだ》（磯城郡川西町）あたりからふたたび佐保川をさかのぼり、平城京の建設に仕役として行った様子を読んでいる。この意味を『日本古典文学全集』（小学館、一九七二）では、次のように述べられている。

「大君の　仰せを恐れ謹《つつし》んで　住み慣れた　家をあとにし　（こもりく）の泊瀬の川に　舟を浮かべて　わたしが行く川の　たくさんの曲り目ごとに　幾たびも　振り返り振り返り　（玉桙《たまほこ》の）　道の途中で日が暮れてしまい（あをによし）奈良の京の　佐保川まで　行き着いて　仮寝する　わたしの衣の上を照らす　朝月《あさづき》の光で　はっきりと見ると　真っ白に　夜の霜は降り　岩床《いわとこ》のように厚く　川の氷は張りつめ　寒い夜も　ゆっくり休むことなく往復しては　作っている宮に　いつまでも　お住まいください大君よ　わたしも通いましょう。」

「川隈《かわくま》の八十隈《やそくま》」というのは、「川の数多くの曲がり角を一つ残さず」との意味といわれる。古代大和盆地の河川は、このとき既に激しく曲流していることがわかる。勾配のある河道で曲流されると水の流下は遅くなり、舟運にとって好都合である。舟運の便のために、このように整備されたのだろう。

河道整備について『日本書紀』をみると、斉明天皇が飛鳥に岡本宮を造営したその翌年の斉明二年（六五六）に渠（運河）を掘ったとの、次のような記述がある。(4)

「水工《みずたくみ》に命じて香山《かぐやま》の西から石上山まで水路を掘らせ、舟二百艘に石上山の石を積み、流れに沿ってそれを引き、宮の東の山に石を積み重ねて垣とされた」

この渠（運河）は当時の人々から狂心渠《たぶれごころのみぞ》とよばれたものだが、労働者（功人）三万余を費やして工事した。その長さは、香具山の西から石上山までであったが、舟二〇〇艘に石上山の石を積み、流れに沿って舟を引き宮の東の山に石を重ねて垣としたというのである。その運河の場所は石上山が特定されていないのでわからないが、まったく新たな水路をつくったというより、河道を整備したと考えるのが妥当だろう。

また、河内平野の古市古墳群のなかに大きな水路と想定される古市大溝が発掘されている。古墳群と同じ時期につくられたとすれば、舟運のための運河の可能性が大きい。

隋使者の飛鳥入り

『日本書紀』によると、推古一六年（六〇八）、遣隋使小野妹子は隋の使者・裴世清《はいせいせい》をともなって帰国した。使者は、淀川河口の江口で飾り船三〇艘で迎えられたのち難波で一カ月半過ごし、飛鳥小墾田宮《おはりだ》に向かった。飛鳥に入るにあたり、海石榴市《つばきいち》に飾り馬七〇匹が遣わされ、路上に迎えられた。またその翌々年、新羅と任那の使者が来たときは、阿斗《あと》（磯城郡田原本町）の川辺の宿舎に休ませ、翌日、飛鳥豊浦宮《とゆら》に入った（図1・4）。

このような飛鳥入京について、岸 俊男氏はおそらく舟運を利用して入京しただろうと推定している。[5] 海石榴市は三輪山の麓に位置する桜井市金星《かなほし》と比定し、難波から大和川をさかのぼって大和に入り、さらに初瀬川をのぼって海石榴市で上陸し、そのご馬で宮に入ったと想定する。また新羅と任那の使者について、彼らが休んだ阿斗を寺川沿いに

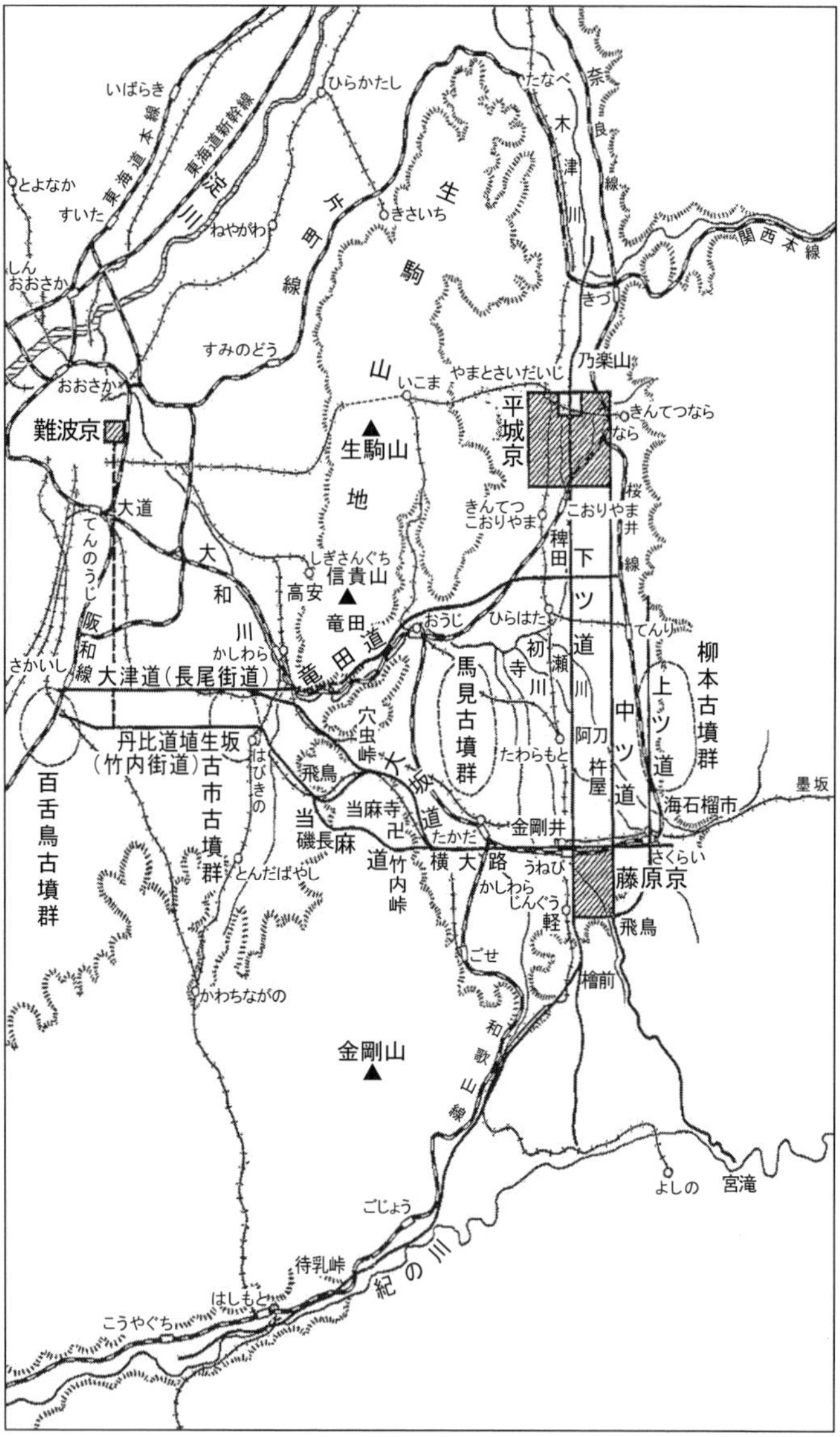

図 1.4 古代大和・河内の都城と交通路

(出典) 岸 俊男 (1970):「古道の歴史」『古代の日本』第五巻, 角川書店.

ある田原本町坂手付近と比定し、ここから古道である下ツ道を騎馬で飛鳥に向かったとしている。つまり当時、難波から大和の飛鳥の宮に至るのには、もっぱら舟運を利用したと考えている。

一方、千田稔氏は舟運を利用したことは認めるが、海石榴市を上ツ道と初瀬川が交差する地点（桜井市）としている。(6) 阿斗については、岸氏と同様に下ツ道沿いの田原本町坂手付近とする。田原本町は、近世には「大和の大阪」として大いに栄えたが、坂手付近はその外港である今里のすぐ下流にあたる。また、この付近で寺川は下ツ道に沿って南北の方向に流れている。

ともあれ、海石榴市という「市」を付ける土地があった。そこは河道沿いに港があり、さらに飛鳥とつながる陸路がとおる交通の要衝で、物資交換の市場があったと考えてよかろう。この海石榴市は、『日本書記』では推古朝以前の武烈紀、敏達紀、用明紀にもみられる。

天武天皇の河道整備

天武元年（六七二）、壬申の乱に勝利した天武天皇は宮を飛鳥川流域の飛鳥浄御原《きよみはら》においた。さらに海外とも連絡する難波に天武八年羅城《らじょう》（都城の城壁）を築き、天武一二年には「凡そ都城・宮室は一か所ということはなく、必ず二、三か所あるのがよい。そこでまず難波に都を造ろうと思う。百寮《ももつかさ》の者はそれぞれ難波に行き、家の敷地を賜わるようにせよ」との詔《みことのり》を出し、難波宮の整備が行われた。この難波宮は、孝徳天皇によって造られた難波長柄豊碕《ながらとよさき》宮を修理したものではないかといわれている。(7) なお『日本書紀』は、羅城を整備する前の天武六年に難波京を管轄する摂津《せっつ》職《しき》をおいたと記している。

難波宮は、朱鳥《しゅちょう》元年（六八六）、大蔵省からの失火によりほぼ全焼となった。難波宮の再建は聖武朝まで待たねばならなかったが、代わりに難波館が整備され、海外からの使者の饗応・宿泊の場となった。では、飛鳥と難波との間はどのように連絡されたのだろうか。天武八年（六七九）の条に『日本書記』は「はじめて関を竜田山と大坂山とに置き、難波には羅城を築いた」と、羅城の設置とともに関がおかれたことを述べている。竜田山・大坂山ともに大和と河内の境にある山だが、飛鳥と難波間に陸路が整備されたことが背景にあるのだろう。

一方、天武朝において「広瀬の河曲《かわわ》」と「竜田の立野《たつの》」に神を祀ったことが『日本書紀』にたびたび登場する。今日、そこには広瀬神社（北葛城郡河合町）と竜田神社（生駒郡三郷町）が立地しているが、天武四年（六七五）に使者が遣わされて祀られた。このご毎年のように祀られ、とくに天武一三年には天武は広瀬に自ら出かけていった。広瀬は飛鳥川、葛城川、佐保川、初瀬川などが合流する付近で、難波とをつなぐ大和盆地舟運からみると要の位置にあった。また、竜田は大和川が難波に向かう大和盆地の出口にあたり、大和川舟運にとって拠点となる所であった。両地点が重視された背景には、大和川舟運の重要性があったことが想定される。難波につながる大和川舟運路の整備がしっかりと行われたのだろう。そのため、大和盆地の河川は激しく曲流させられ、運河として整備されたのだろう。

木材の運搬

藤原京は、天武天皇が計画し、その死後の持統朝に造営されて持統八年（六九四）年に遷都となったが、その建築材についてうたった「藤原京の役民《やくみん》の作りし歌」（『万葉集』巻一の五〇）がある。そこには、近江国（滋賀県）田上《たのかみ》山で製材したヒノキなどを筏《いかだ》に組んで宇治川に流し、木津川をさかのぼって運んで使用したことが述べられている。たぶん木津あたりに陸揚げし大和盆地に運びこんだのであろうが、どのようにして盆地東南部の藤原京まで運びこんだのかはわからない。だが、かさばる材木の運搬である。できるかぎり河道を利用したことは間違いないだろう。

その河道は、人工的に舟運路として整備されていたのだろう。

河内平野の大和川

大和盆地より外海に通じる下流はどうであったろうか。大和盆地の直下流は亀の瀬峡谷部で、流れは急で舟運にとっての条件はよくない。一方、その下流の河内平野をみると、今日では近世の宝永元年（一七〇四）に付替工事が行われ、それ以前とは状況を大きく変えている。それ以前の旧大和川は、図1・5にみるように長瀬川、恩智《おんち》川、楠根《くすね》川などに分かれていた。そして古代には、その下流部に河内湖あるいは草香江《くさかえ》とよばれる大きな湖があった。これら河川の勾配は非常にゆるく、古代舟運にとって格好の条件を有しており、大和盆地

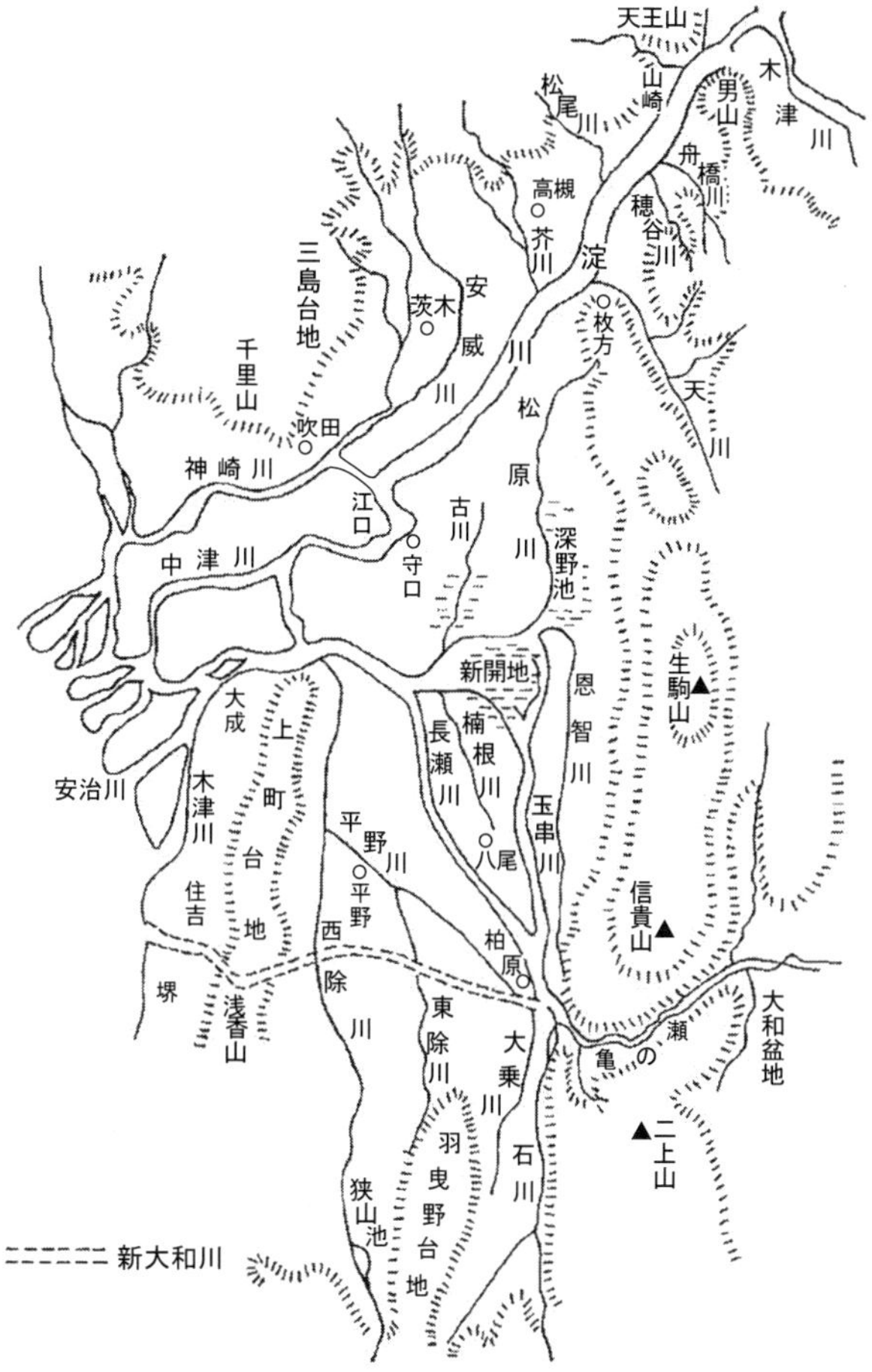

図 1.5　近世付替以前の河内平野旧大和川概況図

と同様、運河とみて差し支えない。これらの運河は難波の港、そして瀬戸内海へとつながっていく。

亀の瀬出口付近、石川を合流するあたりの河内平野には古市古墳群があり、誉田山《こんだやま》古墳（応神陵）をはじめ多くの天皇、皇族、高級官僚の古墳がある。石川を少しさかのぼると竹内街道と交わるが、この街道を大和盆地方向に行くと、聖徳太子・小野妹子など海外とつながりのある人物の墓がある。また、河内国府は石川と大和川の合流点付近にあった。

このことからわかるように、この地は古代において政治的に重要な地である。この重要性は、ここが古代の交通手段である舟運の拠点であったこと、舟運を通じて日本各地、そして大陸と深く結びついていたという立地条件にあると考えられる。しかし河内と大和盆地の間には約七・七㎞の亀の瀬峡谷部があり、流れは急で、舟運にとっての条件はよくない。その上流および下流の「運河」と趣を異にしており、古代ここをどのように連絡したのかよくわからない。

亀の瀬峡谷部

近世の初期にふたたび大和川舟運が開かれたとき、亀の瀬峡谷部ではその開削は必要不可欠のことであった。岩を切り取って開削しないかぎり、浅瀬で急流のこの地は船を通すことができなかったのである。そして多大な努力のすえ開削されたのであるが、その後もここは大和川舟運随一の難所であり、舟はたびたび難破した。また「龍田の滝」とよばれた峠付近では船は上り得ず、滝の手前で一度下ろされ、人力で滝の上まで運ばれ積み替えられた。しかし近世このような状況であったからといって、古代の亀の瀬疎通をまったく否定することはできない。なぜなら、亀の瀬地域は地すべり地帯である。地すべりが生ずるならば、河道は即座に大きく変化するからである。この亀の瀬地すべ

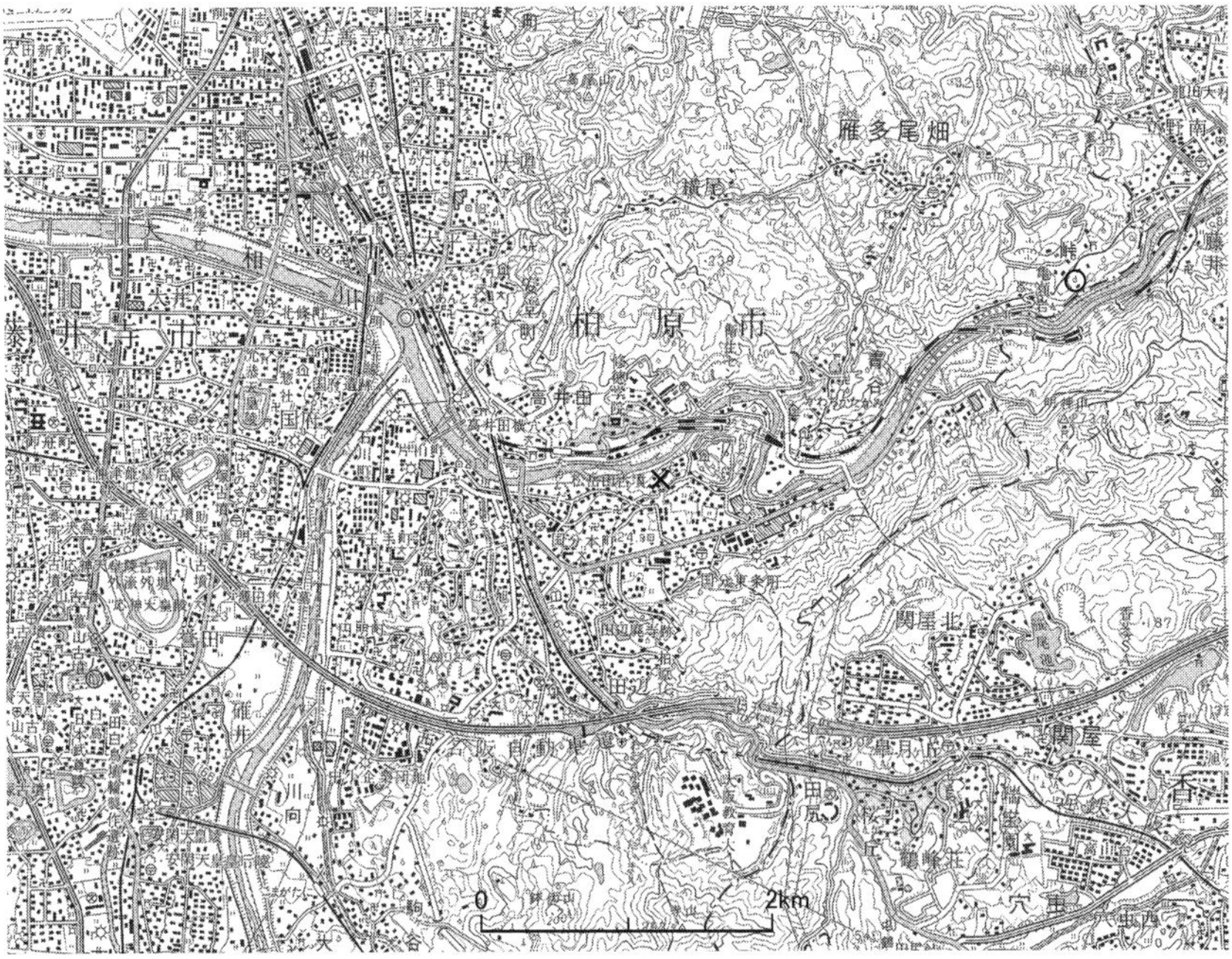

図1.6　亀の瀬出口付近の地形図

（注）○は亀の瀬地すべり地帯.
×は船氏王後首の墓誌銘が出土した松岳山古墳.
（出典）5万分の1地形図「大阪東南部」平成21年修正，に一部加筆.

りが大和川舟運に衝撃を与え、それが古代政治に大きな影響を与えたとの想定は十分にありえると考えている。

それは別にして、亀の瀬峡谷部が古代大和政権にとって重要な地点であることは間違いない。下流からみて亀の瀬峡谷部の入り口にあたる松岳山《まつおかやま》の丘陵に、船氏王後《おうご》の古墳がみられ、舟運路を監視あるいは安全を祈願しているように思われる（図1・6）。王後について、その古墳から出土した日本最古といわれる墓誌銘に、「惟船氏故　王後首者、是船氏中祖、王智仁首児……」（船氏王後は船氏中興の祖・王智仁《おうじんに》の孫）と述べられている。その祖父・王智仁は王辰爾《おうじんに》と同一人物で、その祖は百済からの渡来人といわれる。

王辰爾について『日本書紀』は、欽明天皇十四年秋七月の条に蘇我稲目が「勅を奉って王辰爾を遺して、船の賦《みつぎ》を数え録す。即ち王辰爾を以て船長とす。因りて姓を賜ひて船史《ふねのおびと》とす、今の船連《ふねむらじ》の先なり」と述べている。王辰爾は「船長」となり、その姓が船史となったのである。また、その弟は津史《つのおびと》と、港と関連する姓を与えられた。

このことから船氏は、舟運を担当した官僚であることがわかる。この船氏の古墳が図1・6に示した位置にあることは、大和川舟運にとってこの地の重要性を強く示している。大和川舟運にあって喉もとの位置にあたるのだろう。なお後年、宇治川の宇治橋、淀川の山崎橋を造ったとされる道昭《どうしょう》も、その父は船史恵尺《えさか》であり船氏出身である。

一・二　木津川および紀ノ川（吉野川）との連絡

木津川舟運

木津川水運による大和への出入りは、たびたび文献にでる。古い資料としては、仁徳天皇が八田皇女を娶《めと》って紀国に行っていた皇后（磐之媛《いわのひめ》）の怒りをかい、皇后は木津川舟運により山背（山城）を通って大和に入っている。仁徳の皇居が大和川舟運の入り口の難波・高津宮にあったので、木津川を通って大和に入ったものと考えられている。そのご逝去するまで、皇后が住んでいたのが木津川沿いの筒城岡《つつきのおか》（京都府綴喜《つつき》郡）である。

大和の北部に位置する木津川水系と大和川水系分水界である奈良丘陵の地形をみると、流域分割が困難なほどなだらかである。かつ谷地田が深く細くのびて、谷を刻んでいる。両水系間の物資移動は、このような細い谷をつたって行けば、人・畜力で移動せねばならない所は意外と短い。

紀ノ川（吉野川）舟運

葛城川上流から紀ノ川沿いに抜ける地域は、大和盆地南の竜門《りゅうもん》山地においてただ一つの開放的な所である。葛城川との分水嶺である風の森峠を越えると、古代に条里が行われたという五條に出る。ここには、五世紀築造の五條猫塚《ねこづか》古墳（方墳）があり、金銅製の銙帯《かたい》金具（現代の革ベルトの表面を飾るようなもの）の透彫りには竜紋と三葉《みつば》文がある。これは新羅で用いられたもので、この地に新羅と密接な関係をもつ集団がいたことがわかる。また葛城川中流部の葛城市にある新庄町寺口和田1号墳（円墳）からは立派な舟形埴輪が出土し、その上流には舟路という舟運と結びつく地名が残っている。

紀ノ川の河口には、舟運技術をもち朝鮮半島にもわたった紀氏の根拠地であり、古代の要港である紀ノ水門があった。古代の紀ノ川舟運を考えるものとして、『続日本紀』に次の記録が残っている。これは大宝元年（七〇一）、文武天皇の紀伊の武漏《むろ》温泉（白浜温泉）行幸に備えたときのものである。

「使を河内、摂津、紀伊の国に遣わし、行官を造営し、同時に天皇の乗る船三十八艘を造らせた。あらかじめ水行に備えさせた。」

このとき船で河内、摂津から紀伊に行幸したので、風の森峠を通ったことはなかっただろう。しかし大和は、海外ともつながる古代の要港の港・紀ノ水門と容易に連絡できたことは間違いない。

一・三　まとめ

大和盆地は、ヤマトタケルの歌として「倭《やまと》は　国のまほろば　たたなづく　青垣　山隠《やまごも》れる　倭しうるはし」と謳《うた》われていて、閉塞的なイメージが強い。しかし、舟運からみると意外と開放的なことがわかる。木津川をつうじて山城、京都盆地、琵琶湖周辺とむすび、大和川によって河内、摂津、瀬戸内と通じる。また葛城川、紀ノ川をつうじて紀伊平野と連絡する。政権の基盤を支える舟運からの運輸手段が整然と整備される条件を大和盆地はもっていたのである。この条件が大和盆地から日本を統一した政権が出現し、延暦三年（七八四）までこの地に宮都があった重要な自然条件であったと考えている。

一方、大和盆地周辺の地質をみると、第三紀中頃から第四紀にかけての激しい地殻運動にともない、地下深部まで圧力をうけてマサ（真砂）化した花崗岩がひろがっている。ここでは深部まで砂状（マサ）となっていて、傾斜地農業、あるいは森林の伐採によって表面土砂が降雨によって流出すると禿山化する。そして一たび禿山になると、自然による回復は困難となって永続的に禿山となる。昭和のはじめまで各地で禿山が見られたが、そのほとんどはマサ地帯であった。

ここからは降雨ごとに土砂が流出する。そして流出土砂は河道に堆積し、河川は天井川となる。そのようになったら舟運に大きな支障が生じることとなる。

『日本書紀』でみると、斉明天皇が飛鳥の小墾田《おはりだ》に宮殿を造営しようとしたとき、深い山や広い谷の木の多くが朽ちただれていたので造営は行われなかった。このとき、飛鳥周辺の山には既に大木はなかったことを表わしている。また藤原京造営において遠く田上山に木材を求めたことは、この当時、盆地周辺の山々には造営に使える大木が既になかったことを示している。このことから、周辺の山地が既に禿山化が進んでいたのではないかとも想像できる。だが、先述したように藤原京から平城京へ遷都したとき、藤原京にいた農民などが船で初瀬川を下り、さらに佐保川をさかのぼって平城京に至っている。この当時は、舟運はいまだ健在であった。

表 1.3　近世の大和盆地舟運最上流の港

河川名	港　名
初瀬川	嘉幡，小島
寺　川	今里（水流の多い時は田原本）
蘇我川	但馬
飛鳥川	松本
佐保川	番條

（注）図 1.2 参照.

なお近世初期に舟運が再開されたとき、先述したように亀の瀬峡谷部では岩の切取り工事が行われた。一方、盆地内では河道は激しい天井川となっていた。このため、河道の流れは伏流水となって表流水は少なく、さらに灌漑用水を取水するため、六月から九月までの灌漑期には舟運は行われなかった。舟運の便が開かれていたのは一〇月から五月までで、上りは人が曳いて上り、下りはところどころに堰を設け、ここに水を溜め、そして堰をはずしてその水とともに下っていった。舟運が行われていたのは表1・3のようであった。

二　陸路の整備

文献にみる古代道路

古代の大和の道路について、『日本書紀』『続日本紀』の記述はきわめて少ない。主なものをみていくと、推古二一年（六一三）に「難波より京（飛鳥）に至るまでの大道を置く」とあり、難波と飛鳥の間に道路が整備されたことが述べられている。推古二一年とは、先述したように遣隋使小野妹子が隋の使者・裴世清《はいせいせい》とともに飛鳥に向かった推古一六年、あるいは新羅と任那の使者が飛鳥に来た推古一八年より少し後である。

また、先述したように天武八年（六七九）「竜田山と大坂山とに関を置き、難波には羅城を築いた」とある。竜田山と大坂山は、大和と河内をむすぶ交通の要衝であり、羅城とは京の周辺をめぐらす城壁のことであるが、緊迫する海外との関係で防備を強化したことがみてとれる。

その後、平城京に都が遷された翌年の和銅四年（七一一）、「初めて都亭《とてい》を設けた。山背国《やましろ》相楽《そうらく》郡には岡田駅、綴喜《つづき》郡には山本駅、河内国交野《かたの》には樟葉《くずは》駅、摂津国嶋上《しまかみ》郡には大原駅、嶋下《しましも》郡には殖村《うえむら》駅、伊賀国阿閇《あえ》郡には新家《にいのみ》駅である」とある。都亭とは、都に近い主要な駅の総称とされているが、実際に平城京にあった駅との説もある。平城京を中心に道路が整備されたことは明らかである。なお畿内と東日本を分ける鈴鹿、不破、愛発《あらち》の三関《さんげん》は、七世紀末に編集されたとされる「大宝令」にみられる。東海道の鈴鹿関は伊勢国に、東山道の不破関は近江との国境に近い美濃国にある。北陸道の愛発関は越前国にあったが、後に近江国の逢坂《おうさか》関に代えられた。これら三関は、都が長岡京に遷された直後の延暦八年（七八九）桓武天皇により廃止された。

岸 俊男氏による想定道路

大和と河内の古代道路が岸 俊男氏によって先に示した図1・4のように想定されている。(8)『日本書紀』『万葉集』などの文献、条里制との整合などから推定していったものである。南北の道路として飛鳥を中心に下ツ道、中ツ道、上ツ道が約二・一㎞ごとの間隔にあり、いずれも直線となっている。下ツ道は、岸氏説による藤原京の西京極から平城京の中心軸である朱雀大道を結ぶ道路である。大和盆地のメイン道路といってよい。途中、寺川が沿って流れる区域があり、そこに先述した港があったと想定される阿斗《あと》がある。下ツ道が整備されたときには既に寺川は、南北に直線上に付け替えが行われていたのだろう。

秋山日出男氏は、ここで下ツ道は寺川の堤防上を通っていたとしている。(9)また秋山氏は、斉明天皇が斉明二年（六五六）に造ったという運河・狂心渠《たぶれこころのみぞ》は寺川ではなかったかとの興味深い説を述べている。下ツ道は、平城京より北方は直線上ではないが、木津川を越えてさらに近江にのびていく。藤原京より南方は、吉野川から紀ノ水門へと続く。さらに檜前《ひのくま》で五條に向かう巨勢《こせ》道が分岐する。

なお下ツ道は、寺川、初瀬川などの河川を渡っている。これらの河川は、当時、現在にみるような天井川河道ではなく掘り込み河道であったので川幅は狭く、小さな橋で渡ることができたのだろう。

一方、下ツ道より東にある中ツ道は、平城京・藤原京の東京極をほぼ結ぶ直線と想定されている。藤原京の南方は飛鳥川に沿って吉野川に出、離宮のあった宮滝につながる。持統天皇は、その治世下に三〇数回宮滝に行幸したが、この道路を利用したのだろう。さらに東にある上ツ道は、箸墓《はしはか》古墳近くの大和高原の西を通る。さらにその東の山裾に、直道ではないが山辺《やまのべ》の道があったとされている。

条里制との関係でこれら三道をみよう。下ツ道の西と東では条里制地割に若干の相違があること、また中ツ道は条里制地割と関係なくつくられていることから、岸氏は今日に残る大和盆地の条里制遺構は三道が整備された以降につくられたと推定している。平城京南の条里地割から判断して、大和盆地条里制遺構は平城京設置後に改めて施行しなおされたのではないかとの考えである。

次に、東西方向の道路についてみよう。河内と大和の間に、北葛飾郡当麻《たいま》町長尾から橿原《かしはら》市八木町をへて桜井市外山《とび》にいたる全長約一三㎞の東西を結ぶ横大路がある。その東の延長は直道ではなくなるが、初瀬川の上流をのぼると墨坂に至る。そこは特定されていないが、大和川（初瀬川）と木津川支川名張川上流の宇陀川との流域界に近いところだろう。この後、道路は宇陀川に沿って伊賀国に入り名張に出たのち、上野に出る道と青山峠をとおって伊勢国に入る道に分かれる。上野に出た道は伊勢国鈴鹿に至る。青山峠をとおった道は、一志《いちし》郡に入り南下して伊勢神宮に通じる。

一方、西方は二上山の南の竹内峠をとおる当麻道と北をとおる大坂道に分かれ、大坂道は穴虫《あなむし》峠を越えて西北と西南の二つに分かれる。大坂道である西南の道は、また当麻道と合流し丹比《たじひ》道（竹内街道）に、西北の道は大津道（長尾街道）につながる。丹比道と大津道は、南北に約一・九㎞離れている。なお、『日本書紀』によると、崇神朝に悪疫がはやりそれを治めるため全国の神を祀ったが、大和への疫気の侵入を防ぐため墨坂神には赤色の楯と矛を、大坂神には黒色の楯と矛を祀った。これにより悪疫は鎮まったというが、墨坂（旧榛原市西峠付近か）と大坂（香芝《かしば》市逢坂か）が大和の東と西の門戸として位置付けられていたことがわかる。

このように岸氏の所説をもとに整理し、河内と大和を連絡する主要道であり、天武によって関が設置された大坂道を穴虫越としたのであるが、竹内峠をとおる道を大坂道とする説も強くある。岸氏自身、後には竹内峠をとおる道を大坂道としている。

これらの道路、つまり大和盆地の上ツ道・中ツ道・下ツ道、河内の大津道・丹比道はいつの時点でつくられたのだろうか。岸氏は、天武元年（六七二）に生じた壬申の乱での戦闘・行軍からの分析により、これらの道路はこのとき既に存在していたと判断している。さらに、このとき大和と河内を結ぶ道として竜田道・大坂道・石手道があったことを指摘し、石手道とは当麻道と考えている。近年の調査研究では、その整備はおおむね推古朝にさかのぼるといわれている。(10)

平城京と陸路の整備

平城京を中心にして陸路整備をみていこう(図1・7)。大和盆地の中央部より少し北側に東西の道路(北の横大路)があり、やがて西南に向かってほぼ亀の瀬峡谷部に沿って大津道につながる。竜田道であるが、天武天皇は大坂道とともに竜田道に関を設置しているので古くからあった道路だろう。都が平城京に遷ってからは、大和と難波を結ぶ陸路は、この道がメインとなった。この道を東にたどると、大和高原の都祁《つげ》をとおってさらに東北東に向かい、木津川支川名張川を越えて伊賀国に入り上野に出る。

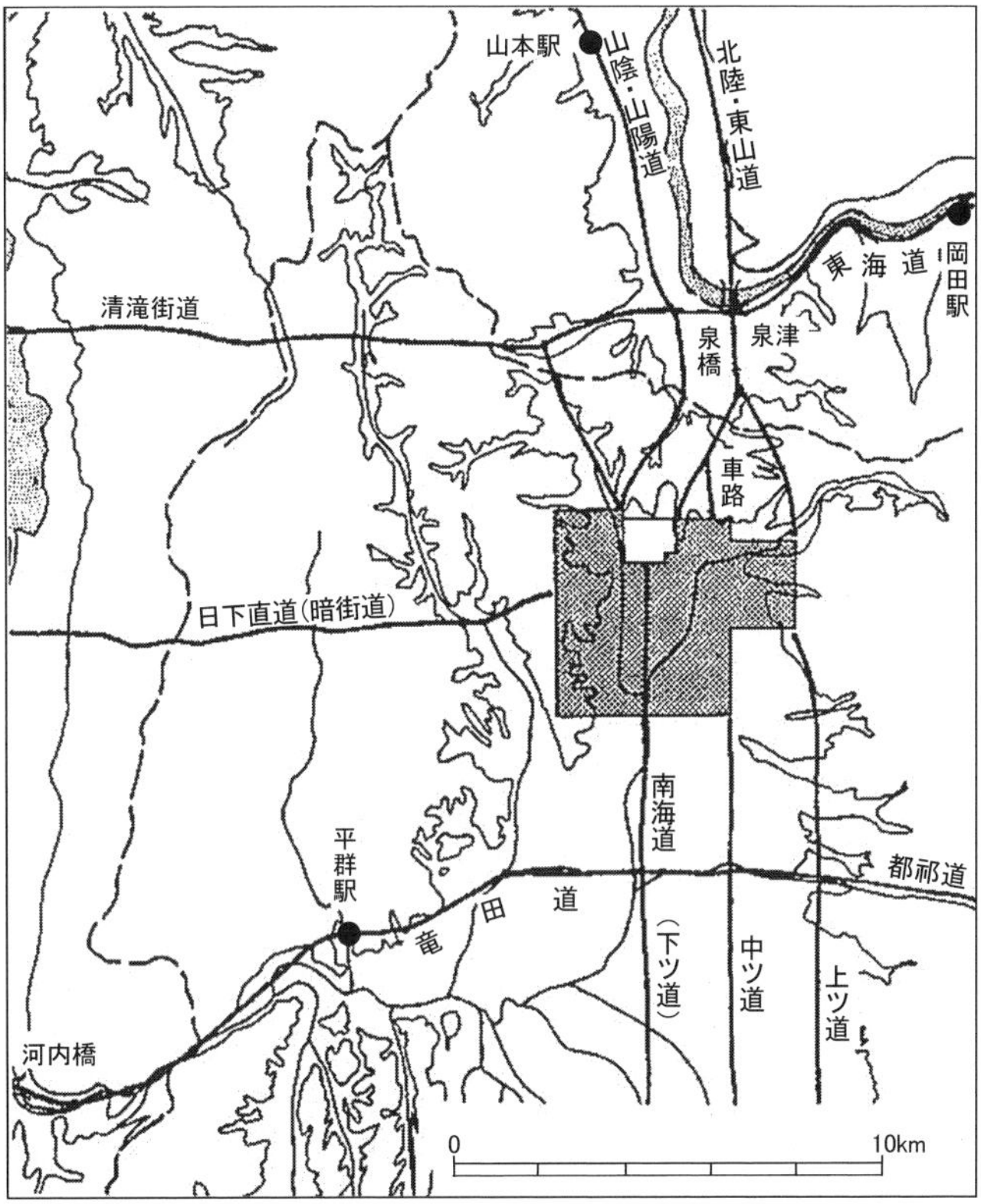

図 1.7　平城京と陸路

（出典）高橋美久二（1995）：『古代交通の考古地』大明堂，に一部加筆.

さらに、その北に直線的に平城京と難波をむすぶ道路として日下直越《くさかただごし》（のちの暗《くらがり》街道筋か）が整備された。行基が天平年間につくったとされるが、[11]生駒山地を山越えするこの道は勾配がきつく、官道としては利用されなかった。

和銅三年（七一〇）の平城遷都の翌年、陸路駅が定められたことは先述した。そのルートについて、高橋美久二氏が推定している。[12]東国とむすぶ東海道は、図1・7にみる岡田駅を通ったのち木津川に沿って伊賀国阿閇《あえ》郡新家《にいのみ》駅に出、さらに伊勢国と連絡する。山陽・山陰道は木津川に沿って北上し、山本駅を通ったのち西に向かい樟葉で淀川を渡ったが、そこに山崎橋がある。この橋は、新築か再建かはわからないが、神亀二年（七二五）に行基がつくったとされる。それ以前、船氏出身である道昭がつくったとの伝説もあることから再建されたのだろう。ここで淀川を渡ったのち山陽道は摂津国嶋上《しまかみ》郡大原駅、さらに嶋下《しましも》郡殖村駅へと向かった。

三　条里制と水管理

古代政権を誕生させた大和盆地は、古代においてまた農業生産の先進地域であった。ここでは広く条里制が行われ、条里の地が人々の生活を支える生産基盤であった。さきに明治時代の地形図にもとづき、大和盆地内河川が条里制にしたがい東西南北方向に卓越して人工的に整備されたと述べた。この結果、図1・8のように飛鳥川をのぞいて各河川の集水区域は、河川の片一方にほぼ限られている。これと、灌漑区域を示している図1・9と比較すると興味深い。集水区域と灌漑区域が重ならないのである。

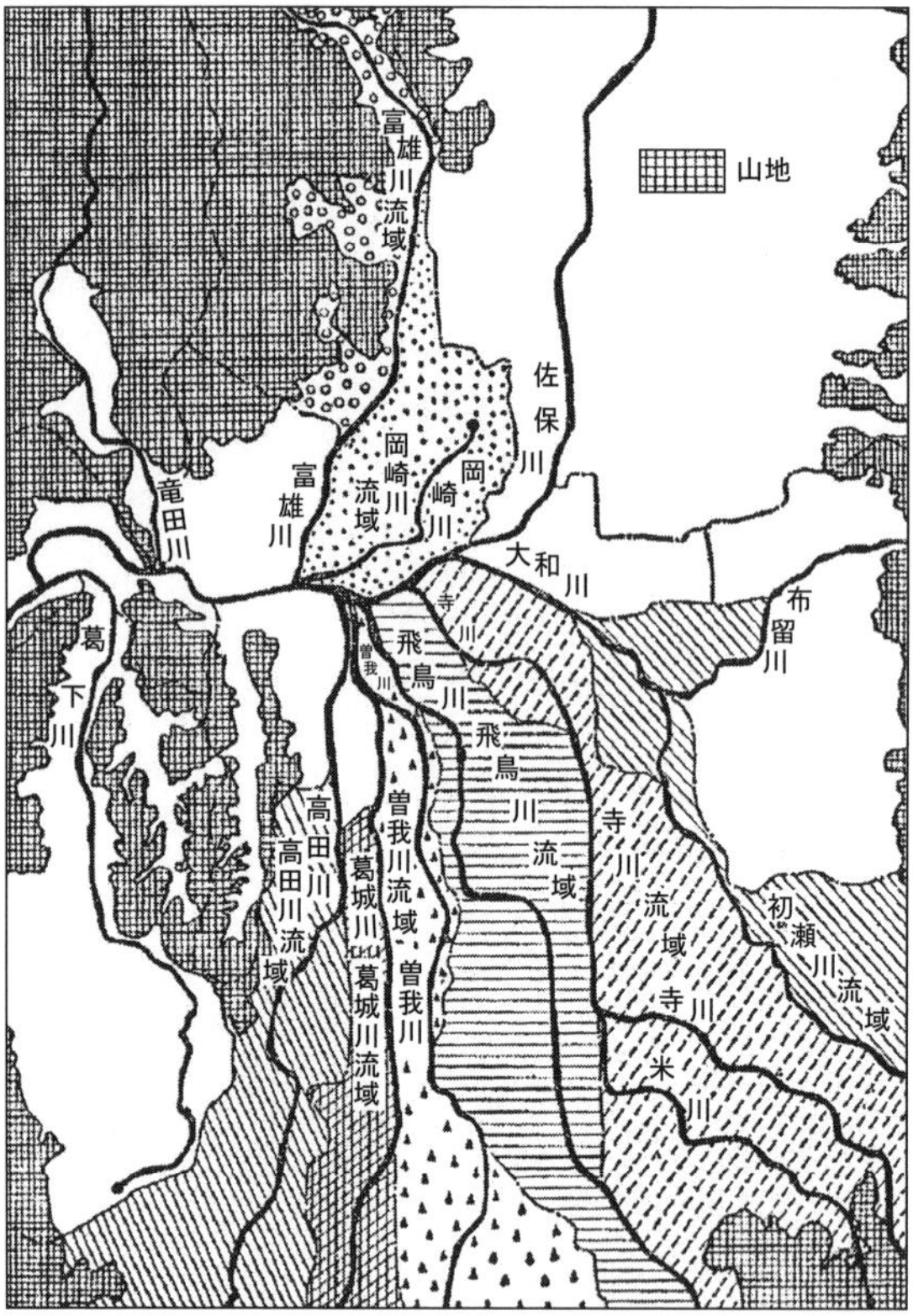

図 1.8　大和盆地各河川の集水区域

初瀬川より東方の水田では、大和高原からの山水を灌漑に使い、その排水は初瀬川に行う。初瀬川と寺川で囲まれた地域では、初瀬川から取水し寺川に排水する。そして寺川と飛鳥川に囲まれた地域では、寺川から取水し飛鳥川に排水する。灌漑、排水また灌漑と

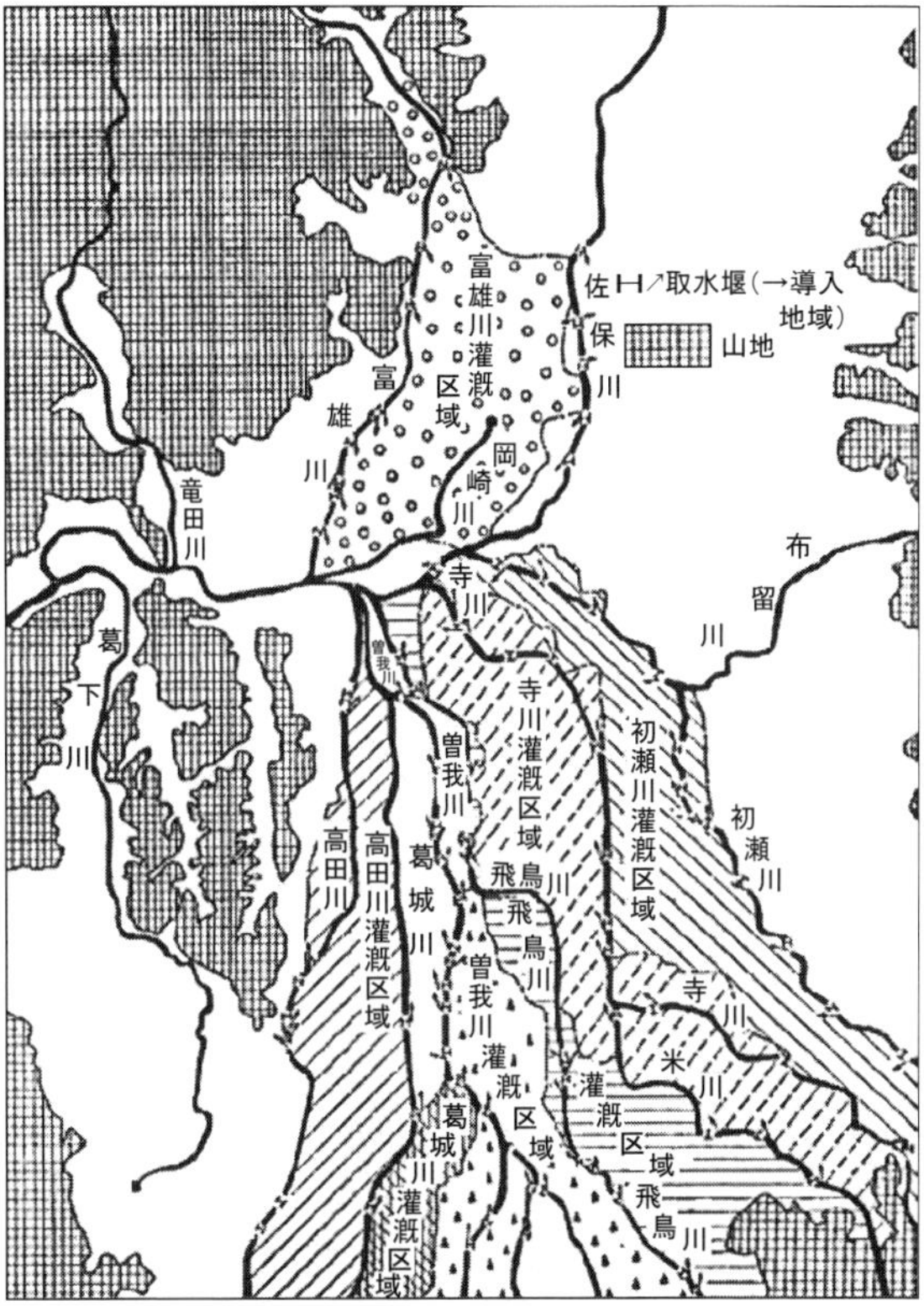

図 1.9　大和盆地各河川の灌漑区域

見事に整備され、用水を無駄にすることなく何度も何度も使おうという形態を示している。

大和盆地は、今日多数の溜池に象徴されるように用水不足に悩んできた地域である。この地域にとって格好の河川の配列といってよく、水利用の合理化をもとめた結果と考えられる。

さらに小河川の整備について、飛鳥川と曽我川とで囲まれた地域を流れる中の橋川でみてみよう。この地域は用水不足で辛苦をきわめたところであるが、中の橋川は水源を寺川にもち、条理の方向に沿って西方に向かい、飛鳥川を伏越《ふせこ》してこの地域に入る。この後、図1・10にみるように西方向、北方向と幾度となく条里の方向に沿いながら直角に曲流し、飛鳥川に合流する。この曲流のため、飛鳥川を伏越した地点から合流するまで、直線にすると二三五〇mのところが三三〇〇mになっている。昭和四〇年代終わり頃に調査したところ、この間に、農業井堰が一五カ所ほど設置されていた。

この整備の結果、一度この地域に入った水はなかなか外に流出し得ない状況となっている。つまり水が流出しないように河道は意識的に激しく曲げられ、勾配はゆるめられ、井堰がたくさん設けられたのである。

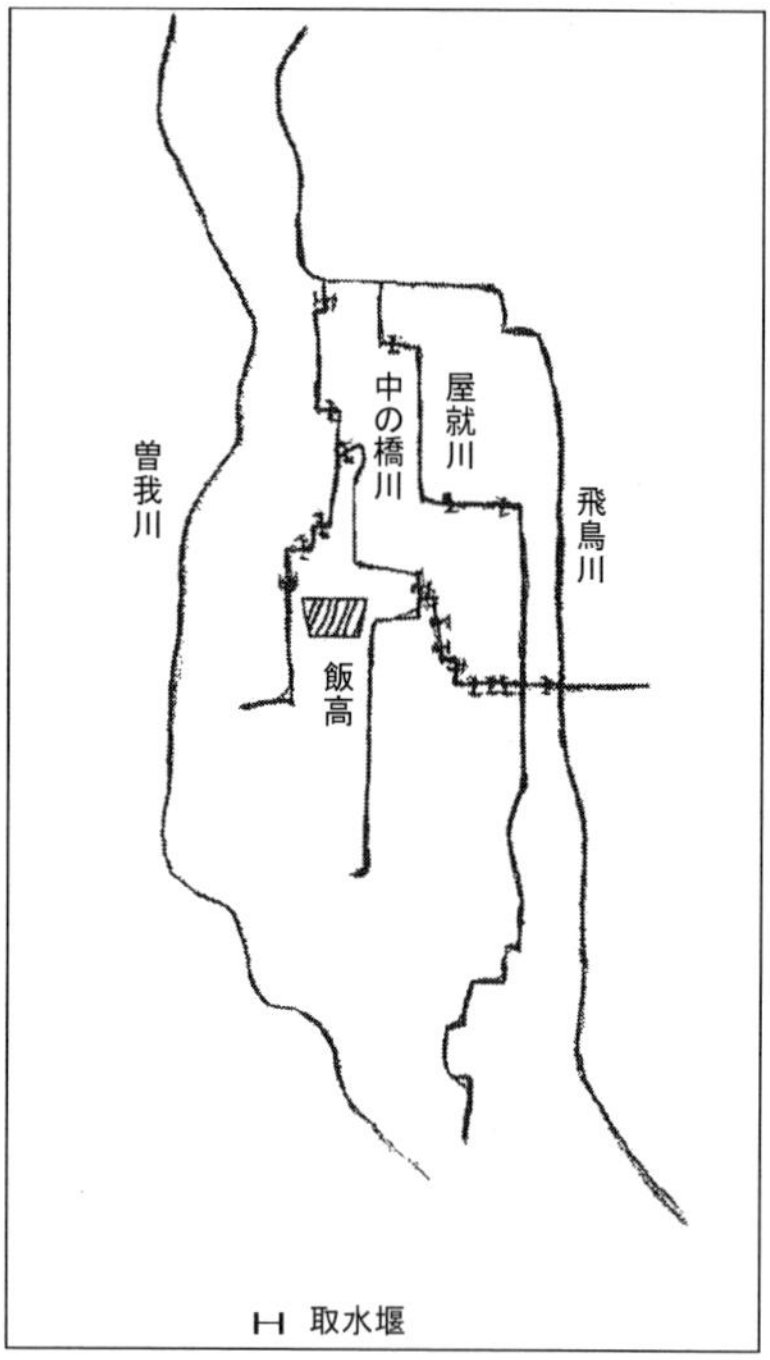

図 1. 10　大和盆地中央部の用水システム
（出典）明治 41 年測量図にもとづき作成.

盆地南部の初瀬川・寺川など、また盆地北部の佐保川などもその河道は東西南北が卓越している。大和川支川であるこれらの河川は、流域規模が小さいのでその破壊力は大きくなく、古代の技術でもって人工的に整備ができた。さらに中の橋川の著しい曲流は、条里の方向に沿ってである。このことから、堰の設置などは別にして、河道法線（流向）は条里制施行時に整備されたのではないかと考えている。つまり条里制は、用水不足地帯において用水確保の上で格好の土地利用形態であった。

弥生時代の集落として著名な唐古遺跡は、図1・3示してあるように初瀬川と寺川で囲まれた下流部地域に位置する。現況を微地形的にみると、かなりの勾配をもつ自然堤防地帯である。残されている銅鐸の絵から、往古には最下流部に湖沼があったのではと考えられている。現況から往古の微地形を即座に推測することはできないが、現地形から判断するかぎり、その勾配からみて、唐古周辺は水管理が容易であっただろう。ここでは微高地に集落をかまえ、低地部に水田が開かれていたのであろう。その水田は、少し勾配があって管理しやすい自然条件のもと高度な水管理が行われていたと考えている。

なお、大和盆地周辺の山地が花崗岩マサ地帯よりなっていることを先に述べたが、山地から流出してきたマサにより、山麓にはある程度の勾配のある扇状地が発達する。ここは水管理が容易で、水田に利用される。またマサの山地は保水力が大きい。このため、山地全体が貯水池となっていて渇水時でも流量は相対的に大きい。灌漑水田にとって有利な条件である。大和盆地農業を考える場合、この条件も重要である。

ところで、明治時代の地形図、あるいは今日みる景観は、古代に施行された条里制が基本的に残っていて、それと一緒に河道も整備されたことを前提にして述べてきた。だが、そうではなく、今日の景観は一一、一二世紀の大開墾時代につくり直されたものとの指摘がある。古代の大和盆地の開発を考えるにきわめて重要な指摘であるので、この指摘については第五節で述べていく。

四　大和盆地東南部（三輪山周辺および飛鳥）の立地特性

ここが政治の中心地となりえた物的条件について整理しよう。一つは、大和盆地は灌漑稲作にとって有利な条件をもっていた。一つは、各地と連絡する交通が整い、人々の交流ができて物資の集散地となりえたことだろう。その運搬路は、道路とともに舟運が大事である。とくに往古、米・鉄・甕などの重い物資、あるいは木材などのかさばる物資の輸送には舟運が重要であった。もう一つ、鉄器・土器などの生産拠点が条件として想定される。だが、これらはある程度、輸送が可能であるし、生産するには原材料を入手してこなくてはならない。

交通からみた大和盆地東南部

大和盆地東南部を交通面から整理しよう。舟運からみれば、初瀬川・寺川・飛鳥川を下って大和川本川に出、亀の瀬峡谷をとおって河内に出て難波に達する。難波は、波のおだやかな内海として舟運にとって条件のよい瀬戸内海か

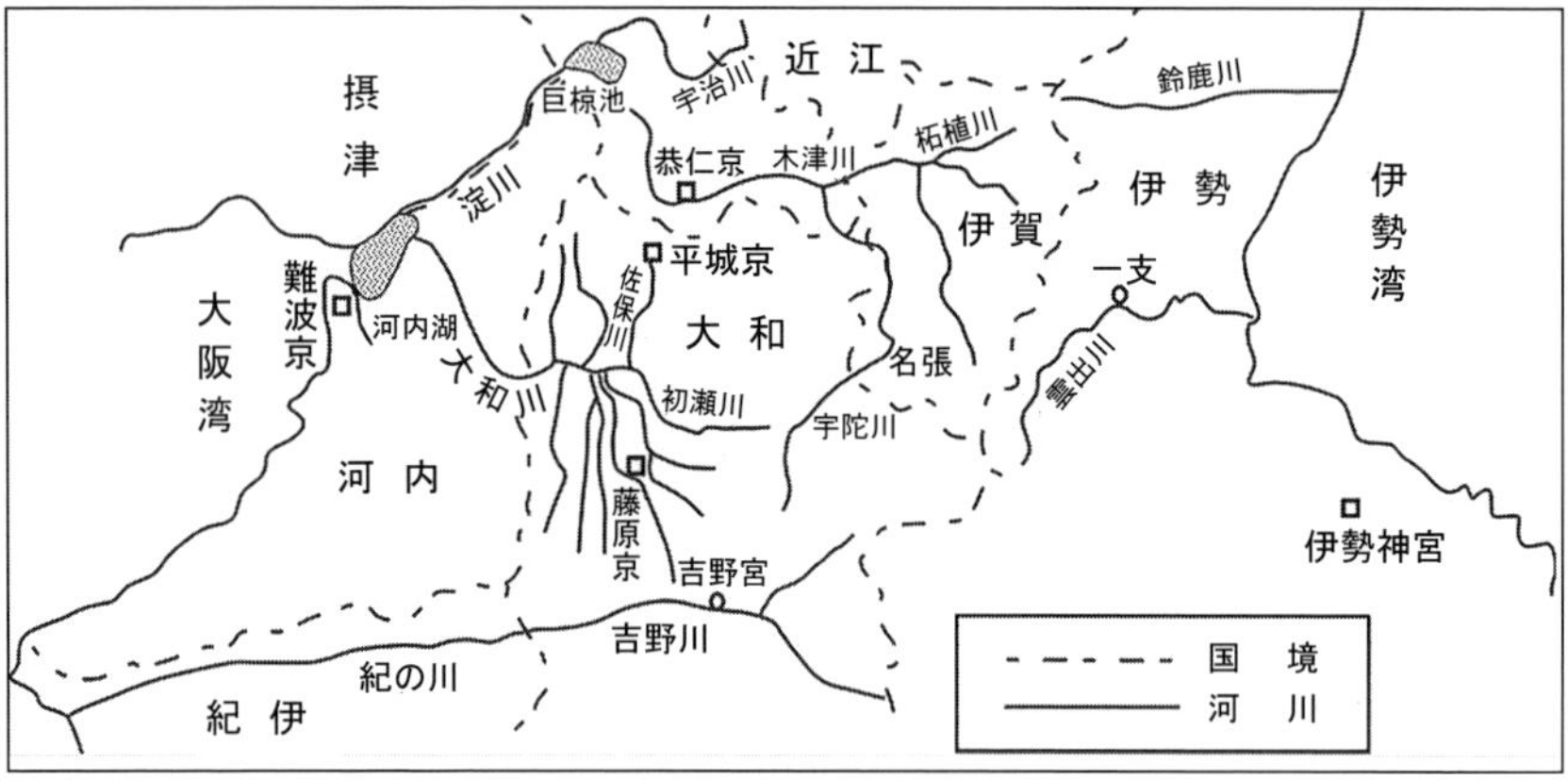

図 1.11　大阪湾から伊勢湾概況

らみれば、東のターミナルといってよい。ここと大和川でつながっているのである。一方、陸路をみれば、先述したように初瀬川沿いを東に向かうと、さほど急ではない峠を越えて木津川上流宇陀川沿いに出、それを下っていくと伊賀の名張に出る。名張からは、北に上野に向かい、そこから木津川支川柘植《つげ》川沿いに東に向かい、加太《かぶと》峠を越えて鈴鹿川沿いに伊勢の亀山から鈴鹿に、そして美濃・尾張に向かうルートがある。また名張からは東方に向かい、伊勢の一志から東南東に伊勢神宮に出るルートがある（図1・11）。

　ここで、大和盆地東南部にとって外港といってよい難波を中心にみてみよう。西は波静かな瀬戸内海を通じて、海運によりその沿岸である吉備・安芸・周防などの中国地方南部、讃岐・伊予などの四国北部とつながっている。さらに西に向かうと関門海峡をとおって玄界灘に出、博多・唐津につながり、その先に韓半島、中国大陸がある。一方、東との連絡をみるならば、紀伊半島南部の沖合は黒潮が激しく流れる熊野灘である。ここを古代の船で安定的に通過するのは、なかなか困難である。その状況は第三章でみるように、いわゆる「神武東征神話」にもあらわれる。このため東国との連絡には陸路に頼らざるを得ない。

　そうなるならば、難波からみて東国との連絡は三輪山南を流れる初瀬川をさかのぼって伊賀に出るのがもっとも有利なルートとなる。伊賀からは陸路では伊勢・美濃・尾張に向かうが、一方、海路として伊勢神宮の外港といってよい大湊《おおみなと》、さらにその北の安濃津《あのつ》から伊勢湾をわたって知多半島・渥美半島、また東日本とつながっていく。このルートは、太平洋岸に沿う陸路が、木曽三川・天竜川・大井川などの大河川の河口部に広い河道や氾濫原がひろがって通行に困難が生じている古代にあって、東国との連絡に重要な役割を果たしていたことは当然だろう。

すなわち、ヤマト王権は古代の先進地域である西日本にとって、あるいは大和・河内の大和川流域に成立した古代政権にとって、もっとも東に成立したこととなる。列島を支配・統治するのに、東国（東日本）への連絡の便な三輪山周辺の地に政治の中心地・王宮をおいたと考えることができる。

さて、先述したようにヤマト王権は四世紀前半に成立したと考えられているが、それは文献史料として『日本書紀』に「はじめてこの国を統治する」との意である「御肇国天皇《はつくにしらすすめらみこと》」と記述されている崇神《すじん》天皇を、実存した可能性のある最初の天皇としたからである。(13) もちろん当時は天皇の称号はなく大王であったろうが、その陵は三輪山周辺の柳本古墳群にある行燈山《あんどんやま》古墳（墳丘長二四二m）と比定され、その築造年代が考古学の立場から四世紀前半とされていることによる。そして『記紀』では、三輪山周辺に成立したヤマト王権が、崇神紀に四道将軍の派遣、景行《けいこう》紀にヤマトタケルの征西・征東などによって支配地を拡大していったことが記述されている。

だが、行燈山古墳は前方後円墳であるがこれがはじめての前方後円墳ではない。それほど遠くない南方に、もっとも古い時期とされ卑弥呼の墓ではないかとの説もある箸墓《はしはか》古墳（二八〇m）がある。その築造年代は、三世紀中期から後期とされている。このことは、崇神朝以前に既に大和盆地に政治的権力が存在していたことを示す。

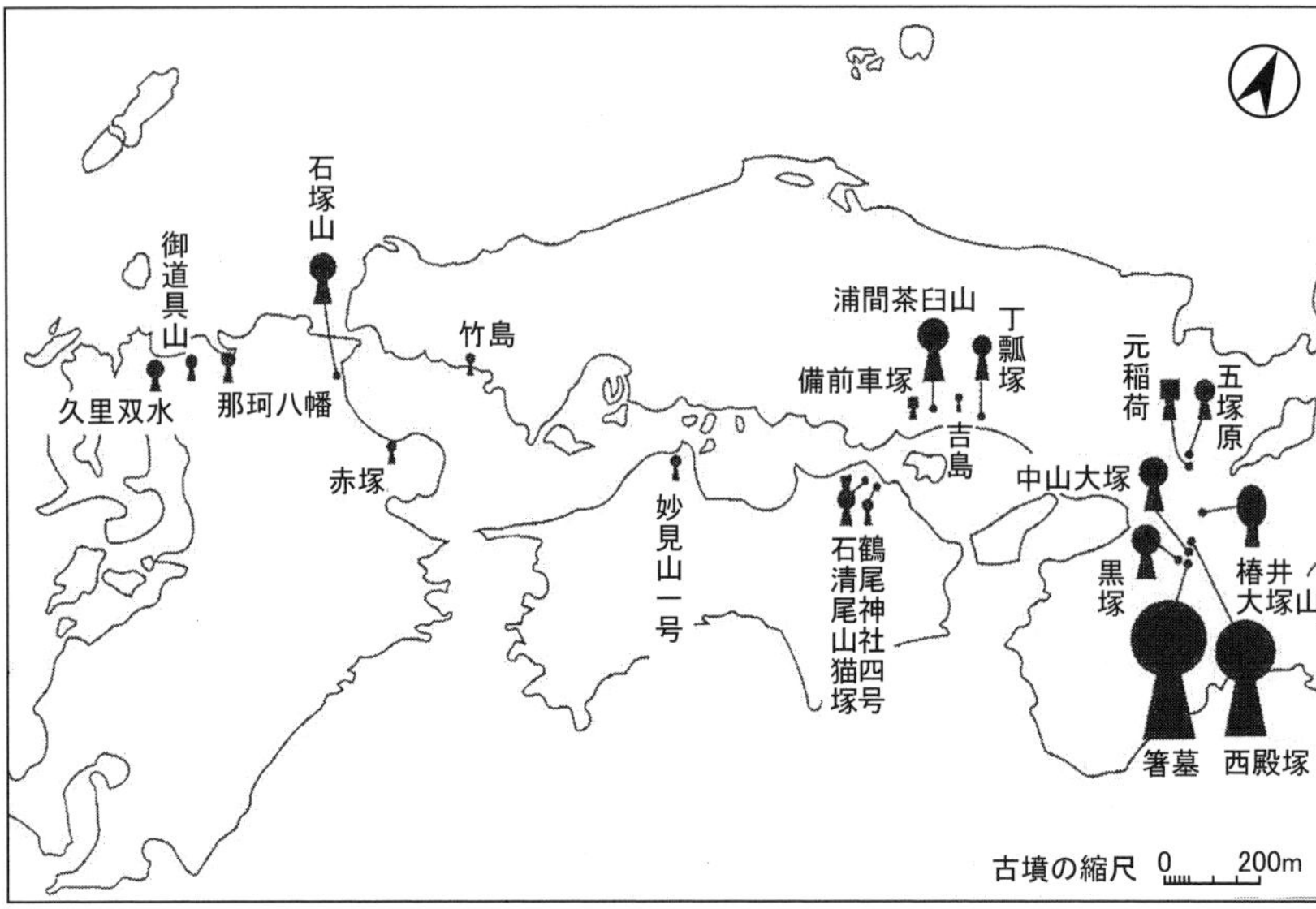

図 1. 12　西日本における出現期古墳の分布

（出典）白石太一郎（1999）:『古墳とヤマト政権』文藝春秋.

白石太一郎氏によるヤマト王権[14]の成立

考古学者白石太一郎氏は、図1・12みる三世紀中葉からと考えられる出現期の前方後円墳の分布から、大和盆地を中心とした邪馬台国が瀬戸内海沿岸、北部九州と連合して西日本連合国家を成立させたと考えている[15]。その前提として、前方後円墳とは後にヤマト王権とよばれるようになった政治連合のなかでその首長がしめる政治的地位、すなわち身分を表示する機能をもっていたとの考えにもとづく。その大きさ等により王権内での身分をどこまで表わしているかは別にして、同じ型の古墳を造るということは政治的つながりがあったとみるのは当然だろう。

また白石氏は、次のような実に興味深いことを指摘する。弥生時代後期（一〜二世紀）、農業を行うにも戦闘を行うにも鉄製品は重要であった。列島内で製鉄が行われていない当時、それは大陸・半島から入手したのか、あるいは鉄素材を輸入して鉄製品としたのかだが、それら鉄資源、さらに先進的文物を入手するのは玄界灘に面する北部九州であり、独占的に支配権をにぎっていた。その支配権を、大和を中心とする畿内勢力と瀬戸内海沿岸地域が連合して奪い取り、また北部九州をおさえこみ配下として西日本連合国家が成立した。そして、その盟主が「魏志倭人伝」にいう邪馬台国であり、その王宮は三輪山周辺の纏向にあった。このことは、三世紀初頭頃を境に中国鏡の分布の中心が九州から畿内に移ることからも、土器ないし土器形式が一方的に畿内から九州北部に渡っていることからもわかるという。

さらに白石氏は続ける。西日本連合国家つまり邪馬台国連合に対抗する勢力が、濃尾平野を中心に形成されていた狗奴国《くぬ》であった。狗奴国は、東海・中部高地・北陸・関東と東日本連合を組んでいた。卑弥呼の晩年、邪馬台国と狗奴国の間で戦いがあったことを「魏志倭人伝」は述べているが、両者の関係は基本的に良好な交易・交渉関係があっただろう。纏向遺跡から東海系の土器が多量出土することから、そのことはわかる。[17] 狗奴国もまた畿内勢力から、鉄製品あるいは鉄素材などの鉄資源を得ていたと考えられる。その後、東日本連合は邪馬台国連合に吸収され、初期ヤマト王権が成立した。

三輪山周辺になぜ、西日本連合国家の盟主・邪馬台国が位置していたのか、それは西日本にあって東日本と連絡・交流するのにもっとも便な地であったからである。つまり、その背後に広大な東日本がひかえているとの地政学的条件からである。そして、この二つの連合国家が三世紀中葉に合体して初期ヤマト王権が誕生したと主張するのである。

国土経営における古代の大和盆地　（白石太一郎氏説の妥当性）

古墳・土器・銅鏡・鉄製品などの考古資料にもとづく白石氏の主張について、たとえば邪馬台国がヤマト王権に直接的につながっていくかなど、筆者にはその妥当性を評価する能力はない。だが、大局的にみて、北部九州から畿内にいたる西日本が連合して邪馬台国連合は成立したとの考えは納得できる。古代の先進地域としては北九州、吉備を中心とする瀬戸内、大和・河内の大和川流域を想定でき、邪馬台国は大和川流域を勢力圏とした国と考えられる。北九州は中国大陸・韓半島と交流する窓口であり、吉備は大陸・半島との交流のある出雲を背後にひかえる。北部九州、吉備、難波は瀬戸内海でつながり、河内と大和は大和川でつながっている。

この条件下で、大和盆地の東南部に位置する三輪山周辺にヤマト王権の王宮が営まれたのである(18)。西日本のなかで、もっとも東に政権は誕生したといってよい。いいかえれば、当時の交通面から東日本にもっとも便な地点に成立したのである。列島での政権であるならば、東日本との関係が当然、重視される。そこに、古代の国土経営における大和盆地東南部の優位性があったのである。そして、東に勢力をひろげて狗奴国（東日本連合）を吸収し、初期ヤマト王権の誕生となった。

大和盆地東南部の東国へ向かう外港は、伊勢湾に面する大湊、安濃津であったと先に述べた。その近くにはアマテラスを主神とする伊勢神宮がある。アマテラスがこの地に祀られたことについて『日本書紀』でみると、当初三輪山周辺の王宮内に祀られていたが崇神朝に笠縫邑《かさぬいむら》（桜井市）に移され、次の垂仁《すいにん》朝に大和の宇陀、さらに近江・美濃を回って今日の伊勢の地に祀られたことが述べられている。このことは、三輪山周辺から東国への連絡としてどのルートが妥当か、結局は伊勢の大湊、安濃津周辺が最適地であったことを伝えているように思われる。東国には、その地の港から船で向かったのである(19)。

ヤマト王権と各地域との政治的つながりを示す前方後円墳であるが、ここで注目すべきことは、列島各地の弥生墳丘墓の各要素が前方後円墳に持ちこまれていることである。たとえば吉備で発達した特殊器台と特殊壺にもとづく埴輪、吉備・讃岐などの板石積みの竪穴式の石室、北部九州からの銅鏡の副葬などである。

また、岡山県倉敷市にある楯築《たてつき》墳丘墓が注目されている。これは弥生時代後期の墳丘墓で直径約四〇mの円墳に、直線的にそれぞれ二〇mの二つの方形の突出部をもっている。この形状から、一つの方形を取り除いたら四〇mの円墳と二〇mの方形よりなる前方後円墳となる。このことからも、三輪山周辺に誕生した政治勢力が支配地を列島にひろげていったというより、瀬戸内地域勢力と大和・河内勢力が連合し、その中心地を三輪山周辺に定めたということが納得できる。

鉄素材についてみると、周知のように「魏志東夷伝」弁辰の条に「国、鉄を出す。韓、濊《わい》、倭《わ》皆従ってこれを取る」と述べられていて、伽耶《かや》を中心とした韓半島南部は倭国にとって鉄素材確保の生命線であった。一方、「魏志倭人伝」には、女王国（邪馬台国）はその連合下（配下）にある諸国に「一大率」という官をおいて監視しているが、諸国は官をたいへん恐れている。とくに伊¥都国（福岡県糸島市・前原市付近）には常駐させて監視し、王が魏の都や帯方郡、韓の国に使いを遣わしたり、帯方郡から使いが来たときは、ここの港で厳重に管理していると記されている。当然、輸入される鉄素材はここで女王国によって一括管理され、ここから他地域に移出されたことだろう。倭国の女王として卑弥呼が共立される前の二世紀後半、「倭国の大乱」があったことを「魏志倭人伝」は伝えているが、鉄の支配権をめぐって北部九州と瀬戸内海以東の国々の争いとする見解もある。

五世紀になると、いわゆる倭の五王の中国南朝宋への朝貢がある。四二一年から四七八年まで一〇回ほど使者が派遣されている。その目的として、倭国王のみならず韓半島南部での軍事的支配権を意味する安東大将軍などの軍事官に除正（任命）され、地位の承認を得ることだといわれている。つまり自らの権威の正当性を得ることである。だが、ただそれだけかという気がする。有名な高句麗の広開土王《こうかいどおう》（好太王）碑には、四〇〇年前後、渡海してきた倭国の兵と戦ったことが刻まれている。なぜこの時期に倭国が韓半島にまで渡海して戦ったのか理解できないところがあるが、韓半島南部の鉄素材の確保が目的であったとしたら実によく理解できる。

倭国連合の盟主としてのヤマト王権の最大の責務は、「鉄を含む海外の先進的文物を共同で入手する機構のリーダーとして、外交・交易・分配システムを安定的に管理すること」との白石氏の主張は、(20)十分説得性をもっていると評価する。

さらに大和盆地東南部は海から遠く、海外からの直接的攻撃にはさらされないとの面もある。仮に攻撃をうけたとしても東国、さらに南の吉野川沿いに避難することができる。古代において、海外との緊張関係がもっとも高まったのは天智元年（六六二）白村江の戦いに敗北した後である。宮は大津京に遷ったが、天武元年（六七二）壬申の乱で勝利したその翌年、天武天皇は飛鳥にふたたび宮を遷した。唐からの攻撃に対して防御性の高かったことが、その背景にあったと考えている。これについては、第二章で詳しく述べていく。

五　藤原京、平城京

藤原京の造営

持統八年（六九四）都は山地から出た直後のところの飛鳥から、そう遠くない畝傍山・香具山・耳成山のある地に遷った。(21)藤原京であるが、図1・13のように復元されている。この図は小澤　毅氏によって作成されたものだが、先にみた岸　俊男氏による復元図（図1・4）に比べて藤原京はかなり広くなっている。その後の遺構の発掘調査により推定されていったもので、東西・南北約五・三㎞の長さをもち東西、南北にそれぞれ一〇区画ずつ集めた、日本ではじめての「条坊制（東西の並びを条、南北の並びを坊）」の都である。その中央に、大極殿・朝堂院などがある正

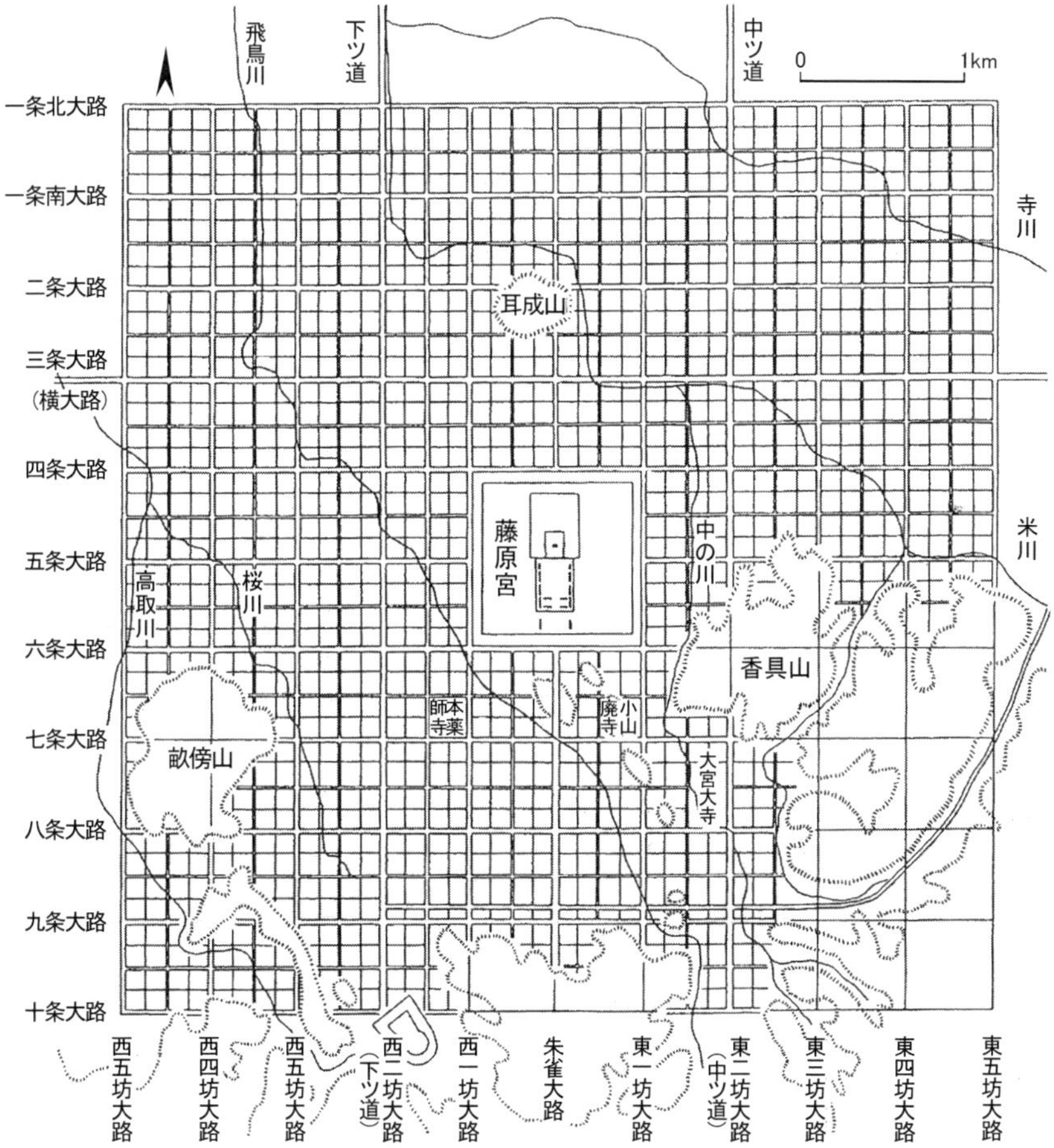

図 1.13　藤原京復元図

（出典）小澤　毅（2003）:『日本古代宮都構造の研究』青木書店，に一部加筆.

方形の藤原宮が位置している。

また、藤原京内には寺川とその支川米川、飛鳥川、曽我川支川高取川などが流れ、その河道は東西南北に曲流している。この状況は現況からの推測と思われるが、もちろん地形に反して人工的に造られた河道であり、水の流れはゆるやかになる。運河として整備されたと考えておかしくない。

藤原京にどれほどの人口があったのか明確ではないが、官僚たち、それに仕えるそれ相応の人数の人々がいたことは間違いないだろう。[22] 彼らの食料をまかなうなどの物資を日常的に運びこむ必要があり、市が開かれていただろう。また、造都のための木材は、先述したように近江の田上山から運びこまれたが、水路が利用されたことは当然だろう。藤原宮大極殿の北方に運河が掘られたことが推定されている。[23]

平城京遷都

藤原京遷都のわずか一六年後の和銅三年（七一〇）、都は大和盆地東北部の平城京へ遷った。その理由として、大宝元年（七〇一）の大宝律令施行による官僚機構の整備のため官人たちの集住を一層徹底させるためとの説、首皇《おびと》子（のちの聖武天皇）のため祖父である藤原不比等が造都を主導したとの説、交通上木津川に近くより利便な地へとの説、藤原京の地が低湿で排水に支障があったとの説などがある。

直接的な理由は、小澤 毅氏などが主張しているように、大宝二年、三三年ぶりの派遣となった遣唐使（執節使・粟田真人）の慶雲元年（七〇四）の帰国だっただろう。派遣の前年、白村江の敗戦後に大和盆地防衛のために造られた高安城が廃止されている。唐との間で平和的な関係を結ぶため遣唐使が派遣されたのだが、彼らが滞在した唐の都・長安での見聞が遷都に重要なインパクトとなったのだろう。長安は京の北端の中心に宮をおき、東西中央部に儀礼の場として国家の威容を誇示すべき幅約一五〇ｍの朱雀大路をとおし、その南端に明徳門をおいた。一方、藤原京は宮を京の中央部におき、朱雀大路にあたる道路も貧弱なものであった。

日本で最初の条坊制の都である藤原京は、中国で孔子が活躍していた時代の古典『周礼』考工記に述べられている都城（京）の理想形を理念として計画されたものであったという。そこには、一辺九里の正方形の中央に宮をおき、側面にはそれぞれ三つずつの門を開き、城内の南北と東西に九本ずつの道路をつくる、左に祖先を祀る廟、右に土地

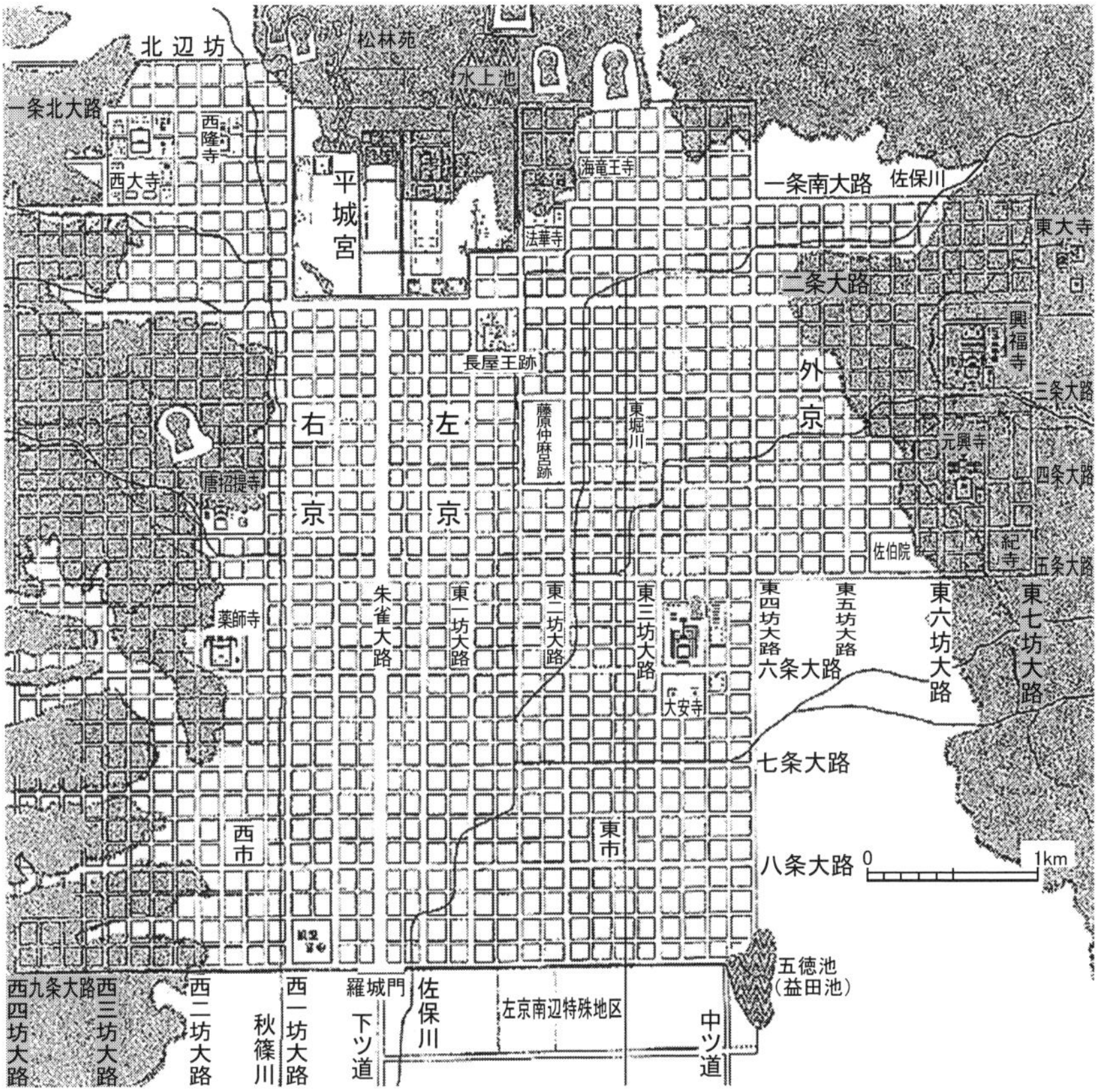

図1.14　平城京復元図

（出典）井上和人（2008）:『日本古代都城制の研究』吉川弘文館，に一部加筆.

の神の社をおき、宮の前面に朝廷、その後方に市を設置することなどが述べられている。たしかに、藤原京は京の中央に宮をおき京内に南北・東西に九本ずつの道路がおかれている。藤原京の計画は、天武朝で既に開始されていたが、天武朝では遣唐使の派遣がなかった。このため唐の情報は十分ではなく、古典『周礼』の理念を念頭において造られたのである。

これに比較し平城京は、長安城をモデルとしたものだった。その復元図は図1・14に示しているが、南北九条（四七八九・八m）東西八坊（四二五七・六m）と南北が少し長い大きさで、宮は北端に配置し、七四・六mの朱雀大路が東西中央に設けられ、その南端には羅城門がつくられた。井上和人氏は、平城京と長安城との類似性について次のような実に興味深い指摘を行っている。(24)

「平城京は長安城の全体形を、長さにして正確に二分の一に縮小した形で九〇度回転させて縦長の京城の規模と形態を決定したもので、したがって面積は正しく四分の一となる。平城京ではその本京部分に外京城(東の張り出し部分)を付加したものであり、形態の上ではきわめて明解な設計の原理に基づいたものである。」

もちろん、平城京が藤原京とまったく関係なく造られたのではない。下ツ道の延長線上に平城京の朱雀大路が計画された。また藤原京の大極殿が移築されるなど、木材・瓦などの建築材料が再利用された。

地形特性からみた藤原京、平城京

平城京への遷都の勅は、和銅元年(七〇八)元明天皇によって下された。『続日本紀』は新たな都について、「四禽《しきん》図《と》に叶い　三山鎮《しずめ》を作す　亀筮並びに従う」(青竜・朱雀・白虎・玄武の四つの動物が、陰陽の吉相に配され、三つの山が鎮護のはたらきをなし、亀甲や筮竹《ぜいちく》による占いにもかなっている)との理由で選定されたと述べる。逆にいえば藤原京は、それと大きく異なっていたのである。

青竜・朱雀・白虎・玄武の四つの動物が陰陽の吉相に配されるとは、陰陽五行思想による四神相応《しじんそうおう》の場所であって、左方である東に流水のある青竜、右方である西に大道のある白虎、正面である南に窪地のある朱雀、後方である北は丘陵のある玄武が配置されていることをいう。だが、藤原京は南と東に丘陵・山地があり南東から北西に勾配は下り、地形的には逆であった。そして天皇が政治を行う宮は京の中ほどにあり、南部の丘陵・山地を距離は少しあるが仰ぎ見る位置にあったのである。この四神相応の思想であるが、七世紀末から八世紀初頭に築かれたとされるキトラ古墳、藤原京の時代（六九四〜七一〇年）に築かれたとされる高松塚古墳の石室の壁画として描かれている。このことから、七世紀末には間違いなく知られている。だが、京の配置との関連で理解されていたのかは不明である。

文武朝大宝元年（七〇一）正月元日の藤原宮での儀式で、大極殿の正門に烏幡（先端に烏の像の飾りをつけた旗）、左（東）には日像（日の形をかたどる）、青竜・朱雀を飾った幡、右（西）側に月像・玄武・白虎の幡が立てられていた。東西南北ではなかったのである。このことから、京の配置との関連で理解されるようになったのは、あるいは慶雲元年（七〇四）の遣唐使の帰国後であったかもしれない。

藤原京は、その地形のため排水は南から北に流下し、南部からの排・下水は宮の方向に流下していた。『続日本紀』によると、慶雲三年（七〇六）の記事に「京の内外にけがれた悪臭があるという」とある。また京内の河道が激しく曲流していたので、出水のときには排・下水から氾濫していたであろう。都市構造の根本に問題があったのである。一方、遷都した平城京は、地形は北から南に下り、京のもっとも北に宮は設置された。「南面する天子」が丘陵を仰ぎ見ることはなかった。そして、最小の小路でも幅一・八mの側溝が両側につくられ、その延長は七〇〇kmにも及んだという。しっかりと排水網が整備されたのである。

なお長安城は、地形的には東南が高くおだやかに北に下っているが、すぐ近くに丘陵がそびえているのではない。広い平地上に造られ、皇帝の居住する大明宮《たいめいきゅう》は長安城の北辺の中央に位置し、その中核であり遣唐使など外国の使節が参上した含元殿《がんげんでん》は一五mの土台の上に建造された。そこから長安の街が一望できたのである。また、寡雨地域であるので氾濫の心配はほとんどない。

平城京内の河道をみると、佐保川、東堀川、岩井川、秋篠川（西堀川）などは南北・東西に曲流している。明らかに人工的に整備されたのである。そして中央道である朱雀大路の出口に佐保川が位置している。この付近に港があって佐保川で運搬された人・物資はここで降ろされ、ここから平城京内に運びこまれたのであろう。また東市が東堀川、西市が西堀川に接してある。京内の河道が物資の運河となっていたことは当然だろう。

河川からみれば、平城京は佐保川を中心に、あるいは佐保川を正面において整備されたとみてよい。佐保川上流には船橋という地名があり、この地の舟運の盛んであったことを示している。筆者は、遷都当初、表玄関である羅生門近くにあっただろう佐保川の港が平城京の外港であったと考えている。

平城京と国土経営

国土経営の観点から平城京をみてみよう。低くなだらかな奈良丘陵を越えると、そこには淀川支川木津川が流れている。東に向かう陸路は、奈良丘陵を越えて木津川、支川伊賀川、さらにその上流柘植川に沿い加太峠をとおる。その後、鈴鹿川上流部に出、鈴鹿川沿って亀山・鈴鹿に出るルートが整備された。その途中に鈴鹿関があった。

東国への外港である伊勢の大湊・安濃津には、難波と大和をむすぶ竜田越の東の延長線上に大和高原をとおって名張に出る道が整備されただろう。この陸路が、初瀬川から宇陀川さらに雲出川に沿うルート、また木津川から鈴鹿川沿いを通るルートと異なるのは、河川沿いという自然地形を利用するのではなく、高原上にまったく人工的に造られたことである。

さらに平城京が大和盆地東南部と大きく相違するのは、北方との連絡である。山背・近江と連絡し、さらに日本海沿いの越の国へとつながっていく。舟運からみると、淀川水系木津川から宇治川をさかのぼっていくと琵琶湖に出、日本海と連絡する。木津川には、港として泉津（後の木津）が開かれ、やがて平城京の外港となった。泉津から平城京までは奈良丘陵を越える約五㎞の陸路であったが、外港となったのは聖武朝に恭仁京、難波京へ遷都した後、ふたたび平城京へ帰ってきた奈良時代後半の天平一七年（七四五）以降になってからと考えている。この背景には、大和川舟運に支障が生じ、機能しなくなったことを考えている。これについては、第四章でさらに述べていく。

六　今日の景観の形成時期

今日見る東西南北方向に卓越した条里制の施行時期について、明治末年以来議論が行われていた。とくに和銅三年（七一〇）の平城京遷都の前か後かが、平城京条坊制との関連で議論されてきた。だが今日でも決着をみていない。一方、今日見る条里制の遺構は、一一世紀から一二世紀に整備されたとの主張もある。筆者は、大古墳を造ってきたその技術力から、大和盆地内の河道を人工的に十分整備できるとの判断にもとづき、東西方向に卓越した河道は平城京遷都以前に造られてきたと考え述べてきた。もちろん今日見る遺構が、その当時のそのままの状況であるとは主張しない。それ以降、洪水氾濫などに起因し再整備が行われてきたことは十分、想定される。

ここで、今日見る条里制の遺構は一一世紀から一二世紀に整備されたとの宮本誠氏の主張をみていこう。[25]宮本氏は、奈良県で行われた遺跡発掘調査およびこれらを総合分析した中井一夫氏の研究[26]にもとづき、曽我川と寺川は往古には図1・15のように合流していて、飛鳥川はさらに上流で合流していたという。そしてここが川であったとき、その形態は天井川ではなく掘り込み河道であったという。川跡は堆積土砂により推測されるが、時代設定は川底近くから一二世紀の瓦器が出土したことからの推定である。そして当時、旧曽我川は東西に卓越していない自然河道であろうと推定している。

この河道に一二世紀に洪水が走ったことは間違いないであろう。だからといって一二世紀の河道がここであったと

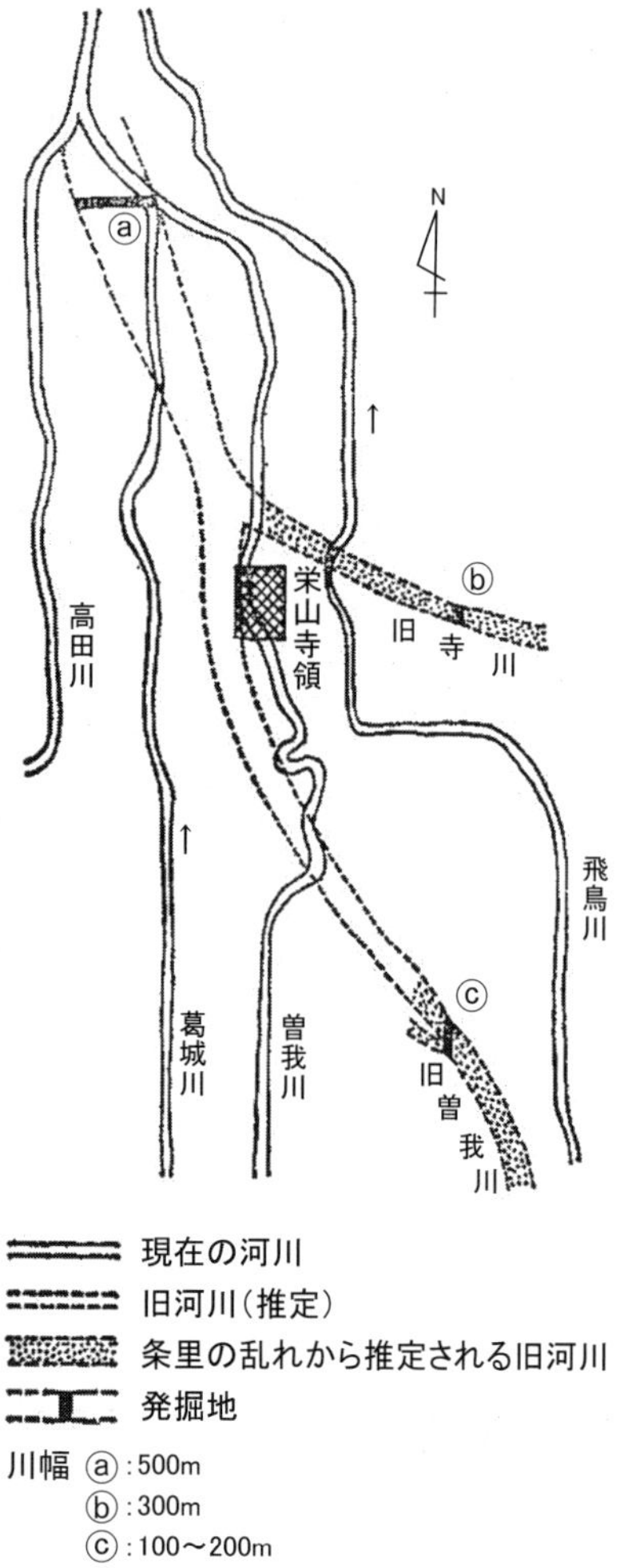

図 1.15　蘇我川・寺川想定復元図

（出典）宮本　誠（1994）：『奈良盆地の水土史』農山漁村文化協会.

は即座に判断できない。曽我川あるいは初瀬川規模になると、河川技術的にみて河道を一気に付け替えることはしないだろう。舟運・灌漑用の水路（運河）を造り、そこに通常時の水は流す。一方、大出水は旧来の河道に流していただろう。山地から土砂が流出するのは出水時であるから、旧来の河道は出水時に次第に埋没していく。これと前後しながら付け替えられた水路の規模は大きくされ、やがてここが本河道となる。このようにして今日の河道となったと想定している。(27)

（付）応神・仁徳紀にみる国土開発

『日本書紀』は、応神紀、仁徳紀、なかでも仁徳紀に国土開発について多く記述している。まず応神紀には、韓人《からひと》池、剣池、軽池、鹿垣《かのかき》池、厩坂《うまやさか》池がつくられたと記す。また、依網《よさみ》池をうたった歌がある。これらの池は、灌漑用の溜池だろう。

仁徳紀をみると、和珥《わに》池をつくったこと、山背の栗隈県《くるくまのあがた》（京都府宇治市大久保付近）に大きな溝（用水路）を掘って水を引いてきたこと、同様に大きな溝を掘り大和川支川石川から水を引いてきて四カ所の野の開墾を進めて田を得たこと、また淀川右岸に茨田堤《まむた》、河川はどこかわからないが横野堤を築いたことが記されている。耕地開発が熱心に進められたことの反映だろう。

さらに難波の堀江が、上町台地最北方にある高津宮の北に掘られた。今日の淀川大川であり、そこに難波津が造られるのであるが、自然に堆積していた砂州を掘ったのだろう。また猪甘津《いかいのつ》に橋をわたしたこと、京の中に大道をつくり丹比邑《たじひのむら》に至ったことを述べ、交通路の整備も進めたことが述べられている。

これらの記述には後世の潤色が入っていることは十分考えられるが、応神・仁徳朝でそれなりの国土開発が進められたことを否定できないだろう。それも主に河内平野においてである。ここには大きな河内湖があり、その周辺でも開発は進められたであろう。だが、淀川・大和川が流れこんでいたので限界があった。古代での開発可能性は、大和盆地の方がずっと大きかったと判断している。河内湖の全面的な耕地開発が進められるのは、近世中期、大和川付替が行われた後である。

さて、応神・仁徳朝の年代であるが、四二一年に南朝の宋に使者を出した最初の倭国王である讃《さん》は、応神天皇あるいは仁徳天皇、さらに仁徳を継いだ履中《りちゅう》天皇の説がある。いずれにせよ応神・仁徳朝は四世紀終わりから五世紀初期にかけてであるが、この時代は須恵器・金工品などの手工業、馬の生産が新たに韓半島からもたらされた時期である。『日本書紀』では、応神紀に縫衣工女《きぬぬいおみな》が百済王から送られたこと、秦氏の祖先とされる弓月君《ゆつきのきみ》、文字を伝えたとされる王仁《わに》の百済からの渡来が述べられている。その背景として、高句麗の南下により韓半島南部が圧迫をうけ、多くの渡来人が列島に来たことがあげられている。高句麗の広開土王（好太王）碑には、その南下に対抗し、四〇〇年前後に倭国が渡海して戦ったことが刻まれている。これら渡来人の指導により、新たな国土開発が進められたことは十分想定される。

茨田堤の築造について『日本書紀』は、朝貢してきた新羅人を使ったと記している。またこの築造で、困難をきわめた二カ所をふさぐため神のお告げとして、武蔵の人・強頸《こわくび》と茨田連衫子《ころもこ》を人柱にしようとした。強頸は泣き悲しんだが水の中に没して死んだ。一方、衫子は匏《ひさご》を水の中にいれ、沈んだら自ら水の中に入るが沈まなかったらその神は偽りの神として死なないとし、結局は水の中に入らなかった。

ここで注目したいのは、茨田堤築造の現場に武蔵の人がいたことである。なぜ遠くから築造工事にやってきたのか、たんたる作業人ではなく河川工事の経験のある技能者でなかったかと考えている。武蔵の開発には治水が重要であったことがその背景にあったのだろう。

ここで、応神天皇陵とされる誉田山《こんだやま》古墳、および仁徳天皇陵とされる大仙陵《だいせんりょう》古墳の立地について少し考えてみよう。前者は古市古墳群の一つで、後者は百舌鳥《もず》古墳群の一つである。

古市古墳群については先述したように、大和川からそれほど離れていない場所に立地する。大和川を通じて大和盆地、大阪湾の難波津と連絡する。一方、百舌鳥古墳群は古市古墳群のほぼ西にあたる大阪湾沿いの上町台地上に位置する。この台地の北端に仁徳の宮である高津宮があったとされ、そのほぼ南に大仙陵古墳は築かれたのである。今日、大仙陵古墳と高津宮の間は近世に開削された大和川によって分断されているが、それ以前はひと続きの台地上にあった（図5・6参照）。つまり大仙陵古墳と高津宮は、平坦な陸路でつながるのであり、また古市古墳群と百舌鳥古墳群も先述した大津道（長尾街道）、丹比道（竹内街道）でつながる。もちろん五世紀はじめであるから、律令時代と比べるとお粗末なものであったろうが、陸路で連絡できた。そして大和盆地と連絡する。

さらに百舌鳥古墳群で重要な立地条件は、海岸に沿って造られたことである。今日、土砂の堆積、埋立によって海岸線は少し離れているが、五世紀頃はよほど近いところにあっただろう。この海岸に流域面積約七八平方㎞の石津川が流れていた。歴史地理学者日下雅義氏の研究により、この海岸線には往古は入江（ラグーン）があってそこに石津川は流出していたとされる。[28] この入江は、港として利用されていたことは間違いないだろう。つまり、百舌鳥古墳群のすぐ近くの南の大阪湾に港があったのである。海外から使者は、巨大な百舌鳥古墳群を東に見て港に入り、ここから大和に向かったことが想定される。

だが、この入江（潟湖）は、石津川からの流出土砂によってそう遠からず埋没していっただろう。

（注）

（1）延喜六年（九〇六）から始められ、延長五年（九二七）に最終的にまとまった法典

（2）千田　稔『埋れた港』学生社、一九七四

（3）『日本古典文学全集』小学館、一九七一

（4）以下、『日本書紀』については、井上光貞監修『日本書紀』上、下、中央公論社、一九八七による。

（5）岸　俊男「古道の歴史」坪井清足・岸　俊男編『古代の日本』第五巻、角川書店、一九七〇

（6）千田　稔「古代畿内の水運と港津」上田正明編『探訪古代の道』第二巻、法蔵社、一九八八

（7）『新修大阪市史』第一巻、大阪市、七四五頁、一九八八

（8）岸　俊男「古道の歴史」前出

（9）秋山日出男「条里制地理の施行起源」橿原考古学研究所編『日本古文化論攷』吉川弘文館、一九七〇

（10）古代史シンポジュウム「発見・検証日本の古代」編集委員会編『前方後円墳の出現と日本国家の起源』一三二頁、角川文化振興財団、二〇一六

（11）『新修大阪市史』第一巻、七九五頁、前出

（12）高橋美久二『古代交通の考古地理』大明堂、一九九五

（13）吉村武彦『ヤマト王権』岩波書店、二〇一〇

（14）白石氏は、ヤマト政権を日本列島各地の政治勢力の連合体、ヤマト政権の盟主でもあった畿内の政権をヤマト王権と区別しているが、ここでは区別せずヤマト王権とする。

（15）白石太一郎『古墳とヤマト政権』一四～六九頁、文藝春秋、一九九九
白石太一郎「前方後円墳の出現と終末の意味するもの」『前方後円墳の出現と日本国家の起源』、古代史シンポジウム「発見・検証日本の古代」編集委員会、二〇一六

（16）大和川流域からなる邪馬台国を中心に邪馬台国連合が成立し、後にヤマト王権に発達したとの白石太一郎氏の主張に対し、寺澤　薫氏は邪馬台国連合を否定し、纏向を大王の都とした連合国家をヤマト王権としている。（寺澤　薫「王権はいかに誕生したか」『纏向発見と邪馬台国の全貌』、古代史シンポジウム「発見・検証日本の古代」編集委員会、二〇一六）

（17）今日、発掘されている土器について、吉備、讃岐、阿波、播磨などの中・東瀬戸内地方、山陰、北陸、伊勢湾沿岸、畿内他地域からの搬入土器が量的に全体の約一五％、さらに他地域の土器形式のものを含めると三〇％近くを占めるといわれる。一方、北部九州からの土器は少ない。（古代史シンポジウム『纏向発見と邪馬台国の全貌』六九頁、前出）

（18）白石太一郎氏は、古墳がその政治勢力の本貫地に営まれ、政治の中心地を古墳のある地域としている。これに対して吉村武彦氏は、王宮の所在地が王権の中心地であるとしている。そして、仁徳天皇の難波の高津宮など、わずかを除いて大和盆地東南部で政治は営なまれたとしている（吉村武彦『ヤマト王権』岩波書店、二〇一〇）。古墳は、母親の出身地など大王とゆかりのある場所に築造されるとするのだが、筆者には吉村氏の説が妥当のように思われる。

（19）伊勢湾に面する丘陵上にあり古墳時代初頭の前方後円墳である宝塚一号墳（一一一m、松阪市）からは、日本最大の全長一四〇㎝の船形埴輪が発掘され、古墳時代、伊勢湾で海での舟運が盛んであったことを示している。

（20）白石太一郎『近畿の古墳と古代史』、二六頁、学生社、二〇〇七

（21）明日香村の伝飛鳥板葺宮跡から藤原宮までは、歩いて一時間弱の距離。

（22）藤原京の人口について、少ないもので一～三万人、多いもので三～五万人の推計がある（高島正憲『経済成長の日本史』一七三頁、名古屋大学出版会、二〇一七）。なお奈良文化財研究所『「藤原宮と京」展示あんない』第4版、二〇〇四、は約二～三万人としている。

(23) 小澤　毅『日本古代宮都構造の研究』、二〇〇三頁、青木書店、二〇〇三
(24) 井上和人『日本古代都城制の研究』、四〇頁、吉川弘文館、二〇〇八
(25) 宮本　誠『奈良盆地の水土史』、四一～五四頁、農山漁村文化協会、一九九四
(26) 中井一夫「奈良盆地における旧地形の復原」『関西大学考古学研究室開設参拾周年記念考古学論叢』、一九八三
(27) 詳細は、松浦茂樹『国土の開発と河川』三一～三四頁、鹿島出版会、一九八九
(28) 日下雅義『地形からみた歴史』講談社、二〇一二

(参考文献)

『新修大阪市史』第一巻、大阪市、一九八八
『纒向発見と邪馬台国の全貌』古代史シンポジュウム「発見・検証日本の古代」編集委員会、二〇一六
『騎馬文化と古代のイノベーション』古代史シンポジュウム「発見・検証日本の古代」編集委員会、二〇一六
『前方後円墳の出現と日本国家の起源』古代史シンポジュウム「発見・検証日本の古代」編集委員会、二〇一六
古代交通研究会編『日本古代道路事典』八木書店、二〇〇四
条里制・古代都市研究会編『古代の都市と条里』吉川弘文館、二〇一五
石川日出志『農耕社会の成立』岩波書店、二〇一〇
伊藤敦史『都はなぜ移るのか』吉川弘文館、二〇一一
井上和人『日本古代都城制の研究』吉川弘文館、二〇〇八
井上光貞監修『日本書紀』上、中央公論社、一九八七
井上光貞監修『日本書紀』下、中央公論社、一九八七
上田正明編『探訪古代の道　第二巻　都からの道』法蔵社、一九八八
宇治谷　孟『続日本紀』全現代語訳、講談社、一九九二
近江俊秀「古代大和の河川交通」古代学協会編『古代文化』六三巻四号、二〇一二
大塚初重『邪馬台国をとらえ直す』講談社、二〇一二

小澤　毅『日本古代宮都構造の研究』青木書店、二〇〇三
岸　俊男「古道の歴史」坪井清足・岸　俊男編『古代の日本』第五巻、角川書店
木下　良編『古代道路』吉川弘文館、一九九六
坂上康俊『平城京の時代』岩波書店、二〇一一
白石太一郎『東国の古墳と古代史』学生社、二〇〇七
白石太一郎『近畿の古墳と古代史』学生社、二〇〇七
白石太一郎『古墳とヤマト政権』文藝春秋、一九九九
千田　稔『埋れた港』学生社、一九七四
高橋美久二『古代交通の考古地理』大明堂、一九九五
藤岡謙二郎『大和川』学生社、一九七二
北條芳隆・溝口孝司・村上恭通『古墳時代像を見直す』青木書店、二〇〇〇
松浦茂樹『国土の開発と河川』鹿島出版会、一九八九
三浦佑之『口語訳　古事記』文藝春秋、二〇〇二
宮本　誠『奈良盆地の水土史』農山漁村文化協会、一九九四
吉川真司『飛鳥の都』岩波書店、二〇一一
吉村武彦『ヤマト王権』岩波書店、二〇一〇

第二章　天智天皇（中大兄皇子《なかのおおえ》）と天武天皇（大海人皇子《おおあま》）の遷都戦略

中大兄皇子（後の天智天皇）の政治主導のもと、近江の大津京に都が遷《うつ》されたのは天智六年（六六七）である。その四年前、韓（朝鮮）半島錦江河口付近での白村江の戦いで倭国（日本）は唐・新羅軍に大敗北を喫していた。その後、唐軍から使者がやってきて戦後処理をめぐり厳しい交渉が行われた。その最中での遷都である。その五年後の天武元年（六七二）、飛鳥浄御原宮《きよみはら》に遷ったが、それは古代最大の内乱である壬申の乱をへてである。壬申の乱に勝利した大海人皇子（後の天武天皇）が、古京である飛鳥に立ち帰りここに都を遷した。

このように、緊迫した国際関係、国内の大動乱のなかで政治の中心地、宮都は遷っていった。なぜこのような遷都が行われたのか、あるいは何を目的にして行われたのだろうか、国土経営の観点から考えていきたい。まずは倭国ともきわめて深いつながりのある韓半島の動向からみていく。

一　韓半島の動向

六世紀はじめの韓半島では、北部に高句麗、中部の東海岸に新羅、西海岸に百済が鼎立し、対馬に近い南部には伽耶《かや》諸国があった。百済は伝統的に倭国と友好関係にあり、伽耶は倭国と親密な関係にあった。高句麗とは、広開土王《こうかいどおう》（好太王）碑に書かれているように長らく敵対関係にあった。

六世紀になって韓半島の勢力関係は大きな変動をみた。それまで高句麗の支配下におかれていた新羅が成長し、領土拡大を図っていったのである。新羅は五二〇年に律令をほどこし、翌年には百済をかいし南朝梁にはじめて使者を遣わした。五二四年には本格的に伽耶南部に進出し、五四〇年代から高句麗領に攻めていった。五五二年には、百済が高句麗から奪回していた漢城地方を占領し、ついに西海岸にまで領地を拡大した。そして五五四年百済との戦いに大勝し、五六二年には大伽耶を滅ぼしたのである（図2・1）。

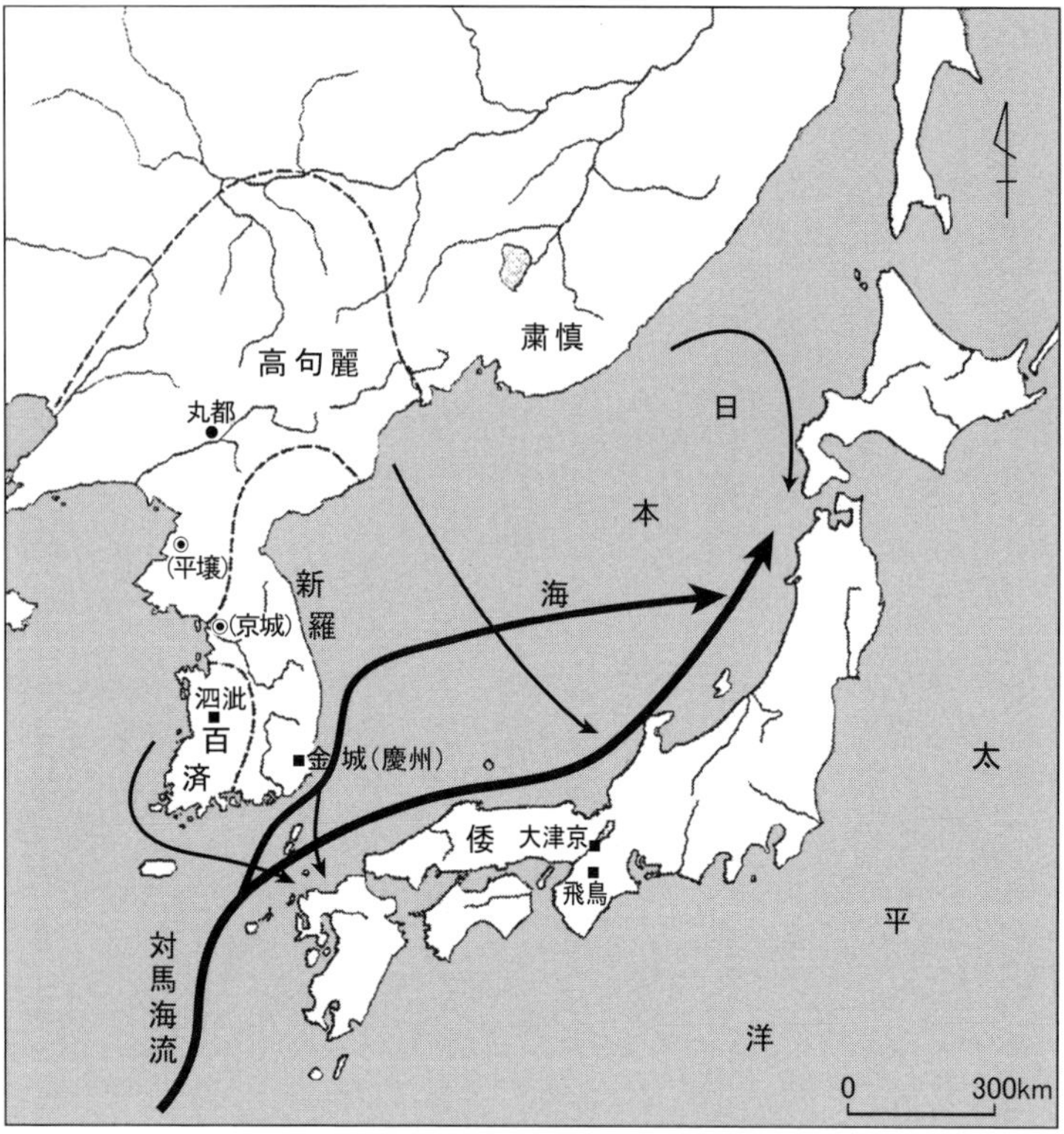

図 2.1　6 世紀後半韓半島 3 国と倭国

（出典）小嶋芳孝（1990）:「高句麗・渤海との交流」『日本海と北国文化』小学館，に一部加筆.

このような新羅の急速な領土拡大に対し、高句麗はそれまで敵対していた倭国に使者を遣わし、五七〇年代からは高句麗と倭は良好な関係となった。それを象徴するものとして、聖徳太子の師となった慧慈《えじ》の倭への派遣がある。

この後、侵攻してくる新羅と共同戦線をはる百済・高句麗の間で戦闘が行われたが、倭国はこれに深くかかわっていく。五八九年、中国大陸に統一王朝隋が成立すると、韓半島は一気に緊張が高まった。国境を接する高句麗と隋が敵対していったのであり、三回にわたり隋による高句麗遠征が行われた。しかし攻略はできず、隋の滅亡となって六一八年新たに唐が建国した。

新羅と百済・高句麗の戦争は、百済・高句麗勢が優勢となり六四二年新羅は存亡の危機に立たされた。その回復に新羅は唐へ接近していったのである。六五五年百済・高句麗軍が新羅北部に進入すると、新羅は唐に援軍を要請した。六五八年とその翌年、唐は高句麗を攻撃したが、六六〇年には新羅とともに百済に侵攻し滅亡させた。そして唐は百済の地を支配下においたのである。

この状況に対し倭は、失地回復をはかる百済の一部王族の救援として軍を送った。だが、天智二年（六六三）白村江の海戦で惨敗となり退却したのである。その前年、高句麗からの救援要請があり、倭は将軍を派遣し防御にあたっていた。この惨敗後、倭は唐・新羅軍の侵攻を恐れ、水城《みずき》そして大野城《おおのき》、長門城《ながとのき》、屋嶋城《やしまのき》、高安城《たかやすのき》などの山城を防衛のため設置した。

一方、韓半島では唐が新羅の協力のもと高句麗を六六一年から攻撃を開始し、ついに六六八年攻略した。高句麗は滅亡し、その土地は唐の支配下におかれたのである。その後、高句麗遺民の執拗な反乱が行われたが、その最中、新羅は唐軍の支配下にあった旧百済領に進撃し、六七〇年には八二城を占領した。その後、六七六年までの唐軍との戦闘で、新羅は大同江以南を領有した。その前の六六八年、唐との戦争に備えて新羅は使者を倭国に送り、倭に対して戦意のないことを明らかにした。これ以降、新羅と倭との緊張関係は緩和していった。

二　白村江の戦い惨敗後の国際関係

白村江で惨敗をしたのち中大兄皇子ひきいる倭国は、厳しい国際情勢化におかれた。この状況について『日本書紀』にもとづき二期に分けて整理しょう。

二・一　白村江の戦いから高句麗滅亡まで（表2・1）

白村江惨敗の九カ月後の天智三年（六六四）、唐の百済占領軍は使者を送ってきた。使者が帰ったのは七カ月後であるが、彼らとの間で戦後処理をめぐり厳しい交渉が行われたことは想像に難くない。この年に対馬・壱岐島・筑紫国（福岡県）などに防人が配備され、さらに烽火《のろし》が準備された。また、筑紫の大宰府を守るために水城が築かれた。これらは、当然のことながら唐軍の侵攻に備えてである。

唐は倭に何を要求したのだろうか。当時、唐は高句麗攻略を進めていた。この攻略への積極的な協力、つまり倭軍の派遣を要請したと想定される。これに応じなかったら倭に侵攻するとの脅しをかけながら。これに対し倭は、使者の帰国前に物を贈り饗宴を行っている。饗宴を催すとは、友好的な立場の表明である。このことから、倭は唐のこの要請を全面的に否定するのではなく、軍人を多く失った今、すぐに軍を派遣することはできないなどと応え、しばしの時間を与えてくれとの返答でもって引き返させたとするのがもっとも妥当だろう。

天智四年（六六五）になると、長門国（山口県）に山城一城、および筑紫国に山城二城を百済からの亡命者の指導により築いた。このころ対外政策を行う現地機関として、大宰府に政庁がおかれたとされている。筑紫国の山城は、

表 2.1 『日本書紀』にみる白村江の戦いから高句麗滅亡までの国際関係

年　月	事　項
天智2年（663）8月	・白村江の戦いで敗北
天智3年（664）5月	・百済の唐軍鎮将（百済を占領した唐軍の将）が、上表文と贈り物をもった使者を倭国に遣わす.
10月	・使者を送り帰す勅を出す. 使者に物を贈り饗宴を行う.
12月	・使者は帰国する.
天智3年（664）	・対馬・壱岐島・筑紫の国に防人と蜂火（のろし）を置く. 大宰府に水城を築く.
天智4年（665）2月	・百済の百姓男女400人余を近江国神前郡に住まわせる.
3月	・近江国神前郡の百済人に田を与える.
8月	・長門国に1城，大宰府周辺に大野城ほか1城を築かせる.
9月	・唐が計254人の使者を遣わせてきた. 使者は7月28日に対馬，9月20日に筑紫に着く. 同22日上表文を差し出す.
10月	・菟道（京都府宇治市）で大規模な閲兵を行う.
11月	・唐の使者に饗宴を行う.
12月	・唐の使者に物を贈る. 使者は帰国する.
	・唐に使者を遣わす（唐からの使者を送るためか）.
天智5年（666）正月	・高句麗が使者を遣わせてくる.
6月	・高句麗の使者が帰国する.
	・高句麗が使者を遣わせてくる.
冬	・百済の男女2,000余人を東国に住まわせる. これまでの3年間は，食料を授けていた.
天智6年（667）3月	・都を近江（大津宮）に遷す.
10月	・高句麗で内乱が生じる.
11月	・百済の唐軍鎮将が，4年に唐に遣わしていた遣唐副使らを使者とともに大宰府に送ってきた. 同月使者は，倭国からの送使とともに帰国する.
11月	・大和に高安城，讃岐に屋嶋城，対馬に金田城を築く.
天智7年（668）正月	・中大兄皇子は皇位につき，天智天皇となる.
	・唐軍の使者の送使が帰国し，報告する.
4月	・唐の支配下にある百済から使者が来る. 同月，帰国する.
5月	・天智は蒲生野（滋賀県）で狩猟する. 群臣がことごとく従う.
7月	・高句麗から越（北陸の日本海沿岸）を経由し使者が来る. 風波が強くてすぐに帰ることができず.
7月頃	・近江国で武術の訓練を行い、牧場を数多くつくって馬を放牧する.
	・蝦夷を饗応する.
9月	・新羅から使者が来る. 鎌足が新羅の高官に船一般を授け，使者に託す. また新羅王に調を運ぶための船一般を授け、使者に託す.
10月	・唐が高句麗を滅ぼす.
11月	・新羅王に絹50匹，錦500斤，韋（おしかわ）100枚を贈り，使者に託す. 使者らに物を贈る. 帰国する新羅の使者とともに，使者を遣わす.
天智7年（668）	・沙門道行が草薙剣を盗んで新羅へ逃走した. だが途中，風雨にあって行くへに迷い，また戻ってくる.

この周辺におかれた。この年九月、唐から二四五人の使者が送られてきた。倭に一層の圧力をかけるためだろう。これに対し二カ月後の一一月に饗宴を行い、その翌月物を贈って使者を帰らせた。あわせて唐に使者を遣わしている。

その饗応はどこの地で行われたのだろうか。『日本書紀』は、その前年に中臣鎌足が使者を送って物を贈ったと記述している。都から遠方である大宰府で饗応が行われたと想定しておかしくない。一方、天智四年の饗応ではそのような記述はない。大宰府ではなく、朝廷のある飛鳥あるいは難波で行ったのだろうか。饗宴を催す前、倭は菟道《うじ》（京都府宇治市）で大規模な閲兵を行っている。菟道は、近江（滋賀県）に近く陸路によって大和に通じ、淀川によって瀬戸内海・筑紫と連絡する。三方に通じた要衝の地である。この閲兵は、唐の使者が畿内にやってくることに対し、白村江の戦いで大きな痛手を負った倭国軍の回復状況の確認が目的だったのだろうか。あるいは畿内にやってきた唐の使者に対し、軍備が整っていることを示威するためだろうか。

翌天智五年（六六六）になると、同盟国であった高句麗が使者を送ってきた。高句麗への唐の攻勢がいよいよ激しくなり、その援軍を求めてであろう。使者は半年後に帰国したが、その四カ月後、再びやってきた。高句麗は使者を常駐させて緊迫した状況を伝え、倭に協力を求めたのだろう。その五カ月後、天智六年三月であるが、中大兄皇子は都を近江（大津宮）に遷したのである。

天智六年（六六七）冬、唐は天智四年に倭が送った使者を連れ、新たに使者を遣わしてきた。しかし、以前のように饗応や物を贈るなどが行われず、四日後には倭からの送使とともに唐の使者は帰途についた。この同じ月に、大和国に高安城（奈良県生駒郡）、讃岐国（香川県）に屋嶋城、対馬国に金田城《かなたのき》が築かれ防備がはかられた。中大兄は、高句麗側に立つ、少なくとも唐への協力を積極的には行わないと決めたと考えてよいだろう。ちなみに、高安城は大和にとって最後の防衛線である（図1・1参考）。大和の防衛が重視されていたことがわかる。このことから、大津京が攻撃されたら大和に逃げることも想定していたと思われる。

天智七年（六六八）になると、その正月に中大兄は皇位につき天智天皇となった。その直後、前年に唐の使者に随行していった送使が帰国し報告した。送使により、唐からの要請が伝えられたのであろう。さらにその三カ月後、唐の支配下にあった百済から使者がきた。滞在一〇日で帰途についたが、ここでも唐の要請、つまり高句麗攻略の協力が要請されたのであろう。拒否したら侵攻するとの威圧的な脅しを伴っていたことは、十分想定される。

使者が帰途についた二〇日後、天智は群臣ことごとく従えて蒲生野（近江国）で遊猟を行った。遊猟とは軍事演習と考えてよいだろう。唐軍の侵攻がいよいよ現実を帯びてきたと天智は考えたのだろうか。その二カ月後、高句麗が北陸の日本海沿岸（越）を経由して使者を送ってきた。高句麗との間で日本海を通じてのルートが間違いなくあることがわかる。このころ近江国では武術の訓練が行われ、牧場には馬が放牧された。緊張が高まっていることがわかる。また、蝦夷を饗応している。兵士としての徴発を期待してのことだろうか。

この後、事態は大きく動く。この二カ月後、新羅から使者がやってきたのである。この使者を通じて中臣鎌足は、新羅の上臣に船一艘を贈った。また、新羅王へ調（贈り物）を運ぶための船一艘を与えた。その一カ月後、高句麗は唐軍の攻撃により滅亡した。高句麗滅亡を前にして、敵対関係にあった新羅との間で新たな関係をつくったのである。新羅は、唐との間で戦闘をともなう緊張関係におちいることを予測して、早くもこのような行動をとったのであろう。

二・二　高句麗滅亡から飛鳥浄御原《きよみはら》宮遷都にかけて（表2・2）

高句麗滅亡の一カ月後、倭に滞留していた新羅の使者に、新羅王への贈り物として絹五〇匹、錦五〇〇斤、韋《おしかわ》一〇〇枚を託し、また使者らに物を贈った。さらに帰国する新羅の使者とともに、倭は新羅に使者を遣わした。

表 2.2 『日本書紀』にみる高句麗滅亡後の国際関係

年　月	事　項
天智 8 年（669） 5 月	・天智は山科野（京都市）で狩猟する．群臣がことごとく従う．
8 月	・天智は高安嶺に登り，城の修築を協議するが，民が疲弊しているとして，工事は中止となる．
9 月	・新羅から使者が来る．
冬	・高安城を修築し，畿内の田税をそこに収める．
天智 8 年（669）	・使者を唐に遣わせる．百済からの遺民，男女 700 余名を近江国蒲生郡に移住させる．
天智 9 年（670） 2 月	・天智は蒲生郡のひさの野に行って，宮を造成する地を視察する．
	・高安城を修築し，穀（もみ）と塩とを集積する．
9 月	・使者を新羅に遣わす．
天智 10 年（671） 正月	・高句麗（高句麗滅亡後，新羅は旧百済領に高句麗遺民が擁した安勝を王として再建した高句麗）から使者が来る．
	・百済の鎮将が使者を送り，文書を奉じる．
2 月	・（唐の支配下にある）百済から使者が来る．
6 月	・（唐の支配下にある）百済の使者の要請した軍事について返答する．その 11 日後，百済から別の使者が来る．
	・新羅から使者が来る．水牛 1 頭，山鳥 1 羽が献上される．
7 月	・（正月に来た）百済の鎮将からの使者，（2，6 月に来た）百済の使者が帰国する．
8 月	・（正月に来た）高句麗の使者が帰国する．蝦夷を饗応する．
9 月	・天智発病する．
10 月	・新羅から使者が来る．
11 月	・対馬国司から大宰府に使者が送られ，「百済救援で唐軍の捕虜となった者など 4 人が唐から来て，唐の使者 600 人，唐の支配下の百済人 1,400 人，総勢 2,000 人が船 47 隻でやってきた」ことを報告する．
	・新羅王に絹 50 匹，絁（ふとぎぬ）50 匹，綿 1,000 斤，韋（おしかわ）100 枚を贈る．
12 月	・天智逝去．
天武元年（672） 3 月	・筑紫にいた唐の使者に天智天皇の逝去を告げる．使者らは喪服を付け哀悼の意を表す．その後，唐皇帝からの国書と進物を奉じる．
5 月	・唐の使者らに甲（よろい）・冑（かぶと）・弓・矢，さらに絁（ふとぎぬ）1,673 匹，布 2,852 端，綿 666 斤を贈る（12 日）．
	・高句麗から使者が来る（28 日）．
	・唐の使者は帰国する（30 日）．
6 月	・壬申の乱始まる．
9 月	・大海人皇子飛鳥に凱旋．冬，飛鳥浄御原宮に入る．
11 月	・新羅の客人を筑紫で饗応し，一人一人に禄物を贈る．
12 月	・新羅の客人に船一艘を贈る．客人は帰国する．
天武 2 年（673） 2 月	・大海人は皇位につき，天武天皇となる．
閏 6 月	・新羅から使者が来て即位を祝った．また別の使者が来て天智天皇の喪を弔った（調をもってきた使者との伝えもある）．彼らのうち二人を新羅の送使が筑紫まで送ったが，送使らは筑紫で饗応をうけ，禄物を贈られて帰国する．
8 月	・高句麗から使者が来て朝貢した．新羅がかれらを筑紫まで送ってくる．
	・（即位を祝うためにきていた）新羅らの使者 27 名を飛鳥浄御原宮にに招く．

年　月	事　　項
9月	・(即位を祝うためにきていた) 新羅の使者らを難波で饗応した．さまざまな歌舞を奏し，それぞれに物を贈る．
11月	(即位を祝うためにきていた) 新羅の使者らは帰国した．高句麗からの使者，天智天皇の喪を弔うためにきた使者らを筑紫で饗応し，それぞれ禄物を贈る．
天武4年（675） 2月	・天武は高安城を視察した．
	・新羅から王子などの使者が来た．彼らを筑紫まで送るための送使が来る．
3月	・新羅からの送使は，筑紫で饗応を受け帰国する．
	・高句麗から使者が来て朝貢する．
	・新羅から使者が来る．
4月	・新羅の王子が難波に到着する．
7月	・使者を新羅に遣わされる．
8月	・新羅の王子は拝礼を終えて，船で難波を出発する．
	・新羅・高句麗の使者を筑紫で饗応し，それぞれ禄物を贈る．
9月	・使者を新羅に遣わされる．
10月	・筑紫から唐人30人が送られてきたので，遠江国に住まわせる．
天武5年（676） 2月	・新羅に遣わされていた使者が帰国する．
10月	・使者を新羅に遣わされる．
11月	・新羅から使者が「国政のことを奏上」に来る．(この年，新羅は唐を朝鮮半島から駆逐した)．

これでわかるように、新羅との関係が急速によくなったのである。この背景には、韓半島に駐留していた唐軍と新羅の対立があった。新羅は韓半島からの唐軍の追い出しをはかり、倭に接近してきたのである。一方、高句麗を破った唐軍が、その余勢をかって倭へ侵攻してくる可能性は十分、想定される。高句麗が滅亡した今、韓半島とどのような関係をむすぶのか、天智は新たなステージに立たされたといってよい。

天智八年（六六九）、天智天皇は山科野（京都市）に群臣をことごとく従え狩猟した。軍事演習を行ったのであるが、その二カ月後、天智は高安城に行き城の修築を協議した。このときは民が疲弊していると して工事は中止となったが、この年の冬、修築してここに畿内の田税を納めた。それに先立ち、新羅から使者がやってきた。また、倭は唐に使者を遣わした。

唐側の記録（『新唐書』「日本伝」など）には、天智九年高句麗の平定を慶賀する使節が倭からやってきて唐皇帝に謁見したことが記されている。使者の派遣は、唐の今後の方針など韓半島における情況把握が目的だったのだろう。その帰国がいつかはわからないが、唐との関係をどのように構築していくのか、国の存亡にかかわる大問題である。天智が必死になって思案していたのは間違いない。天智のまわりには多くの百済・高句麗の遺民がいた。彼らの声も天智の判断に大きく影響したことは想像に難くない。

天智九年（六七〇）天智は近江蒲生郡に行き、宮を造成する地を視察した。蒲生郡は大津よりさらに北方の琵琶湖東岸沿いにあるが、前年、ここに新たに百済の遺民七〇〇余名を移住させている。高句麗が滅亡してからも天智は近江を去ろうとせず、これまでの方針を進めたとみてよい。旧高句麗では、その遺民が復興のため唐軍に対してゲリラ戦を行っている。新羅が唐との戦いを開始し、旧百済領の一部に高句麗国を再興させた。友好国であった高句麗の新羅による再興は、倭国に大きな意味をもっていたと思われる。高句麗からの亡命者にとって新羅は敵国ではなくなったと想定される。そして新羅が友好を求めてきた。これに対し天智は、この年、使者を新羅に派遣した。一方、唐は西方で吐蕃《とばん》と戦っていたが、六七〇年大敗した。この情報が、唐に派遣していた使者からもたされた可能性も大きい。唐がこれからどうでるのか、実に重大な関心ごとであったことは相違ない。

天智一〇年（六七一）に入ると、早々に新羅によって復興した高句麗から使者がやってきた。同月、百済を占領している唐軍からも使者が来た。その翌月には、唐軍支配下にある百済から使者が送られてきた。この百済は、旧百済滅亡時の王の息子が「百済郡公」に封じられているように、旧百済の貴族を懐柔して統治されている。四カ月後、この百済の使者が要請してきた「軍事」のことに返答した。この一一日後、ふたたび百済から使者が送られてきた。

百済の使者の要請とは、唐側にたって新羅と戦う軍の派遣だろう。返答したのち早々に百済から別の使者が来たことからみて、倭国は軍の派遣に応じようとしなかったとみてよい。この月、新羅からも使者がやってきたが、さらにその四カ月後にも新羅は使者を遣わしてきた。

この天智一〇年（六七一）は、唐と新羅との間で本格的な開戦がはじまった年である。倭国を味方につけようと唐、新羅とも必死になっていることがわかる。倭国にいる旧百済からの亡命者は、百済からの使者のたび重なる派遣をどのように考えていたのだろうか。唐と新羅の間の緊張が増していくなかで、彼らは旧百済王の息子が「百済郡公」に封じられたことから、唐に親しみを持つようになっていったとしてもおかしくない。唐と新羅の対立は、倭国の亡命者の間では百済と新羅・高句麗の対立になっていったのではないかと推察される。

唐・百済からの使者が秋に帰国した約一カ月後の一一月、唐は船四七艘に乗った二〇〇〇人を派遣してきた。二〇〇〇人とは大人数であるが、軍人が多くを占めていただろう(1)。軍事的圧力により、倭の協力つまり唐側にたっての参戦を求めたことは容易に想定される。この軍事的圧力のもと、天智はどのような政策判断をしたのだろうか。

実は明確な判断は下さなかった。天智一〇年秋に天智は発病しこの年の暮れ、亡くなったのである。この逝去が筑紫国にいる唐の使者に伝えられたのが、三カ月後の天武元年（六七二）三月であった。唐の使者は、喪服を着て哀悼の意を表し、そのご唐皇帝の国書と進物を朝廷からの使者にさずけた。その二カ月後、倭国は唐の使者に甲・冑《よろいかぶと》・弓・矢、さらに絁《ふときぬ》一六七三匹、布二八五二端、綿六六六斤を贈った。この大量の贈り物を得て唐軍は帰途に着いたのである。

唐の使者の帰国を待っていたかのように、その翌月、壬申の乱が勃発した。三カ月の戦いで大海人皇子は大津京に攻め入り天智の息子・大友皇子に勝利したが、そのご大海人が都をおいたのは、大津京以前の都であった飛鳥であった。白村江の戦いから一〇年たった翌天武二年（六七三）、大海人皇子は飛鳥浄御原宮で即位し天武天皇となったのである。

唐軍の帰途と壬申の乱の勃発は、密接な関係があるように思われる。このことについては、第四節で再度考えていきたい。

三　国土経営からみた大津京遷都

天智六年（六六七）、中大兄によって大和から大津京へ遷都されたが、その目的は何だったのだろうか。唐軍の侵攻を恐れてこの地に遷ったというのが通説である。唐軍が北部九州から瀬戸内海を東進してくることを想定してのことであるが、その地理からみて近江は大和と比べてどれほど安全であろうか。大阪湾から大和を襲おうとしたら、生駒・金剛山地が障壁となる。事実、この年、生駒山地に高安城を築き防備を強化した。これに比べ大津に侵攻するのに大きな山地はない。

一方、唐軍が大津京を攻撃しようと思ったら、韓半島南部から対馬海流にのって日本海沿いに進み若狭湾から侵攻したらよい。近江は大和に比べて、よほど攻撃されやすいと考えられる。

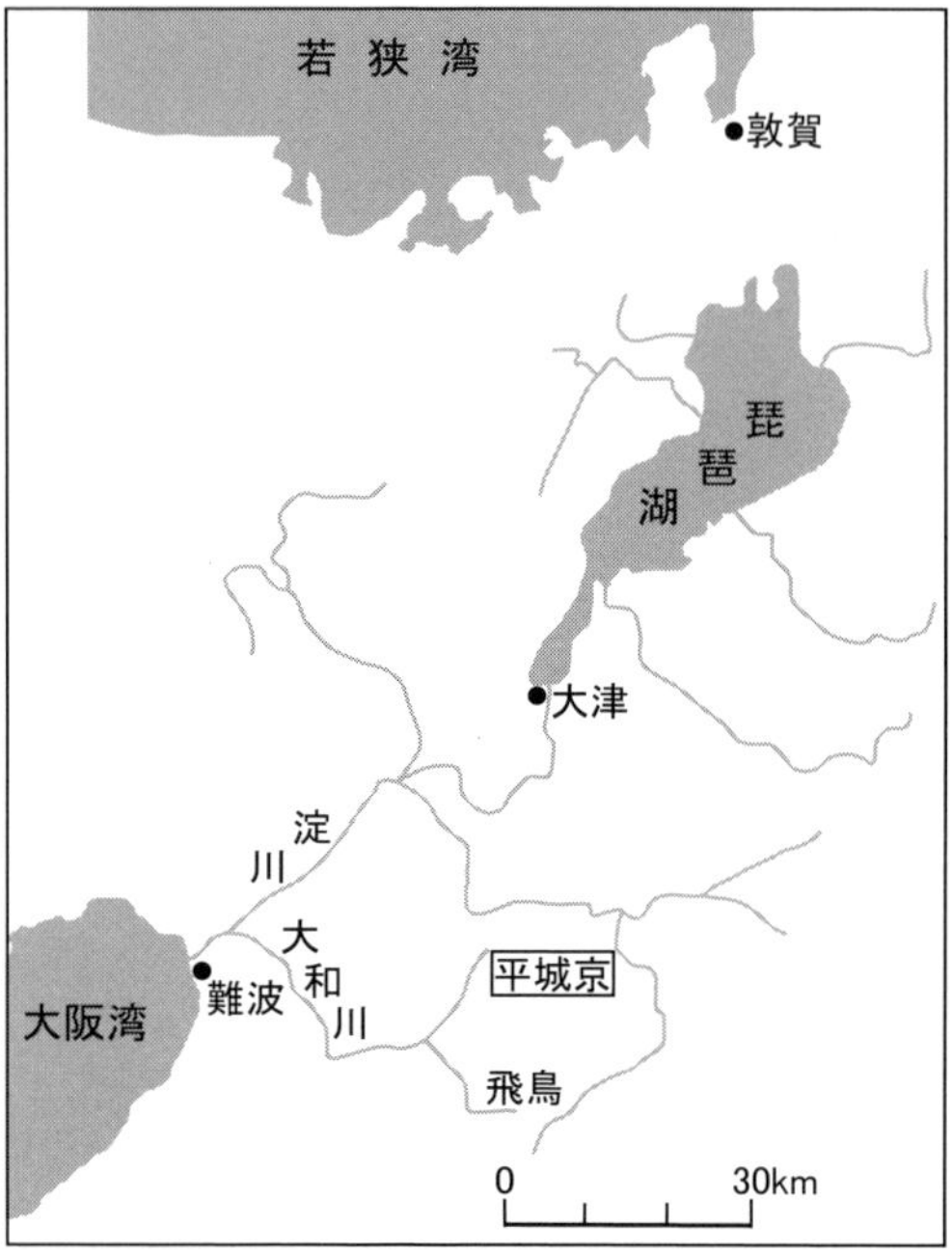

図 2.2　日本海・琵琶湖・淀川・大阪湾概況図

大津京の立地特性

大津京は、琵琶湖南岸に位置する。この地のもっとも重要なことは、琵琶湖北岸からわずかな距離をおいて若狭湾に出ることである（図２・２）。ここから日本海を通じて西は山陰から北九州、東は北陸から蝦夷地、北方は大陸へと海運によりつながるのである。大和からみて、もっとも迅速に日本海とつながるのが、大津に出て琵琶湖をとおるこのルートである。さらに、大津京は宇治川・淀川を通じて大阪湾とつながる。

歴史的にみて、日本での政治の中心地は周知のように本州島におかれたが、本州島はその中央部に山脈・山地が位置し、日本海側と太平洋側との間の連絡は不便である。しかし一カ所、そう困難もなく連絡できるところがある。淀川・琵琶湖をとおって大阪湾と若狭湾をつなぐルートである。後年この条件を背景に、内陸部にありながら平安京・京都は長い間、首都であり続けたのである。

大津京遷都の目的

筆者は、二つの目的をもって遷都が行われたと考えている。一つは、日本海を通じて旧来からの同盟国である高句麗との連携である。百済が滅亡し、唐の攻撃をうけていた当時、高句麗は同盟国倭国と連絡をとろうとしたことは当然だろう。『日本書紀』に記されている公式なもの以外にも、活発な連絡があったと考えている。高句麗との連携を考えるならば、韓半島南部が敵国領になっている当時、若狭湾と近い琵琶湖岸の地が重要となる。対馬・筑紫が最前線であるならば、ここが第二前線といってよいだろう。近江国には百済からの渡来者を住まわせ馬の牧場地を数多くつくっているが、軍団練兵の場として近江を位置づけたのである。

天智七年（六六八）高句麗の使者は、日本海をわたり北陸沿岸に到着して大津京に入ったが、このルートは以前から利用されていた。それ以前、欽明三一年（五七〇）高句麗の使者が越海岸に到着し近江をとおって山背（京都）に入った。さらに五七三年、五七四年にも高句麗の使者が越海岸から入京した。日本海を通じて高句麗と連絡するルートは、確立していたのである。

また、倭国は日本海側で軍事活動を行っていたことが知られている。斉明四年（六五八）、阿倍比羅夫《ひらふ》が軍船一八〇艘をひきいて東北・北海道（渡嶋）の日本海岸沿いを遠征していた。韓半島との厳しい対立のなか、軍船が集結する日本海沿いの軍港が、大和にとって最も近い若狭湾にあったと考えるのは自然だろう。白村江の戦いで壊滅したであろう軍船の造船が、若狭湾で熱心に進められていたことも想定される。ここを根拠地に、韓大陸とともに西国への派遣も考えていたかもしれない。

この軍港とも密接に関係するが、大津京遷都のもう一つの理由は倭国防衛のためである。大和を攻略するルートとして若狭湾からの侵攻を先述したが、これに備えたとも考えられる。中大兄は、白村江の戦いのとき倭の最前線といってよい長津宮《ながつ》（福岡市）にあって指導を行った。同様に、若狭湾に近く大和からみて防衛の前線といってよい近江に根拠地をおいたのである。さらに、唐軍が瀬戸内海をとおって大阪湾から大和に侵攻してきたら、淀川を下って唐軍への攻撃を想定していたのかもしれない。高句麗が滅亡したのち高安城を視察・修築しているが、ここの駐屯軍と淀川を下った軍とで、唐の侵攻軍を挟撃することを考えていたのかもしれない。

四　大海人皇子の挙兵と飛鳥浄御原宮遷都

吉野に入っていた大海人皇子が挙兵したのは、天武元年（六七二）六月である。その半年前に天智天皇は逝去した。このとき約二〇〇〇人の唐軍が筑紫にいた。韓半島における新羅との戦いに倭国の参戦を求め、軍事的圧力をかけるため駐留していたのであるが、一方、新羅からも友好をもとめて使者が遣わされていた。近江朝廷はこの対処に苦慮していたことは間違いない。当時の状況をさらに詳しくみよう。

天智天皇の逝去と唐軍の撤退

天智一〇年（六七一）九月、天智天皇は発病した。このとき、新羅によって再興された高句麗からの使者、また唐・百済の使者は帰国していた。つまり、海外から遣わされていた使者はいなくなった。この後、一〇月一〇日新羅の使者が来た。この状況下で、同月一七日、天智は重体となり、枕元に皇太子である大海人皇子を呼びいれ、後のことは任せると言ったという。だが、大海人は病を理由に固辞し、この年一月に太政大臣となっていた大友皇子に政務をとらせたらよいと述べ、髪をそって仏門に入り一〇月一九日、大津京を出て吉野に向かったのである。

この約二カ月後の一一月一〇日、対馬国司から筑紫大宰府に、唐から二〇〇〇人を派遣してきたとの連絡がきた。白村江の戦いで捕虜となっていた四人の者たちが唐からやってきて、唐人六〇〇人、百済人一四〇〇人が船四七艘に乗ってやってくるとの通知を行ったのである。この連絡は、当然ながら早々に大津京に届けられたであろう。この対応をどうするのか、近江朝廷にとってきわめて重要な課題であったのは必然だろう。朝廷の存亡にかかわる課題であった。このとき、朝廷の中心である天智は重病におちいっていた。

一一月二三日、大友皇子は左大臣・右大臣など政権中枢と仏前で一体となって政務にあたることを誓いあい、二九日天智の前でも誓いあった。この二九日、新羅王に絹五〇匹・綿一〇〇〇斤などを贈った。少なくとも新羅と戦闘を開きたくないとの意思表示だろう。だが一方、このとき筑紫には唐軍二〇〇〇人が駐留している。彼らとどのように折衝するのか、決断は困難をきわめただろう。唐軍への返答は、天智が病気であることを理由に待たせていたと思われる。

一二月三日天智が亡くなった。このことが筑紫にいた唐の使者に伝えられたのが三カ月後の翌年（天武元年）三月一八日である。この間、意思決定のための真剣な朝議が行われたことは当然だろう。朝廷内の百済系の官僚は唐側にたつこと、新羅・高句麗系は新羅にたつことを熱心に主張したかもしれない。

天智逝去を知らされた唐の使者は、三日後の二一日、皇帝からの国書と進物を奉じた。国書の内容を知る由もないが、唐側に立って参戦するよう高圧的に要請したことは容易に理解できる。国書に対する返事を唐の使者は待っていたのであるが、天武元年（六七二）五月一二日朝廷は唐の使者らに甲《よろい》・冑《かぶと》・弓・矢の武器、そのほか布二八五二端などの大量の贈り物を与えた。二〇〇〇人の唐軍を前にし、唐軍の面目が立つほどの贈り物であったことは間違いないだろう。武器量はかなりのものだったと推定される。

これらを携えて唐の使者が帰国したのは五月三〇日であるが、武器を与えているところからみて、内政が落ち着いたら唐軍側にたって倭国は参戦するようなことを言ったとしても不思議ではない。あるいは、そのような言質を与えたから唐軍は引き上げたと考えられる。一方、唐軍帰国の二日前、新羅の配下にある高句麗からの使者がやってきていた。

近江朝の敗北

さて、唐に送った甲冑などの大量の武器であるが、倭国はどのようにして準備したのだろうか。最前線である筑紫にあった武器を与えたのだろうか。常識的にみて、他国軍を前にして武装放棄に近いようなことはしないだろう。壬申の乱のときの近江朝の動きから考えてみよう。

大海人挙兵の報を得て、近江朝廷は軍を集めるため使者を三方に送った。西国には筑紫、吉備に送られたが、筑紫では外敵から守るための武力であり内戦には参加しないと拒絶された。吉備では、その国守（総領）を殺して手にいれた。飛鳥に向かった使者は、武器庫にあった武器を近江に運ぼうとしたが、大海人側に奪われてしまった。東国に向かった使者は、すでに大海人側に美濃（岐阜県）をおさえられていたため、近江・美濃の境にある不破で捕えられてしまった。

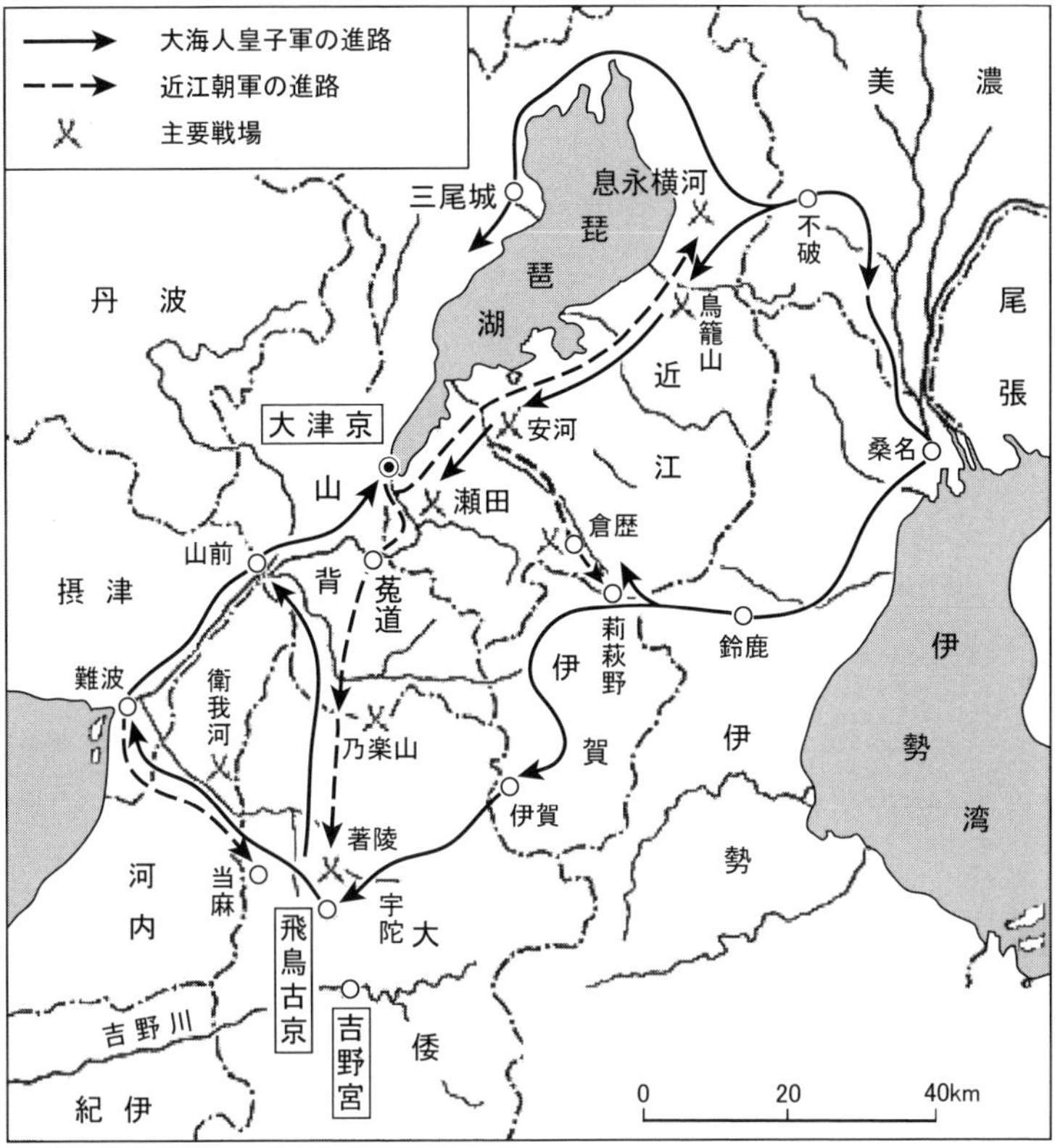

図 2.3　壬申の乱戦況図

（出典）井上光貞監修（1987）:『日本書紀』下，中央公論社，に一部修正・加筆.

大海人は、挙兵のため天武元年（六七二）六月二四日に吉野をたち、宇陀をとおり伊賀に出て美濃の不破に本営をおいた。その後、美濃・尾張などの東国の武力でもって攻撃したが、大津京を難なく攻略したのは翌月二二日であった。近江朝側は大和、鈴鹿などに進軍したがさほどの抵抗はできなかった（図2・3）。吉備の武器をもってであろう近江軍は、難波から大和に向かった軍ではないかとも想定されるが、善戦したが及ばず敗退した。

大津京は実にあっけなく攻略されたのであるが、その要因は何であったのだろう。そもそも都・大津京に大量の武器が備えてあったのは当然だろう。しかしその敗戦の状況から、壬申の乱のさいには、武器がこの地にあまりなかったのではないかと推察される。それは、唐軍にわたしていたからである。つまり、唐軍の帰途のときにわたした武器は、大津京から運ばれたものと考えている。武器がなかったら闘うことはできない。

大津京は、武器が運び出されて手薄である。この情報を得て、大海人は挙兵したのではないかと考えている。一方、東国にはすぐに行動ができる十分な武器をもつ軍組織があった。それは、筑紫に駐留している二〇〇〇人の唐軍に対する備えとして、美濃・尾張に集結していた軍組織であったと考えられる。この軍組織を大海人はいち早く掌握し、近江朝を破ったのである。

天武天皇と新羅

大海人皇子は、天武元年（六七二）九月、大和に凱旋し、この年の冬、飛鳥浄御原宮に入いった。飛鳥に凱旋した二カ月後の一一月二四日、新羅の「客人」を筑紫で饗応し、「客人」ひとりひとりに物を贈った。新羅の「客人」とは、前年の六月・一〇月に来て、そのまま筑紫に逗留していた新羅の使者だろう。『日本書紀』は彼らを「使」ではなく「客人」とあらわし、それまでにはない扱いをしている。一二月一五日、彼ら「客人」は船一艘を贈られて帰国した。

翌天武二年（六七三）二月即位し、大海人は天武天皇となった。新羅は閏六月使者を遣わせて天武の即位を祝った。また彼らを送ってきた使は、筑紫で饗応された。新羅の使者ら二七名は、その約二カ月後の天武二年八月飛鳥浄御原宮に招かれ、翌九月難波で饗応され歌舞を奏されて物を贈られた。

このように、天武は新羅の使者に対して饗応を催したり物を贈るなど、実に丁重にもてなした。当時、韓半島では唐と新羅の間で戦闘が行われていたが、明らかに天武は新羅側にたったのである。このことは、壬申の乱勝利に新羅側が決定的に重要な役割を果たし、それを天武が恩と感じていたことを教えているように思われる。では、新羅側が何をしたのか。天武元年五月三〇日に総勢二〇〇〇人の唐軍は大量の武器を贈られて倭国を後にしたが、この状況、さらにこれらの武器が大津京から運ばれてきたとの重要な軍事機密を大海人にもたらしたのではないかと想定している。当時、筑紫には新羅からの使者が逗留していた。ここからの機密情報を得て大海人は挙兵したのである。

大海人と新羅の接近について、近江朝廷で唐と新羅が争う韓半島をめぐる議論のなかで、あるいは大海人は新羅側にたっていたかもしれない。大津京を後にして吉野に大海人は入るが、その政治的背景に韓半島の外交戦略に対する路線対立があったとしても不思議ではない。

一方、壬申の乱で唐からの干渉はなされなかった。韓半島で戦闘が行われているなかで、倭国へ干渉する余裕はなかったのだろう。唐軍の帰途前であったら、内戦に唐が近江側にたって介入していた可能性は十分、想定される。

大海人は、新羅と友好関係をむすんだのである。新羅からの使者はこの後、たびたび来た。また、倭国から新羅へも使者が遣わされた。新羅が唐軍を韓半島から追い出したのは天武五年（六七六）であるが、これで韓半島と倭との緊迫関係はなくなった。それ以前、唐と新羅の戦闘が続くなかで、対馬・筑紫経由以外での半島との連絡ルートの必要もなくなった。唐からの侵攻は心配する必要がなくなった。こうなったら、都を近江におく必要はなくなる。大海人の飛鳥への復帰は、このような背景のもとに行われたと判断される。

唐への対処

このように、はっきりと新羅側にたった天武天皇であるが、唐からの侵攻はまったく考えなかったであろうか。天武四年（六七五）、天武は高安城を視察している。唐からの侵攻の可能性は十分あると考えていたことを示している。そもそも天武が宮をおいた飛鳥浄御原は、飛鳥川が盆地に出た直後に位置し、大和盆地東南部のもっとも奥深いところにある。仮に攻撃を受けたとしても、山道をとおって吉野川沿い、あるいは宇陀に逃避することができる。さらに、天武が信濃（長野県）に都を造るための現地調査を行わせたことを『日本書紀』は記している。唐からの侵攻に備えての準備調査と考えてもよいかもしれない。また天智天皇の陵（山科《やましな》陵）が、山科盆地におかれた。ここは琵琶湖のすぐ南方に位置するが、若狭湾からの侵入に対する護国の神として祀られたと考えられる。天武の頭の中から唐からの侵攻が完全に消え去ったのではなく、その対策も考慮していたのである。

この後も新羅との間ではひんぱんに使者の遣りとりをしながら、天武は唐とはまったく関係をもたなかった。遣唐使がふたたび派遣されたのは、天武が逝去し、その妻であった持統天皇が退位したのちの大宝二年（七〇二）である。この派遣で唐との国交回復をみ、天武朝から使われていた国号日本が承認されたのである。なお新羅によって旧百済領の一部に樹立された高句麗は、六八四年反乱を起こしたのち新羅によって滅亡させられた。

天武天皇と国土経営

天武天皇が都をおいたのは、大和盆地の奥深いところにある飛鳥であるが、国の中心となるべく交通網の整備は行われた。難波との間の竜田山、大坂山に関をおき、道路の整備が行われた。舟運路についてみると、難波につながる大和川舟運路の整備がしっかりと行われたのだろう。難波には七世紀中ごろ孝徳天皇により造営された長柄豊碕宮があったが、これを修復して副都がおかれた。

天武の時代、第一章でも述べたが、広瀬神社と竜田神社が重視され祀られた。広瀬神社には天武自ら出かけたこともあるが、ここは飛鳥川・葛城川・佐保川・初瀬川などが合流する付近で、難波とをつなぐ大和盆地舟運の要であった。また、竜田神社は大和川が難波に向かう大和盆地の出口にあたり、大和川舟運にとって拠点となる所であった。両神社が重視された背景には、大和川舟運の重要性があったことが容易に想定される。

(付)『日本書紀』と白村江惨敗後の倭国の対応

白村江惨敗後に行われた天智天皇（中大兄皇子）と天武天皇（大海人皇子）の遷都について、緊迫する国際関係を中心にして述べていった。そして壬申の乱にあたり、新羅が軍事機密を大海人側に伝えたのではないか、大津京にあった武器は唐に渡されていたのではないかなど、実に大胆な仮説のもとで述べていった。本当にそうと検証できるのか、との疑問をもたれるのは当然だろう。たとえば、大津京遷都が若狭湾からの攻撃に対する防御もその目的に入っていたとしたら、北九州・瀬戸内に築かれた城・土塁などの防御施設が当然、若狭湾周辺に造られていたのではないかとの指摘もされるだろう。

これらのことについて、『日本書紀』はほとんど伝えていない。たとえば白村江敗戦後の倭国軍の帰国についても、わずか「翌日、（軍）船を発して日本に向かった」（天智二年九月二四日）と述べているにすぎない。多くの負傷兵が帰国したのは間違いないであろうが、そのみじめな姿を伝えたくなかったのだろう。

一方、唐軍の侵攻に対する備えについても、次のようにしか述べられていない。

「この歳（天智二年）、対馬嶋《つしま》・壱岐嶋《いきのしま》・筑紫国などに、防人と烽《のろし》とを置いた。また、筑紫に大きな堤を築いて水を貯えさせ、水城《みずき》と名付けた」

「この月（天智六年一一月）に、倭国の高安城、讃吉《さぬき》国の山田郡の屋嶋城、対馬国の金田城を築いた」

今日までの発掘によって、これ以外でも瀬戸内海沿いに多くの城が見つかっている。また、筑紫の水城周辺の山に広大な土塁が発掘されている。

それらが軍事機密だったとしたら、たとえば若狭湾周辺にあったとしても詳しく記すわけにはいかなかっただろう。当然、新羅との関係についても、軍事機密的なことを書くことは控えただろう。

(注)

(1)白村江の戦で捕虜となっていた倭人元兵士が送られてきたとの説もある。

(参考文献)

『新修大阪市史』第1巻、大阪市、一九八八
井上光貞監訳『日本書紀』下、中央公論社、一九八七
上田正昭『論究・古代史と東アジア』岩波書店、一九八八
鬼頭清明『大和朝廷と東アジア』吉川弘文館、一九九四
小嶋芳孝「高句麗・渤海との交流」『海と日本文化1』日本海と北国文化、小学館、一九九〇
李　成市「六—八世紀の東アジアと東アジア世界論」『岩波講座　日本歴史』第2巻、岩波書店、二〇一四

第三章　国土経営から「神武東征」を考える

一　東征神話と天武朝の記憶

八世紀初めに完成した『古事記』『日本書紀』（以下『記紀』とする）によると、カムヤマトイワレビコ（後の神武天皇）は、九州の日向をたち筑紫、安芸、吉備に立ち寄りながら東に向かい、強い抵抗にあいながらも遂に熊野に上陸した。そのご紀伊半島を北上して大和に侵攻し、橿原《かしはら》宮で初代天皇として即位したことが述べられている。神武の東征である。

戦前・戦中の万世一系の皇国史観では歴史的事実とされていたが、今日ではフィクションとして否定されている。だが、まったく歴史的根拠なしに空想的説話、実体のない物語として記されたのであろうか。つまり『記紀』の編者が、歴史的事実としてまったくないことを、たんなる空想・思い付きで述べただけなのだろうか。「神武東征」を史実だとはけして主張しない。だが、西の勢力が大和に入ってきた何がしかの史実を背景にして創られていった、あるいはなにがしかの歴史的事実が投影されていると考えても、荒唐無稽のことと一方的に否定されることはないだろう。その史実とは、連続したものではなく、別々に生じていたいくつかの事実を組み合わせたものであっても構わない。たんに、稲作あるいは鉄器づくりなどの技術、仏教などの知識が、西から大和にもたらされたことを表現しているだけだと割り切るのには抵抗がある。

たしかに、編者たちの思い入れで記述されたことも多々あるであろう。だがその思い入れは、当時の歴史状況を背景として行われたのに違いない。『古事記』の成立は和銅五年（七一二）で、天武天皇の命令がその出発となった。『日本書紀』は養老四年（七二〇）に完成したが、天武一〇年（六八一）天武の命により編さんが開始された。どちらも天武の時代に開始されたが、天武朝に生きた人々に同時代の出来事として強く記憶されていたのは何だろうか。

天武が皇位につく直接の経緯となった天武元年（六七二）の「壬申の乱」と、唐・新羅軍に大敗した天智二年（六六三）の「白村江の戦い」があったことは間違いないだろう。『記紀』には、この記憶が強く反映されているのではないかと考えている。さらに、海外との関係をみるならば、大宝二年（七〇二）に三三年ぶりに遣唐使が復活したが、これも重要な出来事と人々の頭には強く残っていたに違いない。このことも念頭に入れながら、「神武東征」についてどのような歴史的事実そして背景があったのか、背後にあるものを考えていきたい。

二　『古事記』『日本書紀』からみる神武東征とその課題

二・一　『記紀』からみる神武東征（図3・1）

日向《ひゅうが》から長兄イッセ、さらに二人の兄とともに船軍をひきいて、天下を統治するため国の中心に向かって出たイワレビコは、速吸之門《はやすいのもん》（豊予海峡）をとおり豊の国（大分県）菟沙《うさ》（宇佐）に着き、このご筑紫国（福岡県）岡水門《おかのみなと》に入った。ここに一年間いたのち安芸国（広島県）の多祁理《たけり》宮（『日本書紀』では埃宮《えのみや》）に入り、ここに七年間滞留した。この後、吉備国（岡山県）高嶋宮に入り八年間滞在して船・兵器・食料を準備したのち船により大阪湾に入った。さらに

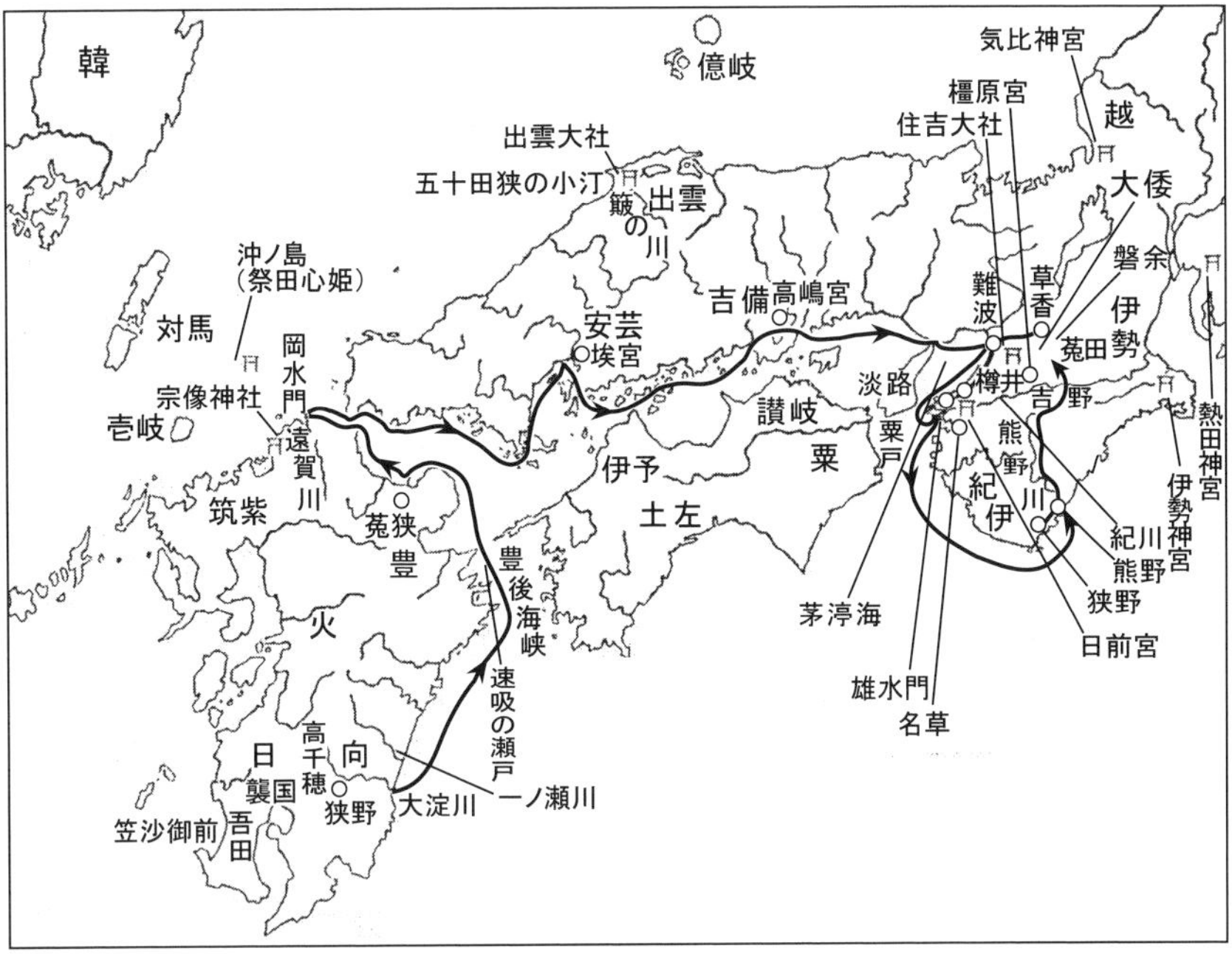

図 3.1　「神武東征」概要図

（出典）井上光貞監修（1987）:『日本書紀』上，中央公論社，1987，に一部修正.

当時、大きな湖沼であった河内湖（草香江《くさかえ》）をさかのぼり、河内国（大阪府）「草香邑《くさかのむら》」の「白肩《しらかた》の津」に三月一〇日到着した。

ここまで船による進軍であったが、このご地元の「登美《とみ》」に住むナガスネビコとの闘いとなった。四月九日、イワレビコ軍は竜田に向かって徒歩で進軍したが、その路は狭くけわしくて引き返さざるを得なかった。おそらく大和川の亀の瀬峡谷をのぼって行こうとしたのだろう。だが、川沿いには行軍できる路はなかった。このため生駒山越しが図られたが会戦となり、激戦となった。この激戦でイッセは流れ矢で痛手を負い傷ついてしまい、軍は引き返さざるを得なかった。

五月八日、茅淳《ちぬ》の山城《やまき》水門（大阪府泉南市付近と考えられている）に到達したが、イッセは死に、その亡きがらを紀の国（和歌山県）竈山《かまやま》（紀ノ川河口部の和歌山市和田と考えられている）に埋葬された。そのご六月二三日、名草邑《なぐさむら》（和歌山市西南の名草山付近）で女賊を誅殺したのち狭野《さぬ》（新宮市佐野）を越えて熊野の神邑《みわのむら》（新宮市付近）に着いた。名草邑から神邑まで徒歩で来たのか船で来たのかよくわからないが、神邑から船で進軍しようとした。だが突然の暴風雨で漂流した。ここでイナヒ、ミケヌの二人の兄が海に入り去っていった。熊野灘は波浪が激しく、ここでの航海には大きな困難がともなうが、二人の死はこの状況を表わしているのだろう。この後、イワレビコは熊野の荒坂津《あらさかのつ》に到着した。ここでニシキトベという女賊を誅殺したが、神がいて毒気を吐いたためイワレビコをはじめ軍人たちはすべて病み伏せってしまった。

このように、紀の国から熊野にかけて二度ほど女賊を誅殺したとあるが、地元の女たちを襲ったことを物語っているのかもしれない。

軍人たちが起き上がれなかったところに現れたのが熊野のタカクラジであり、手にはひと振りの太刀を持っていた。その太刀をイワレビコに献上するとイワレビコはすぐに目覚め、また軍人たちも目覚めて起き出したのである。

タカクラジがいうには、夢の中でアマテラスが現われ、タケミカヅチに「葦原《あしはら》の中つ国（地上）はひどく騒がしく、天孫たちは苦しんでいるらしい、また降り下って征伐してこい」と命じた。タケミカヅチは、以前、高天原《たかまがはら》から降りて出雲に行き、オオクニヌシに「国譲り」をさせた神である。タケミカヅチは、自分が行かなくても「国譲り」のとき携えていた太刀を下したら地上は征服できると答えた。そして、この剣を屋根から庫に入れたから天孫に献上しろとタカラクジは告げられ、持参したと伝えたのである。

この後、イワレビコ軍は、アマテラスから遣わされたヤタガラスの案内により奥深く険しい山中を抜け、八月二日に兎田野《うだの》（宇陀《うだ》）に到着した。その進軍ルートであるが、地元では新宮川（熊野川）をさかのぼり、左支川・北山川に沿って北上するか、さらに新宮川（奈良県では十津川という）をのぼり天川をとおるかして、紀ノ川（奈良県では吉野川という）の源流部である川上村に出、そのご紀ノ川支川である高見川を東にさかのぼり鷲家《わしか》（東吉野村）から菟田野に入ったとされている。高見川をさらに東に向かうと伊勢に入る。地元のことをよく知っていなかったら進軍不能なルートである。なお東吉野村の下流に位置する吉野町から菟田野に入ったとの説もある。

菟田野に入ったのは八月二日で、休息と栄養補給をした二カ月後、イワレビコ軍は国中《くんなか》（大和盆地）への進軍を開始した。国中と宇陀の境にある国見丘を突破し、三輪山に近い忍坂《おっさか》(桜井市)から国中に侵入したのである。『日本書紀』では、忍坂とともに墨坂《すみさか》（旧榛原市）からも侵入したと述べられている。

神武の「東征」というが、大和盆地には東から西に侵攻したのである。その後、登美のナガスネビコとの戦いなどいくつかの激戦をへたのち大和盆地はイワレビコの手に落ちた。さらに、ナガスネビコとの戦いに勝利し、橿原宮で即位したのである。

このような「東征」を一口で整理すると、西から侵攻してきた統治能力をもつ集団が、艱難辛苦のすえ大和で政権を打ち立てたということである。

二・二　国土経営からの課題

この神話で、以下のような点が興味深い課題と考えている。

①東征の出発地は日向である。なぜここを出発点としたのか。アマテラスの孫でイワレビコの曽祖父であるヒコホノニニギが天孫降臨した地が筑紫（九州）の日向の高千穂であるので、日向から出発したのは当然といえばそれまでであるが。

②大和に向かう途中、筑紫国岡に一年間、安芸の国多祁理《たけり》宮に七年間、吉備国高嶋宮に八年間、あわせて一六年間

滞在した。なぜ、このように進軍に一六年という年月をかけたのだろうか。ただし、一六年間とは『古事記』が述べているのであり、『日本書紀』によると六年間である。また筑紫国、安芸国、吉備国に滞在したのは、なぜだろうか。

③大阪湾から、当時大きな湖として存在していた河内湖に入り、大和盆地に進軍しようとした。西から大和盆地に入るのには、当然のルートである。しかし、地元の勢力に撃退された。なぜ撃退されなくてはならなかったのか。

④この後、紀伊半島に沿って南下し、熊野からの進軍となった。なぜ、熊野からなのか。

⑤上陸した直後、イワレビコは兵士と一緒に病み伏せったが、太刀が天上から授けられ、これによって回復した。この太刀は、タケミカヅチがオオクニヌシからの「国譲り」のとき携えていたものである。このことは何を意味しているのか。「国譲り」が行われた出雲と何か関係があるのか。

⑥新宮川（熊野川）をさかのぼって宇陀に出、忍坂・墨坂から大和盆地に侵入した。新宮川をのぼって大和盆地に出るのには、五條から入るのが近道である。なぜ大回りとなるこのルートを進軍したのか。

⑦大和盆地への進撃コースである忍坂は、初瀬川上流の三輪山南に位置するが、この近くの三輪山山麓に「出雲」がある。出雲と関係があるのか。

三　日向から筑紫、安芸、吉備

三・一　出発地日向

イワレビコが東征に出発した古代日向は、現在の宮崎県・鹿児島県域を中心とした南九州と考えられるが、大陸から先進的文化・技術がいち早く導入されたのは北部九州である。このため日向は北部九州との説もあるが、ここでは宮崎・鹿児島県域と考えて述べていきたい。地域特性からみて、古代の日向の特徴とは何だろうか。

日向の古墳

日向の遺跡からは、北部九州で多く発掘されている銅剣・銅矛などの青銅器はほとんど出土されていない。日向は北部九州とは異なった文化圏と考えられているが、この地で九州最大の前方後円墳など、北部・中部ではみられない大型の古墳群がみられる。その代表的なものが、前方後円墳である西都原《さいとばら》古墳群の男狭穂塚《おさほづか》古墳（全長一七五m）、女狭穂塚《めさほづか》古墳（一八〇m）で、女狭穂塚古墳は列島の中で四七番目の大きさの規模であって九州第一を誇っている。

これらは古墳時代中期の五世紀前半に築造されたとされているが、さらにその南にある生目《いきめ》古墳群には、三世紀末ないし四世紀にかけての古墳時代前期の築造と判断される大型の前方後円墳が存在している。前方後円墳は大和盆地が発祥の地とされ、その存在は畿内ヤマト政権との強いむすびつきがあることを示すものとされている。この説にしたがえば、古墳時代の早い時期から日向はヤマト政権と強くつながっていたことになる。ちなみに、北部・中部九州の最大の前方後円墳は、有明海に近い福岡市八女市にある岩戸山《いわとやま》古墳（五二七年に勃発した磐井《いわい》の乱の首謀者・筑紫君磐井の墓とされている）で、六世紀前半のものである。

古代日向と海

現在の宮崎県・鹿児島県にあたる古代日向の立地特性を考えるならば、そのもっとも大きな特徴は東・南は太平洋に面し、西は東シナ海に面してその先は中国大陸が位置することである。そして太平洋には黒潮（日本海流）が流れている。黒潮は沖縄諸島の西から種子島・南九州の東を流れて日向沖をとおり、そのご四国の南から紀伊半島沖に流れていく。一方、東シナ海には、黒潮から分派した対馬海流が流れ、北部九州沖、山陰・北陸沖へ流れていく。日向はこの海と強いつながりをもっている。

記紀神話にもとづいて海とのかかわりをみてみよう。高天原から筑紫日向の高千穂に降りてきたニニギノミコトは、笠沙《かさ》で美しい娘コノハナノサクヤビメに逢い息子たちをさずかった。笠沙は、鹿児島県薩摩半島の西南端にその地名があり、この周辺と比定されるが、ここは東シナ海に向いていて、中国大陸とかかわりが強い土地と考えられる。事実、天宝勝宝五年（七五三）、江南の地である長江下流部・揚州を出発した鑑真が上陸したのがこの地である。

ニニギの息子の一人で、イワレビコの祖父であるヒコホホデミノミコト（山幸彦）は、海原にあるワタツミの宮に行ってトヨタマヒメ（豊玉姫）を娶った。豊玉姫は日向に行ってウガヤフキアエズを産んだが、出産のとき巨大なワニの姿となって産んだ。その姿を山幸彦に見られた豊玉姫は、恥じてワタツミの宮に帰っていった。代わりにウガヤフキアエズを育てたのが、豊玉姫の妹であるタマヨリヒメ（玉依姫）である。後に玉依姫はウガヤフキアエズと結婚しイワレビコを産んだ。イワレビコは第四子であり、長男はイッセ、次男はイナセ、三男はミケネであるが、イナセ・ミケネの二人は熊野で海原に去って行った。

たしかに、イワレビコの三代前のニニギノミコトは天上の高天原から降臨してきたが、イワレビコの祖母・母は海から現われ、また兄二人は海に去って行った。このことは、日向が海と深い関係、海を通じた広い交流があったことを物語る。また、ここでは中国大陸の明刀銭《めいとうせん》（春秋戦国時代から漢代まで流通した）が発掘されている。さらに、宮崎県串間市からは、日本では今のところ唯一の玉璧が発掘されたという。玉璧とは、古代から中国の王の権威の象徴である。古墳時代あるいはそれ以前、日向と大陸との間で記録に出ていない人々の交流はかなりあったものと思われる。

これらをあわせて考えるならば、文明の先進地域である中国大陸から船でやってきた有力な集団（海洋民族）があったことを思わせる。さらに、宮崎県の西都原古墳からは、実に立派な船形埴輪（長さ一〇一cm）が発掘され、海洋を航海している姿が目に浮かぶ。東に向かったどいうイワレビコを中心とした集団とは、統治能力をもった大陸からの集団と想定してもおかしくない。

日向と中国大陸

古代の文明・文物の先進地域は中国である。史料から、日向と中国大陸との直接的な連絡が想定されないだろうか。『宋書』「倭国伝」には、四二一年から四七八年にかけて倭の五王が、大陸江南の地にある南朝の宋（四二〇～四七九）に使者を派遣したことが記されている。この時期の前半は、西都原古墳群のなかの男狭穂塚古墳・女狭穂塚古墳の築造時代とかさなる。最後の倭王武は雄略天皇と比定されているが、倭の五王は宋の都・健康（現在の南京）にどのようなルートで向かったのであろうか。

宋は山東半島も領有していたため、百済の支配下にあった韓（朝鮮）半島西海岸を北上し、山東半島に向かって東シナ海を横切り、それから船で大陸に沿い、もしくは陸上をとおって都に行ったと一般的に考えられている。しかし四六九年宋は山東半島を失う。さらに四七五年には、倭と敵対する高句麗が百済の支配下にあった漢城を奪った。この後、四七八年に武は使者を送ったが、すでに宋は山東半島を失っている。

『宋書』は、武は百済を経由して行こうと船の準備を行ったが、高句麗が妨害していることを述べている。このことから、従来のルートではなく日向（南九州）から種子島さらに南の島々をたどって大陸に渡ったことは考えられないのだろうか。あるいは武にかぎらず倭の五王の使者は、江南からの帰途、鑑真《がんじん》と同様に日向に上陸したことは想定されないだろうか。そして、日向から瀬戸内海・大阪湾へと向かう。それはイワレビコ軍の東征ルートである。倭の五王と日向との強いむすびつきは、五王に先立つ景行《けいこう》天皇、そして五王と比定されている応神、仁徳が日向系の妃を迎えていることもうかがえる。

また、遣唐使のルートを考えると、三二年ぶりに行われた大宝二年（七〇二）の遣唐使では、それまでの韓半島西海岸を北上するルート（北路）から南路へと変った。南路とは、筑紫（博多）から五島列島に向かい、そこから東シナ海を横切って長江河口、あるいは杭州湾沿岸に着こうとのルートである。この後、遣唐使はこの南路を使うようになったというのが定説である。以前は、奄美・沖縄などの南島を経由する南島路があり、大宝二年の遣唐使もこのルートを使用したとの説もあったが、往路は南路をとおったことが文献的にも支持されている。

一方、この時の遣唐使の帰路であるが、大陸を出発したのち一艘は慶雲元年（七〇四）、筑紫に帰ってきた。具体的なルートはわからず、南島路ではとの意見もあるが、順調に帰国しているので往路と同様、南路であった可能性が高い。だが、他の一艘の帰国記事が出てくるのは、その三年後の慶雲四年（七〇七）である。南の島に漂流し、やっとのことで帰国できたのではと推測される。その場合、日向に立ち寄り、大和に向かったことは十分、想定される。その途中、大宰府にも立ち寄ってもかまわない。ちなみに、天平勝宝四年（七五三）出発の遣唐使は、帰路四艘のうち三艘が沖縄・屋久島に到着している。このうち一艘に鑑真が乗っていて、この後、薩摩半島に上陸したのである。また吉備真備《きびのまきび》が乗船していた一艘は、屋久島を出たのち漂流して紀伊半島にたどりついた。黒潮に流れに乗ってたどりついたことがわかる。

このように、遣唐使派遣に日向が重要な役割を果たしていたことは十分、想定される。大宝二年（七〇二）の遣唐使派遣時の帰路の史実が『記紀』の「神武東征」に反映されているとの考えも、まったく無謀とは思われない。

なぜ日向を出発点としたのか

古代には、新しい文明・文物は西からもたらされていた。鉄器・須恵器しかり、文字・仏教しかりである。それを求めて遣唐使も派遣されていた。西から東へと向かう「神武東征」は、このことが強く反映されたのは間違いないだろう。一方、『記紀』が編集されていた当時、韓半島は新羅が統一していた。新羅との対抗上、新しい文明・文物が半島から、あるいは半島を経由して北部九州にもたらされたことは認めたくなかったのだろう。

さらに、北部九州から海をわたって闘った唐・新羅との白村江の戦いでは惨敗した。中国の史書『旧唐書』には舟四〇〇艘が炎上したと述べられているが、多くの兵士が痛手を負いみじめな姿で北部九州に逃げ帰ったことであろう。その記憶は、編者たちに悪夢として残っていただろう。このため、出発点を北部九州とすることに大きな抵抗があり、太平洋に面した南九州にしたのではと考えている。

三・二　滞留地・筑紫

日向を出発したのちイワレビコ軍は、佐賀関《さがのせき》半島と佐田岬半島によって狭まり、潮の流れがきわめて早い豊予《ほうよ》海峡をとおって瀬戸内海に入った。このとき水先案内人があらわれ、彼の助力で無事通過した。このご筑紫に向かい、関門海峡をとおって遠賀川河口一帯の岡に一年間、滞留した。ここは、半島との主要な交通ルートであった対馬・壱岐そして唐津湾・博多湾からはいくらか離れている。つまり半島との関係をみれば、少し距離をおく場所である。

一方、この地の近接場所に近年世界遺産に登録された宗像《むなかた》大社がある。この大社は、九州本土の辺津《へつ》宮、本土から約一一㎞海上の大島にある中津宮、さらに約四九㎞沖合の沖ノ島にある沖津宮の三宮からなり、それぞれ女神が祀ら

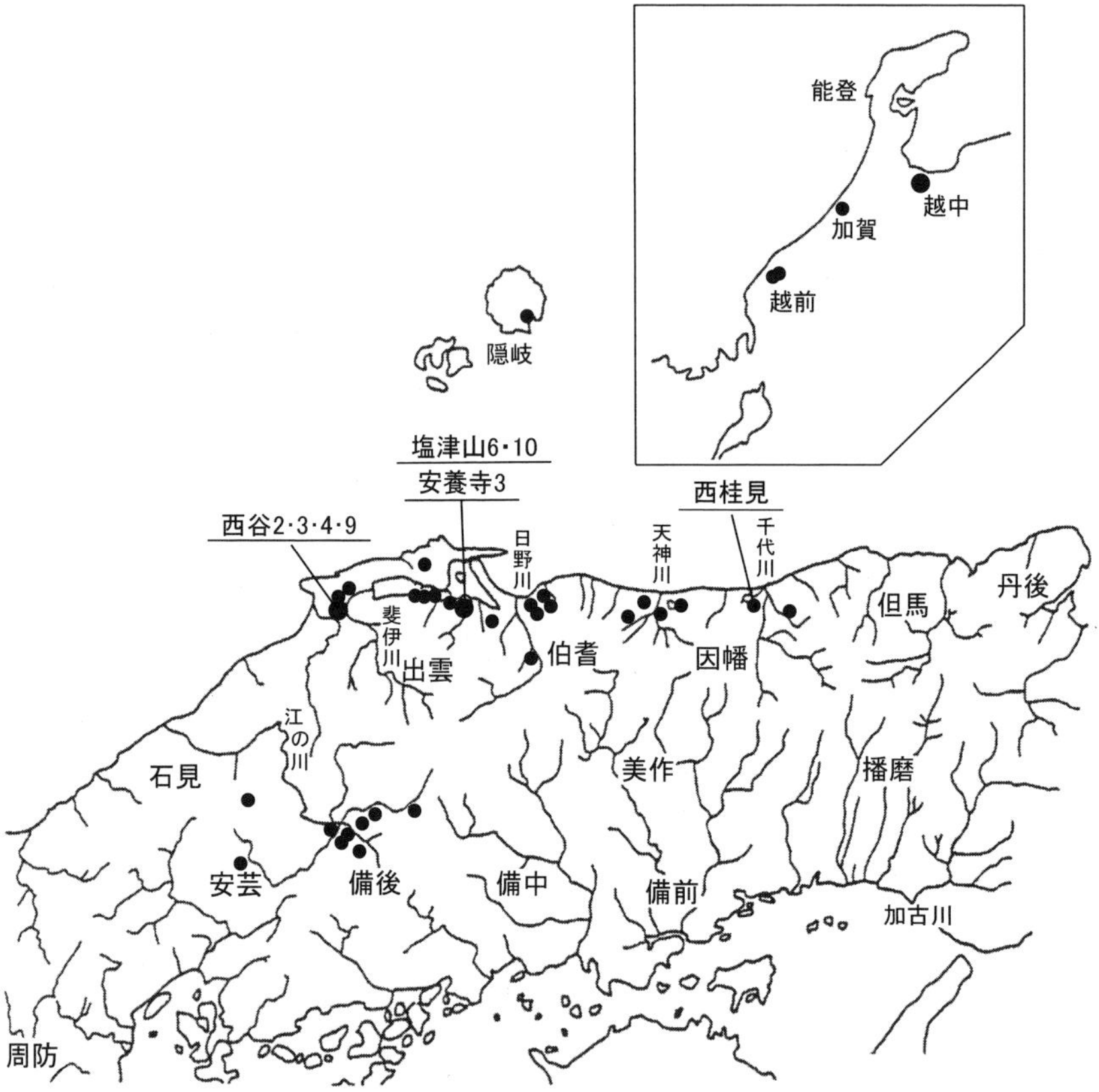

図 3.2　四隅突出型墳丘墓の分布（渡辺貞幸作成）
（出典）古代出雲王国の里推進協議会（2006）:『出雲の考古学と「出雲風土記」』学生社.

れている。

沖津宮に祀られているのがタキリビメだが、この女神はオオクニヌシの妻となっている。オオクニヌシの本拠地は出雲であり、さらに越の国にいたヌナカヒメを娶ったことに象徴されるように、日本海沿いに越の国まででその勢力圏においていたと想定される。また考古学的には、出雲を中心に築造された四隅突出型墳丘墓の分布からも、その勢力圏が日本海沿いに富山県までひろがっていたことが推定されている（図3・2）。

イワレビコ軍は日本海勢力を味方にするため、さらに日本海沿いの軍を終結させるために遠賀川河口にいたと考えてよいだろうか。その背景には、あるいは、天智二年（六六三）の白村江の戦いのとき日本海勢力が集結したのはこの地であったとの史実があったかもしれない。さらに、対馬海流を考えると、古代日向の一部である鹿児島県沖から玄界灘、そのなかの宗像神社のある沖ノ島さらに山陰海岸沿いに流れていく。南部九州の勢力も集まるのにもよい地点である。

この筑紫国岡であるが、『日本書紀』では仲哀天皇のの記述でふたたび現われる。仲哀は、皇后・オキナガタラシヒメ（神功皇后）と角鹿《つぬが》（敦賀市）に行き笥飯宮《けひのみや》なる行宮《かりみや》を設けた。この後、皇后と部下を角鹿において自らは紀伊国に行き、そこから熊襲国との戦いに出かけた。紀伊水軍とともに移動したのだろうが、皇后には穴門《あなと》（山口県）で落ち合うよう使者を出し、自らは瀬戸内海をとおって至った。一方、皇后は日本海沿いを進み、穴門の豊浦《とよら》で合流した。ここから筑紫に向かい遠賀川河口の岡に行き、ここで岡県主《おかのあがたぬし》が降伏の儀礼を行ったのである。

山口県西部から遠賀川河口部にかけてが、紀伊から瀬戸内海にいたる勢力と日本海勢力が集結する地域として、意識されていたと考えてよいだろう。なお『記紀』には、神功皇后による「新羅征伐」が記述されている。神功が海をわたって新羅を降伏させたとの内容であるが、トラウマとなって記憶されていた「白村江の戦い」の痛手を少しでも和らげるため書かれたのだろう。

三・三　安芸から吉備へ

安芸国多祁理宮で七年間滞留していたと『古事記』は述べるが、古代における安芸国の重要性について造船が考えられる。『日本書紀』『続日本紀』によると、推古二六年（六一八）安芸で船を造らせるとの記事があるが、白雉《はくち》元年（六五〇）、天平一八年（七四六）にも同様の記事があり、天平宝字五年（七六一）、宝亀二年（七七一）には遣唐使船をそれぞれ四艘造らせたとある。八世紀以降の遣唐使船は、おもに安芸国で造られたのである。はたして、軍船を整備するためにイワレビコ軍は七年間、ここに留まっていたと主張するのであろうか。あるいは、複雑な潮の流れがある瀬戸内海舟運の掌握に年月を要したことを物語っているのかもしれない。

さらに西に向かって吉備に到着したが、ここでも長く八年間滞在したと『古事記』は述べる。『日本書紀』では三年とするが、この間に船を準備し、食糧を蓄えたとする。吉備は奈良時代、「真金《まがね》吹く吉備の中山」といわれるように製鉄が行われたことが知られている。だが、その製鉄開始はいつごろなのか、六世紀初め頃との説が有力であるが明確ではない。しかし、輸入した鉄素材を用いて鋼に鍛え、武器を製造していたことは十分、想定される。

ところで『古事記』では、先述したようにイワレビコ軍は筑紫に一年、安芸に七年、吉備に八年滞留したのち、大和に向けて進軍したとされている。一方、六世紀初め、点々と淀川中流部の三つの王宮に合わせて二〇年間滞在した後、大和に遷都した天皇がいる。継体天皇である。神武東征は、継体のこの行動を強く念頭において書かれたのではないかの指摘がなされている。それについては、第六節で述べていく。

四　大和盆地（国中）への侵攻

四・一　外部から大和盆地への侵入ルート

舟運と大和盆地

第一章でも述べたが、地形条件に大きく制約される舟運からみると、三つの方向からの大和盆地への出入りが考えられる（図1・1参照）。一つが、河内から大和川を亀の瀬峡谷をさかのぼるルートである。古代、河内では、大和川は大きな湖沼・河内湖（草香江）に流入するが、大阪湾から河内湖に入り船でもって大和に向けてのぼる可能性が考えられる。

一つが、盆地北方の木津川から低い奈良丘陵を陸路でこえて佐保川の支川・秋篠川に出るルートである。この丘陵は、流域を分けるのがなかなか困難なほどなだらかである。他の一つが、紀ノ川（吉野川）をさかのぼって五條で宇智川に入り、風の森峠を陸路でこえて葛城川に出るルートである。このルートは、大和盆地南の竜門山地において紀ノ川（吉野川）ともっとも容易に連絡できるものである。

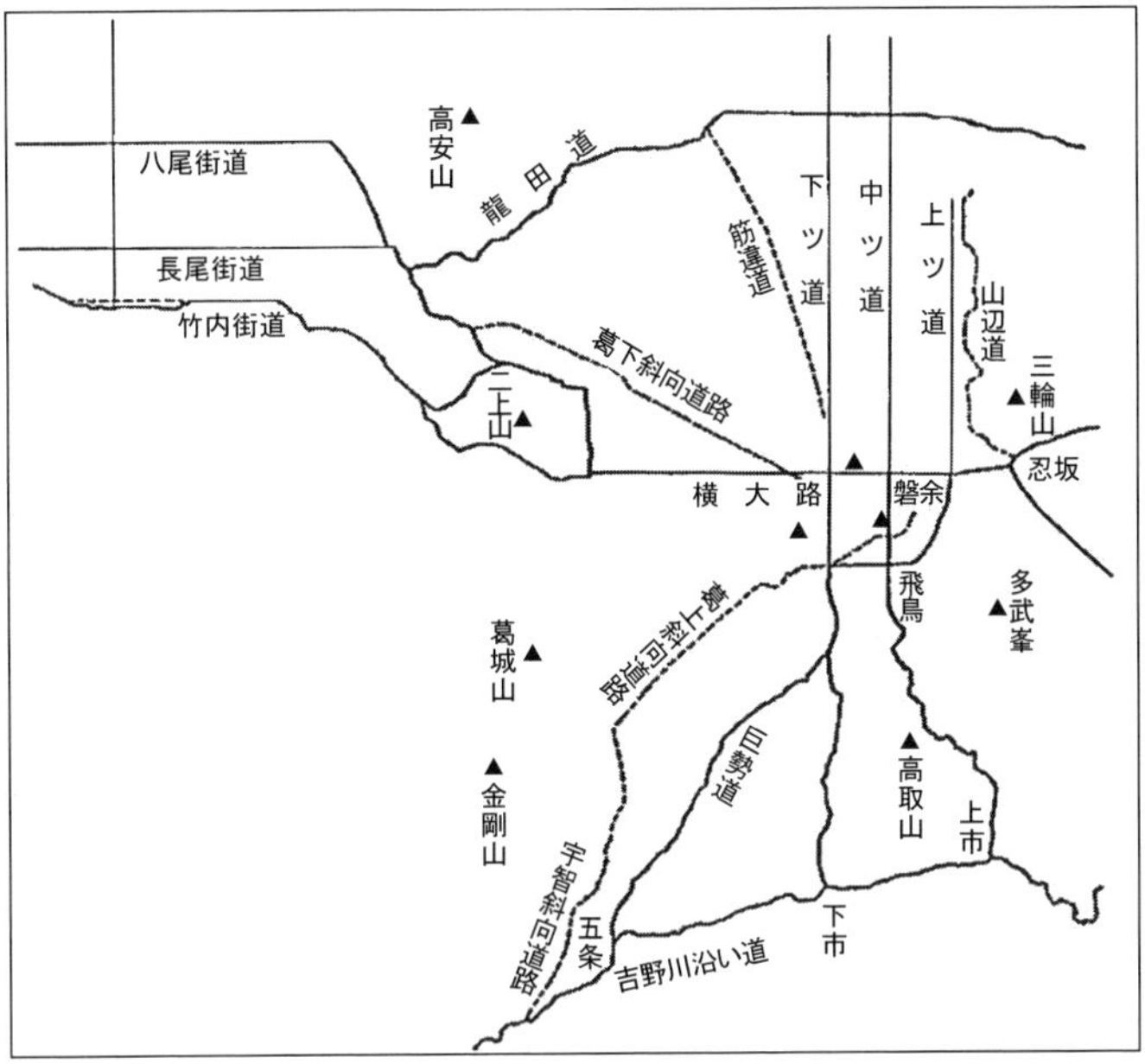

図 3.3　大和と河内の古道

（出典）秋山日出雄（1975）:「日本古代の道路と一歩の制」『橿原考古学研究所論集』三十五周年記念，吉川弘文館，に一部加筆.

陸路と大和盆地

陸路についてみよう（図3・3、図1・4参照）。河内と大和は、北の生駒山地、南の金剛山地でへだてられ、その間を大和川が亀の瀬峡谷となって流れている。第一章でも述べたように、亀の瀬峡谷にほぼ沿って竜田越の陸路がある。また、その南側には二上山の北・南に二つの道があり、南が竹内街道である。北部の奈良丘陵にも、山城国とつながるルートが想定されるのは地形からみて当然だろう。下ツ道、中ツ道につながる二本のルートが考えられる。吉野川沿いからは、五條から巨勢《こせ》道と金剛山地沿いに北上するルート、上市から高取山の東をとおり飛鳥川沿いを下るルート、さらに下市から高取山の西をとおるルートが想定される。

東に位置する大和高原から大和盆地へのルートとしては、三輪山の南をとおる二つのルートがある。一つは、宇陀市榛原《はいばら》の墨坂から初瀬川上流に沿ってのルートで、その東は名張をへて伊勢湾とつながる。もう一つが、宇陀から女寄《みより》峠をとおり忍坂《おっさか》から大和盆地に入るルートであって、宇陀には吉野川とむすぶ陸路がある。

イワレビコ軍が大和に侵攻したのは、忍坂と墨坂からである。宇陀には、紀伊半島の南端に位置する熊野から奥深い急峻な山地を行軍し、やっとのことでたどり着いた。考えられるルートの中でもっとも困難な道をとおって大和に進入したのである。だが当初めざしたのは、河内から生駒山・亀の瀬渓谷をとおっての侵攻であった。

四・二　大和への侵攻

大阪湾での敗北

『記紀』には、吉備から西に向かい、ついに大和に進出したイワレビコ軍団の動向が詳しく描かれている。イワレビコ軍団は、速吸之門《はやすいのもん》（明石海峡）をとおり、大阪湾から河内湖に入り大和に向けて進軍したが、大和の勢力により撃退された。つまりイワレビコ軍は、一度は敗退したのである。これは何を物語っているのだろうか。西から大和に進入しようとすれば、当然、大阪湾からめざさなかったら不自然である。だが、七世紀終わりから八世紀初めの時代、『記紀』の編者はこのルートでの侵攻を認めることができなかったのである。

その一つの重要な理由が、唐・新羅との関係と考えられる。天智二年（六六三）の唐・新羅軍との間で行われた白村江の戦いで敗北したのち、唐・新羅軍の侵入に備えて西日本各地に山城が造られた。そして、大和盆地防衛の最後の砦として生駒山南部に築かれたのが高安城《たかやすのき》である。天智八年（六六九）には天智天皇、天武四年（六七五）には天武天皇が現地視察をしたが、この城は河内湖にあった草香津《くさか》、そして亀の瀬峡谷の竜田道にも近く、また天武八年（六七九）龍田山・大坂山に関を設置したように、大和にとって実に重要な防御拠点であった。大阪湾から大和への侵入は、この防御線が突破されたことを意味する。その防御線の重要性から『記紀』の編者は、ここでどうしても撃退させなければならなかったのだろう。さらに、防御線の強さを示すために、イワレビコの兄・イッセに傷を負わせねばならなかったのである。

このことが、大阪湾から侵攻失敗の物語が創られたもっとも大きな理由と考えているが、さらに付け加えたいのは、ではなぜ『記紀』の編者が、イワレビコ軍団が熊野に上陸し紀伊半島を北上して宇陀に出、東から大和へ侵入させなくてはならない必要性である。

熊野での上陸

大阪湾からの侵攻を撃退されたイワレビコ軍は南に向かい、紀ノ川河口でイッセを葬った。だが紀ノ川河口から上流に向かっての進軍はなかった。紀ノ川中流部の五條付近から葛城山の麓に出るルートが距離的にも短く、けわしい山地もない。だが、イワレビコ軍はさらに南に向かい熊野から上陸した。なぜ熊野なのか。もっとも困難な地点からの大和への侵攻との潤色で、英雄譚《えいゆうたん》に彩《いろど》りを添えただけといってしまえばそれだけだが。一方、イワレビコ軍の出発地は南九州の日向であった。日向と熊野の間の太平洋には、黒潮が流れている。この黒潮にのれば南九州と熊野は容易に連絡できる。この関係で、熊野には南九州からの移住者が多くいたのではないかと考えている。熊野は、南九州にとって実に親近感のある地域であったと想定される。このため、日向を出発点としたからには熊野で上陸させねばならなかったのかもしれない。

熊野では、神邑《かみみら》に上陸した後、さらに船で進軍するが、暴風雨にあって漂流した。このときイワレビコの二人の弟が海に入って帰ってこなかった。熊野にふたたび上陸したが、この直後、イワレビコ軍は病に襲われるなど苦境におちいった。二人の弟を失いながらやっとのことで陸に上がり、そのまま倒れこんだのである。熊野灘は、潮の流れが速く波荒くして実に難所であり、そこをとおり過ぎるのはきわめて困難であることを『記紀』はいわんとしていると考えている。

そのとき天上から太刀が与えられ、イワレビコ軍は生気を取り戻したという。豊富な鉄の武器を持った援軍がやってきたことを物語っていると思われるが、その背景には南九州から熊野へ黒潮に乗って船がやってきたとの史実があったのかもしれない。日向の西都原古墳群から大きな船形の埴輪、また刀・鏃《ぞく》・甲など多くの鉄製武器が発掘されている。

ともあれ、イワレビコ軍はヤタガラスに案内されて北上するが、ヤタガラスとは紀伊半島で生活する人であっただろう。彼らは焼畑を営んでいたのだろう。その身に着けているものは黒く、また顔にもススが付いていたためカラスと表現したと思われる。そのカラスは三本足で描かれるが、険しい山中を歩くのに常に杖を用いていたことから、このように表現されたのかもしれない。

宇陀から大和盆地（国中）へ

紀伊半島を北上しつづけると紀ノ川沿いの五條に出るが、しかし山中で東へと迂回し紀ノ川（吉野川）上流部に出、鷲家《わしか》から宇陀に入ったのである。その二カ月後、大和盆地（国中）に突撃するが、この二カ月の間に豊富な武器を準備し、多くの兵士を集めたのだろう。宇陀（旧大陀町）には一二基の円墳で構成されている後出古墳群《うしろでこふんぐん》がある。五世紀後半から六世紀前半にかけてのきわめて短期間に造られたとされているが、ここから大量の武器・武具が出土している。その築造時期から、雄略天皇の全国侵攻を支える武装集団の共同墓地との見方もある。当時、大和盆地・吉野・伊賀・伊勢をむすぶ要衝の地であったのだろう。

ともあれ、宇陀は武器が大量にあった地域であり、イワレビコ軍の武器を確保するところとみなされたのだろう。また、闘いを挑むにあたりイワレビコは「神風の　伊勢の海に大石にや　い這い廻る　細螺《しただみ》の」と歌ったと『日本書紀』は述べているが、宇陀と伊勢とつながりのあることを表しているのだろう。さらに、伊勢まで勢力をのばし兵士・武器を集めたことをいおうとしているのかもしれない。

ところで、宇陀は、壬申の乱のとき大海人皇子が吉野から伊勢に入るときに通過した土地である。吉野町から宇陀に入った大海人と、東吉野村から入ったイワレビコ軍とはルートの違いはあるが、ともに宇陀とかかわっている。また、大和盆地（国中）への突撃のとき激戦が行われた墨坂は、壬申の乱のさい伊勢から進撃した大海人軍が通過したところである。壬申の乱の史実を背景にして、大和盆地への侵攻は描かれたように思われる。

五　熊野と出雲

イワレビコ軍は熊野に上陸し、ここから大和に向かって北上したのだが、古代の熊野で興味深いことは出雲との関係が強いことである。具体例を次に述べていくが、これは何を意味しているのだろうか。

熊野には、熊野三山（熊野本宮大社、熊野速玉《はやたま》大社、熊野那智大社）がある。一〇世紀初頭に編さんされた『延喜式』神名帳では、熊野本宮大社は熊野座神社（熊野座神社が熊野本宮神社となったのは戦後である）の名で格として名神大社、熊野速玉神社は大社と記されている。ところが出雲国にも、名神大社として熊野座神社がある。現在の松江市八雲町《やぐも》にある熊野大社（『出雲風土記』にも熊野大社と記されている）であるが、出雲国一宮神社であり、祭神はスサノオである。

出雲の神社として出雲大社が有名であるが、出雲大社の宮司が亡くなると、新しい宮司は熊野大社に出向き「火継《ひつぎ》」の式を行わなければならない。また『延喜式』神名帳によると、速玉神社は出雲国にもある。

『古事記』では、八十の神々に追われたオオナムヂ（オオクニヌシ）はスサノオの支配する大地の下にある「根の堅州《かたす》の国」に逃れたが、それは紀の国からとされている。また『日本書紀』では、別伝としてスサノオの子のイソタケルは大神として紀伊国に鎮座していると述べられている。さらに、オオクニヌシに協力して国づくりを行ったのがスクナビコナであるが、彼は船に乗り潮の流れに従って出雲にやってきた。だが、まだ国づくりが出来上がっていないうちにオオクニヌシの元を去っていった。『日本書紀』によると、その行先は「熊野の御崎」であり、ここから常世の郷に行ったのである。さらにまた「国譲り」のとき、オオクニヌシの息子コトシロヌシを美保碕《みほみさき》に迎えに行くのに用いたのが、熊野の諸手舟《もろたふね》であった。

このように、古代、出雲・熊野との間に深い関係があることを思わせる。日本海側の出雲と太平洋側の熊野は遠く離れているのでなぜなのか不思議に思われるが、日向を介在させたら両地域はそんなに離れていないのかもしれない。黒潮の分派である対馬海流が、鹿児島県沖から玄界灘をとおって山陰河岸沿いに流れている。古代日向の西海岸（現在の鹿児島県西海岸）から、対馬海流に乗っていったら出雲に行くのにはそんなに困難ではない。日向を中心におき、出雲と熊野には古代に深いかかわりがあったことは十分、想定される。

一方、出雲の神々は大和でも数多く祀られている。三輪山を神体とする大神《おおみわ》神社の祭神はオオモノヌシであるが、『古事記』ではオオモノヌシはオオクニヌシが祀ったとされる。また『日本書紀』では、オオモノヌシはオオクニヌシの「幸魂奇魂《さきみたまくしみたま》」とされるとともに、一伝ではオオクニヌシそのものとしている。三輪山麓には初瀬川に沿って出雲があるが、三輪山周辺は、大和における出雲族の根拠地であったのかもしれない。

さらに、大和葛城（御所《ごせ》市）にあり名神大社である鴨都波《かもつば》神社の祭神は、オオクニヌシの息子コトシロヌシである。同じく高鴨《たかかも》神社（名神大社）の祭神は、宗像神社のタギリヒメとの間に生まれたオオクニヌシの息子アジスキタカヒコネである。

先述したように、タケミカヅチがオオクニヌシからの「国譲り」（出雲征服）のとき携えた太刀が、熊野に上陸したイワレビコ軍の危機を救うためふたたび登場した。これは、何を物語っているのだろうか。素直に考えれば、大和を中心とした畿内にはオオクニヌシつまり出雲と強いつながりのある強い勢力が存在し、これを倒すためふたたび現われたのである。このことは、第一章で白石太一郎氏の説として大和・瀬戸内沿岸・北部九州の勢力が西日本連合国家（邪馬台国連合）をつくり、後のヤマト王権につながると述べたが、この西日本連合国家に出雲が参加していたとすれば、出雲勢力がヤマトに存在していたとしても不思議ではない。出雲と熊野の関係については、付章一【国土経営から「記紀神話」「出雲神話」を考える】でも述べていく。

さて、このごイワレビコは皇位につき神武天皇となったのだが、神武の皇后は『日本書紀』では、コトシロヌシの娘ヒメタタライスズヒメ（媛蹈鞴五十鈴媛）である。一方、『古事記』ではヒメタタライスケヨリヒメ（比賣多々良伊須氣余理比賣）で、その父は三輪山のオオモノヌシである。いずれも出雲系の出身である。イワレビコには、日向で生まれて同道した息子がいた。タギシミミであるが、争いのすえに神武を継いで皇位についたのは出雲系のヒメタタライスズヒメ（ヒメタタライスケヨリヒメ）の息子であった。このことは、侵攻勢力が、大和の在来勢力と融合したことを示しているのだろうか。

なお皇后の名に、「蹈鞴」「多々良」（たたら）と製鉄を思わせる言葉が使われている。日本での製鉄がいつ頃から行われたのかは明らかではないが、『記紀』が完成した八世紀初めには既に行われていたと考えられる。製鉄については、後でまた述べていきたい。

六　「神武東征」と継体天皇

六・一　継体天皇の大和入り

神武天皇、応神天皇、継体天皇の共通点

古代、外部から大和に入って天皇（大王）になったとして『記紀』に明記されているのは、神武天皇以外に応神天皇と継体天皇である。継体は、応神の五世孫とされているが、近江国で生まれ、越（福井）で成長した。継体五七歳のとき三国（福井県坂井市）で天皇就任を請うヤマト政権からの使者を迎え、樟葉《くずは》（大阪府枚方市、淀川左岸周辺）で即位した（図3・4）。五〇七年とされる。継体は、そのご樟葉で五年過ごしたのち王宮を筒城《つつき》（京都府綴喜《つつき》郡、木津川周辺）に遷し、ここで七年、さらに弟国《おとくに》（京都府長岡京市付近、桂川周辺）に遷し、ここで八年過ごした後、つまり即位後二〇年（一説では七年）をへて、大和の磐余《いわれ》（奈良県桜井市付近）に遷都したのである。その陵墓は、樟葉の対岸にある今城塚古墳《いましろづか》（前方後円墳、大阪府高槻市、淀川右岸）とされている。

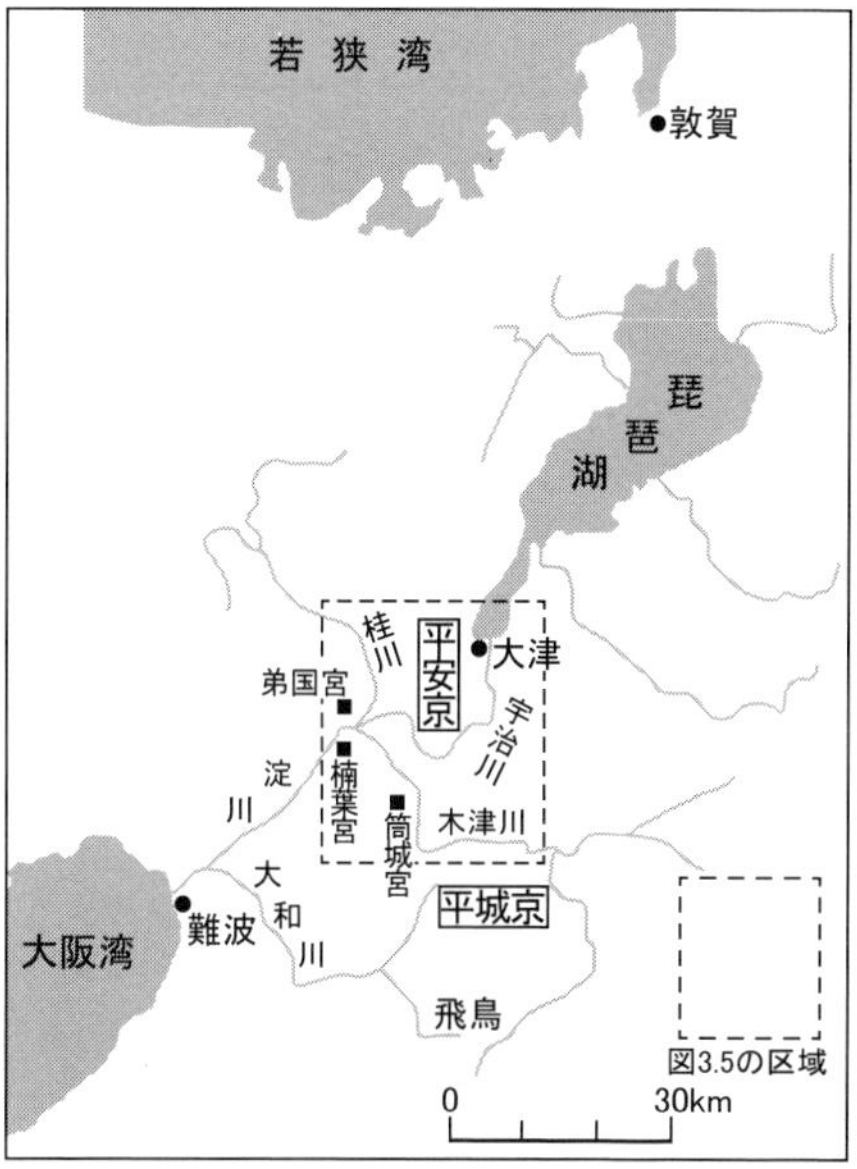

図 3.4　日本海・琵琶湖・大阪湾概況図

継体の勢力基盤は、その出身地から越・近江とされているが、尾張出身の妃もいて二人の息子（のちの安閑《あんかん》天皇、宣化《せんか》天皇）を産んでいる。その妃の父・尾張連草香《くさか》の墓とされる断夫山《だんぷさん》古墳（前方後円墳）が、名古屋市の熱田神宮のすぐ近くにある。この古墳は六世紀前半の古墳のなかで今城塚古墳に次いで大きいものであり、伊勢湾に近い尾張にも強いつながりがあることがわかる。ちなみに、継体は二代前の天皇である仁賢《にんけん》を父にもつ手白香《たしらか》皇女を皇后としたが、『日本書紀』によると尾張以外の残りの七人の妃の出身地は、近江が五人、河内が一人、大和が一人である。

直木孝次郎氏にみる両朝の共通点

「神武東征」は、即位後、王宮を転々と遷して二〇年たっての継体天皇の大和入りをモデルにして、あるいは反映して記述されたと詳細に検討し指摘したのは直木孝次郎氏である。[1] 直木氏は、武烈《ぶれつ》天皇の死後、中央に分裂が起こり各地に動乱が生じたとき、越・近江出身で尾張にも勢力をひろげた継体が、ついには大和に入り皇位を継いだと考える。二〇年という年数には問題があるが、大和に入るまでに各地を転々とし、かなりの年月を要したことは事実とみてよいとの立場から、この仮説を主張する。神武は西から東への侵攻であったが、継体は北から南である。

直木氏は、神武東征と継体「大和入り」との類似性について、九つの項目から述べる。一つは、いうまでもなく大和に入る前に、同じく三回遷都したことである。一つは、后妃と後継者に関してである。

神武天皇は、日向にいたとき現地の有力者の娘を妃に迎えて男子（『古事記』では二人）をもうけているが、皇位につくと、先述したように大和出身の娘を皇后にして息子をつくった。神武が逝去したのち、皇位継承について争いが生じ、日向出身の庶兄を殺して皇后の男子が皇位（綏靖《すいぜい》天皇）についた。一方、継体では皇后についたのは二代前の天皇である仁賢の娘・手白香皇女であり、その間に一人の男子をもうけた。だが、その前に尾張出身の女性との間に二人の息子がいた。この二人の男子が継体の死後、安閑《あんかん》と宣化《せんか》の両天皇となった。

しかし、『日本書記』によると、両天皇の治世はあわせて六年と短く、政変があったのではないかとの推測が行われている。また、『日本書紀』が引用する「百済本記」に天皇および太子・王子がともに亡くなったとの記事があり、安閑・宣化は殺害されたのではないかとの説もある。その跡を継いだのが手白香命の男子であって欽明《きんめい》天皇となり、三二年間皇位にあった。そしてその後、欽明の血統が絶えることなく今日まで続いている。継体は、その後の大和王朝の始祖である。

ともかく継体の逝去後、神武と同様に皇位継承についての紛争があり、結局は大和出身の皇后の産んだ息子が天皇となったのである。これら以外でも、神武と継体両朝とも、大伴・物部両氏またはその祖先の功績が著しいこと、大和での治世期間について継体は六年であるが、七六年としている神武の治世も日本書記に何らかの記事がある年は六年である、などの共通性が述べられている。

「神武東征」伝説の大体は、継体朝の歴史をモデルにして形を整えられていったとの直木氏の主張は傾聴すべき点が多く、その説に筆者も基本的に賛成する。さらに、神武の皇后についてが興味深い。先述したように、神武の皇后は『古事記』によるとオオモノヌシの娘ヒメタタライスケヨリヒメであるが、その母は三島溝咋《みぞくい》の娘セヤダタラヒメである。三島とは、継体が皇位についた樟葉宮の淀川対岸であり、継体の陵墓（今城塚古墳）がこの地にある。つまり、神武の皇后は継体と深いかかわりのある地域と強くむすびついているのである。

『記紀』は、天武天皇の時代に編集が開始されたが、『記紀』の編さん者は、継体は天武王朝の始祖であると考えていてもおかしくない。少なくとも重要な先祖（人物）であったことは間違いない。そうなると、継体の行動が、神武東征に強く反映されていることは当然かもしれない。

継体は大和入りになぜ二〇年も要したのか

継体天皇の皇位継承について、『日本書紀』にもとづきさらに詳しくみよう。専制軍事政権として知られ、四七八年に宋に使者を遣わした雄略天皇が逝去して以降、倭国は混乱におちいったと考えられている。雄略以降、皇位は清《せい》寧《ねい》、顕宗《けんぞう》、仁賢、武烈と続いたが、継嗣がないまま武烈天皇が逝去したのち、その後継者としてまず候補にあがったのが丹波国桑田郡（京都府亀岡市）にいた仲哀天皇五世の孫ヤマトヒコ王であった。ところが、ヤマト王権が兵備を整えて迎えにいったところ、ヤマトヒコは軍兵を遠くに見てびっくりして色を失い山中に逃げ、行方をくらましてしまったという。中央から軍隊が派遣され攻撃されると思い、このような行動をとったのだろうが、その背景として中央と地方の間に大きな緊張関係があったことが察せられる。

その後、後継者としてあがったのがオホド王（のちの継体天皇）であり、大和からの使者を三国で迎えた。九頭竜川河口に位置する三国は継体が養育された土地で、彼にとってはなじみの深い場所である。また、日本海舟運とつながる有力な港があったことは相違ない。なぜこの地で迎えたのか。継体は、ここで日本列島の各地と広く交易を行っていたのだろう。さらに、韓半島との間にも連絡網があり、交易も行っていたと思われる。継体は、近江ないし越を根拠地とするが日本海勢力をも背景にしていると考えてよい。

さて、大和からの使者は兵備をかためて迎えにいった。オホドは平然と床几に座し使者を出迎えたが、皇位継承を即座には承知しなかった。心中に疑念があったからで、たまたま知っていた河内馬飼首《かわちうまかいのおびと》にヤマトの真意を探らせて皇位継承を了解したという。このことからも、中央と地方の間に不穏な空気があったことがわかる。

直木孝次郎氏は、武烈の死後、大和朝廷内部に混乱が生じ、各地に動揺が起こって内乱状態となった。この状況下、「風を望んで北方より立った豪傑の一人」オホドが、近江・尾張を自分の地盤として次第に固めていき、さらに河内・山背も勢力下において、ついには大伴氏を味方に入れて大和に突入し、物部氏をも屈服させて反対勢力を打倒し、新王朝を成立させたとしている。

これに対し大和の反対勢力は、北葛城地方に根拠地をもつ葛城氏ではなかったかとの説がある。また、継体期に大きな政治上の転機は認められず、友好的に継体は迎えられたとの説もある。事実、継体は二代前の仁賢の娘・手白香皇女を皇后とし、従来からの天皇の血筋とつながっていく。しかし、これだとなぜ大和入りに二〇年間を要したのかとの説明は他に求めることとなる。

ともあれ、大和には継体に反対する勢力があり、大和入りに長い年月を要したと判断するのは妥当と考えている。その間、各地で武力による戦いが行われていた。そして、武器を製造する原料である鉄素材の確保の必要性から、継体は場所を変えながらも淀川中流部に王宮をおいていたと考えている。鉄素材がなくては、長期間の戦いはできない。鉄素材を確保するのに、淀川中流部は格好の場所であったと判断している。

鉄素材の確保

鉄素材の確保について、今日、もっとも大きな問題は、日本で鉄原料から鉄をつくる製鉄がいつから始まったのかが明確でないことである。弥生時代には輸入された鉄素材を利用して武器・農具などの鉄器製作は行われたが、製鉄は行われていなかったというのが定説である。ではいつから製鉄は始まったのか。五世紀後半から六世紀前半にかけてが今日の有力な説となっている。

五世紀末から六世紀前半にかけては、ちょうど継体が活躍した時代であるが、それ以前は、『魏志東夷伝』弁辰の条に「国、鉄を出す。韓、濊《わい》、倭《わ》皆従ってこれを取る」とあるように、韓半島の日本海側南部洛東江《らくとうこう》流域一帯で採掘された鉄鉱石を原料にして製鉄された鉄素材を輸入し、鉄器に製造されていたとされている。ただし、「辛亥」の年（四七一年が有力とされている）の銘がある埼玉県行田市出土の金錯銘《きんさくめい》鉄剣の鉄素材は、中国江南が産地と考えられている。また、後のことだが、推古天皇が蘇我氏を誉めたたえるさい「太刀ならば呉の真刀《まさひ》」、つまり江南の刀がよいといったとある。中国大陸からも良質な鉄素材が、あるいは剣そのものが輸入されていることがわかる。中国大陸、それも南部からの鉄素材の輸入を考えるならば、それは南朝宋に遣いを出した四二一年から四七八年の五王の時代ではないかとも思われる。

日本での製鉄は、韓半島で行われたように磁鉄鉱石を原料にして開始されたと考えられる。半島南部で行われていた製鉄技術が日本になかなか入ってこなかったのは、日本国内では鉄鉱石が容易に手に入らなかったからだろう。そして鉄鉱石を移入して製鉄するのではなく、製鉄された鉄素材を移入するのが合理的だったのだろう。

磁鉄鉱を原料にした古代の製鉄遺跡として、吉備（岡山県）と、琵琶湖周辺の近江（滋賀県）が知られている。『続日本紀』大宝三年（七〇三）の記事に、磁鉄鉱の採掘場である「鉄穴《てつけつ》」が近江にあることが述べられている。「鉄穴」

は、近江にのみ記述されているので、近江が磁鉄鉱石の産地であったことは間違いない。継体の根拠地とされる琵琶湖周辺の近江で、韓半島の技術を導入し製鉄が古くから行われていたとの想定は何らおかしくない。

さて、継体と鉄素材の関係について、二つの仮説が考えられる。一つは、既に日本で製鉄が始まっていたとして継体は近江から得ていたとの考えである。王宮のあった淀川中流部は、近江とは琵琶湖・宇治川（淀川）でつながっている。ここから、必要な鉄素材、あるいはそれからつくられた武器を入手していたとの考えである。既に山尾幸久氏によって、北近江で発掘された磁鉄鉱を原料にして行われた製鉄こそが継体の権力基盤の根底にあると主張されている[2]。

いま一つは、日本で製鉄は行われていなかったとして、韓半島からの入手である。それまでの北部九州・瀬戸内をとおってのルートに支障が生じ、韓半島の鉄素材は日本海を通じて若狭湾などの越の国の海岸から運びこまれ、琵琶湖・淀川舟運によって淀川中流部に持ちこまれたとの考えである。越の国には、三国（九頭竜川河口）、敦賀などに重要な港がある。継体は、近江ないし越を根拠地とするが、日本海交通（舟運）を背景に鉄素材を確保していったとの想定である。

雄略朝、吉備に勢力をはり瀬戸内海に力をもっていた吉備氏に対し、ヤマト王権が大きな打撃を与えたことが知られている。さらに、雄略天皇が逝去した直後、朝廷内が混乱し、吉備氏の血を引いている皇子を救援しようと軍船四〇艘をひきいて吉備上道臣《かみのみちおみ》は海に出たが、皇子が焼き殺されたと聞いて引き上げた。その後、ヤマトから使者が来て吉備氏は厳しく責められたと『日本書紀』は述べる。このとき、軍船にも大打撃が与えられたことは想像に難くない。これにより吉備氏の軍船が壊滅し、瀬戸内海軍は弱体化してヤマト王権が瀬戸内海の制海権を失ったことが想定される。その後、北部九州さらに韓半島との連絡は日本海を通じて行われることとなり、継体が勢力下においたとの仮説である。

韓半島との交渉

雄略朝、韓半島では大きな変動が生じていた。高句麗の攻撃によって四七五年百済の王都漢城が陥落し、その二年後の四七七年、王の一族・文周王が新たに熊津（公州）に宮を設置して百済は存続した。その後、百済は半島南部への進出政策を推進する。これに呼応して雄略天皇も半島への干渉を積極的に行うのである。『日本書紀』によると、雄略はたびたび紀氏、吉備氏などの軍人を派遣している。ところが雄略逝去以降の清寧・顕宗・仁賢・武烈の時代になると、一転して韓半島とのかかわりは少なくなる。『日本書紀』によると次のような記事がみられるのみである。

・清寧四年　海外の国々の使者のために朝堂《みかど》で宴を催した。
・顕宗三年　使者を任那に遣わした。
・仁賢六年　使者を高句麗に遣わした。出発港は難波である。使者はこの年、工匠《てひと》を連れて帰ってきた。
・武烈六年　百済から調《みつき》をもって使者が来たが、何年も来なかったとして使者を抑留して帰還させなかった。翌年、百済は使者をふたたび遣わしてきた。

この背景には、国内の混乱による海軍の衰退により、韓半島に武力による干渉はできなくなったことがあると考えている。さらには、瀬戸内海の制海権の喪失である。それに代わり、日本海を通じてのルートが重要となったのである。

一方、継体天皇の即位後の韓半島との交渉は、継体三年（宮は樟葉）百済に使いを遣わす、同六年（宮は筒城）百済に穂積臣押山《ほしみのおみおしやま》を遣わすなど接触が頻繁となる。

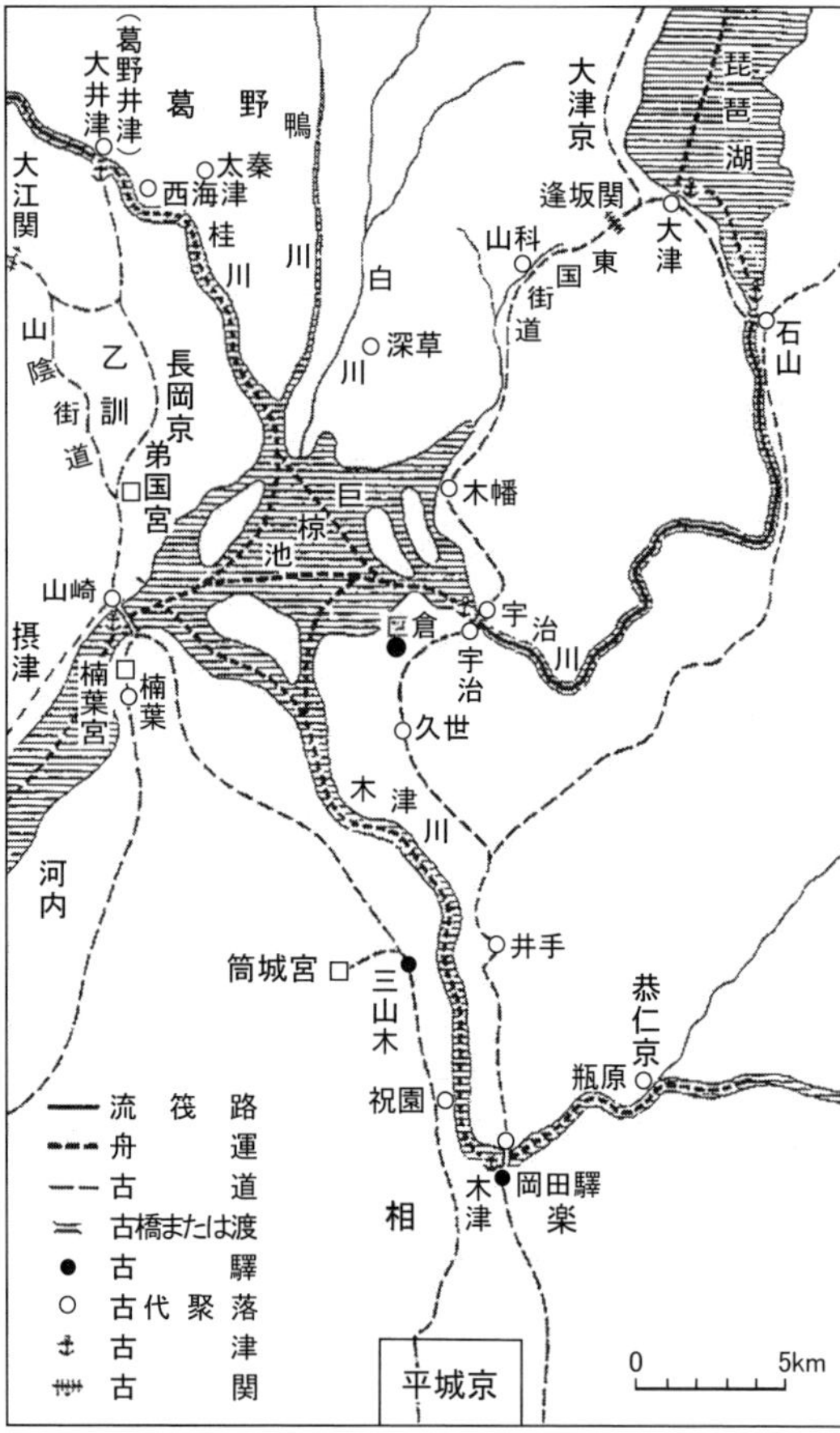

図 3. 5　古代の淀川中流部の水陸交通図
(出典)巨椋土地改良区(1962):『巨椋池干拓史』, に一部加筆.

淀川中流部での王宮の移転

継体天皇は三つの王宮に移転したが、これら三つの都を詳しくみると、五〇七年に皇位についた樟葉は、淀川本川（宇治川）、桂川、木津川の合流点直後に位置し、古くから交通の要衝であった（図３・５）。『古事記』には、「久須婆之渡《くずはのわたり》」、「玖須婆之河《くずはのかわ》」の記載がある。また、後の和銅四年（七一一）には「樟葉駅」がおかれていた。樟葉の対岸が山崎であるが、ここには延暦三年（七八四）、長岡京遷都に先立ち橋がつくられたことが知られている。

樟葉周辺は、淀川の渡河点として重要な地点だっただろう。渡河点でありえたのは、土砂の堆積地点であったことによろう。堆積した土砂の上を歩いたり、橋を架けたのである。ここに港があったとしても、もちろんおかしくない。

継体は五年後、筒城（京都府綴喜郡）に遷った。ここは木津川周辺であり、大和盆地北部と接している。陸路のみで、あるいは木津川舟運と陸路を使用しての大和との連絡には便な土地で、その入口にあたる。第一章でも述べたが、『日本書紀』によると、五世紀初めと推定される仁徳天皇の時代、熊野に遊んでいた皇后が、新たな妃を娶った仁徳と不仲になり、木津川経由で大和に入ったのち、逝去するまで皇后が住んでいたのが筒城岡《つつきおか》である。

この筒城に七年間、王宮をおいたのち継体は、桂川周辺の弟国《おとくに》(京都府長岡京市付近)に遷した。この地は、後年、長岡京がおかれたように淀川舟運、さらに陸上交通にとって便な場所である。先ほど述べた山崎に近いし、瀬戸内海沿いをとおる後年の山陽道、丹波から丹後さらに日本海沿いをとおる後年の山陰道とつながる陸上交通の要衝であった。

継体にとって、樟葉・筒城・弟国に宮があった時期は倭国内に自らの勢力を拡大する時期だったのだろう。樟葉の時代に淀川下流部から河口周辺、筒城の時代には大和に勢力を拡大しさらに紀伊から伊勢の国へ、弟国では九州を除く西日本に勢力を拡大したのだろう。そして、最後に残ったのが九州であった。

九州の勢力は強大であり、激しい戦闘が行われた。「筑紫君(国造)磐井の乱」である。大和に入った継体は、その翌年、半島に軍団を送ろうとしたが、磐井はその行く手をさえぎったのである。瀬戸内海西部、北部九州の制海権は掌握できていなかったことがわかるが、それまで継体と磐井の間は友好的であり、国内戦争は協力して行い、九州は磐井の支配を認めていたと思われる。だが『日本書紀』によれば、磐井は新羅と手をむすんで朝廷軍の韓半島への進撃を食い止めようとしたとある。それまでにも磐井は韓半島との海路の船を略奪したとあるが、「磐井の乱」は韓半島と日本列島のあいだの制海権をめぐる争いであったと考えるのが妥当かもしれない。

継体は、大和の豪族(大伴、物部、許勢)と合議して九州に征討軍を送り、激しい戦闘のすえ磐井を破った。磐井との戦いは、継体にとっては国内統一の最終戦であったと考えた方がわかりやすい。

ところで、継体は、応神天皇の五世の孫とされている。後に潤色され、同じく外部から入ったとされている応神にむすびつけられたかもしれないが、応神の行動にも継体の影が感じられる。『古事記』によると、応神は北部九州で生まれ、母である神功皇后とともに船で東に向かうが、異母兄二人との争いで勝利したのち敦賀の気比《けひ》神社に参拝し大和に向かった。越から大和に入る、この行動は継体と同じある。また、新羅征伐の英雄と描かれている神功皇后も、先述したように北部九州に入るのに越の敦賀から出発している。

七　まとめ

基本的文献である『古事記』『日本書紀』を読んでいくなかで、イワレビコ（神武天皇）は東征の途中なぜ転々と王宮を三度遷して大和入りと記述されているのかが、何としても理解できなかった。どのような説明が可能であるのか。日向と筑紫とのかかわり、瀬戸内海における安芸と吉備の位置づけ、また出雲との関係などを考えいったが、どうにも納得できる説明が展開できなかった。

そのようなとき大和に入る以前、淀川中流部で同じく三回遷都した継体天皇に思いいたり、継体について改めて興味をもった。国土経営論として継体が興味深いのは、その陵墓も摂津三島（後の嶋上《しまかみ》郡、嶋下《しましも》郡）に築かれたように、権力基盤がそれまでの大和川流域ではなく淀川中流部にあったことである。淀川は、琵琶湖からの常に枯れない水量が流れて舟運に格好の河川で、大阪湾に出て瀬戸内海とつながる。また、さかのぼれば琵琶湖に出るが、琵琶湖北岸からはわずかな距離をおいて若狭湾に出ることができ、ここから日本海を通じて西は山陰から北九州、東は越（北陸）から蝦夷地とつながる。

古代の淀川舟運について『日本書紀』は、半島経営のため継体天皇の命により渡海した毛野臣《けなのおみ》（近江毛野）がその帰国途上で死んだが、その葬送の船は淀川をさかのぼって近江に入ったと述べている。さらに、欽明朝の五七〇年、越の国に着いた高句麗の使者を迎えるにあたり、難波津から船を出し大津で飾り船に仕立て琵琶湖の北岸で乗船させた。その後、琵琶湖・宇治川を下ってから木津川をのぼり、その右岸にある相楽館《そうらく》(京都府相楽郡)に送ったとある。琵琶湖・淀川舟運は実に重要で、また機能を果たしていたことがわかる。なお、この相楽館のある場所は、継体天皇の筒城宮とほぼ同じ位置である。ここに留まったのち、使者は大和へ向かったのである。

ところで、三回の遷都に注目し、「神武東征」と「継体大和入り」を比較した研究は、すでに行われているに違いないと思った。行われていないのが不思議であったのだが、考古資料をベースにして『日本神話の考古学』(朝日新聞社、一九九三)で「神武東征」を述べた森 浩一氏が、「おわりに」で二つの共通性を指摘している。さらにさかのぼると、直木孝次郎氏が昭和三三(一九五八)年に『日本古代国家の構造』(青木書店)で「継体朝の動乱と神武東征」の節をもうけ、文献史料にもとづき、「継体朝の史実ないし所伝をもとにして、神武伝説を潤色・形成した」と述べている。ただし両者とも、継体の王宮がなぜ淀川中流部なのか、なぜそこで三回も遷都したのかは論じていない。

この点について、ここでは鉄素材の供給の関係から述べていった。ただし、製鉄が国内で既に行われていたかどうかにより、二つの仮説にもとづいて述べていった。継体朝が、国内での製鉄の開始時期と想定されていることからも、継体と鉄との関係は興味深い。先述したように、山尾幸久氏は『日本古代王権形成史論』(岩波書店)で北近江で行われた製鉄こそが継体の権力基盤であったと主張している。

製鉄開始については多くの資料にあたったが、未だよくわからないらしい。製鉄の原料としては鉄鉱石と砂鉄がある。日本には鉄鉱石はわずかしかないが、砂鉄は無尽蔵といってよいほどある。砂鉄を原料とする製鉄技術の確立をもってはじめて鉄の国産化が完了したと考えてよい。先述したように、半島南部で行われていた製鉄技術が日本に入ってこなかったのは、日本では鉄鉱石がほとんどなかったからだろう。
「国譲り」の舞台である古代の出雲について述べられている書物は数えきれないほど多くあるが、ほとんどが砂鉄による製鉄が盛んに行われていた地域であることを前提に記述されている。だが、いつ頃から行われたのだろうか。金属工学者佐々木 稔氏は『鉄の時代史』(雄山閣)で、残されている刀や鏃《ぞく》鉄の全国的な化学分析によると、砂鉄を原料とした製鉄の開始がいつなのか、それを裏付ける直接的な古代の考古資料はみあたらないと述べる。そして、先進地域での砂鉄製鉄の開始時期は一七世紀前半とみてよく、中国山地では一七世紀初頭に始まったとしている。さらに、鎖国により海外からの鉄素材の輸入が途絶えたのち、中国山地での砂鉄製鉄は本格化したと論じる。

一方、『記紀』『風土記』でみると、『古事記』には「天の金山の鉄《まかね》を取ってきて鍛人《かぬち》(鍛冶屋)を探してきた」と、山から取ってきた鉄を材料にして鍛冶が行われたことが記述されている。鉄とは、鉄鉱石・砂鉄などの原料ではなく鉄素材だろう。ただし、その鉄素材がどこで作られたのかはわからない。一方、『記紀』に少しおくれて天平五年(七三三)年に完成したとされる『出雲国風土記』では、「飯石郡《いいしぐん》」の条に中国山地の小川に「鉄有り」と記述されている。小川にある鉄とは鉄原料であろうが、砂鉄か鉄鉱石かははっきりしない。また「仁多郡《にた》」の条では、「(仁多郡の)諸《もろもろ》の里より所出《いづ》る鉄《まかね》、堅くして、尤も雑《くさぐさ》の具を造るに堪ふ」と、道具の素材となる鉄の生産が述べられている。

さらに『常陸国風土記』には、「香島郡」の條に慶雲元年(七〇四)のこととして、若松の浜の鉄をとって剣を作った、沙鉄《すなごのあらがね》は剣を作るのにはなはだ利しと、海岸の砂鉄から剣を作ったことが記述されている。その量はどれほどかはわからないが、文献によるかぎりでは古代、砂鉄を原料に製鉄が行われたことは間違いないと思われる。はたしていつまで遡れるのかである。

さて、『日本書記』によると、継体六年(五一二)、百済からの要求により伽耶《かや》(任那)の一部、さらに翌年にも一部を割譲したとある。当時、倭国内は混乱のなかにあり、倭と強いむすびつきのあった伽耶の一部の支配権を百済に認めたということだろう。その代償として、百済は五経博士を倭国に送ったことが記されているが、同時に製鉄技術も教えたとは考えられないだろうか。つまり、この後、倭国で磁鉄鉱石を原料とする製鉄が開始されたとの仮説である。

筑紫君磐井は新羅と通じて反乱したされるが、その反乱の背景に継体による製鉄技術の独占への反発があったのではないだろうか。新羅は、製鉄技術を供与するといって磐井と手をむすんだとは考えられないだろうか。その答えは今のところわからないが。

最後に、次のことを付け加える。

『日本書紀』によると、神武天皇（イワレビコ）は三人の兄をもち、そのうちの一人・イッセは大阪湾から大和への侵攻のさい矢にあたり死んだ。あとの二人も熊野で海原に帰っていった。これは何を物語っているのだろうか。興味深いことに、『日本書紀』の編さんを命じた天武天皇は、父を舒明天皇とする四人兄弟である。このうち二人は兄（母は蘇我氏の娘と皇極天皇）であることははっきりしている。吉備国の采女《うため》が生んだもう一人の兄弟が兄としたら、天武は神武と同様に四人兄弟の末っ子である。

母（皇極天皇）を同じくする兄が天智天皇（中大兄皇子）であり、天智が白村江の戦いを指導し、そののち最初の戸籍である庚午年籍の作成など新たな国造りづくりをめざした。天智の逝去後、壬申の乱に勝利し天武が皇位を継承したが、天智の進めた国内改革を引き継ぐとの意思を強くもっていて、その後の律令政治へと進めていく。『日本書紀』の編者にとって天武は絶対的な存在であったことは間違いないだろう。編集者は、天武を神武（イワレビコ）とかさね、イッセの死は、同じ志をもちながら兄・天智がその途上で逝去したことを表わそうとしたように思われる。

ただし、天智は長兄ではない。長兄は、蘇我氏を母とする古人大兄皇子《ふるひとのおおえ》である。古人大兄は、舒明を継いだ孝徳朝に謀反を起こしたとして中大兄によって滅ぼされた。まさか、イッセを無念のうちに死んだ古人大兄とみなしていることはないと思うが。

また、夫・仲哀天皇の遺志をついで熊襲征討を進め、新羅征伐を行ったと『記紀』がかたる神功皇后についてだが、女帝・持統天皇が念頭にあったのは間違いないだろう。朱鳥元年（六八六）天武のあとを継いでその皇后が持統天皇となり、藤原京の建設、『記紀』の編集作業が進められていった。夫の遺志を継いで大事業を進めていく、編者は持統を神功皇后として『記紀』のなかに記述していったのだろう。

〈注〉

（1）直木孝次郎『日本古代国家の構造』二六一～二六八頁、青木書店、一九五八

（2）山尾幸久『日本古代王権形成史論』四五九～四六〇頁、岩波書店、一九八三

〈参考文献〉

『古事記』岩波書店、一九六三
『海と列島文化2　日本海と出雲世界』小学館、一九九一
秋本吉徳『常陸風土記』全訳注、講談社、二〇〇一
網野善彦・森　浩一『馬・船・常民・東西交流の日本列島史』河合出版、一九九二
井上光貞監修『日本書紀　上』中央公論社、一九八七
井上光貞監修『日本書紀　下』中央公論社、一九八七
上田　雄『遣唐使全航海』草思社、二〇〇六
梅原　猛『葬られた王朝』新潮社、二〇一〇
荻原千鶴『出雲国風土記』全訳注、講談社、一九九九

北郷泰道『古代日向・神話と歴史の間』鉱脈社、二〇〇七
北郷泰道『海にひらく古代日向』鉱脈社、二〇一〇
古代出雲王国の里推進協議会『出雲の考古学と「出雲風土記」』学生社、二〇〇六
佐々木　稔『鉄の時代史』雄山閣、二〇〇八
白石太一郎『近畿の古墳と古代史』学生社、二〇〇七
直木孝次郎『日本古代国家の構造』青木書店、一九五八
松前　健『出雲神話』講談社、一九七六
三浦佑之『口語訳　古事記』文芸春秋、二〇〇二
水谷千秋『謎の大王継体天皇』文芸春秋、二〇〇一
水谷千秋『継体天皇と朝鮮半島の謎』文芸春秋、二〇一三
村井康彦『出雲と大和』岩波書店、二〇一三
村上恭通『古代国家成立過程と鉄器生産』青木書店、二〇〇七
森　浩一『日本神話の考古学』朝日新聞社、一九九三
山尾幸久『日本古代王権形成史論』岩波書店、一九八三
吉村武彦『ヤマト政権』岩波書店、二〇一〇

第四章　聖武天皇と国土経営

聖武天皇が皇位についたのは神亀元年（七二四）で、藤原京から平城京へ遷都してから一四年がたっている。その後天平一二年（七四〇）木津川沿いの恭仁《くに》宮に行幸してここを都と定め、京の造営を開始した。だが天平一四年には近江国山中に離宮として紫香楽《しがらき》宮の造営を開始し、天平一六年には難波京を都と定めて遷《うつ》った。しかしその翌年には、平城京に還《かえ》りここをふたたび都とした。わずか五年の間にめまぐるしく都を遷しているのである。

聖武天皇は、なぜこのような動きをしたのだろうか。先学をみると、大宰府での藤原広嗣《ひろつぐ》の乱の平城京への波及を恐れたこと、先代の天皇である元正《げんしょう》上皇からの独立を求めたこと、天平九年に流行した天然痘、またその原因とみなされた長屋王の怨霊を忌避したいとの願望、などが指摘されている。もとより、これらの妥当性について何ら意見を述べる識見はないが、ここでは舟運とむすびつきが強い国土経営の観点からこの遷都について考えていきたい。

一　恭仁京、紫香楽宮、難波京そしてふたたび平城京へ

聖武天皇の東国巡行

『続日本紀』をもとに、天平一二年（七四〇）に行われた聖武天皇の東国巡行をみていこう(1)。

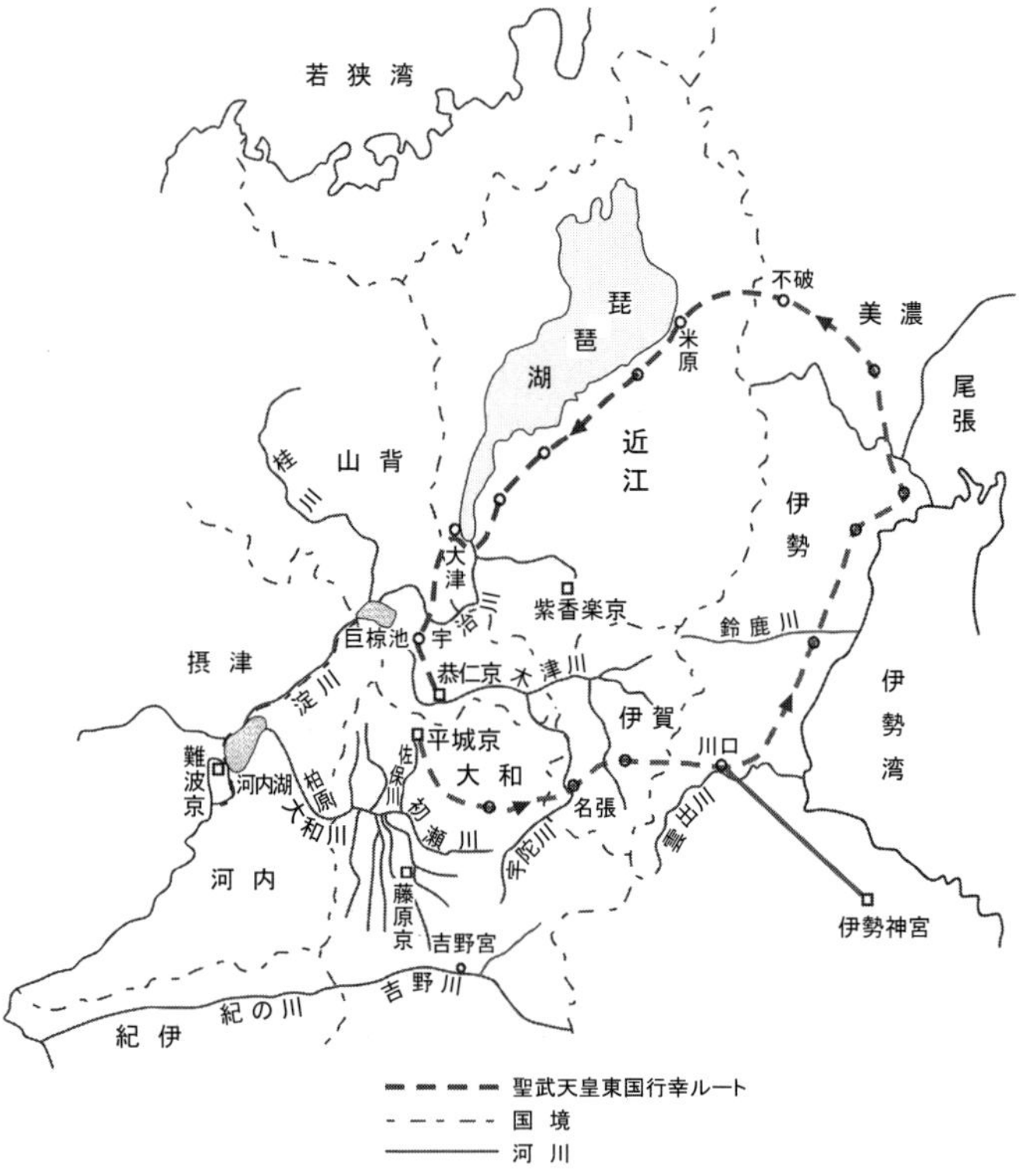

図 4.1　聖武天皇東国巡行

天平一二年九月三日、大宰少弐《だざいしょうに》であった藤原広嗣が兵を動かして反乱した。聖武天皇は、ただちに大野東人《あずまびと》を大将軍に任じ、東海・東山・山陰・山陽・南海の五道から一万八〇〇〇人を徴発して西に向かわせた。その反乱が収まっていないなか、一〇月一九日伊勢国に行宮《かりみや》をつくる司を、同月二三日には行幸の指揮官である次第司《しだいし》、騎兵大将軍などを任命して騎兵など四〇〇人を徴発した。そして同月二六日、「朕は思うところがあって今月の末より関東に行こうと思う。行幸に適した時期ではないが、事態が重大でやむを得ないことである」と述べて、その三日後に平城京を出て関東に行った。当時、関東とは伊勢・美濃より東国である。

その行幸ルート（図４・１）を少し詳しくみると、現在の天理市から大和高原に上り山辺郡都祁《つげ》をとおって三重県名張市（伊賀国）に入る。この後、青山町をすぎ青山峠をとおって伊勢国（三重県）に入り、関宮《せきのみや》がおかれていた雲出《くもず》川沿いの一志《いつし》郡白山《はくさん》町川口に着いた。この日は一一月二日であった。ここから伊勢神宮に使者を遣わし、奉幣《ほうへい》(進物を奉る)した。ここに一〇日間滞在したが、この間に藤原広嗣を捕えたとの報告を受けた。

このご一志郡をとおり、ここから北上して鈴鹿郡赤坂、朝明《あさけ》郡(四日市付近)、桑名郡多度《たど》町付近をとおって一一月二六日美濃国当芸《たぎ》郡(養老郡付近)に出、さらに一二月一日不破郡に着いた。ここで従っていた騎兵軍を平城京に帰し、美濃国と近江国の国境の視察を行った。不破郡は、壬申の乱のとき吉野を脱出した大海人皇子(後の天武天皇)が本陣をおいたところである。六日間もこの地に滞在したのは、それを偲んでのことだろうか。

一二月六日、不破を出て近世の東海道沿いに近江に入り米原市に着いた。ここで恭仁宮整備のため、右大臣橘《たちばな》諸兄《もろえ》を先発させた。翌日ここを出発したのち、蒲生郡・守山市付近をとおって大津市粟津付近に着いた。ここに三日間滞留したが、志賀の山寺に行き仏を拝んだ。山寺とは、琵琶湖西岸で大津市滋賀里町の山中にあり、天智天皇によって天智七年(六六八)に創建された崇福《すうふく》寺である。ここを出発して山背国相楽《そうらく》郡玉井頓宮《かりのみや》(京都府綴喜《つづき》郡井出町付近)に一泊し、一二月一五日木津川右岸(北岸)の恭仁宮に入ってここを都と定め、都の造営にかかった。この日遅れて叔母である元正上皇と皇后が到着した。

恭仁宮遷都

聖武彷徨《ほうこう》ともいわれるこのような五〇日近くにわたる東国行幸だが、『続日本紀』にみるかぎり橘諸兄を整備のため先発させてから恭仁宮に入るまでわずか九日間しかない。恭仁宮行幸の直接的準備のため、先発させたのだろう。それ以前、東国行幸に出発した時点で遷宮の命があったと考えるのが自然かもしれない。あるいは、伊勢国一志郡白山町に一〇日間滞在し藤原広嗣を捕えたとの報告を受けたときかもしれない。行幸は、遷宮の準備が整うのを待つかのように実にゆったりとした日程で進められている。

それにしても短期間での遷都である。事実、天平一三（七四一）年正月一日の朝賀《ちょうが》は、宮の垣の代わりに帷張《とばり》を引きまわして行われた。一方、聖武天皇の遷宮の決意はかたかった。正月一一日、伊勢神宮と各国の諸寺に使者を派遣して新宮に遷ったことを報告した。そして同月一五日には大極殿《だいきょくでん》に現われているので、このときまでには平城京から大極殿を移したのだろう。閏三月九日には、平城京にある兵器を甕原《みかのはら》宮に運んだが、この宮は恭仁宮周辺、あるいは木津川と接する対岸と推定されていて、先々代の元明天皇が四回、聖武も三回行幸している。聖武にとってなじみ深い地であった。

なぜ、聖武は五〇日弱の突然の行幸を行ったのだろうか。聖武にとって藤原広嗣の反乱は衝撃だったろう。彼の父・藤原宇合《うまかい》は不比等の第三子で、聖武の信頼する部下として遣唐副使、蝦夷征討の時節《じせつ》大将軍、知造難波宮事などを歴任した後、天平九年天然痘で病没した。その息子の反乱である。これに続いて何が生じるのか、不安でいたたまれなかったのかもしれない。そして反乱の波及を恐れ、四〇〇人の騎兵に囲まれて征討のために兵士が少なくなった平城京を離れ、東国に行幸したとの理由は一理ある。だからといって、木津川対岸の恭仁宮への遷宮とは直接的にむすびつくのだろうか。たしかに恭仁宮は背後に山が迫り、前面には木津川があって防備にはかたい場所であるが。

恭仁京造営（図4・2）

恭仁京は、遷宮後に新京づくりが急ピッチで行われる。建物の木材・瓦などは平城宮から運ばれ、大極殿の瓦は新たにつくられた。天平一三年（七四一）閏三月一五日には、五位以上の者（貴族）は勝手に平城京に留まってはならない、どうしても平城京の自宅に帰らなければならないときは太政官の符を受けたのち許可せよなど、新京に住

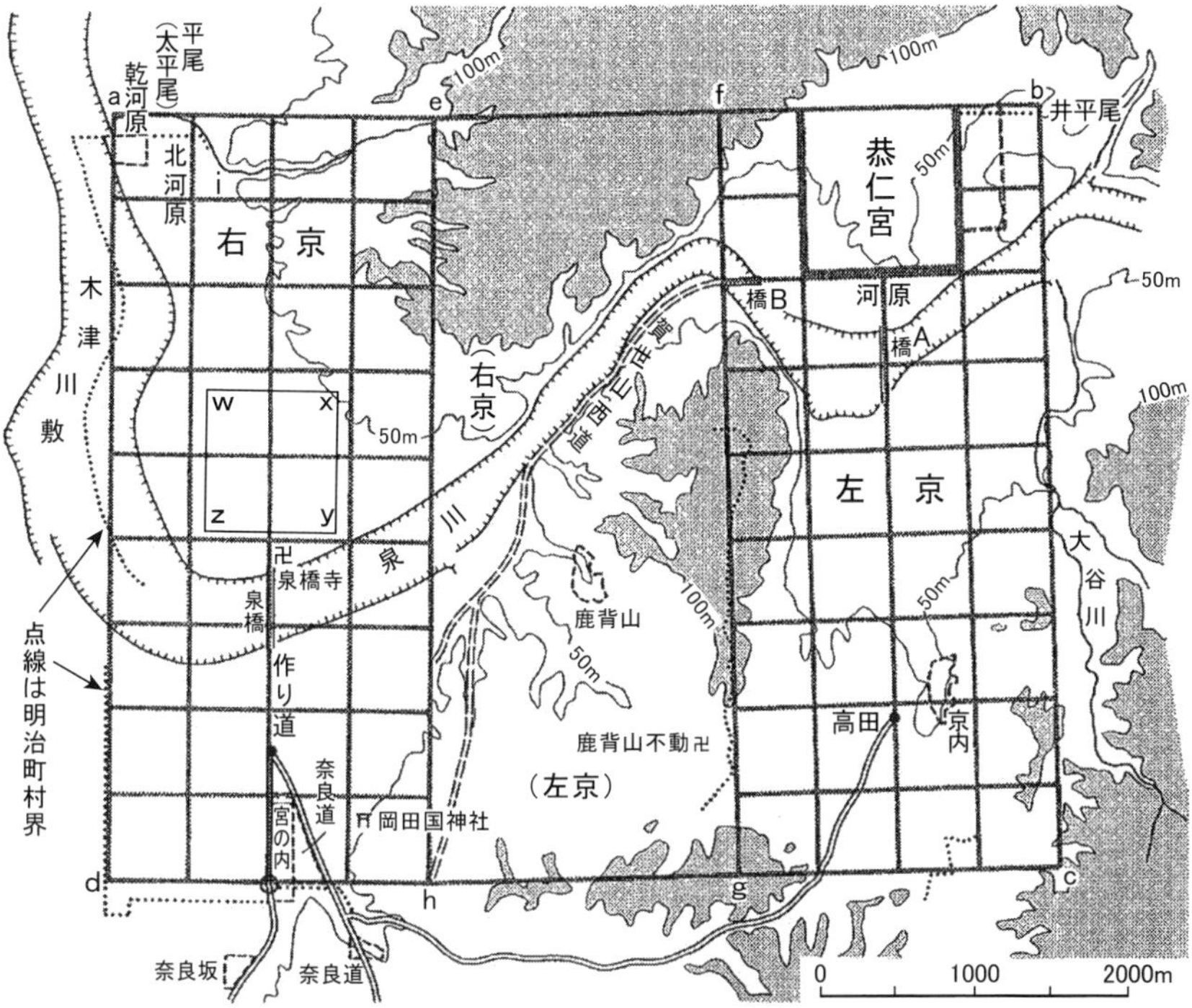

図 4.2　恭仁京復元図（足利健亮作図）
（出典）上田正明監修（1987）:『山城町史』山城町役場.

むよう命じた。五月一一日には、新京づくりの混乱に備えてだろう、定員以外に衛士《えいし》六〇〇人を徴発して派遣するよう命じた。七月一〇日には一度離れていた元正上皇が新京にうつり、八月二八日には平城京東西二つの市を新京に移した。九月八日には二人の造宮卿を任じ、翌日、造営のために大和・河内・摂津・山背の四カ国から役夫《やくふ》五五〇〇人を徴発して工事が進められていった。

その前の七月に木津川に架かる橋（図4・2の橋A）の工事に着手していたが、一〇月に完成した。そのために、畿内と諸国の優婆塞《うばそく》（在俗のまま仏教の戒を受けた男）らを使役した。そして一一月二一日、聖武は新たな宮を恭仁大宮《くにのおおみや》と名付けたのである。

さらに、宮室は完成せず未だ工事中で

あった天平一四年（七四二）二月五日、恭仁宮から東北の近江国甲賀郡に行く道が通じた。八月一一日「朕は近江国紫香楽村に行幸しようと思う」と述べ、翌日、おそらく日帰りで出かけた。一方、八月一三日には新たな木津川をわたる大橋をつくった。それは図4・2の橋Bと想定されている。『続日本紀』には、諸国司らに国の大小に応じて銭一〇貫以下一貫以上を納めさせて橋をつくる費用にあてたとあるから、かなりの規模のものが想定される。なお、西の右京には木津川をわたる泉橋《いずみばし》があり、そのたもとに行基によって建立された泉橋《せんきょう》寺がある。歴史地理学者足利健亮氏は、泉橋について『行基年譜』などにもとづき、恭仁京造営の開始以前に行基の指導により創建されたとしている(2)。

聖武天皇は、天平一四年八月二七日紫香楽（滋賀県甲賀市）に行幸し、数日間、滞在した。紫香楽は、恭仁京から東北に約三〇km離れた地に位置するが、さらに一二月二九日から翌天平一五年正月二日、四月三日から四月一六日、そして七月二六日から一一月二日にかけての三カ月以上の紫香楽行幸を行った。ここで、盧舎那仏《るしゃなぶつ》として金剛像一体をつくることを宣言し、国中の銅をもって像を鋳造し、大きな山を削って仏堂を建てることを詔した。一〇月一五日のことであるが、その翌日、東海・東山・北陸道の二五カ国の調・庸のすべてを紫香楽に貢納させた。また、一〇月一九日には盧舎那仏をつくるための甲賀寺の寺地を開いたが、行基が弟子たちをひきいて民衆に参加を勧誘した。なお、少し以前の天平二年三月、周防国で銅が新たに発見されていた。

この大仏が建立される紫香楽さらに恭仁宮の立地について、興味深い見解がある(3)。恭仁京は木津川が京内を東西に横断するが、唐の洛陽城《らくようじょう》(4)でも城内を東西に洛河が流れる。このことから恭仁京は洛陽城を模して造営されたとみなし、洛陽城の近郊の竜門石窟に盧舎那仏のある奉先《ほうせん》寺があることから、紫香楽の立地をその関連で考える見解である。

難波遷都と紫香楽宮造営

天平一五年（七四三）一二月二四日、平城京にあった武器を恭仁京に納めるとともに、恭仁宮の造営は停止することとなった。約三年間の工事であった。だが、翌一六年になると、難波京への遷都の敢行となった。閏正月一日、聖武天皇は百官（官僚）すべてをよび集め、恭仁京か難波京のどちらを都に定めるべきか問うた。この問いに、五位以上（貴族）では恭仁京がよいとした者二四人、難波京がよいとした者二三人で拮抗していた。一方、六位以下でも恭仁京が一五七人、難波京が一三〇人であってほぼ同数とみてよい。さらに市人（商業関係者）に問い合わせたところ、皆が恭仁京を願った。ただ難波京を望む者が一人、平城京を望む者が一人いた。

天平一六年閏正月九日、聖武天皇は恭仁京に諸寺や庶民の家をつくるように命じたが、翌々一一日には難波宮に行幸し、二月二四日紫香楽宮に出発するまで、ここに滞在した。この間、勅を発するに必要な駅令《えきれい》・内外印（天皇御璽《ぎょじ》と太政官印）、また天皇の象徴である高御座《たかみくら》（玉座）と大楯《おおたて》を恭仁宮から、さらに兵庫にあった武器を難波京に運ばせ、ここへの遷都を進めていった。なお、二月二一日に恭仁京には従二位をトップとする五人、平城宮には正五位下ほか二人を留守官に任じた。当然とはいえ恭仁京が平城宮より重視されていたのである。それとともに平城京も廃都としていないことがわかる。

さて二月二四日、聖武は淀川右岸の三島路をとおって紫香楽宮へ行幸した。難波宮は左大臣橘諸兄が留守を預かっていたが、諸兄は同月二六日、今から難波京を都と定め恭仁京の住人は両京の間を意のままに往来してよいとの勅を伝えた。四月二三日、紫香楽宮の本格的な造営が開始されたが、その前の三月一四日に金光明寺《こんこうみょう》（のちの東大寺）の『大般若経《だいはんにゃきょう》』が紫香楽に到着し大安殿に安置され、翌一五日には難波宮で僧二〇〇人を招いて東西の楼殿《ろうでん》で大般若経を読ませた。そして一一月一三日、甲賀寺に盧舎那仏の体骨柱を建てた。このとき聖武も臨場し、その綱を引いた。

この間、聖武はずっと紫香楽宮にいたものと思われる。一方、元正上皇は一一月一七日に紫香楽宮に入った。

放火と大地震

聖武天皇は、天平一七年（七四五）の正月を紫香楽宮で迎えたが朝賀の儀式は中止となった。ただ大楯と鉾《ほこ》が宮の前にたてられたので、この地に長く滞在する予定だったのだろう。紫香楽宮の造営、盧舎那仏の建立は進められていった。

ところが、その周辺の山林で何回も火災が生じた。最初の火災は前年の四月一三日にあったが、この年には四月一日、四月三日、四月八日、四月一一日と連続して発生した。とくに四月一一日の火災は大規模で、人々は競って川辺に行って財物を埋めた。また、聖武天皇も避難しようと準備したほどであった。明らかに、不満をもつ人々による放火だったろう。それに大地震が加わった。

四月二五日、一晩中地震があり、それが三日と続いた。内陸部の美濃国では、国衙《こくが》の櫓・館・正倉、仏寺の堂や塔、さらに人々の家屋が多大なる被害を受けた。このことから、明らかに美濃国を震源とした大規模な内陸直下型群発性地震に襲われたことがわかる。美濃国に近い紫香楽宮も、大きな揺れに襲われたことは間違いないだろう。この後も余震が長く続いた。五月には一日から一〇日まで毎日続き、さらに一六日、一八日と続き、たびたび地面に亀裂が生じ、そこから水が湧出したほどであった。人々が大きな恐怖におののいたことは容易に想像できる。

平城京還都

この大地震にみまわれ、聖武天皇は早くも天平一七年（七四五）五月二日、官人たちを集めて都をどこにしたらよいのか問うている。この問いに、全員が平城京がよいと答えた。その主な背景として、木津川沿いの沖積低地にある恭仁京も激しく揺れたことがあったのは間違いない。さらに同月四日、平城京にある四大寺（薬師寺、大安寺、元興寺、興福寺）の僧侶たちに問うたところ、すべてが平城京を都にすべきと答えた。

五月六日、聖武は余震が続くなか宇治をとおって恭仁京に帰った。このさい車が泉橋にさしかかったとき、人々は遠くからみて「万歳」の声をあげた。翌日、平城宮を掃除させているので、平城京に還ることは既に決めてあったのだろう。同月一〇日、市人（商業関係者）たちは平城京に移動したが、早朝から夜更けまで先を争って向かい、行列は絶えることがなかった。恭仁京に多数の市人がいたことがわかる。聖武が平城京に遷ったのは、その翌一一日であった。もちろん平城京でも大きく揺れたであろう。しかし、木津川沿いの狭い沖積低地と比べ開かれた扇状地上の平城京では揺れは小さく、その脅威は大きく異なるのである。

六月一四日になると、平城京の宮門に都と定めたことを示す大楯が立てられた。このご八月二八日、難波宮に行幸したが、ここで病気となり、平城京から駅鈴《えきれい》と印（天皇御璽と太政官印）を取り寄せた。だが、回復したのだろう、九月二六日平城京に帰り一二月一五日には恭仁京にあった兵器を運びこんだ。ここに、天平一二年（七四〇）一〇月から五年間にわたり行われた遷都の動きが収まり、新たな大極殿などの宮殿が平城京に造営された。また、盧舎那仏がつくられ東大寺が建立されて、延暦三年（七八四）の長岡京遷都までの約四〇年間、平城京はふたたび都となったのである。なお、平城京から移築された恭仁宮の大極殿であるが、その後、この地に建立された山背国分寺に使用された。

二　国土経営から遷都を考える

平城京と物資輸送

五年間にわたるめまぐるしい遷都の動向について、国土経営からどのように考えたらよいのだろうか。先学では、聖武天皇の気まぐれなど、聖武の個人的理由をあげているのがほとんどである。筆者は、一度去っていった平城京に大きな問題が生じたのではないかと考えている。それは平城京の人々を支えた物資供給への支障である。

その前提として、藤原京から遷都した当時は難波とむすぶ大和川舟運を通じての物資補給が主ルートであったと考える。第一章で述べたが図1・14でわかるように、平城京内の河川は人工的に整備され、中央道である朱雀《すじゃく》大路の出口の羅城門《らじょうもん》近くに佐保川が位置し、この付近に港があり東西の市が運河沿いにあり、ここから平城京内に物資が運ばれていた。それが平城京の人々の日々の生活を支えていた。そして佐保川は、平城京の外港・難波の港とつながっていた。平城京の人口は、最盛期で六万〜七万人、多くて一〇万人といわれ、(5)それだけでなく運脚《うんきゃく》や仕丁《しちょう》、衛士など一時的に滞京していた人たちもいた。彼らを養う食料は大和盆地のみでは不十分で、難波の港から大和川舟運で運搬されたものもかなりあっただろう。

さらに第一章で、大和盆地内大和川は東西南北に曲流していることを『万葉集』(第一巻の七十九)「或る本、藤原京より寧楽《なら》宮に遷りし時の歌」にもとづいて述べ、舟運の便にとって好都合であることをみた。また、大和盆地を取りかこむ山地は、流出しやすいマサ(真砂)化した花崗岩よりなり、流出すると河道は埋没して天井川化していき舟運の支障となることを述べた。堆積土砂の分析から、河道の埋没は縄文時代後期にはすでに始まり、奈良時代頃から激しくなり平安時代に急速に進んだとの指摘がある。[6]このことから、平城京に遷都したのち河道の堆積が激しくなって舟運機能に次第に影響を与えたのではないかとの想定も考えられる。[7]

さらに大和川は、いつ発生してもおかしくない地すべり地帯をかかえていた。亀の瀬峡谷の地すべりであるが、ここで恭仁宮遷都の少し前に地すべりが発生し、舟運機能に大きな支障が生じたのではないかと考えている。先述したように、天平一六年（七四四）閏正月、聖武は恭仁京の市人（商業関係者）に恭仁京と難波京とで都をどちらに定めるべきか尋ねさせたところ、難波京一人、平城京一人をのぞいて皆、恭仁京がよいと答えた。市人は、恭仁京で満足しているのである。それは、淀川そして木津川舟運で運びこまれる物資供給に満足している結果と考えられる。また、その裏返しとして平城京への物資供給が不十分であったことを物語っている。

ここで、聖武天皇と難波宮そして亀の瀬峡谷の関連についてみてみよう。聖武は、皇位についてから天平一五年（七四三）正月の難波遷都にいたるまでに四回難波宮に行幸した。神亀二年（七二五）一〇月、同三年一〇月、天平六年三月、同一二年二月である。神亀三年一〇月の行幸は、播磨国印南野《いなみの》（現・明石郡）からの帰りで、このとき藤原宇合《うまかい》（反乱した藤原広嗣の父）を難波宮造営の長官である知造難波宮事《ちぞうなにわぐうじ》に任じた。この四カ月後の神亀四年二月には、難波宮の造営に従事させた雇民に課役（調・庸・雑徭）などを免じているから、いわゆる第二次（後期）難波宮造営が鋭意、進められたことがわかる。

天平六年（七三四）三月の行幸では、一〇日到着し一七日出発して竹原井頓宮《たけはらいのかりみや》（柏原市大字青谷）に宿泊し、平城京には一九日に帰った。これまでの難波宮行幸と異なり、帰る途中で一泊している。それも亀の瀬峡谷の河内への出口付近にある竹原井頓宮にであり、出口付近の重要性を強く物語っている。ここには盧舎那仏を本尊とする智識寺《ちしきじ》があった。この滞在を亀の瀬峡谷に何か異状が生じその視察とむすびつけるのは強引すぎると思われるが、それから遠くない四月七日、大きな地震が生じ山崩れが各地で発生した。

この地震により圧死する者が多く、これにより川がふさがり地割れが方々で生じ、その箇所は数えきれないほどであったと『続日本紀』は述べる。聖武は四月一二日、使者を畿内七道に送り、被害を受けた神社を調査させた。また同一七日には、天皇陵八カ所などを調査させている。このとき、地すべり地帯である亀の瀬峡谷部も舟運に大きな影響を与える変動が生じたのではないかと推測するのである。

『続日本紀』は、天平六年五月二八日平城京の人々が夏季の徭銭《ようせん》（徭役の代わりに納める銭）を用意するのが容易ではないこと、また六月一四日には大和国の亀の瀬峡谷の上流部にあたる葛下《かつげ》郡の公民が私稲を投げ出して貧乏な人々を救ったことを述べている。この記述は、大和川舟運に支障が生じたこと、また亀の瀬上流部で流下できなくなった水が氾濫し、被害が生じたことを物語っているのでは、と考えておかしくない。

こののち必死の努力により峡谷部の復旧に努め、流下はある程度取り戻せたのであろう。だが、大和川舟運にその後も大きな影響を与え、平城京にとって結局は淀川・木津川舟運が中心になっていったものと推察できる。そのためには淀川・木津川での舟運路整備が必要となるが、次第に行われたのだろう。そして、天平一二年の木津川沿いの恭仁京への遷都となるが、舟運路整備は紫香楽宮造営時に一層、整備されたのではないかと考えている。造営のためには、技能者をはじめ多くの働く人々の食料、また仏像の材料となる銅などを運搬しなくてはならない。それを淀川舟運に頼ったのだろう(8)。

平城京外港泉津《いずみつ》

平城京の木津川方面の外港とされているのが、泉津（後の木津）である。ここには、東大寺・興福寺などの寺院の木屋所《きやしょ》がおかれ、近江国や伊賀国などの淀川水系の山地から木材が運びこまれ、奈良丘陵を約五㎞の道をとおって車で平城京に持ちこまれた。法華寺阿弥陀浄土院金堂の造営工事では、天平宝字四年（七六〇）の記録であるが、伊賀山、丹波山、高嶋山（近江国）から大量の木材が筏に組んで運びこまれた。さらに、松・薪などの燃料用木材も運びこまれた。たしかに、泉津は宮殿や諸大寺造営の木材輸送の役割がきわめて大きいことがわかる。

一方、生活物資の移入についての記録はあまりみあたらない。天平宝字六年（七六二）、東大寺泉木屋の責任者が塩九果・滑海藻《まなかし》一一束・若滑海藻一〇束を購入して写経事業のために東大寺に納めている。泉津には、これらを取引する市場の存在が推定される。また、この写経事業の記録のなかに「難波より米などの購入費用、川船一艘の借り賃が二貫一〇四文」とある。生活物資が難波で購入され、平城京に運びこまれたのである。そのルートであるが、『新修大阪市史』では淀川・木津川をのぼって泉津に船で運ばれ、ここから平城京に持ちこまれたとしている(9)。

このように、難波からの物資輸送の記録はわずかしかないが、平城京をふたたび都とした後の記録がすべてである。恭仁京・難波京へ短期間遷ったのち、奈良時代後半に平城京の大極殿・朝堂院《ちょうどういん》の建物はつくり直された。これとあわせて木津川舟運路の一層の整備と、泉津の港機能の本格的な整備が行われたと考えている。

行基の活動

この運搬路整備について、行基がひきいる集団の役割が大きかったのではないだろうか。行基は、畿内各地に四九の寺院を建立するとともに「架橋六所、直道一所、池一五所、溝七所、樋三所、船息（港）二所、堀四所、布施屋九所」の土木事業を行ったと、『行基年譜』は述べる。池・溝・樋とは溜池・用水路などの農業施設であるが、その他六カ所で橋を架け、道を一本まっすぐにし、港を二カ所、水路を四カ所整備したのである。また平安時代の『日本霊異記』には「難波の江を掘り開かしめて船津を造り」と、舟運路の整備が述べられている。

橋は寺院とセットで架けられた。宇治川・桂川・木津川が合流した直後の山崎橋には山崎院、先述した泉橋寺、淀川下流部（大阪市東淀川区）には高瀬橋と高瀬橋院、というようにである。架橋の地が、陸路と水路の交差路であったことは間違いないだろう。つまり寺院は、交通の要衝にたてられたのである。また当時の技術水準を考えると、大河川での架橋は、土砂の堆積地点につくられただろう。堆積する土砂の上に橋脚を築きつなげていったのだろう。堆積地点、それは舟運にとっては支障となる。架橋とともに、舟運のための水路整備が進められていったことは想像に難くない。彼らにより、新たな整備が進められたのである。

当初、行基の活動は民衆を惑わすものとして厳しく禁じられた。しかし、多くの民衆を集め土木事業を指導する活動を認めることとなり、天平一三年（七四一）には木津川ほとりの泉橋院を聖武天皇が訪ね、行基は盧舎那仏建立の勧進僧となり天平一七年には大僧正に任命されたのである。

三　難波遷都を考える

皇位についてから四回目の難波宮への行幸として、聖武天皇は天平一二年（七四〇）二月七日に到着し、二月一九日に平城京に帰った。それ以前の天平四年九月、遣唐使のための船四艘をつくらせ、同一〇月外国の使節をもてなす施設を整備する官使（造客館使）をはじめておき、難波の新たな整備に力をそそいだ。海外と連絡する港があり、その玄関口である難波に、聖武は非常な関心をもっていることがわかる。皇位についてはじめての遣唐使は天平五年難波の津を出発したが、聖武は聖武なりに海外との新たなむすびつきを考え、その表玄関として難波京の整備を図っていたのではないかと考えている。さらに、わずかな時期とはいえここを都としたのである。

難波の地には、四世紀末から五世紀前期にかけて、河内王朝ともいわれる応神天皇の難波大隅宮、仁徳天皇の高津宮などの王宮があったと伝えられている。応神、仁徳、とくに仁徳は南宋に使者を派遣した倭の五王と比定されている。第一章でも述べたが、五王の時代といわれる五世紀は、韓半島をめぐっての国際関係が非常に緊迫している時代であった。このことも背景となって宋への使者の派遣となり、海外との連絡に便な難波に政治中心地をおいたのだろう。

その後、この地には難波館などがおかれ海外からの使者の対応を行っていたが、蘇我蝦夷・入鹿を滅ぼした乙巳《いっし》の変の翌大化二年（六四六）、孝徳天皇が難波長柄豊碕宮《ながらとよさき》を造営して遷都した。孝徳はたびたび使者を新羅に送り、新羅からは上臣が来るなど新羅との関係が密となった。また白雉四年（六五三）、同五年と二年続けて遣唐使を送るなど、唐・新羅に対する積極外交を進めた。海外との連絡にとって便な地への遷都であったのである。この宮は、天武天皇に引き継がれたが、朱鳥《しゅちょう》元年（六八五）に焼失した。

平城京時代の海外との関係をみると、遣唐使は五回、遣新羅使は一一回派遣されるとともに、平城京にやってきた新羅使は一七回を数える。これを時代ごとに詳しくみると、平城京遷都以降、聖武が皇位につく神亀元（七二四）年までの一四年間には遣唐使は一回、遣新羅使は四回派遣され、新羅使は四回来日している。一方、皇位についてから逝去する天平勝宝八年（七五六）までの三二年間をみると、遣唐使二回、遣新羅使七回、新羅使来日は七回となっている。またそれ以降、延暦三年（七八四）長岡京に遷都するまでの二九年間には遣唐使二回、遣新羅使一回、新羅使来日六回となっていて、ほぼ同じような頻度で交流している。だが、宝亀一〇年（七七九）を最後に新羅使節は来なくなった。一方、神亀四年（七二七）には、渤海国からはじめて使者が来日し、それ以降、長岡京に遷都するまでに一二回使者がやってきた。ただし日本海を通じてである。

平城京を都とした時代、東大寺正倉院に保管されている宝物でもわかるように、海外との交流が頻繁に行われていたのである。この当時、対外関係は平和な時代であり、天平二年（七三〇）九月には諸国から大宰府に送る防人を停止し、天平九年八月には筑紫に赴いていた防人を出身地に帰し、筑紫の者に壱岐・対馬の守備をさせた。聖武は、海外との文化交流あるいは文物の移入に大きな期待をもち、表玄関として難波京の整備を図っていったものと考えている。

その背景として、天平一二（七四〇）年九月の大宰少弐・藤原広嗣の反乱による大宰府の破壊があったのかもしれない。大宰府は、天平一四年正月廃止となった。だが、天平一七年六月五日に復活となった。この日は、聖武が地震に襲われているなか平城京に帰ってきてしばらく後であり、六月一四日にはここをふたたび都と宣言する大楯をたてた。大宰府復活は、平城京還都と強いつながりがあったことが推測させる。翌天平一八年四月、聖武の右腕・橘諸兄が大宰帥（大宰府長官）に任命されたことからも、平城京にとって外交における大宰府の重要性がよくわかる。

さらに、紫香楽宮造営と難波京の遷都がほぼ同時に行われたことから、二つがセットになって進められたことも想定される。仏教による鎮護国家を理想とする聖武は大仏建立にあわせ難波京を都と定めたのであるが、それは、唐の洛陽城と竜門石窟の盧舎那仏との立地関係を、難波京と自らつくる大仏との関係にみたのかもしれない。紫香楽宮に大仏をつくるからには、大仏建立に必要となる周防国からの銅をはじめ各地の資材、さらに海外からの仏典などの移入に便な難波京を都として位置付けようとしたのである。

その意向は、反発する民衆による放火そして大地震の襲来により挫折し、結局は平城京に還り、この地で大仏の建立となった。東大寺盧舎那仏として天平勝宝四年（七五二）、一万人の僧侶が集められて開眼供養となった。その開眼師はインド僧であった。この後、平城京はペルシャ商人が来たり、ラクダやオウムなど海外の珍しい生き物がやってきたりする国際色豊かな都市となったのである。

（注）

（1）宇治谷　孟『続日本紀』全現代語訳上・中、講談社、一九九二、を参照した．
（2）足利健亮『考証・日本古代の空間』二九～三八頁、大明堂、一九九五
（3）田辺征夫・佐藤　信編『古代の都2　平城京の時代』二二一頁、二〇一〇
（4）則天武后は、六九〇～七〇五年周王朝を建国し都を洛陽に置いた。
（5）条里制・古代都市研究会編『古代の都市と条里』七頁、吉川弘文館、二〇一五
（6）中井一夫「奈良盆地における旧地形の復原」『関西大学考古学研究室開設参拾周年記念考古学論叢』一九八三
（7）山地からの土砂流出対策も目的としているだろう山地での禁伐は、『続日本紀』によると平城京遷都の直後である和銅三年（七一〇）二月二九日、「はじめて守山戸を置き諸山の伐木を禁じる」とある。それ以前では、『日本書紀』に天武五年（六七六）「南渕山・細川山（浄御原宮付近の山）で草や薪をとることを禁じる。また畿内の山野で、もとから禁野《しめの》とされていたところでは、かってに草木を焼いたり切ったりしてはならない」とある。
（8）大きな役割を担った大和川舟運に対し、河床上昇あるいは亀の瀬地すべりにより支障が生じたとの仮説をもとに、聖武天皇の遷都を考えていった。その仮説の根拠はたしかに薄弱であり、史料的には強引すぎることは十分、理解している。ただたんに、平城京の増大する人口を大和盆地の生産物のみでは養うことができなくなり、淀川を通じて生活物資を得る必要に迫られ恭仁京遷都となっただけとの主張が可能であることは否定しない。しかし筆者には、物的基盤への自然現象による影響があったと思えてならない。
（9）『新修大阪市史』第1巻、九〇五～九〇九頁、大阪市、一九八八

（参考文献）

『図説　平城京事典』独立行政法人国立文化財機構奈良文化研究所、二〇一〇
『木津町史』本文篇、木津町、一九九一

『新修大阪市史』第1巻、大阪市、一九八八
『加茂町史』第一巻、加茂町、一九八八
足利健亮『考証・日本古代の空間』大明堂、一九九五
宇治谷　孟『続日本紀』全現代語訳、講談社、一九九二
田辺征夫・佐藤　信編『古代の都2　平城京の時代』吉川弘文館、二〇一〇
藤岡謙二郎『大和川』学生社、一九七二

第五章　桓武天皇と国土経営

桓武天皇の在位は、天応二年（七八二）年から大同元年（八〇六）年の二五年間にわたる。この間、長岡京と平安京への二度の遷都が行われ、また「征夷（蝦夷征討《えみしせいとう》）」として、東北地域支配（「東北経営」）のため三回の大規模な遠征軍が派遣された。その最大の派遣兵士数は一〇万人とされる。遷都と「征夷」は、支配下の人民を総動員して行われたのであろう。さらに長岡京の時代、淀川下流部で三国川《みくに》開削、大和川付替が行われた。大和川付替は失敗に終わったが、三国川開削により大阪湾に流出する新たな水路がつくられた。これらの大規模な河川工事は、「征夷」はいざしらず遷都とは関係ないのであろうか。

ここでは、桓武の時代に行われたこれら三つの政策について、その関連性がいかにあるのか、あるいはないのか述べていきたい。

一　長岡京遷都

水陸交通の便と長岡京

淀川右支川の桂川右岸に位置する長岡京は、継体天皇が大和にはいる前の六世紀初めの一時期、王宮（弟国宮《おとくに》）があっ

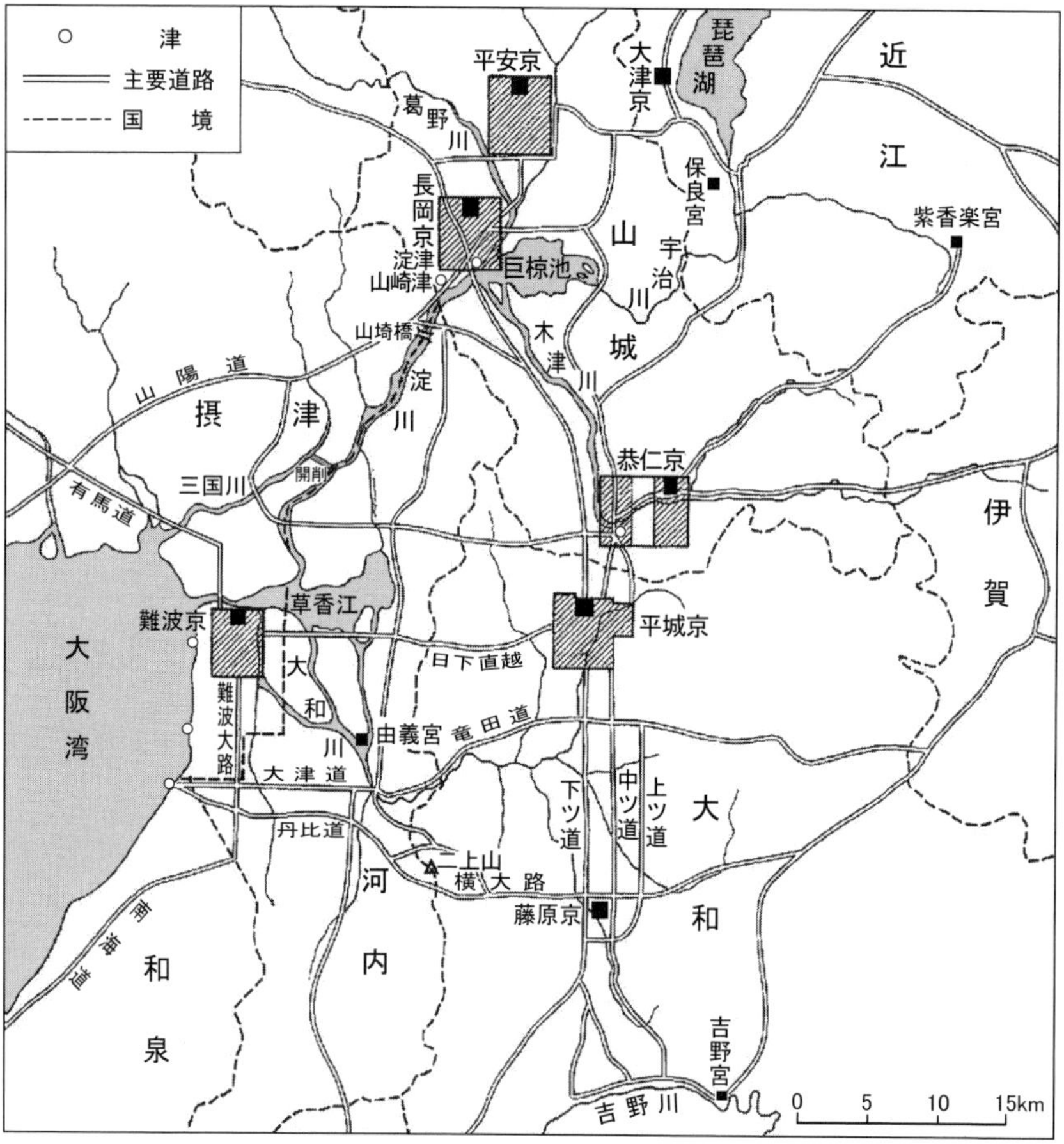

図 5.1　古代の都と交通路

（出典）『大阪市史』第一巻，大阪市，1988 に修正，一部加筆.

たところである。また淀川沿いの山崎（旧京都府乙訓郡）は、孝徳天皇が宮をつくったことがある。以前からヤマト王権とむすびつきのある土地であった。桓武天皇は「水陸の便を考えて都を長岡に遷す」「水陸に便利な長岡に建都する」と述べているように、延暦三年（七八四）、平城京から水陸に便な地としてこの地に遷都したのである。

まず陸路についてみると（図5・1）、宮都が平城京に遷された翌年の和銅四年（七一一）、山陽道、東海道は奈良丘陵をとおって北方の山背国(京都府)から大和国(奈良県)に入るようになった。それまで山陽道は竹内峠をとおって難波から大和に入り、東海道は大和高原を横切って東へ向かっていたが、この後、東海道は大和から山背に出て木津川（JR関西線）沿いに伊賀へ行くようになったのである。また、山陽道は山背に出たのち、山背と摂津のほぼ国境にあって長岡京の至近の位置にあり木津川・桂川と合流した直後の山崎で淀川をわたって西へ行った。

このため山崎には古くから橋が架けられていたが、神亀二年（七二五）行基によって築かれたものという。これが伝説にせよ、北回りに山陽道が整備された和銅四年（七一一）から遠くない時期に架けられたのだろう。山崎から大和へのこのような街道が整備されてから、淀川舟運を利用して物資の集散地が山崎周辺におかれたのは間違いなく、一部はここからさらに木津川をのぼって木津（泉津《いずみつ》）まで船で行った。平城京の時代、長岡京近くの山崎周辺はまさに水陸の交通の要衝であったのである。だが、当然のことながら当時の技術では出水によって橋はしばしば流失した。

長岡京と淀川

ここで淀川の自然特性について簡単にみてみよう。日本では七番目の大きさである八二五〇平方㎞の流域面積をもつ淀川は、ほかに例をみない特異な河川である。それは、上流部に約二七五億立方ｍと、日本最大の大湖沼である琵琶湖を抱えていることである。琵琶湖の流域面積は淀川流域の約四二％を占め、琵琶湖からの流出河川は狭い瀬田川のみである。瀬田川は京都盆地に入ると宇治川と名を変えるが、盆地の最下流部で流域面積一一六〇平方㎞の桂川、一五九六平方㎞の木津川と合流する。この後、淀川となって八幡と山崎の間の狭窄部をとおって大阪へ流れ出していくが、琵琶湖からいつも絶えることのない豊かな水が流れ、舟運にとって格好の条件をもっている。舟運にとって、日本でもっとも条件のよい河川といってよい。

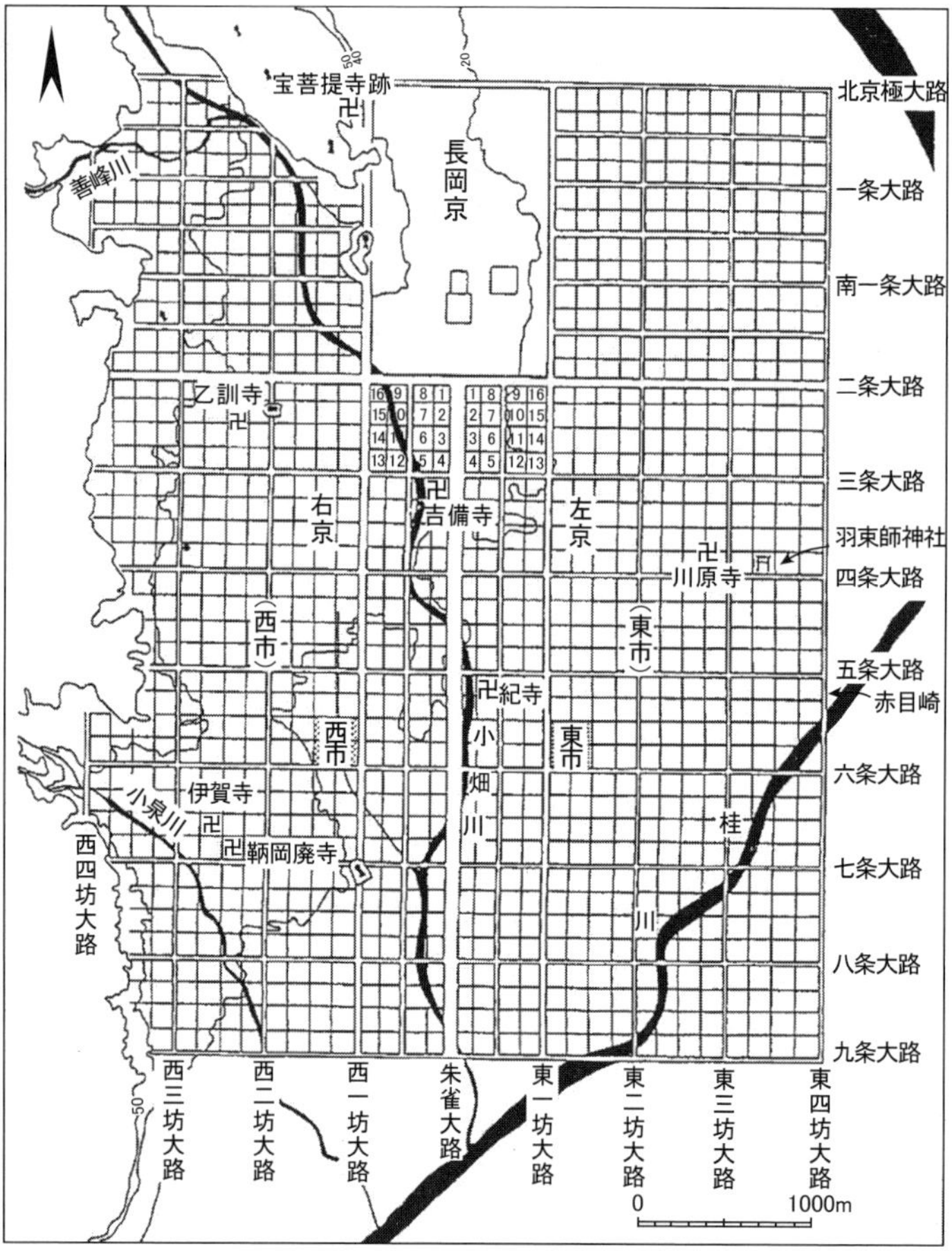

図 5.2　長岡京条坊復元図

（出典）乙訓文化財事務協議会編（1984）：『長岡京跡』.

この三川合流点付近に巨椋池《おぐらいけ》などの大きな沼があった。宇治川、木津川、桂川はこの巨椋池に流入していた。地質変動によって自然に生まれたこれらの沼が、干拓により消滅するのは戦前の昭和期である。長岡京は、巨椋池の西に隣接する地域に建設されたのである（図3・5参照）。

長岡京への遷都は、淀川に架かる山崎橋の築造からはじまる。延暦二年（七八三）、造長岡宮使が任命されたが、以前の橋は既に流出していて、その翌年「阿波、讃岐、伊予の三国に命じて、山崎橋をつくる材料を進上させ」て開始されたのである。宮都の位置をみると、その中心である大極殿・朝堂院・内裏などの重要な建築物は丘陵地の前面にある段丘上につくられ、淀川洪水からは安全であった。しかし、下級役人・庶民が生活する区域は、

図5・2にみるように氾濫原にもひろがっていた。とくに左京区は桂川に接していて、その脅威は大きかった。

長岡京と桂川

長岡京周辺を桂川との関係でみると、その左京区は桂川の氾濫原であるとともに灌漑区域であった。今日、長岡京のあった桂川右岸の灌漑は、渡月橋上流一〇〇m地点にある一の井堰から取水している。一の井堰は一九五二年（昭和二七）コンクリート堰につくり直されているが、古代の「葛野大堰《かどのおおい》」とよばれた堰と想定されている。秦氏によって築かれたとされ、『秦氏本系帳』には「葛野に大堰を造る、天下に於て誰か比検するあらんか」と、この堰が天下に比べようのないほど大規模なものであると述べられている。五世紀頃の築造と考えられているが、その功労にちなんで秦氏の祖は秦河勝《はたのかわかつ》と名付けられたという。

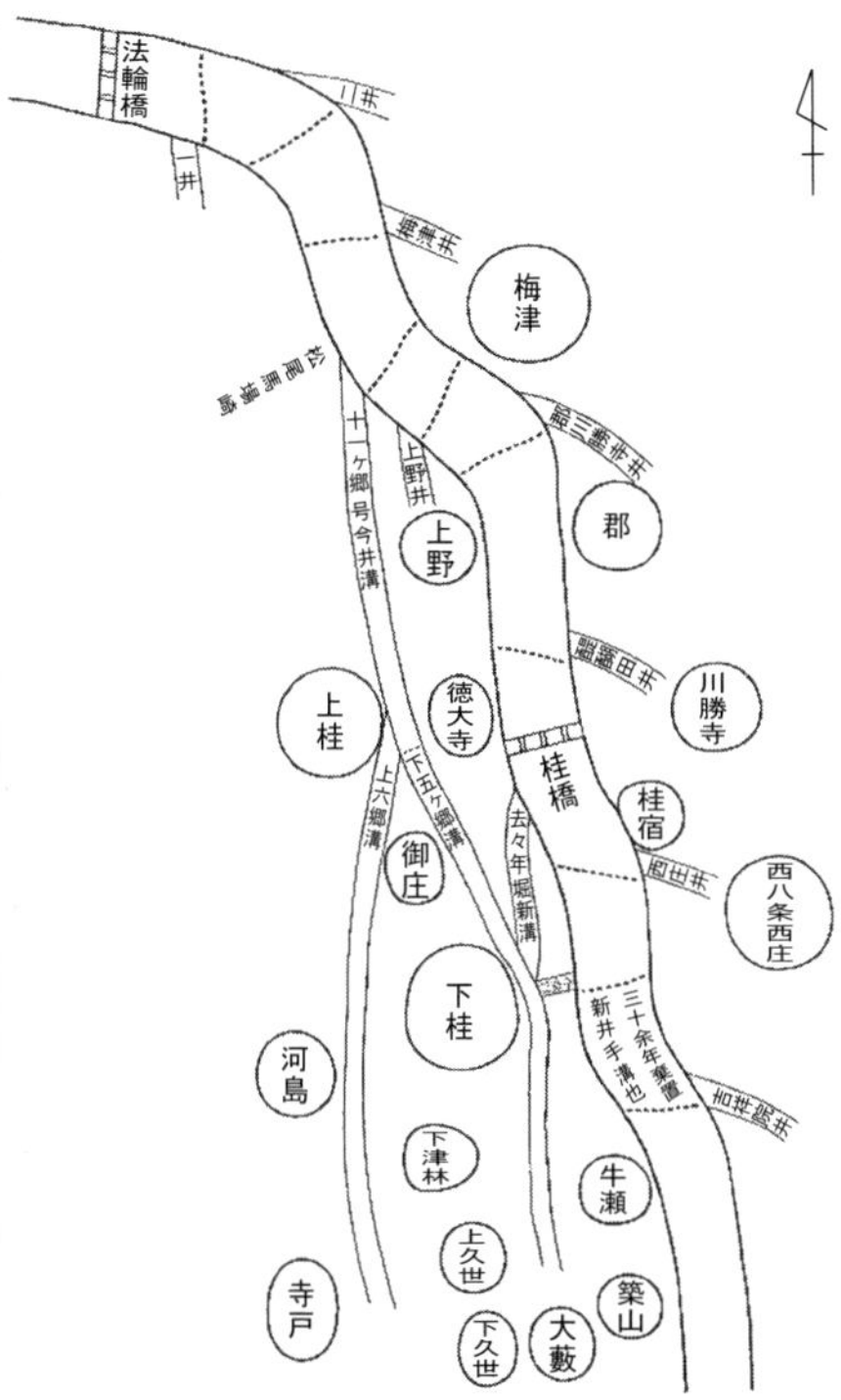

図5.3　明応5年（1496）当時の桂川農業取水状況図（……取水堰）

（注）法輪橋は今日の渡月橋.

（出典）井上満郎（1987）：『渡来人―日本古代と朝鮮』リバロポート．元図は，「山城国桂川用水指図」『東大寺百合文書』.

この堰からの取水は、室町時代の絵図によると下流に移り、梅津から取水して一一郷をうるおす用水となっていた。ただその上流部に「一井」と書かれている用水路がある（図5・3）。一八九二年（明治二五）に発行された大日本陸地測量部による

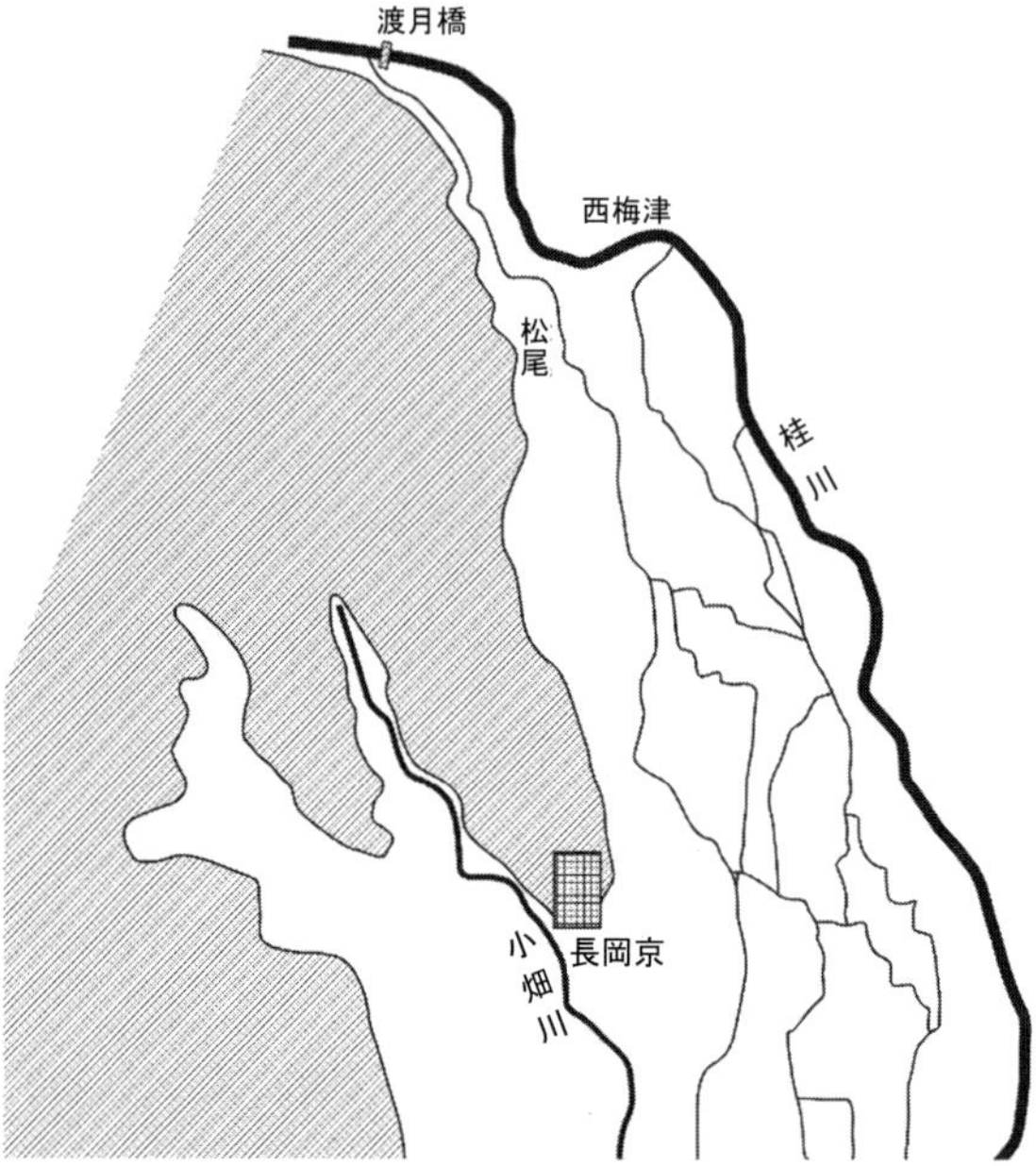

図5.4　明治25年（1882）測量地形図による桂川右岸用水路
（注）松尾には，秦氏が祀る松尾大社（名神大社）があり，
境内には用水路が通っている．

二万分の一地形図をみると、桂川が保津峡を下って京都盆地に出た直後（渡月橋直上流）で取水されている（図5・4）。その後、西梅津地点で取水した水とあわさり、長岡京の左京区まで灌漑されている。室町時代の絵図とほぼ同様な取水状況と推定され、古代もこのようであったと考えられている。[1] この用水路は日本の河川開発の歴史から判断して、桂川の旧河道であった可能性が大きい。その後の整備により、今日では洛西用水路として一の井堰からの取水となったのである。

このように一〇〇〇平方kmをこえる流域面積をもつ大河川・桂川で、古代から用水開発が行われていたのであり、桂川右岸の開発年代は古い。はたして、この開発は長岡京区内のどのあたりまで行われていたのだろう。

長岡京左京区の氾濫原に羽束師《はつかし》神社（京都市伏見区、『延喜式』神名帳による「格」では「大社」）があるが、この神社は桂川の自然堤防上にあり、築造年代は五世紀後半の雄略朝と伝えられている。その当時の巨椋池の水位は今日に比べて低く、またもっとも低地部に位置する長岡京の居住関係遺構が標高九・三mから九・五mの間で発見されている。[2] これよりみて長岡京区域の沖積低地（氾濫原）では、かなり広い地域にわたって農業開発が進められていた可能性が高い。このことから、長岡京への遷都は、水陸の交通の要衝であるとともに、古くから開発が進行していた地域への進出であったと判断される。

長岡京と小畑川

長岡京区内の中小河川で興味深いのは、流域面積三四・二平方kmの小畑《おばた》川である。先の図5・2では、現況のように段丘に沿って平地部に出てからほぼ南北の方向を走っている。しかし、この方向は地形条件からみて不自然であることが報告されている。[3] 一方、一九八四年（昭和五九）に印刷された長岡京市教育委員会発行の長岡京概況図でみると、旧小畑川が平地部に出たところで南北方向から東西方向に直角に曲流している。長岡京の時代、これが小畑川の流路であるとして「市」との関係もふくめ、図5・5のように推定されている。この東西方向の旧流路跡は、地表景観からも認められている。[4]

ところで小畑川は、小さいながらも平地部に扇状地が発達しており、南北、東西方向の現・旧流路もこの扇状地上にある。このため、それぞれの流路が自然に流れていたという可能性もある。しかし、旧流路は、南北から東西と余りにも急激に曲流しているため不自然である。現地形をみると、東南から東

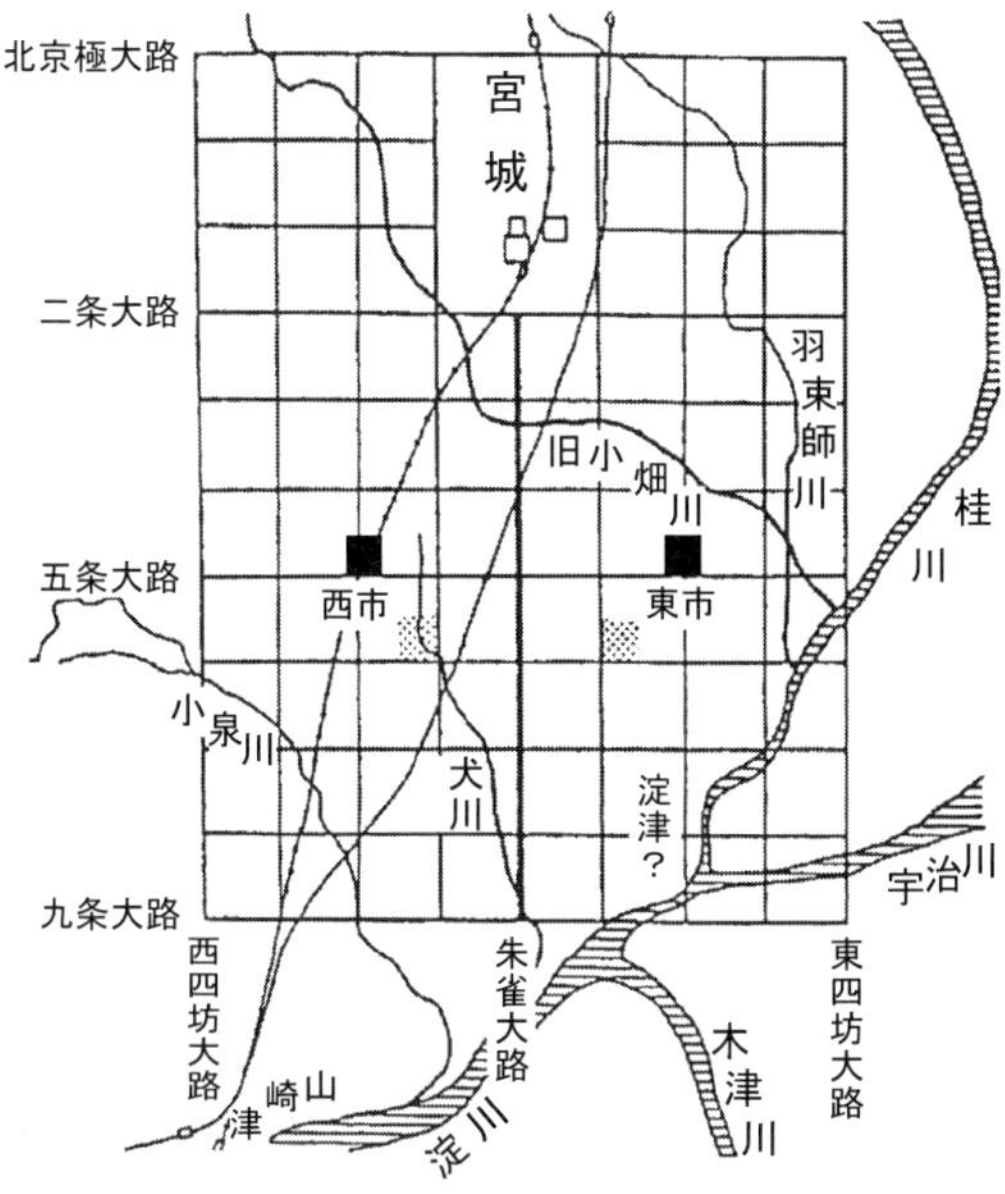

図5.5　長岡京概況図

（出典）：乙訓文化財事務協議会編（1984）：『長岡京跡』に修正，一部加筆．

南東への方向に傾いている。これらの状況から、ほぼ南北に流れる現在の流路も、かつ旧流路の東西方向も人工的に整備されたものと判断している。ちなみに、第一章でもみたように大和盆地内の河川は古代の条里制にしたがって東西・南北に人工的に曲流していた。

では、長岡京の時代はどの方向に流れていたのだろうか。筆者は、図5・5のように東西の方向に流れていたと考えたい。その目的は、舟運の便のために勾配をゆるやかにすることである。「東市」への物資の輸送もあるが、宮殿建築のための資材の運送の目的も大きかったと考えている。長岡京の宮殿の多くに難波宮・平城宮の資材が使われたことが明らかになっているが、とくに淀川最下流部にあった難波宮はこのとき廃止となって、主要な建物は長岡京へ移転された。その運搬路として淀川が利用されたが、さらにその上流に運搬するため小畑川が整備されたのだろう。

小畑川は、小河川であるため通常時の水量は少なく、安定した運搬路として利用するためには勾配をゆるくし、水深を確保する必要がある。このため勾配をゆるくできるよう曲流させ、桂川のより上流でつなげたと考えている。また人工的な河川処理は、小畑川の流域面積の大きさから古代の技術でも行い得たと判断している。

二　長岡京から平安京へ

このようにして整備され、また本格的な宮都としてかなりの建設が進んでいた長岡京を、なぜわずか一〇カ年の短命で放棄し、平安京へ遷都したのだろうか。その有力な説として、桓武天皇の弟で皇太子であった早良《さわら》親王の怨霊の畏《おそ》れとともに、長岡京が水害にみまわれたことがあげられている。さらにその政治的背景として、桓武が九代九六年続いた天武天皇系から父の光仁天皇の代に天智系へ移った天皇であることより、天武系の政治中心地を離れたことなどがいわれている。

怨霊の畏れとは、延暦四年（七八四）遷都した直後、造長岡京使・藤原種継《たねつぎ》が暗殺された。桓武は、この事件に早良親王がかかわったとして皇太子の地位をはく奪し淡路国に追放の処分とした。だが早良は抗議し、食事を絶ったのち憤死した。その祟《たた》りを畏れて長岡京を出ていったとの説である。早良の祟りが桓武を襲ったのは、『日本記略』によると早良死去から七年たった延暦一一年（七九二）六月一〇日で、「皇太子の病が長期にわたっている。卜《うらな》ってみると、崇道《すどう》天皇（早良親王）の祟りであることがわかった」と述べられている。平安京へ遷都したのは、それから二年後の延暦一三年である。

小林　清氏による水害説

小林　清氏は、長岡京の近傍に死者を葬ることの禁制発令が延暦一一年（七九二）八月にあったので、このときまでは廃都する考えはなかったことを指摘した後、怨霊廃都説の批判として次のように述べている。(5)

長岡京廃都の頃に早良親王怨霊が問題となったことは確かであるが、そのために行われた対策をみれば、宮都の移転を行わなければならない大問題に比べると微々たるものであった。また、早良親王の怨霊が重大問題となり、崇道天皇の追号等の本格的な対策を行ったのは、平安京に遷ったのち五年から一〇年以上たってであった。廃都後の長岡京の跡地の利用状況をみると、皇親・寵臣など桓武天皇にとって重要な人物に次々と与えられていて、長岡京の地はけして怨霊の祟りに満ちた不吉の土地ではなかったと、怨霊説を否定する。

一方、宮都の移転には莫大な国費を必要とするし、また数千人いたといわれる官人、市人庶民らは自らの責任で住宅を建てねばならない。この費用はとくに大変なことで、個々人にとってまことに重要である。一〇年もたたずにふたたび移転するとなると、官人たちの負担は大きなものとなり、不平・不満は大変なことであったろう。ところが平安京造営にはこれまで以上に官人たちの協力が得られ、スムーズな遷都が行われた。そのためには怨霊廃都説のような天皇個人の精神的な悩みから逃れるためではなく、官人たちが十分納得できる理由があったからに違いない。また、長岡京には藤原京・平城京とは違った新しい形式が取り上げられているが、その形式はほとんど平安京に取り入れられており、長岡京が怨霊に満ちた縁起の悪い宮都とは考えられていなかった等々。そして、小林氏が提出した廃都の理由は、延暦一一年（七九二）の水害である。

この年、長岡京では二度にわたって水害に襲われた。皇太子の病が早良の祟りと占なわれた直後の六月二二日、「雷雨があり、大水で水が溢れ出して式部省の南門が倒れてしまった」と『日本記略』は述べている。小林氏はこのときの出水について、大雷雨等による集中豪雨で小畑川が氾濫したものと考えている。この出水の一カ月半後の八月九日、長岡京はふたたび水害を受け、その二日後には桓武天皇が「赤日埼《あかひざき》に幸し洪水を覧る」と記述されている。(6) このときの出水は桂川であり、天皇が桂川と小畑川の合流点に位置する赤日埼に行き、被害状況を視察したほど深刻な氾濫であった。

小林氏は、天皇が被災地を親しく視察したのは摂政宮が視察した関東大震災までなかったことをあげ、この水害がいかに大きかったことかを指摘する。そして小林氏によると、桂川（葛野川）の治水のためには桂川に沿って一五㎞以上の堤防を築かねばならない。また、小畑川が長岡京の中央部を横切るのを止めて南北に流れを変えるのは、大変な費用と労力がかかる。このため、河川工事に経験のある和気清麻呂《わけのきよまろ》の進言によって平安京への再造営が決定したと推測している。小林氏は、図５・５のように小畑川が東西方向に流れていたことを前提とする。

筆者の考え

洪水氾濫によって大きな被害を受け、この結果、平安京へ遷っていったとの小林氏の説に基本的に賛成する。舟運の便を目的に自然地形に反して付け替えられた小畑川は、出水には弱かっただろう。大きく曲流させた付近で決壊したものと思われる。一方、延暦一一年（七九二）八月の出水は大河川桂川が氾濫したのであり、この結果、翌一二年三月の平安京造営の開始、その翌一三年一〇月の遷都となったと考えている。

では、遷都のきっかけとなった延暦一一年八月の洪水とはどのようなものだったろうか。日本の河川が氾濫するとき、洪水は用水路などに整備されている旧水路を走る場合が多い。桂川（葛野川）も先述したように京都盆地の入口で取水され、用水路は長岡京左京区まで導水されていただろう。その用水路に沿って洪水が走り、長岡京を北部から襲ったとの可能性は十分考えられる。あるいは日本の河川の特性を考えると、このように解釈するのがもっとも妥当かもしれない。しかし筆者は、桂川の特性からみて、桂川が流入している巨椋池の水位が上昇し、長岡京の東部あるいは南部から水が襲ってきたのではないかと考えている。あるいは巨椋池水位の上昇のため、氾濫した桂川の洪水がなかなか排出できなかったことを想定してもよい。この巨椋池氾濫という説について、吉崎伸氏も巨椋池の歴史的な水位の検討から指摘しているが[7]、河川工学の立場からさらに考えてみよう。

先述したように桂川、宇治川、木津川の出水は巨椋池に流入し、その後、八幡・山崎の間の狭窄部をとおって流下していく。この狭窄部のため淀川疎通能力はおさえられ、巨椋池の水位はなかなか下がらない[8]。さらに桂川について考えると、京都盆地に入るのに長さ約一〇㎞にわたる保津峡をとおらなければならない。この保津峡によって出水は一定量に絞られ、上流の大出水が一気に襲うことはない。ただしこの長い狭窄部のため、その上流には大氾濫地帯が出現する。そこは亀岡盆地の下流部であるが、たとえば桂川の戦後の大出水であった一九六〇年（昭和三五）八月の豪雨でも、また近年の二〇一三年（平成二五）九月出水でもこの状況はみられた。保津峡は近世初頭の角倉了以《すみのくらりょうい》による岩石除去など、舟運のためのたびたびの整備によって疎通能力が増大したことを考えると、それ以前の古代での出水の絞りこみ効果は一層大きかったことだろう。

保津峡を下った京都盆地では、このような狭窄効果により一気の濁流には襲われない。このことが、桂川のような大河川でありながら、古代に堰が設置され用水路が整備された重要な自然特性だろう。上流で大遊水した後の出水に対しては、それほど大きくない堤防で防御できるのであり、長岡京造営の当時もしかるべき施設はあったものと考えられる。また、それなりの対応はできたものと判断している。

しかし、上流で大遊水しても減少するのは出水のピーク流量であって、出水のボリュームは同等である。時間をずらして出水は流下してくる。その流入先が巨椋池である。宇治川・木津川からの出水もあわせ巨椋池の水位が上昇したら、長岡京左京区は著しい脅威を受ける。ひとたび氾濫した水はなかなか抜けず、その回復にはかなりの日数を要したことは間違いない。長期間の湛水により発生したであろう疫病をみて、桓武天皇が早良親王の祟りとさらに畏れ、洪水から安全な地へ宮都を遷したとの理由は十分成り立つと考えている。

河川氾濫と藤原京、平城京、平安京

河川からみて長岡京の状況は、以前の宮都である藤原京・平城京、そして約一〇年後に遷っていく平安京とまったく異にする。大和盆地東南部に位置する藤原京は、宮都の中を寺川・米川・飛鳥川の中小河川が流れているが、扇状地的地形であってある程度の勾配があり、氾濫しても被害はそれほど大きなことはない。大和盆地の東北部に位置する平城京は同様に扇状地的地形であり、中小河川である佐保川・秋篠川が流れているが洪水の脅威はほとんどない。

平安京は鴨川の右岸に位置し、鴨川扇状地上に展開した都市である。後に白川法皇が「天下三不如意《さんふにょい》」として、自分の意のままにならないものとして賽の目、叡山の僧兵とともに鴨川の洪水をあげ、鴨川から氾濫の脅威があったことを伝えているが、鴨川の流域面積は約二〇八平方㎞で中小河川である。このため氾濫があっても扇状地であるため水は容易に引いて、湛水被害はそれほどではない。木津川、宇治川、桂川の大河川が流入する巨椋池に隣接した長岡京とは、基本的に異なるのである。

長岡京では巨椋池が氾濫し、その水が襲ってくるならば、その地形条件より水の引くのが遅く、このため伝染病などが発生してその被害は深刻となる。洪水の脅威は、藤原京・平城京・平安京との比ではない。このような長岡京の低地部を古代の技術でもって防御するのは、とうてい不可能なことである。

三　和気清麻呂による河川開削

三国川疎通、大和川付替失敗

古代の河川処理として歴史書に明記され著名なものは、和気清麻呂による大和川付替の試みである。ときは延暦七年（七八八）で、河内・摂津の両国の境、現在の大阪市阿倍野区から上町台地を東西に掘りわって大和川の水を大阪湾に抜こうとした。この開削には失敗したが、それに三年先立つ延暦四年（七八五）、都から使が遣わされて淀川筋の摂津国津屋（吹田市）で新川が掘られた。三国川（現在の神崎川筋）への開削である。『続日本紀』では、延暦三年一一月一一日の長岡京遷都からほど近い延暦四年一月一四日の条に、「使を遣わして、摂津国の神下《みわしも》、梓江《あずさえ》、鰺生野《あじふの》を掘りて、三国川に通じさせた」とある。これには成功して、ここからも淀川の水は大阪湾へ分流することとなった（図5・1）。

開削区域は今の神崎川の流頭で、台地を掘りわる大和川付替とくらべて掘削量は少なく、工事は比較的容易である。このとき清麻呂は、摂津国の前身である摂津職《せっつしき》（中央官庁と同等の格）の長官として延暦二年（七八三）から摂津大夫《せっつかみ》の職にあり、この開削と深くかかわっていただろう。

延暦年間（七八二〜八〇五）は、先述したように宮都を平城京から長岡京（七八四年）、長岡京から平安京（七九四年）へと遷した時代であるが、この遷都を河川からみると、それまでの大和川筋から淀川本川への移動である。そして長岡京への遷都は「水陸に便利な長岡に建都する」とあるように、水陸の便を求めてであった。長岡京への遷都のとき清麻呂は摂津大夫として協力しているが、長岡京から平安京への遷都は『日本後記』が記すところによると、桓武天皇に清麻呂が提唱して行われたといわれている。さらに清麻呂は、延暦一三年（七九四）から造営大夫（長官）として平安京造都に深くかかわった。

三国川疎通、大和川付替の目的

長岡京の時代に行われた三国川疎通と大和川付替は、長岡京造営と直接的な関係はなかったのだろうか。たとえば『新修大阪市史　第一巻』（大阪市、一九八八）は、西国から長岡京への各種の貢納物輸送のための淀川舟運整備を目的として、三国川疎通は行われたと述べている。(9)

事実、後年の平安京の時代には、それまで難波の堀江（現在の大川筋）、その周辺の難波津を経由していた瀬戸内海沿いの物資は、三国川経由で淀川をさかのぼり、山崎あるいは九世紀後半に開かれたという淀津の港で陸揚げされた。三国川（神崎川）流頭部の江口、河口部の川尻が大いに栄え、とくに江口には多数の遊女がいて天下第一の楽

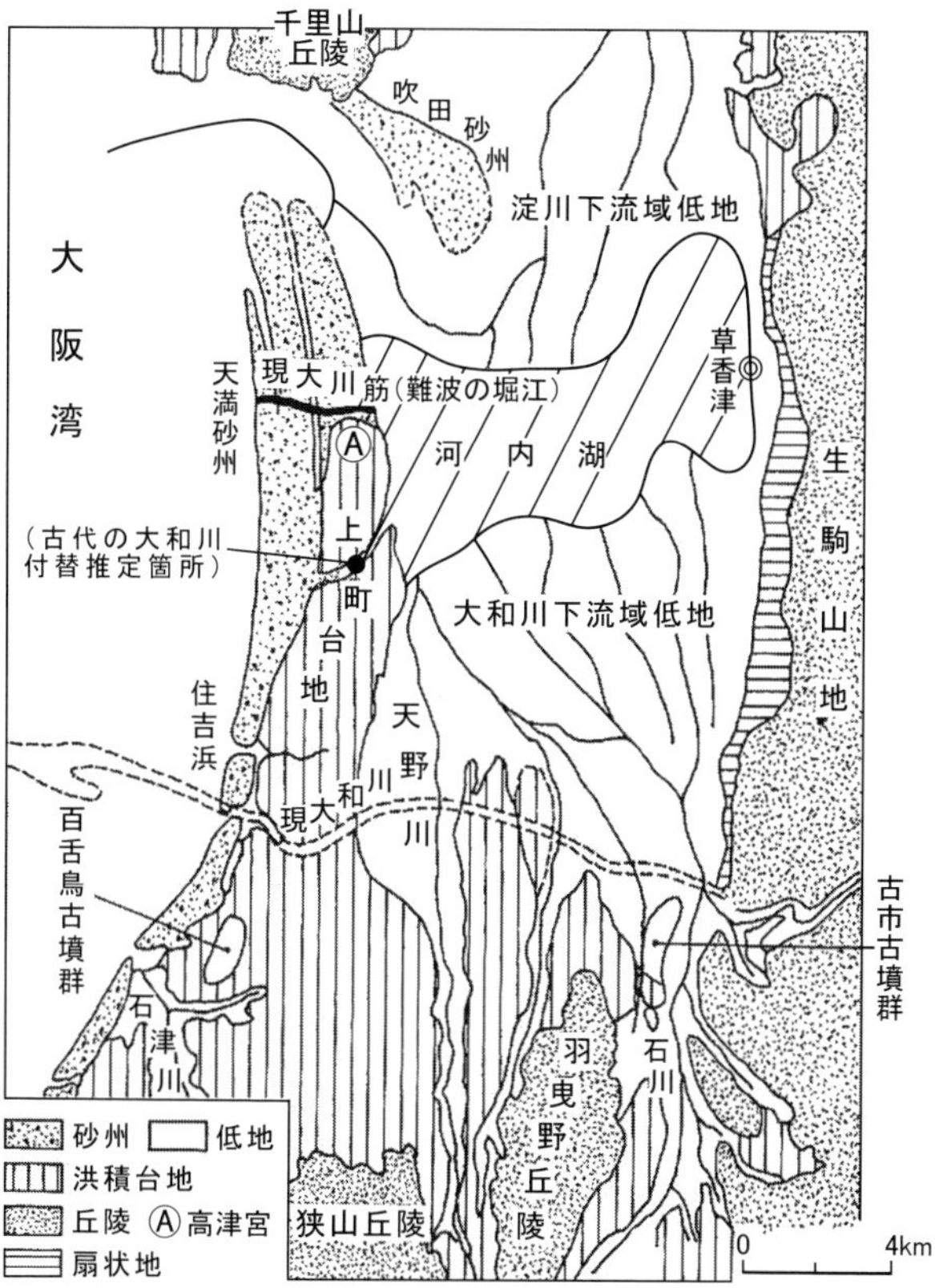

図 5.6　大和川下流地形概況と人工開削
（出典）日下雅義（1986）:「大地の変貌と古代人の営為」,
森　浩一編 :『日本の古代 5』中央公論社，に一部加筆.

地といわれた。第一章でも述べたが、一〇世紀初期に編纂された『延喜式』では、各国の国府から平安京までの物資輸送の運賃が国ごとに定められているが、山陽・南海両道の輸送費は淀津までの船賃と、淀津から平安京までの車賃との二つに分けて規定されている。しかし筆者は、結果的にこうなったのであって、三国川疎通の第一の目的は、淀川、大和川が合流し、河内湖あるいは草香江《くさかえ》とよばれた大湖沼のある大阪平野の治水と耕地開発ではなかったかと考えている（図5・6）。

理由の第一は、和気清麻呂が三国川疎通直後からはじめた大和川付替工事との関連である。『続日本紀』延暦七年（七八八）三月十六日の条に、大和川疎通の目的は開墾であるとして、清麻呂は次のように言上した。河内川とは、大和川のことである。

「河内・摂津両国の境に川を掘り堤を築きたいと思います。荒陵《あらはか》（大阪市四天王寺付近）の南から河内川を西方に導いて海に通じさせます。そうすれば肥沃な土地がますます広がり、開墾することができます。」そこで清麻呂を遣わしてその事業を担当させ、延べ二三万余人に食料を支給して、事業に従事させた。

また『日本後紀』延暦一八年（七九九）二月二十一日の条（「和気清麻呂の薨去伝《こうきょ》」）に「摂津太夫として河内川を開削して、西海（大阪湾）へ直接流入させ水害を防ごうとしたが、費用が膨大となり、工事を完成させることができなかった」と述べられている。延べ二三万余人の労働力を使用しながら、工事が失敗に終わったことがわかる。ただし、その工事期間はわからない。

この工事の背景には、八世紀後半の淀川・大和川下流部での打ちつづく水害があった。天平勝宝二年（七五〇）、天平宝字六年（七六二）、宝亀元年（七七〇）、宝亀三年、延暦三年（七八四）、延暦四年と続く。それぞれの洪水について『続日本紀』には、次のように述べられている。

①天平勝宝二年（七五〇）五月二十四日の条

京中ににわか雨が降り、川の水が溢れ出た。また河内の伎人《くれ》堤・茨田《まむた》堤などが所々決壊した。

②天平宝字六年（七六二）六月二十一日の条

河内国の長瀬川（旧大和川）の堤が決壊した。延べ二万二百余人を動員して修造させた。

③宝亀元年（七七〇）七月二十二日の条

河内国の志紀《しき》郡・渋川《しぶかわ》郡・茨田郡などの堤を修繕した。延べの労働者（人夫）数は三万余人であった。

④宝亀三年（七七二）八月の条

この月は、一日から雨が降りつづき大風も加わった。河内国の茨田堤が六カ所、渋川堤が十一カ所、志紀郡堤防五カ所がいずれも決壊した。
⑤延暦三年（七八四）閏九月十日の条
河内国茨田郡の堤防が十五カ所で決壊したので、延べ六万四千余人の労働者に食糧を与えて修築させた。
⑥延暦四年（七八五）九月十日の条
河内国が次のように言上した。「洪水で水が溢れ、人民は流されて、船に乗ったり堤防の上に仮住まいしたりしています。食糧が欠乏し、苦しみはまことに大変なものであります」と。そこで、使者を遣わして見回らせるとともに、物を恵み与えた。
⑦延暦四年十月二十七日の条
河内国の堤防で三十カ所決壊した。延べ三十万七千人余りに食糧を支給して修築させた。

これにより、とくに延暦四年（七八五）の被害の大きいことがわかる。この年正月に行われた三国川開削は、その前年に決壊した茨田堤の対岸にあたっており、その水害に対処したものと思われる。しかしこの工事のみでは不十分で、延暦四年の大水害後、さらに大和川付替は行われたと考えられるのである。ちなみに、淀川・大和川下流部は、両川より排出される土砂の堆積地を中心に開発が次第に進展していったと推定されるが、この両川の下流部で、この当時、水害が多発していたのである。このため三国川への疎通、大和川の付け替え工事が、摂津大夫・和気清麻呂を中心に一体となって進められたと判断される。

第二の理由は、それまで瀬戸内海と淀川・大和川をつなぐ水路である難波の堀江に、このときとくに支障が生じていたとは思われないからである。支障が生じていなかったら、積極的に新舟運路を整備する必要性は見出し得ない。難波津は、西の長門とともに瀬戸内舟運の監視を行う重要な関がおかれていた。この関は、三国川疎通から四年後の延暦八年（七八九）一一月、「摂津職が公私の使者を調べて難波を通過させることを停止した」とある。関としての機能がこの時、停止させられたのだろう。

この停止は、三国川疎通によって堀川周辺にある難波津に船がとおらなくなったためだろうか。同年七月、天皇の勅によって三国之関（鈴鹿関、不破関、愛発関）も一切廃止となっている。公私の通行人が、いつも関所でとどまる苦しみを味わっているとの理由からである。この一環として難波の関も廃止されたのだろう。人・物資の移動をスムーズにさせるのが目的だったろう。三国川に船が本格的にとおるようになったのは、かなり後年のことと考えている。

難波の堀江と舟運機能

ところで難波の堀江の支障として、天平宝字六年（七六二）安芸国で新造された遣唐使船が堀江に入る河口部で早瀬に乗りあげて座礁し船尾が大破したことをとらえ、この当時、難波の堀江の周辺に土砂が堆積し、航路に支障が生じていたとの説がある。(10) これらの土砂は淀川・大和川からの流出土砂だろう。大阪湾に排出できず、その河口に堆積したものだろう。この堆積物が流水の疎通に支障を生じさせ、これが舟運路として機能を低下させ三国川開削となった、あるいは八世紀後半に水害が多発した理由と展開されている。ただ当時、両川は草香江（河内湖）にも流出していて河口に達する土砂は多くない。

一方、遣唐使船座礁の七年前の天平勝宝七年（七五五）、大伴家持が難波でよんだ長歌で「難波の宮は　聞こしめす　四方国《よも》より　奉る　御調《みゆき》の船は　堀江より　水脈《みま》引きしつつ　朝なぎに　梶引き上り　夕潮　棹さし下し」（『万葉集』巻二〇―四三六〇）と、難波京が地方からの貢納物の集散地としてにぎわっていることを歌っている。このとき、とくに堀江で港湾機能の低下が現われてはいない。

また、三国川疎通後の延暦一五年（七九五）の太政官符に、九州から官人・百姓・商旅の徒が不法に物資を漕運してことごとく難波に集まっているとの指摘がある。[11] 難波津の機能が健在であることがわかるが、さらに外国貿易船等の大型の船は三国川をさかのぼることができず、難波津を利用していた。たとえば博多からの船は玄界灘をとおらねばならないため大型であったが、三国川をそのまま上ることはできず、難波津を利用していた。『延喜式』でも、玄界灘をとおってくる大宰府からの船は難波津が到着点となっている。[12] このことからみても、三国川開削当時、難波の堀江経由の舟運に特別の支障は見出し得ない。

なお難波の堀江は、図５・６でみるように海成砂州である天満砂堆《さたい》をその根本のところで横切っている。『記紀』には仁徳天皇が掘ったと記されているが、その時代に掘ったかどうかは別にしても、古い時代に人工的に整備されたのだろう。

九世紀の中頃になって、この難波の堀江の流水疎通に大きな支障が生じたことが知られている。[13] 承和一二年（八四五）、大和川の治水のため難波堀江に生じている草木を苅る工事が行われた。草木が生えるぐらいであるから土砂の堆積もかなり生じていたのだろうが、この状況になったのは三国川疎通が大きな理由だったと思われる。つまり河道の維持には、大貯水池琵琶湖をかかえる淀川流水の疎通、それによる土砂の掃流（押し流し）が重要な役割を有していた。しかし、その時期は別にして、三国川が疎通したことにより難波堀江への流水のかなりが減少したことは間違いない。当然、掃流力（土砂を押し流す力）は減少し、その結果、ここでの土砂堆積が進行したのである。

だが承平四年（九三四）、土佐国司であった紀 貫之が帰任のため土佐を出て平安京に帰るとき利用したのは堀江経由であった。高知沖の外海をとおるため大型の船であったことにより、難波津を利用したのだろう。水量が少なく浅瀬のため上るのに実に苦労したが、堀江経由はいまだ健在だったのである。貫之は山崎津で下船し、京へ陸路で向かった。

長岡京遷都と三国川疎通、大和川付替

ここで三国川疎通と大和川付替について、長岡京造営との関係で考えてみよう。先述したように、これらの河川工事は大阪平野の治水と開発を重要な目的としていた。この当時、堤防は茨田堤などで一部には築かれていたが、それは一部地域を守る輪中堤あるいは山付堤など(14)であって、淀川は自然のまま悠然と流れていただろう。しかし土砂の堆積が次第に進み、そこをめざして本格的な開墾の手が入り、そこの洪水防御とさらなる開墾を目的として河道開削が試みられたのである。さらにこの河道開削により、長岡京に接している巨椋池も開墾の対象にしていたのではないか、くわえて巨椋池に接している長岡京の治水も、この河道開削は考えていたのではないかと推測している。

現代の河川工学から判断すると、三国川・大和川を開削しても巨椋池にその効果は及ばないことは当然のことと思われる。しかし古代では、巨椋池にも及ぶものと判断していたものと推定されるのである。近世になっても、天明七年（一七八七）島根県にある宍道湖の水を中海《なかうみ》をとおさず日本海に抜こうとして佐陀《さだ》川が開削された。また幕末から明治の初頭にかけ、霞ヶ浦の開墾をめざして鹿島灘へ向けて居切り堀が開削された。どちらも湖沼の水位を低下させることなく、失敗に終わっている。

この経験からみれば、古代の発想が当時の科学水準からみて、けして無謀な試みだとは思われない。強い期待をもって行われたと考えられる。つまり長岡京造営と清麻呂による河川工事は、一体となって推し進められたものと評価している。

『日本後紀』の延暦一八年（七九九）二月の和気清麻呂伝の薨去伝に、次のことが述べられている。

「長岡新都。経十載未成功。費不可勝計。清麻呂潜奏。令上託遊猟相葛野地。更遷上都。清麻呂為摂津大夫。鑿河内川。

直通西海。擬除水害。所費巨多。」

（長岡京は造宮開始一〇年後にいたっても完成せず、費用がかさむばかりであった。清麻呂は人を避けて上奏し、天皇が狩猟に託して葛野の地のようすを視察できるように図り、平安京へ遷都したのである。清麻呂は摂津太夫として河内川を開削して、西海（大阪湾）へ直接流入させ水害を防ごうとしたが、費用が膨大となり、工事を完成させることができなかった。[15]）

このように、長岡京造営が一〇年経ても成功せず平安京への遷都を清麻呂がひそかに奏したことと、大和川付替（開削）に失敗したことが並列的に述べられている。このことからみても、これらは密接に関連して行われたと考えるべきではなかろうか。一方では造都が行われ、一方では古代を代表する大河川工事が行われている。まったく関係なしとするのが不自然であろう。大和川付替工事には延べ二三万人の労働力が動員されているが、一方、造都にも大量の労働力が必要で、たとえば延暦四年（七八五）には諸国より三一万四〇〇〇人の動員が行われた（表5・1）。全国からのこのような大量の動員は、河川工事と造都の両方を進めることを目的にしていたと判断されるのである。

しかし、延暦七年（七八八）から始まった大和川付替は容易に成功しなかった。三国川開削とくらべ、上町台地を突っ切るのでその土木工事量は膨大である。その中途で長岡京は大水害にみまわれた。長岡京の治水をも重要な目的として行っていた大和川付替の見込みもたたない。これが長岡京放棄、平安京への移転の直接的とはいえないまでも、大きな理由であったと考えるのである。

難波京廃止と長岡京

長岡京は、まず難波京の建物を移設して造営され、延暦四年（七八四）の遷都となった。その後、延暦九年（七九〇）

表 5.1　労働力動員状況

年	造　　都	治　　水
延暦　3年　6月	長岡京の工事開始	
延暦　3年　6月	造営のための必要な物資を諸国に命じて進上させた.	
延暦　3年　7月	阿波・讃岐・伊予に命じて山崎橋をつくる材料を進上させた.	
延暦3年閏9月		茨田堤15カ所で決壊，延べ6万4000人余に食料を与えて修築させる.
延暦　3年11月	長岡京に遷都	
延暦　4年　正月		摂津国の神下（かみしも），梓江（あずさえ），鯵生野（あじよの）を掘って三国川を通じさせた.
延暦　4年　7月	諸国の人民31万4000人を雇用とした.	
延暦　4年10月		河内国で30カ所決壊，延べ30万7000人に食糧を与えて修築させた.
延暦　7年　3月		大和川付替の着工，延べ23万余に食糧を支給して修築させた.
延暦10年　9月	越前・丹波・但馬・播磨・美作・備前・阿波・伊予などの国々に命じ，平城京の諸門を解体して長岡京に移築させた.	
延暦12年　3月	地位・官職の上位の者に役夫を提供させて平安京の工事開始.	
延暦12年　6月	諸国に命じて新京の諸門をつくらせることにした.	
延暦13年　6月	諸国の人夫5,000人を動員して，新宮の掃除を行うこととした.	
延暦13年10月	平安京遷都	
延暦16年　3月	造営工事のため，遠江・駿河・信濃・出雲等の国から雇夫2万40人を提供させた.	
延暦18年12月	造営工事のため伊賀・伊勢・尾張・近江・美濃・若狭・丹波・但馬・播磨・備前・紀伊等の国から雇役の人夫を動員した.	
延暦19年10月		葛野川（桂川）堤防修繕のため山城・大和・河内・摂津・近江・丹波等の諸国の民1万人を動員した.

になって平城京の建物の移設となった。二つの宮都が一つの宮都となったのだが、なぜ難波京は廃止されたのだろうか。それは、外国使節、とくに新羅からの使節の宿泊・饗応の施設である難波館が必要なくなり、その重要性が減じたからだろう。地方長官として大宰府とともに官位の高い特別職であった摂津職が他国と同様

な官位の摂津国となったのは、延暦一二年（七九三）である。このとき平安京遷都へ向けて動いていた。

新羅使節は、天武朝にはほぼ毎年、持統朝には二年に一度、文武朝にはほぼ三年に一度などたびたび来日していた。その後、対立する渤海国の誕生と日本との国交の樹立[16]が新羅を刺激し、日本への新羅使節の頻度は減少し、また渤海国の山東半島への侵攻により、唐は新羅の援軍を要請して渤海国を攻撃した。このことより、唐と新羅の間は急速に改善していった。新羅にとって、唐との対立が日本への朝貢の原動力であったが状況は大きく変わり、日本と新羅の関係は徐々に冷却化していった。それでも神亀四年（七二七）から宝亀一〇年（七七九）にかけて新羅使節は一二回、天平勝宝五年（七五二）の東大寺大仏の開眼供養には七〇〇人を超える使節団の来日があった。

だがその翌年には、唐で日本と新羅からの遣唐使が皇帝の前での席順をめぐって争った。また臣下の礼をとらないとして天平宝字三年（七五九）には新羅征討計画が準備され、日本と新羅の関係は悪化していった。そして、新羅使節は宝亀一〇年（七七九）を最後に来日しなくなった。ここに、対外関係の拠点としての難波京の必要性はなくなったのである。

四　国土経営からみた平安京への遷都

平安京の立地特性

平安京の立地特性として、藤原京・平城京があった大和川筋それが移動した淀川筋の舟運を中心とした交通体系から考えてみよう。第一章でみたように、大和盆地はけして閉鎖的な地ではなく、木津川、紀ノ川とも身近につながっていた。しかし、その主軸は大和川であり、難波京を外港とし難波の堀江をとおって瀬戸内海とつながっていた。一方、

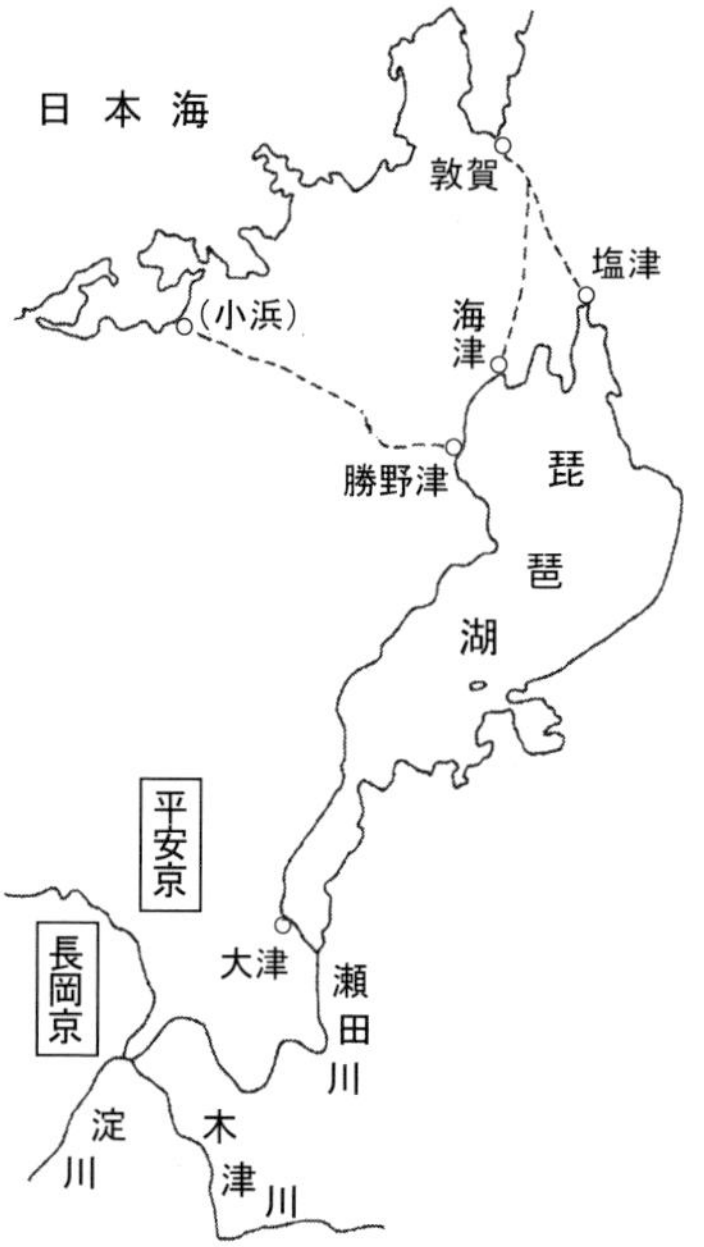

図 5.7　琵琶湖と日本海関係概略図

京都盆地は、淀川を下っていけば大阪湾に達し、瀬戸内海に出る。上流に琵琶湖をかかえている水量豊富な淀川では、安定した舟運が行われるが、瀬戸内海への方向は難波経由で、大和川と同様である。ただし、安定した舟運が行われるとの利点は重要であり、淀川の有利性として無視し得ないことは当然である。

しかし、淀川はさらに加えて重要な利点をもっていた。第三章でも述べたが、上流の琵琶湖の存在であり、琵琶湖の北岸からわずかな距離をおいて日本海へ出る。そして日本海を通じて西は山陰・北九州、東は北陸・東北、北方は大陸とつながるのである。つまり琵琶湖をその傘下に収めれば、淀川を通じての瀬戸内海から九州方面のみならず、日本海をも身近におくことができる。琵琶湖北岸と日本海との連絡をみれば、『延喜式』に記載されている敦賀・塩津ルートをはじめ、敦賀・海津、(小浜)・勝野津を主要ルートとし、琵琶湖と若狭湾とは密接につながっていた（図5・7）。

『日本書紀』には、神功皇后が九州に赴くとき敦賀から日本海を西航したと記されていて、敦賀からの海運ルートが古くから開けていることを暗示している。後年、戦乱が収まった近世初頭、北陸・東北の諸藩は、敦賀から琵琶湖にいたるこのルートをとおって上方へ米等の物資を輸送し、このルートは最盛期を迎えた。しかし、河村瑞賢により寛文一二年（一六七二）、下関を回って瀬戸内海に入り大阪に行く西廻《にしまわり》航路が整備されるに及んで衰退していったのである。琵琶湖経由沿いでは、このご挽回をはかり、敦賀と琵琶湖をむすぶ運河計画が何度も図られ一部では着工されたが、成功しなかった。この敦賀運河は、平　清盛も構想していたといわれる。

さて琵琶湖を経由しての日本海との連絡についてみれば、長岡京より平安京の位置がさらに有利であることは容易にわかる。京都盆地のもっとも北部に位置し、ひと山越えるとそこは琵琶湖で大津に出る。そしてこの地には、かつて天智天皇の宮都がおかれていた。第二章で述べたように、その期間は天智六年（六六七）から、壬申の乱で勝利した天武天皇が都を飛鳥浄御原《きよみはら》宮においた天武元年（六七二）までであった。

平安京と東国との連絡

平安京にとって大津がとくに重要な地位を占めていたことは、一〇世紀前半、関東で猛威をふるい新皇と自らを称した平　将門について述べる『将門記』の次の記事からよくわかる。将門は自らの本拠地を次のように構想していた。(17)

「王城を下総国の亭南《ていなん》に建つべし。兼ねて檥橋《うきはし》を以て、号して京の山崎となし、相馬郡の大井の津を以て、号して京の大津とせむ。」

下総国の亭南とは茨城県猿島《さしま》郡に位置すると想定されるが、檥橋を「京ノ山崎」、大井津を「京ノ大津」にたとえているのである。山崎とは先ほども述べたように、宇治川・桂川・木津川が合流した直下流にある。淀川舟運の玄関口であり、瀬戸内海、淀川をのぼってきた物資は、ここから陸送されて平安京に運びこまれていた。この山崎とならんで大津は、平安京の外港であったのである。平安京もしくは京都そして商都大阪にとって、大津はきわめて重要であり、寛文一二年（一六七二）、西廻航路が開発されるまでは中継地として、幕府および北陸・東北諸国の倉庫が建ち並んでにぎわった。

このようにみると、宮都が大和盆地を離れて京都盆地に出、ふたたびその北部に再移動したのは、国土経営の観点からいって琵琶湖を通じて日本海をより直接的にその配下に収めようとしたのだと考えられないだろうか。事実、平安京に遷都した一カ月後、桓武天皇は、当時、古津とよばれていたこの地を大津と改称した。その理由として、先述したように桓武の父の光仁《こうにん》天皇の代から、皇位はそれまでの天武系から天智系へ移ったが、天智天皇のひ孫にあたる桓武が、天智を慕って昔の名前に復したといわれる。しかしそれのみならず、大津が物資輸送の中継基地として、平安京にとっての重要拠点として強く認識されていた反映と考えられる。とくに、支配化を進めていた東国との連絡である。さらに、桓武の祖父つまり天智の息子施基《しき》皇子の母は越の豪族であり、桓武は日本海に面している越の血筋を引いている。

なお陸路をみても平安京は七道でもって全国とつながっていくが、大和盆地とくらべて東山道・北陸道・山陰道へはより便利となる。

五　東北経営（「征夷」）

桓武が即位して以来、推進した政策は遷都とともに東北経営、すなわち「征夷」であった。長岡京そして平安京を建設する一方、陸奥では激しい戦闘が展開されていたのである。戦闘は北上川流域、なかでも北上川中・下流部を中心に行われていたが、長年、苦戦したあげく、延暦一一年（七九二）、大伴弟麻呂《おとまろ》を征夷大使、坂上田村麻呂《たむらまろ》を征夷副使として派遣した第二次討伐軍が、北上川沿いでの戦闘で敵に大打撃を与えた。この年は平安京に遷都した同じ延暦一三年であった。

この二方面の政策は、まったく無関係に行われたのであろうか。つまり日本海を身近におくことと、東北の兵乱との関係である。しかし『続日本紀』、『日本紀略』などの歴史書が示すところによれば、軍役として東北に動員された兵士は坂東（今日の関東地方）であり、革甲《かわよろい》などの戦闘具、兵糧なども主に東国で準備するよう勅が下されている。一方、造都のために集められた人々は西国が中心であって、先の表５・１にみるように坂東からは徴発されていない。

ここでは、桓武天皇によって進められた三回の「征夷」について、その実態を具体的にみていきたい。東北兵乱の影響は東北地方のみに限定されていたのではなく、「坂東の安危この一挙に在り」（『続日本紀』延暦七年一二月七日）と、その敗戦は関東の安全にまで響くと認識されていたほどの国家存亡の大戦争である。はたして、坂東あるいは東国のみで対応できたのだろうか。

東北経営の経緯

大化三年（六四七）、大化四年に日本海側に渟足柵《ぬたり》、磐船柵《いわふね》が設置されたのち斉明四年（六五八）、阿倍比羅夫《ひらふ》が軍船一八〇艘をひきいて蝦夷を討ったことが『日本書紀』に記述されている。陸奥国がおかれたのは七世紀後半と考えられているが、その政治・軍事中心地として多賀城がおかれたのは神亀元年（七二四）である。一方、出羽国が越後国より分離して設置されたのはその前の和銅二年（七〇九）である。この年、陸奥・越後の蝦夷を討つとして「征夷」が行われた。軍士は、遠江・駿河・甲斐・信濃・上野・越前・越中から徴発された。この後、養老四年（七二〇）、神亀元年（七二四）、天平九年（七三七）宝亀五年（七七四）、宝亀一一年と「征夷」が行われたが、その兵士は主に坂東から徴発された。(18)

東北経営の根拠地となる城柵の設置をみると、天平五年（七三三）出羽国の政治・軍事の中心地である出羽柵が秋田に移され、天平宝字三年（七五九）、陸奥国に桃生城《ものう》（宮城県石巻市）、出羽国に雄勝城（秋田県大仙市）が完成し

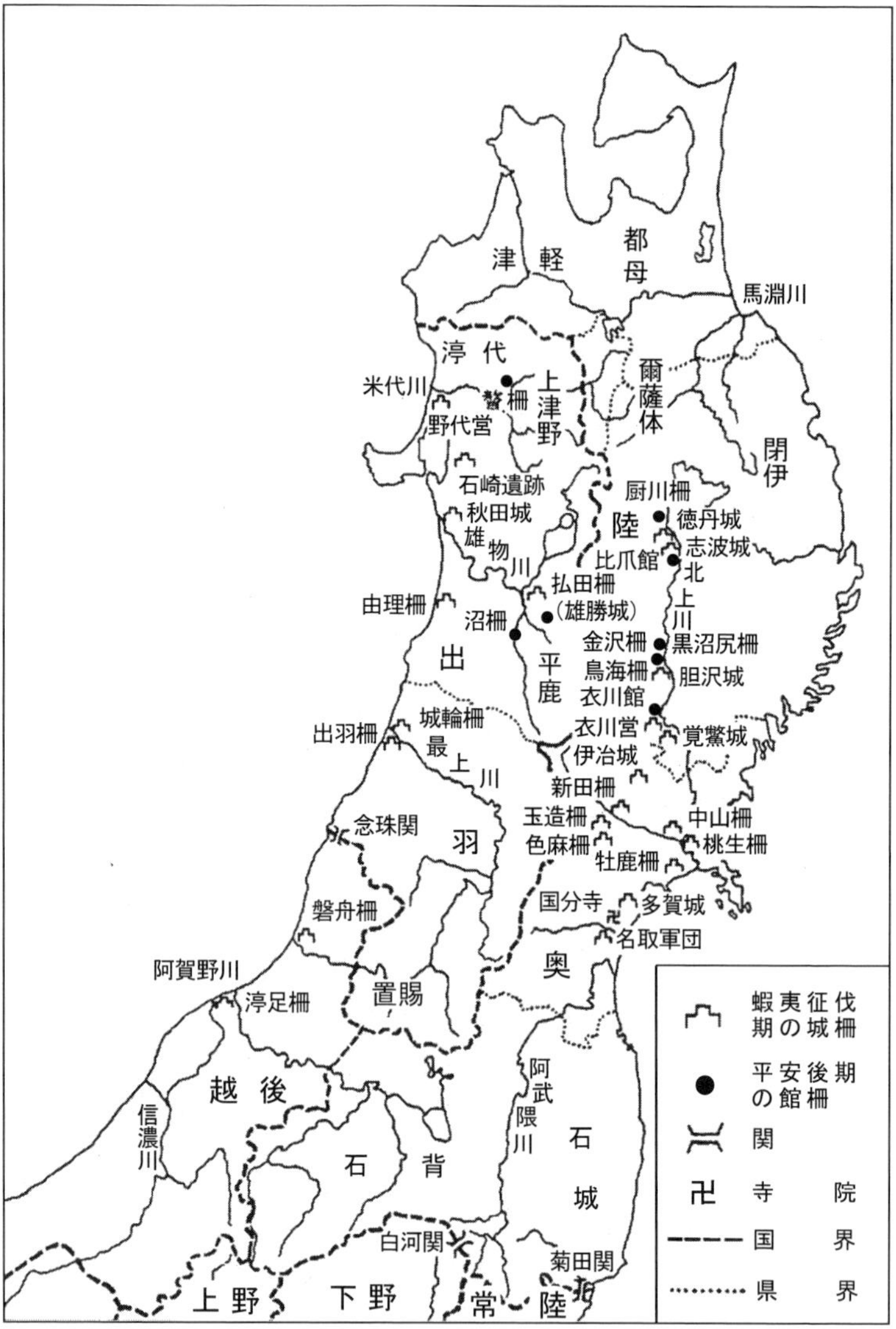

図 5.8　東北の城柵分布と河川図

（出典）高橋富雄（1976）:『東国の風土と歴史』山川出版社.

た（図5・8）。さらに、神護景雲元年（七六七）には伊治《いじ》城（宮城県栗原市）が完成した。

桓武天皇による「征夷」

征東使あるいは征夷使の任命から、下賜《かし》された節刀《せっとう》を返上したときまでを征討期間とする。長岡遷都が行われたのは延暦三（七八四）一一月だが、その九カ月前の同年二月、大伴家持が征討将軍に任命され「征夷」の開始となった。しかし翌年八月、家持の死去により自然消滅となった。実際に征討軍が派遣されたのは、三回である。

第一次が延暦七年から翌八年で、戦死者二五名、負傷者約二〇〇〇名、溺死一〇三六名を出して大敗北となった。第二次が一〇年から一四年にかけてで、一三年一〇月二八日、桓武のもとに大戦果が報告されたが、その日は平安京遷都の詔《みことのり》が行われた日であった。

第三次が延暦一六年から二〇年で、前回の遠征のときは征夷副将軍であった坂上田村麻呂が征夷大将軍となった。征討が終わった翌年、城（岩手県奥州市）の築造のため陸奥国に出向いた田村麻呂は、投降した敵将アテルイを引連れて京に帰ってきた。そのご延暦二三年、「征夷」が計画され田村麻呂が征夷大将軍となったが、「軍事」（征夷）と「造作」（造都）を続けるかどうかを臣下に議論させた、いわゆる徳政相論をへて造都とともに中止となった。

さて表５・２は、それぞれの戦役に動員された兵士等、また武器・軍粮（兵糧）などの軍需物資の準備状況を『続日本紀』などから整理したものである。『続日本紀』には延暦一〇年一二月までが記載され、それを引き継いだのが『日本後紀』であるが、『日本後紀』は残念ながら四〇巻のうち三〇巻が失われている。これら逸文は、『日本紀略』や『類聚国史』などに簡略化した記事として整理されている。このため、『続日本紀』のようには詳しくはわからない。

第一次の征討兵士数は五万二八〇〇人余、第二次一〇万人、第三次四万人と記述されている。第二次・第三次の兵士数は、残されている『日本後紀』弘仁二年（八一一）五月十九日条の「延暦一三年の征夷の例を調べると一〇万の

表 5.2　征夷への兵士の動員，物資の供給状況（『続日本紀』より）

第 1 回目	第 2 回目	第 3 回目
延暦 7 年 3 月 歩兵，騎兵 5 万 2800 人余 （東海道・東山道・坂東諸国）	延暦 13 年 兵士 100,000 人*	延暦 20 年 兵士 40,000 人*
延暦 7 年 3 月 軍粮 35,000 余斛 （陸奥国） 糒（ほしいい）23,000 余斛と塩 （東海道・東山道・北陸道諸国）	延暦 9 年閏 3 月 糒 140,000 斛 （東海道は相模，東山道は上野より，それぞれ東国） 延暦 10 年 11 月 糒　120,000 余斛 （坂東諸国）	
	延暦 9 年閏 3 月 革の甲（よろい）2,000 領 （3 カ年で） （東海道では駿河，東山道では信濃より，それぞれ東の諸国） 延暦 9 年 4 月 鉄冑 2,900 余 （大宰府） 延暦 9 年 10 月，10 年 3 月 甲（よろい） （全国の国司のうち，財力を持っているもの，5 位以上の貴族） 延暦 10 年 6 月 鉄甲 3,000 領を新仕様で修理（諸国） 延暦 10 年 10 月 征矢 34,500 余具 （東海道・東山道諸国）	

＊『続日本紀』弘仁 2 年 5 月 19 日の条より．
（　）は，兵士動員，物資の供給国．

征軍」「延暦二〇年には四万の征軍」との簡単な記述にもとづくものである。これらの兵士数には、戦闘兵のみならず戦場に物資を運ぶ輸送兵も含まれている。一方、武器・軍粮などの軍需物資については、第二次の延暦一〇年（七九一）までしかわからない。第二次が第一次と異なるのは、武器が坂東以外の駿河・伊豆・信濃や大宰府、さらに諸国に準備させていることである。

第一次征夷

兵士の徴発地域、また現地での戦闘の状況がわかるのは、大敗北した第一次のみである。第一次を少し詳しくみよう。軍需物資は食糧のみの徴発で、現地の陸奥国と東海道・東山道・北陸道諸国からである。兵士は「東海道・東山道・坂東諸国」よりの徴発となっているが、この文の「東海道・東山道の坂東諸国」について、坂東諸国（現在の関東地域）のみとの解釈がある。後の延暦九年（七九〇）十月二十一日の条に、「坂東の国々は長年の戦役で疲れている」「坂東以外の諸国の民も、もともと軍役には関係なく、兵士を徴発するときもまったく関係がありません。その苦労と安逸とを比較すると、（坂東の民は）とても同日に論じることは出来ません」と述べられている。このことから、徴兵された五万二八〇〇余人はほとんど関東地域からと判断してよいだろう。

ところで、延暦一九年当時の日本の人口について、鬼頭 宏氏がヤマト王権下の国土で約五五一万人、関東地域は約九七万人と推定している。[19] 推定されるこの九七万人のうち征討に耐える男子成人数を大雑把に三分の一とすると、[20]三二万人である。実際に徴兵された五万二八〇〇余人は、このなかの六分の一、つまり男子成人六人のうち一人となる。かなりの割合であることがわかる。ちなみに、当時の陸奥国の人口は一八万六〇〇〇人、出羽国は八万人と推定されている。

軍粮についてみると、五万八〇〇〇斛《こく》[21]が運びこまれた。この評価について、延暦八年六月三日の条に「征討軍二万七四七〇人が一日に食べる量は五四九斛」との記載がある。つまり、一〇〇〇人当たり一日二〇斛となり、徴兵数五万二八〇〇人で五万八〇〇〇斛を評価すると、二カ月弱の五五日分となる。

現地での戦闘は、三月二八日に衣川をわたって軍営を三カ所におき、軍船も使用された。だが、大敗北を喫したのち六月一〇日までに現地で軍を解散したと記述されている。多賀城などに以前からさらに備蓄が準備されていたかもしれないが、二カ月以上を越える駐屯は軍粮からみて困難だったのだろう。

第二次征夷

徴兵数は一〇万人とされている。この兵士数の一日当たりの必要軍粮は二〇〇〇斛となり、延暦九年（七九〇）、一〇年に運びこんだ軍粮二六万斛は一〇万人の一三〇日分にあたる。一方、戦闘状況はわからないが、『類聚国史《るいじゅこくし》』延暦一三年五月六日の条に、「征夷のために大軍を動員した」とあり、『日本紀略』同年九月二十八日の条に「新京への遷都と蝦夷征討の成功を祈願して、諸国の名神に奉幣した」とある。そして、遷都が行われた一〇月二八日に、斬首四五七級などの戦果をあげたと奏上されたのである。およそ五カ月間にわたり激しい戦闘が行われたのだろう、三四〇人の兵士が逃亡した。

このように、一〇万人の動員数が五カ月としたら延暦九年、一〇年に坂東から運びこんだ軍粮で何とか賄《まかな》うことができる。さらに九年閏三月、革の甲二〇〇〇領を駿河以東の東海道、信濃以東の東山道で三カ年でつくるよう命じられている。『日本後紀』の逸文のためわからないが、あるいは軍粮も一一年、一二年にも運びこんだかもしれない。それにしても坂東諸国にとって重い負担であったろう。

さらに、一〇万人の兵士も第一次と同様に坂東諸国が負担したとなると、当時の男子成人の三人に一人が徴兵されたことになる。八世紀前半に編纂された養老律令の軍防令兵士簡点条《ぐんぼうりょうへいしかんてん》は、「同戸の内に、三丁毎に一丁を取れ」と定めているが、正丁（二一歳以上六〇歳以下の成年男子）三人に一人を兵士に出すことと理解されている。そして通常、兵士は一回につき一〇日の勤務を年六回程度行っていた。

養老律令から考えると、第二次征夷で三人に一人が徴発されることは可能である。だが、動員期間が五カ月となったら実に過酷な負担である。すべて坂東諸国で対応できたのだろうか。具体的な戦闘状況がまったくわからないので何ともいえないが、日本海沿いの出羽から兵士が送られなかったのだろうか。出羽国の秋田城から陸奥国の多賀城の間は、天平宝字三年（七五九）駅家《えきや》がおかれ整備されていた。この方面からの進軍はなかったのだろうか。さらに、延暦一五年（七九六）一一月、相模・武蔵・上総・常陸・上野・下野・出羽・越後などの国の民九〇〇〇人が移住させられ、陸奥国の伊治城の所属となった。坂東とともに出羽・越後の民も移住の対象となっているのをみると、延暦一三年の戦闘に出羽・越後の民も参加したことを想定してもおかしくない。

第三次征夷と第四次計画

第三次では、四万人の兵士が動員された。一方、運びこまれた軍需物資はまったくわからない。坂上田村麻呂が征夷大将軍となったのは延暦一六年（七九七）一一月であるが、二〇年二月に節刀が下賜され、それが返上されたのは同年一〇月であるから、この間に戦闘が行われたのだろう。翌二一年一月胆沢城の築造となり、同月柵戸(22)とするため駿河・甲斐・相模・武蔵・上総・下総・常陸・信濃・上野・下野等の国々の浮浪人四〇〇〇人を陸奥国の胆沢城に向け出立させたと『日本紀略』にあるから、これらの国々からの兵士動員であったかもしれない。坂東以外に駿河・甲斐が加わっている。同月、常駐軍である鎮兵の軍粮にあてるため、越後国の米一万六〇〇斛と佐渡国の塩一二〇斛を毎年、出羽国の雄勝城に運ぶこととなった。また、大同三年（八〇八）までに鎮守府が多賀城から胆沢城に移された。陸奥と出羽の一層の連携が図られたのだろう。

さらに延暦二二年二月、志和城（岩手県盛岡市）の築造のため越後国から米三〇斛、塩三〇斛が送られた。明らかに奥羽山脈を越え、北上盆地に送られたのである。この築城でほぼ北上盆地北端までが支配下に入ったのだろう。翌延暦二三年一月、武蔵・上総・下総・常陸・上野・下野・陸奥等の国の糒《ほしいい》一万四三一五斛、米九六八五斛が陸奥国小田郡の中山柵《なかやまのさく》（宮城県石巻市付近か）へ運ばれた。そして同月、田村麻呂が征夷大将軍に任じられ新たな征討を図られたが、中止となった。

六　まとめ

三次にわたる征夷について、動員された兵士数、物資の補給量、とくに兵士数は実数に比べかなり多すぎるのではないかとの指摘もあろう。だが検討してきたように、戦争の経緯、当時の人口などからは辻褄《つじつま》があっている。これらの数字は、実状を無視したものではないと考えている。

さて筆者は、桓武天皇は東北経営を考慮して舟運に便な長岡京、さらにより日本海に近い平安京に遷都した可能性があるのではと考えていた。かりに税として都に運びこまれた米などを兵糧米として東北に大量に送りこむとしたら、日本海を通じての輸送がもっとも適当だろう。日本海側には新三紀層あるいは更新世（洪積世）の古砂丘、そして完新世（沖積世）の新砂丘で海とさえぎられた潟がたくさんみられた。その多くは近世までに開拓されていったが、現在でも青森県の十三湖、鳥取県の湖山池など一部が残っている。これらは、天然の港として利用できる。内海である瀬戸内海と比べたらその条件は悪いだろうが、季節風が強く吹く冬をのぞいて日本海は舟運にとって自然条件的に有利だったのである。

西国の軍需物資を出羽の地まで海運で運び、その後のルートとして最上川をのぼり、一部、陸送されて東北経営の中心地多賀城へ、あるいは秋田城がその河口に位置する雄物川をのぼり、雄勝城への輸送の可能性を考えていた。しかし物資輸送面からの「征夷」と長岡京・平安京遷都との直接的な関係は、たしかに認められなかった。

ここで興味深いのは、第三次征討のため坂上田村麻呂に節刀が下賜された延暦二〇年（八〇一）二月の翌月、桓武が初めて近江国の大津へ行幸していることである。この後、何度も大津へ行幸する。大津が港湾として整備され、ここに日本海とむすぶ重要な平安京の外港となったことを述べているのかもしれない。

ところで、「征夷」と遷都との関係について先学をみると、桓武は平安京遷都と第二次征夷の戦勝報告が同日に行われたのは遷都を劇的に演出するため、天皇の権威を飛躍的に高めるためと鈴木拓也氏は述べている。(23) 第二次征夷は、平安京遷都を演出する政治的役割を担わされたとしている。つまり、理念的な関係を主張しているのである。

それにしても、文献に記されているとおり「征夷」の兵站基地、あるいは軍糧米補給基地として坂東のみが担っているとしたら、坂東はまことに過酷な負担となったことは想像に難くない。坂東が粛々とそれに従っているのとしたら、坂東は中央政権の強制的支配化にある植民地であったということだろう。付け足しとして、東国から北部九州に派遣された「防人」について述べておく。

東国と「防人」

「防人」とは、周知のように唐・新羅連合軍との白村江の戦いで大敗北を喫したその翌天智三年（六六四）年、防備のため筑紫など北部九州に配置された兵士である。その多くは、東海道・東山道の諸国からなる東国から徴発されたという。天平九年（七三七）に停止されたが、しばらくして復活したのち天平宝字元年（七五七）、東国からの徴発は廃止されて西海道兵士が担うこととなった。この廃止は、天平宝字三年の桃生城、雄勝城の完成となったように、「征夷」の活発化とむすびついている。「征夷」の兵士・労働者を東国から徴発するため、「防人」は廃止されたのである。

ともかく、途中停止することもあったが、約九〇年間、東国から遠く離れている北部九州まで兵士として東国の民が派遣されたのである。この東国のなかで、関東は重要な位置を占めている。

「防人」の任務期間は三年とされ、武器も個人で携帯して難波津（大阪の港）まで自弁で行き、そこからおそらく船で任地へ向かったのだろう。任地では、軍務にあたる一方、食料田が与えられ食料は自給であった。口分田（公民に与えられる水田）が与えられることもあったという。この防人役は「きわめて苛酷な徭役であり、当時、戸（家）内から一人の兵士を出せば、その戸は窮乏するとさえいわれていた」とのような評価がある。(24)

東国の民が防人となった理由としてよくいわれているのは、斉明・天智朝の外征軍の兵士として派遣されたのは西国からであったが、白村江の戦いでその多くを失ったので、その後の防衛のため東国の兵士が役割を担ったとのことである。白村江の大敗直後ならこの理由はわかるが、その体制がそのまま九〇年間続いたのである。この理由のみで割り切ることはいささか躊躇される。

なお、この外征軍に西国の兵士が主に派遣されたというのは、捕虜となったのち日本に送還された者たちの多くが西国出身者だったことからの推測である。その推測の根拠は、『日本書紀』などの文献で知られている日本への送還者数は九名で、このうち一人が陸奥国、他の八名が西国出身者であったことである。(25)一方、白村江の戦いで半島に派遣された将軍の一人として上毛野君稚子《かみつけのきみわかこ》の名が『日本書紀』に記されている。この人物が、その名のとおり上毛野国（群馬県）出身であるならば、東国からも白村江の戦いに兵士が投じられたことになる。

この東国からの防人について、古代史の大家である井上光貞氏また直木孝次郎氏が述べる理由は、東国はヤマト王権によって植民地化が進められた土地であって、朝廷への隷属性がきわめて濃厚な地であった。大化以前はヤマトの直轄地というべき性格をもっていて、天皇の警備を担当していた親衛隊は東国出身の兵士であった。天皇の軍事および経済的基盤は東国にあり、天皇とのこの強い歴史的つながりをもとに、兵士の供給地として防人役を担ったというのである。

これを裏付けるように、行田市で出土した五世紀末の稲荷山《いなりやま》古墳の鉄剣銘文では、その鉄剣の所有者が大王（天皇）の「杖刀人《じょとうじん》の首《おびと》」、つまり親衛隊の隊長であったことが述べられている。天皇の親衛隊が東国武蔵国と密接な関係があることをよく示している。だが、防人が始まったのは、銘文が刻まれてから二〇〇年近くがたっている。東国の民はどのような気持ちで北部九州での防人の任務についたのであろうか。

万葉集では、家族と別れる悲しみ・辛さが多く歌われている。彼らには、何のメリットもなく、ただたんに絶対服従すべき任務であったのだろうか。その隷属性を強調すると、東国の民は奴隷に近いということになる。一方、日本国を守るとの「ますらお意識」をもって行ったとなれば、意味合いが異なってくる。

さて、苛酷であったという防人役をみてみよう。天平九年（七三七）、北部九州に配置されていた防人を筑紫の兵に交代させ、東国に帰還させることとなった。このとき帰還した防人は二三〇〇～二五〇〇人と推定されているが、駿河国をとおり東海道を下って帰国した人数が、次のように記録されている。(26)

伊豆二二人、甲斐三九人、相模二三〇人、安房三三人、上総二二三人、下総二七〇人、常陸二六五人、計一〇八二人。

ここには、遠江・駿河の二国、および東山道諸国は含まれていない。このため東山道に属する武蔵国の人数はわからない。かりに、もっとも多い下総国と同様二七〇人程度とすると、当時武蔵国は二〇郡(27)であるので、一郡当たり一四人となる。さらに足立郡でみると、七郷より構成されているので、一郷当たり二人ということになる。一郷は、五〇戸をもってつくるとの基準があるので、五〇戸から三年の間に二人が徴発されたことになる。

この二人の負担を五〇戸で分担して、武器また難波津までの食料、さらに不在時の農作業を負担するとの仕組みがつくられていたとするならば、たいへん厳しい任務であることは間違いないが、他の徭役（公用に使役するための人夫としての徴発）と比べて「きわめて苛酷」とまではいえないように思われる。もちろん、家族と別れるとの実に辛い思いも考慮せねばならないが。少なくとも防人としての北部九州での戦闘はなかった。

一方、関東の民はいわゆる「征夷」において兵士として徴兵され、実際の戦闘にも参加した。このことからも「征夷」の負担のきわめて厳しいことがわかる。

防人につくメリットとしては、帰国後、三年間は国内上番として各国の兵士に徴発されることが免除された。それ以外、メリットはまったくなかったのであろうか。戦前の日本では徴兵制であったが、少ないながらも給料が支払われていた。なかったとすれば、古代律令制の時代、東国の民は奴隷に近い立場にいたことになる。東国のみならず年六〇日にも及ぶ雑徭（労役）を課される律令時代の民は、基本的に奴隷であったといってしまえばそれまでであるが。

なお古代史研究に大きなインパクトを与えた稲荷山古墳の鉄剣については、武蔵国誕生との関連で付章二で改めて述べていく。

(注)

（1）井上満郎『古代の日本と渡来人』一六六～一七〇頁、明石書店、一九九九

（2）吉崎　伸「長岡京の廃都と巨椋池について」『長岡京古文化論叢Ⅱ』三三三～三四〇頁、中山修一先生喜寿記念事業会、三星出版、一九九二

（3）『長岡京市史　資料編』一一頁、長岡京市史編さん委員会、長岡市役所、一九九一

（4）「長岡京市域地形分類図」『長岡京市史　資料編』前出

（5）小林　清「長岡京の新研究」一七～二二頁、比叡書房、一九七五

（6）森田　悌『日本後記』全現代語訳、講談社、二〇〇六により「赤日埼」としているが、図5・2「長岡京条坊復元図」（出典：『長岡京跡』乙訓文化財事務協議会編、一九八四）では、「赤目崎《あかめさき》」と記している。向日市文化財調査事務所編『再現・

長岡京』京都府向日市、二〇一五、でも「赤目崎」と述べ、地元では「赤目崎」としている。
（7）吉崎　伸「長岡京の廃都と巨椋池について」前出
（8）上流部、中流部に琵琶湖、巨椋池などの大湖沼をもつ状況は、流水が自然調節されて、出水からみると、下流の京都盆地、大阪平野にとってそのピークの大きさを著しく緩和する。
（9）『新修大阪市史　第一巻』九〇〜九三頁、新修大阪市史編纂委員会、大阪市、一九八八
（10）『新修大阪市史　第一巻』八五八頁、前出
（11）『新修大阪市史　第一巻』八五〇〜八五一頁、前出
（12）『新修大阪市史　第一巻』九六七〜九六八頁、前出
（13）『新修大阪市史　第一巻』九六三〜九六四、前出
（14）堤防の一端、または両端を台地・丘陵・山などに取り付けている堤防。
（15）森田　悌『日本後記　上』全現代語訳、一九八頁、講談社、二〇〇六
（16）渤海国からの初めての使節は神亀四年（七二七）である。
（17）梶原正明訳注『将門記2』一七六〜一七七、平凡社、一九七六
（18）川尻秋生『古代東国史の基礎的研究』（塙書房、二〇〇三）によると、神亀元年（七二四）の征夷以降、兵站基地（兵員の供給地）は坂東に限定されたという。また、坂東との地域名も文献による初出は『続日本紀』神亀元年であった。当初は、足柄坂（峠）、碓氷坂（峠）の東の地域をさし陸奥国もふくめ坂東九国であったが、奈良時代後期になると陸奥国をふくめず坂東八国となった。つまり坂東という地域概念は征夷を契機とし、征夷のために設けられたという。
（19）鬼頭　宏『人口から読む日本の歴史』一六〜一七頁、講談社、二〇〇〇
（20）男子は全人口の半分とし、男子のうち成人はその三分の二とする。
（21）「斛」は、後世「石」に変わったが、当時の斛はどれほどの量であるのかわかっていない。
（22）古代東北の柵・城に配置され、農耕とともに軍事的役割を果たした戸。
（23）鈴木拓也『蝦夷と東北戦争』一九二頁、吉川弘文館、二〇〇八

(24)『埼玉県史　通史編1』五二三頁、埼玉県、一九八七、なお大村　進の研究（「東国と防人（Ⅰ）」『埼玉研究』第4号、埼玉県地域研究会一九六六）によると、『類聚三代格』巻一八、天長三年（八二六）一一月三日、の記事がこの評価のもととなっている。
(25) 岸　俊男『日本古代史政治史研究』三〇三頁、塙書房、一九六六
(26)『埼玉県史　通史編1』五二七頁、前出
(27) 新座郡は、天平宝字二年（七五八）に設置されたので含まれない。

（参考文献）

『京都の歴史Ⅰ』京都市、学芸書林、一九七〇
『新編埼玉県史　通史編1』埼玉県、一九八七
『新修大津市史Ⅰ』大津市役所、一九七八
『新修大阪市史第一巻』大阪市、一九八八
『大阪府史第二巻』大阪府、一九九〇
国立歴史民俗博物館編『桓武と激動の長岡京時代』山川出版社、二〇〇九
井上光貞『新版　日本古代史の諸問題』思索社、一九七一
宇治谷　孟『前現代語訳　続日本紀』講談社、一九九二
宇治谷　孟『前現代語訳　続日本紀』講談社、一九九二
川尻秋生『古代東国史の基礎的研究』塙書房、二〇〇三
川尻秋生『平安京遷都』岩波書店、二〇一一
岸　俊男『日本古代史政治史研究』塙書房、一九六六
神吉和夫ほか『わが国の古代都市の溝について─長岡京と平安京─』『土木史研究』No.15、土木学会、一九九五
小林　清『長岡京の新研究』比叡書房、一九七五
鈴木拓也『蝦夷と東北戦争』吉川弘文館、二〇〇八

高橋富雄『東北の風土と歴史』山川出版社、一九七六
高橋美久二『古代交通の考古地理』大明堂、一九九五
直木孝次朗「東国の政治的地位と防人」『国文学：解釈と鑑賞』21巻、至文堂、一九五六
平川　南「造都と征夷」『古文書の語る日本史2』橋本義彦編、筑摩書房、一九九一
森　浩一「潟と港を発掘する」『日本の古代3』大林太良編、中央公論社、一九八六
森田　悌『日本後記』全現代語訳、講談社、二〇〇六
吉崎　伸「長岡京の廃都と巨椋池について」『長岡京古文化論叢Ⅱ』中山修一先生喜寿記念事業会、三星出版、一九九二

第六章　鎌倉幕府と国土経営

治承四年（一一八〇）、富士川の戦いで平家に勝ち関東の覇権を手にした源頼朝は、その政治根拠地を鎌倉においた。その後、全国の軍事権を掌握しながらも頼朝は鎌倉を動こうとはしなかった。古代、政治の中心地は藤原京、平城京、長岡京、平安京など畿内に位置していた。そして、人・物資が移動する交通路は、畿内を中心に整備されていた。だが、頼朝政権から執権北条氏がその実権を引き継いだ後も、元弘三年（一三三三）の滅亡にいたるまで鎌倉を動こうとはしなかった。関東は、当時の日本国のなかで東端とまではいわないが、大きく東に片寄っている。なぜ、関東の相模湾に臨むこの地を根拠地にしたのだろうか、国土経営の観点から述べていきたい。

一　頼朝の鎌倉入り

治承四年（一一八〇）、頼朝は平氏打倒のため配流地・伊豆で兵を挙げたが、戦いに敗れて真鶴から房総半島安房《あわ》に船で渡った。ここで既に平氏と対立していた千葉氏・上総氏の協力を得て勢力を拡大し、およそ一カ月後、太井（日）川（おそらく渡良瀬川の下流部）、隅田川（おそらく利根川・荒川の下流部）をわたって武蔵国に入った。そして、葛西氏・豊島氏・江戸氏など武蔵国東部の武士を味方に加え、西進して三日のち武蔵国府に入り、その翌日鎌倉に入ったのである。

この後、遠征してきた平氏との富士川の戦いに勝利し、そのまま京都に向けて頼朝は進軍しようとした。だが、千葉氏、三浦氏などの有力武士の反対の意見をいれ、東に引き返して常陸の佐竹氏などを撃破するなど関東での敵対勢力をのぞいたのち鎌倉に帰り、この地で東国政権の基礎固めを進めていったのである（図6・1）。

さらにこの後、壇ノ浦での平氏の滅亡、源 義経の追捕、奥州合戦など軍事活動が進められていくが、この間に朝廷より東国支配権が認められ、また守護・地頭を設置して全国の軍事・警察権をにぎっていった。建久元年（一一九〇）、頼朝は右大将、その二年後に征夷大将軍就任となって、鎌倉幕府は名実ともに成立していったのである。中世史の泰斗・網野善彦氏のいう「東日本を支配地域とし、西国における地頭職を自らの支配下におくとともに、西国御家人をも包含する武家の棟梁を首長としていただく東国国家」[1]の誕生であった。その権力基盤は、所領の安堵と供与を媒介とする頼朝（鎌倉殿）と御家人との主従関係であった。

では、なぜ頼朝は鎌倉の地に幕府を開いたのだろうか。よくいわれるのは、東西北の三方を一〇〇m前後の丘陵に囲まれ、南方は海に面していて外からは攻めにくい城塞（軍事）都市とのことである。また、頼朝にとってここが縁《ゆかり》の地であったことである。頼朝の五代前の頼義（義家の父）がこの地に石清水八幡宮を勧請して以来、清和源氏にとって鎌倉は相伝の地となり、頼朝の父義朝もここに居館をかまえていた。

権力の安定しなかった当初、外敵からの防備が重要視されたことは、十分考えられる。だが、三代実朝の死後に生じた承久三年（一二二一）の承久の乱に朝廷側に勝利したのちも、執権北条氏にひきいられた幕府はここを動こうとはしなかった。頼朝、それを引き継いだ北条氏は、彼らなりの国土経営戦略のもとに鎌倉にその根拠地をおいたのだろう。都市鎌倉は発展し、ほぼ三㎞四方に約六万から一〇万の人々がいたといわれているが、この規模の都市となり

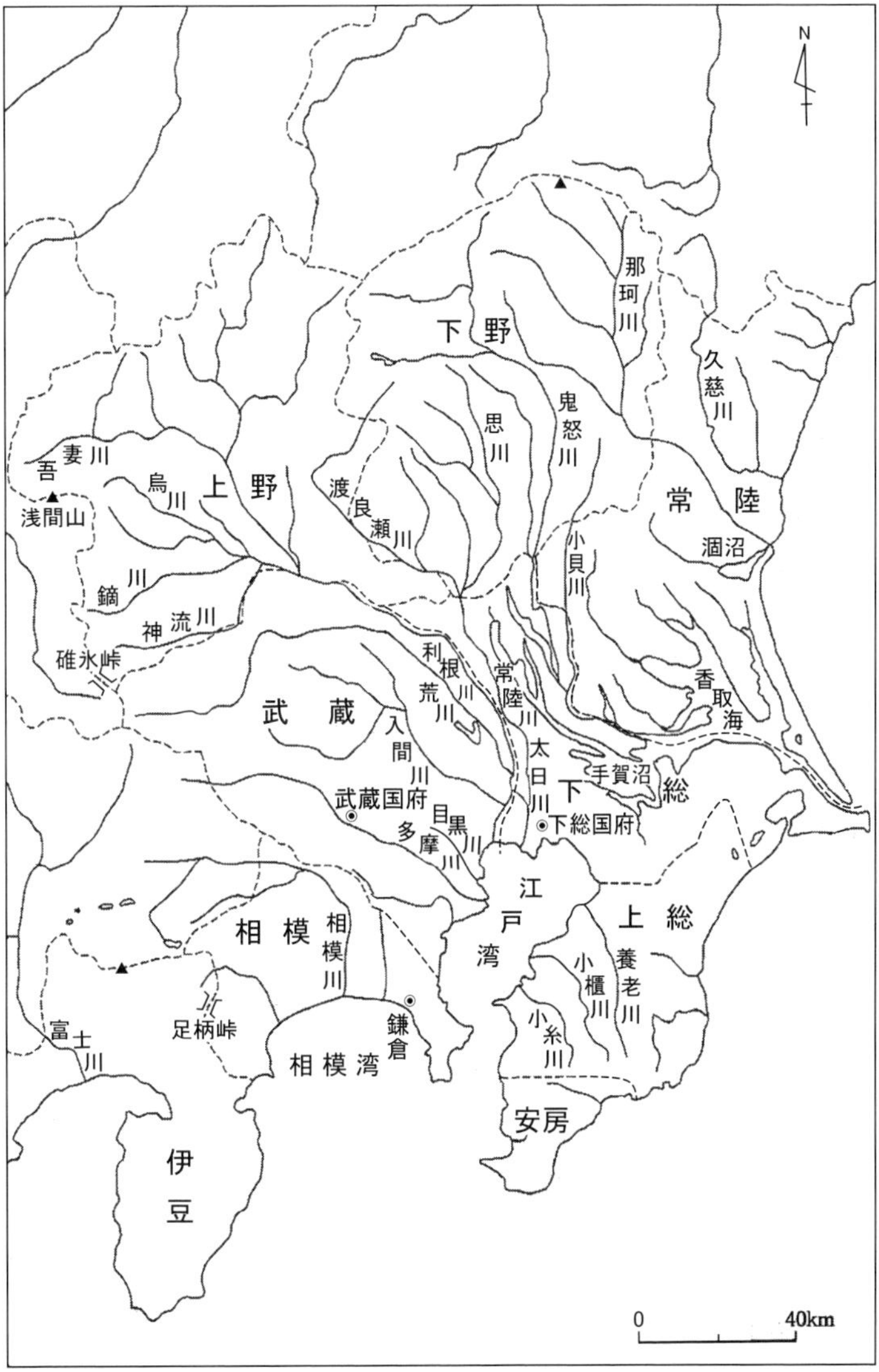

図 6.1　河川を中心とした関東概況図

える基盤があったから、これだけの人口を養うことができたのである。

それは何であり、どのように整備されたのだろうか。当然、人と物資が移動する交通路の整備は必要不可欠なことである。人の移動は道路が中心となるが、物資、とくに米や陶磁器などの重いものは舟運が中心となる。

なお、頼朝以前わずかの期間とはいえ関東ではじめての政権樹立を主張したのは、平将門であった。天慶二年（九三九）自らを新皇と称し、第五章で述べたように皇居を下総国の亭南《ていなん》に建設し、檥橋《うきはし》をもって京の山崎になぞらえ、相馬郡の大井の津をもって京の大津と名付けるとした。(2) 山崎は淀川、大津は琵琶湖南岸に接する地にあり、平安京の物資の移動を支える外港であった。将門は、外部とつなぐ港をもつ新たな都の設置を構想したのである。

下総国（茨城県）の内陸部にあった亭南、また檥橋・大井の地は、今日の何処にあたるのか種々の説があって定まっていないが、檥橋・大井は常陸川（今日の利根川中下流部）、鬼怒川あるいは手賀沼周辺とされている。この両地周辺には港があったのだろう。

では、頼朝が幕府をおいた鎌倉の道路、舟運はどうか、その整備について以下詳しく述べていく。

二　道路の整備

古代の道路

まず、頼朝が幕府を開く以前の古代の道路状況について整理し、道路整備からみた鎌倉の立地条件を考えよう。

国府が全国的に造営されたのは、八世紀前半から中頃にかけての平城京の時代と考えられている。畿内と各国府との間には官道が整備され、関東地方では東山道と東海道により畿内とつながっていた。全国的には、さらに山陽道・北陸道などあわせて七道あり、古代政権にとって全国支配のため実に重要な役割をもっていた。駅家《えきか》や駅馬《えきば》・伝馬《でんば》を整備する駅（伝）制が整えられ、中央からの命令は駅（伝）制を使い伝達された。その官道は直線路を基本とし、幅は当初一二mで整備された。

歴史地理学者・中村太一氏は、発掘された遺跡また『続日本紀』などから七世紀末から宝亀二年（七七一）にかけての関東の道路体系を図6・2のように推定している。宝亀二年とは、武蔵国が行政単位として、それまでの東山道から東海道へ移った年である。

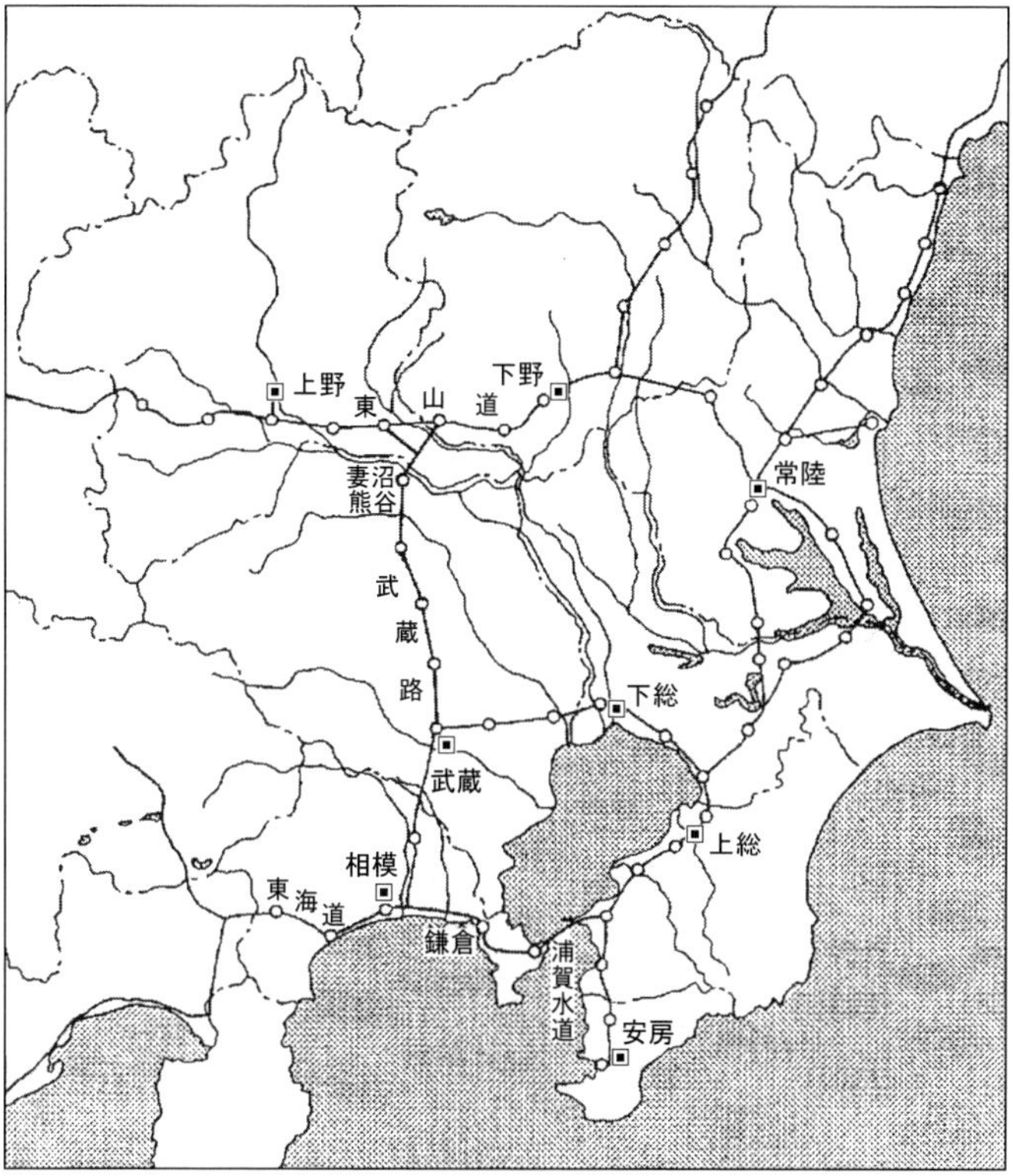

図 6.2　7世紀から宝亀2年（772）頃の道路推定図（▣は国府）
（出典）中村太一（1996）：『日本古代国家と計画道路』吉川弘文館，に一部加筆.

この図6・2には、相模国国府から鎌倉周辺を通ったのち三浦半島を横切って東京湾に出、そこから浦賀水道をわたり房総半島に出るルートが記されている。『古事記』によると、東国遠征に向かうヤマトタケルが浦賀水道（走水）を渡るとき、海神により波が荒たてられ進むことができなかった。そのとき、ヤマトタケルの妃であるオトタチバナヒメが海に身を捧げて海神をなだめ、無事、対岸に渡ったとある。今日、横須賀市に走水《はしりみず》の地名があるが、ここから対岸の富津に渡るのが距離的にもっとも近い。だが、潮流が速い浦賀水道を渡るのには困難がともなっていたことをオトタチバナヒメの伝説は物語っている。

古代には、このルートが房総半島そして常陸国に行くメインルートであった。上総に出、そこから下総・常陸に向かっていたのである。周知のように、上野国と下野国のように畿内から近い所に「上」が名付けられている。上総が下総よりも畿内に近いからこのように名付けられたのだが、それは浦賀水道を渡るルートが畿内からのメインルートだったからである。相模湾に面するそのルートの要衝に、鎌倉は立地していた。

このルートは東海道から陸路で下総国に行くよりも早く整備されたのだが、それは今日、荒川・中川・江戸川が流下している東京低地を陸路で通るのに大きな支障があったからだろう。当時、利根川・渡良瀬川・荒川の洪水が常にこの地を洗っていた。ここを通るのには、ある程度の開発・整備が必要だったのである。

東山道に属していた武蔵国であるが、その国府は多摩川中流部の府中市に位置していた。海に面している相模・下総・上総・安房の国々は、海に近い場所に国府をおいている。太平洋に面している常陸国の国府は内陸にあるが、海といってもよい霞ヶ浦から遠くないところに位置する。海に面するとは、海運とも連絡できることを意味するが、武蔵国だけが海（東京湾）に接しながら内陸部に設置されたのである。

武蔵国府は、距離的には東海道からの方が近い。だが、東海道には太平洋に沿い天竜川・大井川・富士川などの多くの河川の下流部を通っていく。下流部であるので川幅は広く、それらの川を渡るのに大きな支障があったのだろう。一方、東山道は美濃から信濃まで山中を通り上野国に出る。上野国から下野国に向かってほぼ台地上を通っているが、その途中から武蔵国国府に向かう支路（東山道武蔵路）が整備されたのである。

この支路は、大河川である利根川（妻沼付近）・荒川（熊谷付近）を平地部で渡るが、平地の上流部であり、土砂の堆積が著しい場所を通っている。洪水のとき以外では、この場所を馬・徒歩で渡るのはさほど困難なことではない。

荒川を渡ってほぼ直線状に南下して多摩川に達し、その左岸近くに国府が設置されたのである。東海道との連絡、さらに多摩川の舟運も考慮されてこの地が定められたと思われる。多摩川を渡る地点も土砂が堆積するところであったが、東海道を通っての連絡より、東山道の方が安定していたのである。

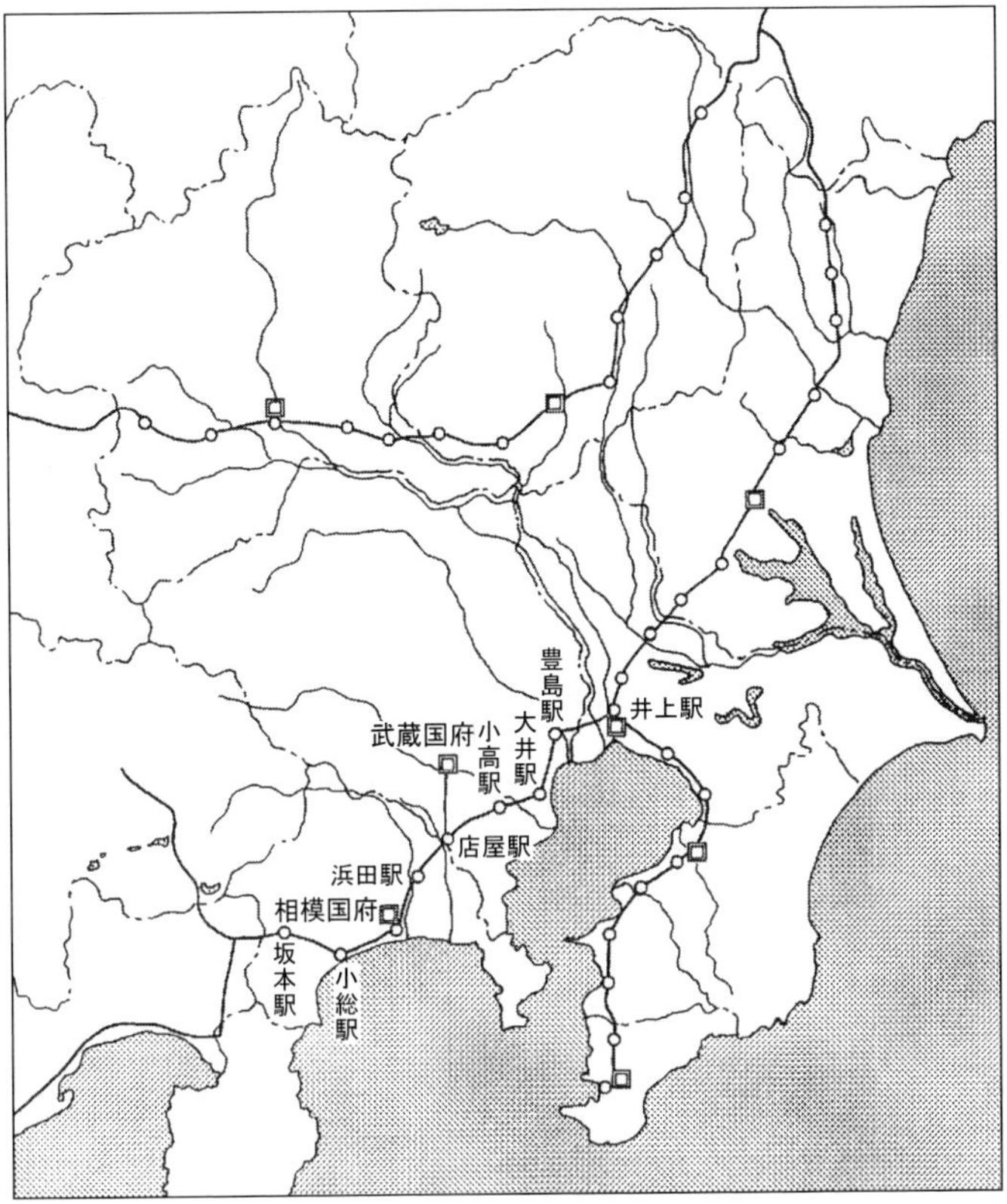

図6.3　10世紀代の関東道路推定図

（出典）中村太一（1996）：『日本古代国家と計画道路』吉川弘文館，に一部加筆．

宝亀二年（七七一）武蔵国は東海道に編入されたが、河道の整備、渡船などの配置などにより、東海道が以前に比べて安定し、山中を大きく迂回する東山道より利便性が高まったからだろう。また、武蔵国府から下総国府にかけての道路整備がその前提にあったと推定される。なお一一世紀成立の『類聚三大格《るいじゅさんだいきゃく》』によると、承和二年（八三五）、渡船では流れが速くて人馬がたびたび転落し死傷するため駿河国の富士川、相模国の相模川に浮橋をつくることが国司に命じられている。この年以前、

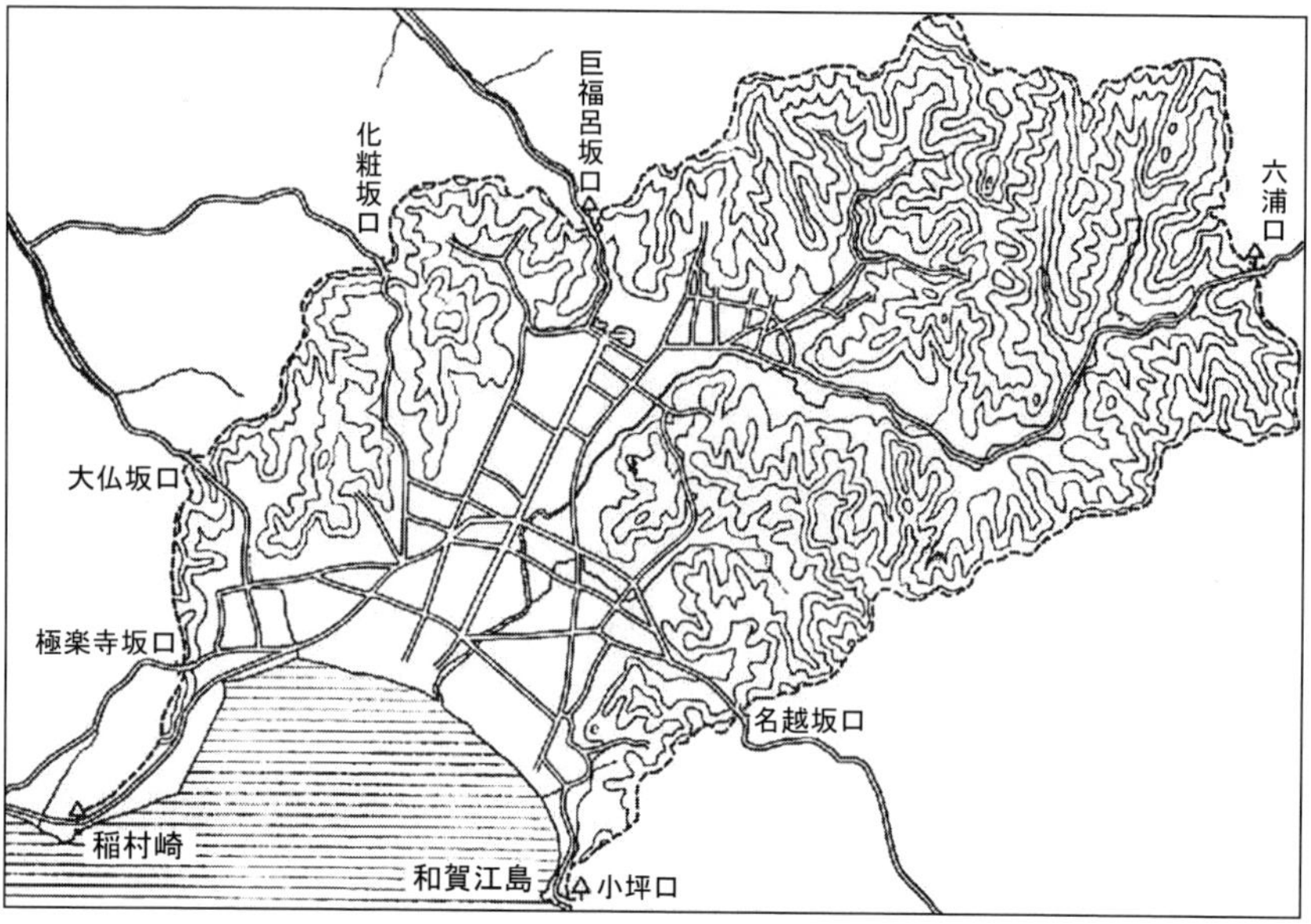

図 6.4　鎌倉七口と和賀江島

（出典）鎌倉市編集委員会（1979）:『鎌倉市』総説編，吉川弘文館，に一部加筆.

大きな川では渡船が整備されていたことがわかる。その後、一〇世紀代には図6・3のようになったと中村氏は推定している。三浦半島から房総半島へのルートと東山道武蔵路は官道としては廃され、東海道は相模国・武蔵国の国府から下総国の国府へとつながっていた。

鎌倉幕府の道路整備

軍事政権として、鎌倉を中心に道路の整備に力を注いだ。幕府にとって重要なのは、朝廷のある京都と連絡する東海道、権力の基盤である関東武士団とつながる鎌倉街道、さらに朝比奈切通《あさひなきりとお》しをとおり鎌倉の外港・六浦《むつうら》津（横浜市金沢区）とつながる六浦路であった。これら街道から鎌倉に入るには、崖を切り広げて整備された七つの切通し（七口）をとおる必要があった（図6・4）。

東海道は、極楽寺切通しをとおって京都とむすばれたが、文治元（一一八五）年、頼朝は東海道の「駅路の法」を定めた。これによって、御使・雑色《ぞうしき》（侍所に属した最下級役人）などが上洛するにあたり、伊豆・駿河から近江にいたるまで沿道の荘園・公領から伝馬や糧食を徴収することが定められた。鎌倉・京都間は、急ぎの連絡のとき最短で三日ないし四日であった(3)。

六浦路の朝比奈切通しの開削は仁治元年（一二四〇）に決定し、すぐに測量を開始した。翌年、執権北条泰時の監督のもとに着工されたが、難工事の末やっと築造となったと『吾妻鏡』は述べる。さらに、建長二年（一二五〇）補修工事が行われた。

鎌倉街道は、将軍と主従関係をむすんだ東国に在住する御家人とを連絡する道路で、鎌倉を中心に放射状に整備された（図6・5）。関東武士は山麓、台地・段丘端などに館をかまえていたが、「いざ鎌倉」のさい参集するために整備されたものである。

そのルートを河川との交差点を中心にみよう。上の道は、関戸（多摩市関戸）で多摩川をわたり武蔵国府（府中）に入る。その後、北上を続け、森戸（坂戸市）で高麗《こま》川をわたり、用土《ようど》（寄居町）で荒川を渡る。そのご西進し、植竹（神川村）を通って神流《かんな》川を、藤岡をすぎて利根川をわたり、さらに高崎を通って碓氷峠にいたる。

中の道は、大きく二つのルートが想定されている。一つが、荏田《えだ》（横浜市緑区）をへて登戸で多摩川をわたり、国府にいたるものである。国府にいたるこのルートについて、さらに二つの説がある。戸塚から二俣川、長津田（横浜市緑区）をへて本町田（町田市）で上の道に合流する説である。

もう一つのルートが、荏田から東北に向かい、多摩川をわたって二子に出、そのご板橋にいたり、ここで入間川（現荒川筋）をわたって岩淵に出る。ここからほぼ北上して鳩ケ谷、大門、岩付を通って高野渡《たかのわたし》で古利根川を渡る。古利根川にいたる前に綾瀬川・元荒川をわたるが、当時の荒川本川筋はどちらかであったかはよくわからない。そのご渡良瀬川をわたって古河に出、思川沿いに台地を通って宇都宮にいたり、さらに奥羽に向かう道である。このルートは、

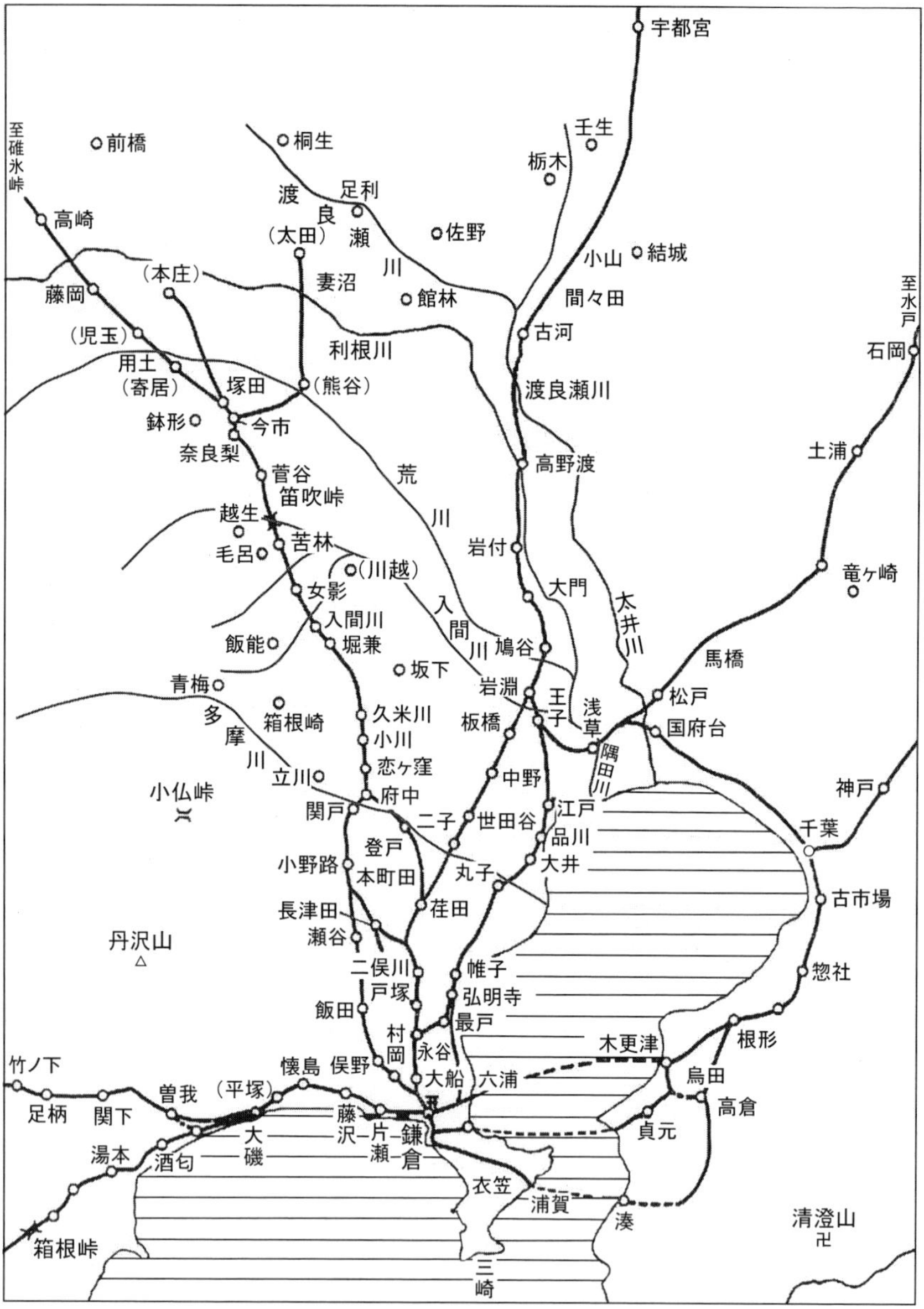

図 6.5　中世の鎌倉街道図

（出典）児玉幸多編（1989）:『日本交通史』吉川弘文館，に河川を加筆.

鎌倉から奥州へ向かう奥大道ともよばれた。

下の道は、丸子（神奈川県川崎市）で多摩川をわたり、そのご台地上を大井・品川・江戸と通って浅草から隅田川を、さらに太日川《ふとひ》を渡る。ここから松戸に出る道は常陸国に向かい、一方、国府台に出る道は下総国方面に向かう。なお江戸から王子をへ、隅田川をわたって岩淵に出、奥羽に向かうルートを下の道とする説もある。

このように多くの渡河地点があるが、どのようにして渡ったのだろうか。元亨四年（一三二四）幕府から称名寺《しょうみょうじ》宛の御教書《みぎょうしょ》(4)に称名寺の管轄のもと、古利根川の渡河地点高野に設置された橋で橋賃が課されていることが述べられている。当時の技術で橋が架けられるところには橋を架け、流れが緩やかなところでは渡舟が準備されたのであろう。それが可能なところが渡河地点とされたのであろう。

現在の古利根川筋の高野に橋が架けられたことは、少し不思議である。ここが当時、利根川本流であったらその川幅は広いはずで、今日のような河道をまたぐ橋の設置は不可能と思える。河道のなかに土砂が安定的に堆積し、土砂の上は徒歩で、流水のところのみ橋が架けられたのかもしれない。あるいは、利根川の本流ではなく小さな派川であったのかもしれない。

先述したが、治承四年（一一八〇）、頼朝は房総半島にわたり勢力を拡大し、かなりの大軍でもって上総国から武蔵国へ進軍した。武蔵国に入るのに太日川、をわたったが、舟に乗ってわたり隅田宿に入ったと『吾妻鏡』に述べられている。その渡河地点は両川ともその最下流部に属し、流水の流れは穏やかであって舟でわたるのは困難ではない。また『吾妻鏡』は精兵三万余騎と記述しているが、かなりの大軍がそう時間もかけずに渡り得たとは、その周辺に多くの舟があったことが前提となる。

三　港湾整備

まず、鎌倉海岸の自然条件をみてみよう。鎌倉の位置する相模湾は、伊豆半島の根元の真鶴岬《まなづる》から三浦半島城ヶ島間の大きく開いた湾で、沖合の相模灘から続いている。鎌倉から小田原にいたる五七㎞の海岸線は、湘南海岸とよばれる。東部の三浦半島はリアス式海岸であり、西部は箱根火山につづく岩石海岸をのぞいて砂・礫からなる堆積海岸となっている。この堆積海岸に沿い、今日、鎌倉市・藤沢市・茅ヶ崎市・平塚市・小田原市などの都市が連なっている。またこの海岸線で、境川（流域面積二一一平方㎞）、相模川（一六八〇平方㎞）、酒匂川《さかわ》（五八二平方㎞）などが流出している。

鎌倉は、湘南海岸のもっとも東寄りの三浦半島のほぼ付け根に位置し、その海岸は由比ヶ浜とよばれる砂浜となっていて遠浅である。遠浅であることは、暴風雨による高波は小さくなり被害が減少することとなるが、一方、大型船の進入に支障となり港の築造が困難となる。

「由比浦」から「由比ヶ浜」へ

ところで、中世前期におけるこの鎌倉の海岸線について、斎藤直子氏がボーリング（地質）・文献史料、今日の地形などにもとづいて興味深い分析を行い、次のように述べている。(5)

『吾妻鏡』によると、頼朝から二代将軍頼家の時代である治承四年（一一八〇）から建仁三年（一二〇三）にかけ、当地の鎌倉海岸は「由比浦」として一六回記述されている。だが、「由比浜」とは一度も記述されていない。一方、

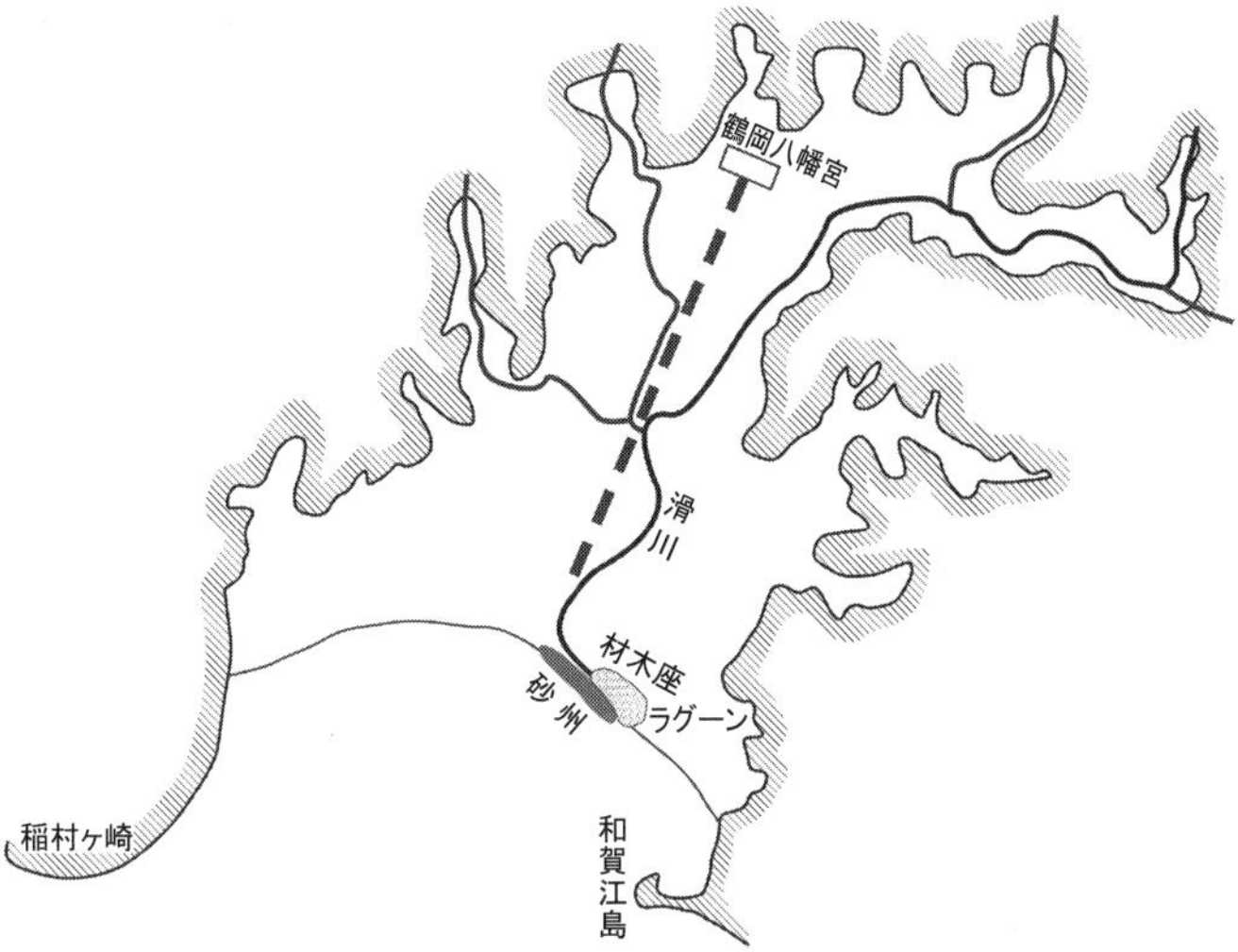

図6.6　鎌倉概況図

その後の文久元年（一二〇四）から文永三年（一二六六）にかけては「由比浦」が二三回、「由比浜」が一九回の使用となっている。さらに『吾妻鏡』の巻末になると、両者は同程度、あるいは「由比浜」が多く使われている。

これは、次第に「浦」が「浜」になったことを示しているという。そして「浦」とは、平安中期成立の『和名類聚抄《わみょうるいじゅしょう》』によれば「浦（中略）大川旁曲諸船風隠所也」とあり、「大きな川があちらこちらに曲り、船が風から隠れることができるような所」としている。つまり、砂浜ではなく船が風から守られる泊地とし、この泊地について図6・6のように、砂州により出口をふさがれて形成された滑川の河口に広がる水面（ラグーン）としている。そして、ここは潮の干満の差を利用しながら、砂州という天然の防波堤に守られた泊地であったという。

実に的確な指摘と評価する。頼朝が幕府をおいた時代、鎌倉にはラグーンを中心に泊地（港）があり、大いににぎわったのだろう。そのにぎわいは、貞応二年（一二二三）京都から鎌倉にやってきた旅人[(6)]が著した『海道記』に、「数百艘の船ども、縄をくさりて大津の浦に似たり。千万字の宅、軒を双て大淀渡しにことならず」と、京都の外港である大津・淀津[(7)]と比較して述べている。集まっていた船は近傍の小型船が中心であろうが、熊野・伊勢などから海路やってくる大型船はどうだったのだろうか。

斉藤氏は、鎌倉期の大型海船の満載喫水は一・八m（空船喫水は一m未満）であり、水深二〜三mあれば航路、また港としての泊地は十分機能すると評価している。実際、ここがどの程度の水深であったのかわからないが、沖合に大型船を停めて港との間を小型船（艀）で行き来すれば、それ以下の水深でも利用可能である(8)。

一方、『海道記』が書かれた少し前の建保四年（一二一六）、三代将軍源実朝の命により宋人陳和卿《ちんわけい》によって唐船が建造された。数百人の労働者（人夫）により「由比浦」に浮かべるため約四時間引っ張られた。だがどうにも動くことができず、その船はむなしく砂浜で朽ちてしまったという。『吾妻鏡』は、「この場所の地形は唐船《からふね》が出入りできるような浦ではなかったので、浮かべることはできなかった」と述べている。唐船とは中国にわたる大型船と考えられるが、その船を「由比浦」に浮かばせることはできなかったのである。由比ヶ浜周辺に砂浜が広がっていたことがわかる。

和賀江島《わかえじま》築港

貞永元年（一二三二）、鎌倉の港湾として和賀江島（長さ約一八〇m、中央幅約九〇m）が三カ月の工事で完成した。北条泰時が執権のときで、この貞永元年はまた鎌倉幕府の基本的法典である御成敗式目が完成した年でもある。和賀江島により、主に西南からの風波を防御するのであるが、港としての繁栄は、築港後の一三世紀半ばには由比ヶ浜一帯に「浜御蔵」や「浜高倉」といった倉庫があり、海路から運ばれた物資の集散地となっていること、また建長三年（一二五一）、幕府が鎌倉内の商業地域として認定した七カ所のなかに和賀江が指定されていることからでもわかる。

さて、ラグーンを形成した砂州はほぼ西から東に向かっているが、沿岸流がこの方向に流れ、それに乗って漂砂《ひょうさ》（移動する砂）が流れてきて、砂州がつくられたのである。和賀江島は、ラグーンの東側に位置し漂砂の流下方向に築造された。斉藤氏も指摘しているのだが、沿岸流の下流部に漂砂の流下を妨げるような構造物をつくると、漂砂はその上流部に堆積する。この指摘は、全国の海岸線の変化からみても、また「海岸工学」の知見からみても適切である。漂砂の供給源は河川であるが、ここでは相模湾に流出する大きな川は相模川である。さらにその西に境川がある。これらの河川から流出されたのだろう。

その漂砂により「由比浦」は「由比浜」に変わっていったのであるが、斎藤氏は和賀江島築港を契機にラグーンでの堆積がはじまり、ラグーンの泊地としての機能は失っていったのではないかと述べている。さらに、和賀江島の港湾機能の維持は大変だっただろうと推定している。「港湾工学」から判断しても妥当な評価である。ちなみに、由比ヶ浜（浦）での波浪による船の破損が、『吾妻鏡』に次のように記されている。

弘長三年（一二六三）八月、由比ヶ浜に着岸していた数十艘の船が破損した。このときの風波は大きく、大風のため鎮西《ちんぜい》（西海道）からの年貢を積んだ船六一艘が伊豆沖で沈没した。

六浦港の役割

和賀江島築港八年後の仁治元年(一二四〇)、朝比奈切通しによる六浦路の築造が決まり、翌年開通した。これにより、直線距離にして約八㎞の陸路でもって三浦半島と房総半島に囲まれた東京湾（江戸湾）にのぞむ六浦港と連絡したのである。六浦港は、由比ガ浜（浦）と異なり天然の入り江に面している。ここで鎌倉にとっての六浦港の役割を考えてみよう。

一つは、東京（江戸）湾とつながり、ここから積み出された物資が六浦港から鎌倉に運びこまれたことである。その重要性は東京湾の背後圏、つまり関東平野の生産能力がどれほど高まったかによる。もう一つとして、西から海路を通ってやってきた大型船が六浦港に寄港することになったことが考えられる。それまで由比ヶ浜（浦）に寄港していたのが、こちらに回るようになったとの想定である。その理由として、先にみた由比ヶ浜（浦）の港湾機能に支障が生じたことがあげられる。あるいは、遠方から年貢を運搬するにあたり従来に比べて大型船が登場し、由比ヶ浜(浦)での停泊が困難になったのかもしれない。さらに、東京湾に入るためには潮の流れが速い浦賀水道を通らねばならないが、大型船により容易に行き来できるようになったと考えられる。六浦港は、次第に鎌倉にとって重要な外港の位置を占めるようになっていった。

四　舟運による鎌倉と全国とのつながり

網野善彦氏は、おそくとも一二世紀には廻船《かいせん》が各地で活動しはじめたとし[9]、鎌倉は海運を通じて全国とつながっていたことを強調する[10]。頼朝が、守護・地頭をおいた文治元年（一一八五）、三二艘に兵糧米を積みこみ、伊豆の湊から九州の平氏征討軍に向けて派遣したこと、文治三年に弓百帳・魚鳥干物などを積んだ土佐の船が着いたことなどからの判断である。

また、有力な御家人で三浦半島に本拠地をもつ三浦氏が相模国の守護、さらに和泉・紀伊・土佐・讃岐と太平洋から瀬戸内海に面する国の守護となった。このことから、三浦氏一族が太平洋の海上交通に大きな影響力をもっていたとしている。さらに三浦氏は、北九州の海上交通の要衝である筑前国宗像《むなかた》社の預所《あずかりどころ》職に補任されたことから、中国大陸まで関心をもっていたのではないかと推測している。

建保元年（一二一三）六浦を支配していた三浦氏一族の和田義盛が滅んだが、その跡を継いだのは北条一門の金沢氏であった。金沢氏は長門・周防、鎌倉後期には伊勢・志摩の守護となり、やがて鎮西探題となって肥前の守護をかねることとなった。また、宝治元年（一二四七）の宝治合戦により三浦氏一族が滅ぼされたのち、紀伊・和泉・土佐・讃岐の守護は北条一門がなった。弘安八年（一二八五）の霜月騒動《しもつきそうどう》により、有力御家人安達氏を滅ぼした後には太平洋沿岸諸国の守護職はほぼすべて北条一門によって独占された。その背景には、鎌倉と各地との間が舟運による太平洋海上交通を通じて密接につながり、米をはじめとする年貢などの物資の運搬があったと推測している。

さらに大陸との交易について、建長六年（一二五四）唐船制限令、文久元年（一二六四）には幕府直営で日宋貿易に従事していた「御分唐船《ごぶんとうせん》」派遣の停止令が大宰府に発せられた。このことから、北条氏は「唐船」とその発遣を自らの手で集中的に管理しようとしていたとしている。また、知られている限りでも徳治元年（一三〇六）帰着の造称名寺唐船、正中二年（一三二五）の造建長寺・勝長寿院《しょうちょうじゅいん》唐船、元徳二年（一三三〇）の造関東大仏唐船が派遣されていることから、大陸との交易にも意を注いでいたと判断している。

周知のように、宋元時代の中国陶磁器の破片が、由比ヶ浜の海岸一帯で今でも多く見つかっている。大量に持ちこまれたのであろう。また、中国絵画、仏典などの書籍などが残され、大陸との間で深い交流があったことがわかっている。鎌倉への搬入、とくに陶磁器は重量があり陸上ではなく舟運による輸送が想定される。では、宋船が、直接、和賀江港あるいは六浦港にやってきたのだろうか。

徳治元年（一三〇六）、六浦にあった称名寺の伽藍修造のため俊如房快誉《しゅうにょぼうかいよ》なる僧が派遣され、唐物を鎌倉に運んだとの記録が残されている。[11] 快誉は、この年の三月末ないし四月初頭に博多に着き、このご四月一九日に博多出航、六月八日に備後国牛窓《うしまど》（岡山県牛窓町）を通り、秋に鎌倉（称名寺のある六浦港だろう）に着いた。その船は「唐船」

と記されているが、その航海日の長さより、また牛窓から「西船便舟して」と記されていることより、往来船（廻船）を乗り継いできたと想定されている。つまり「唐船」とは、「唐物」を積んだ和船と判断されている。

鎌倉には大陸と連絡した外航船は直接来ることはなかったとの判断は、妥当と考えている。大陸と博多を連絡した外航船がそのまま東に向かうのではなく、往来船に乗り換えて列島を航海しているのである。鎌倉は、博多を中継地として間接的に大陸と関係をもっていたと考えている。また、四月に博多を出港してから鎌倉に入るまで半年近くを要しているので、この当時、往来船の便数はそれほど多くなかったのではないかと思われる。

五　鎌倉での幕府立地

鎌倉に幕府を開いた頼朝にとって、政治の根拠地とすべき条件は何だったのだろうか。彼の権力を支えたのは、主に関東平野に居住する武士団である。関東武士団との連絡の便宜は、絶対に必要なことだった。また、同様に重要だったのは、朝廷のある京都との連絡だっただろう。さらに、物資の集散を図るには海とつながる港が必要不可欠のものだっただろう。この観点から、もっとも適当な場所として鎌倉が選定されたのだろう。

京都との人の連絡は東海道で行われたが、古代後半一〇世紀の東国の東海道ルートの想定として、先にみた図6・3がある。小総駅（小田原市）から平塚市付近まで海岸近くを通り、平塚から内陸部に入り、多摩川をわたって店屋駅（町田市）から大井駅（品川区大井）から豊島駅（北区）を通り下総国国府に向かっている。頼朝が政権を樹立した一二世紀後半もこのルートがメインルートとは断言できないが、一応、このルートが基盤としてあったと考えてよいだろう。

このルートで海岸に近いところを通るのは、小田原から平塚にかけてと、品川付近である。前者の海岸が相模湾であり、後者は東京湾である。東京（江戸）湾に船で入るのには、満潮・干潮時には潮の流れが速く、小型船が出入りするのに制約となっていた浦賀水道を通って入らなくてはならない。小田原から平塚にかけては、戦国時代、後北条氏の根拠地があり、後北条氏はこの地から関東支配を進めていったように、陸路でもって関東平野に大きく展開できる。ただ関東の中では相模湾沿いは西に位置しすぎ、関東武士団の連絡にはあまりよくない。また、舟運による東京湾との連絡は直接的ではない。

目黒川の河口に位置する品川付近はどうか。ここには品川湊があったが、この湊の発展状況をみてみよう(12)。伊勢方面との間で航路があることを示す明徳三年（一三九二）の湊船帳が残されている。南北朝時代の末期だが、ここには船名・海運業者の名が記されていて、この当時、定期的な廻船があったことがわかる。室町時代になると、熊野・伊勢地方から移住してきた海運にかかわる商人層が活躍し、この港を中心に妙国寺・海晏《かいあん》寺・願行寺・清徳寺など多くの寺院が建てられ、港町として発展していった。その代表といってよい鈴木道胤《どういん》は、宝徳二年（一四五〇）鎌倉公方から蔵税を免除されるなどされ、広域的な商業活動を展開していった。

熊野・伊勢からの商人層が移住してきたのは、海上ルートにおける紀伊・熊野の重要性からである。畿内もふくめた西国からの物資を関東に海上輸送をするならば、海流が速く波浪が激しい紀伊沖・熊野灘を越えねばならない。中継地なしに太平洋を航海することはきわめて困難であり、その中継地となったのが、紀伊半島南部から東岸に位置する港であり、その代表的な港が伊勢神宮にも近い五十鈴《いすず》川の河口部（宮川）の伊勢大湊であった。

中世の目黒川河口部は図6・7のように推定されている。砂州によりラグーンが形成され、その水面が泊地となっていたのだろう。長享二（一四八八）年、「品川浜」に停泊していた商船が大風にあって数千石の米とともに沈没し

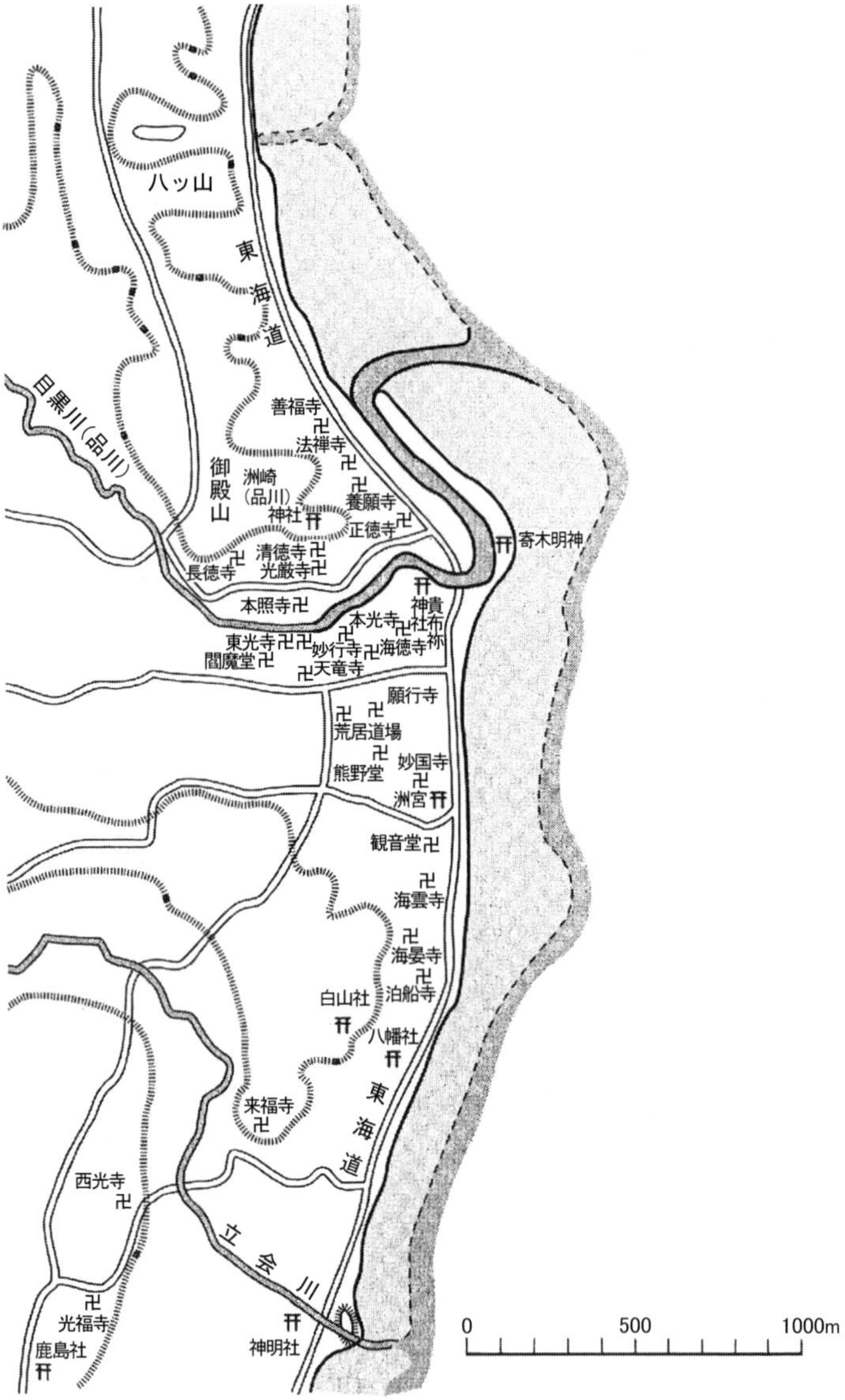

図 6.7　中世品川湊

（出典）市村高男（1995）：中世東国における内海水運と品川湊．品川歴史館紀要，第 10 号，品川区立品川歴史館，に一部加筆．

たことが知られている[13]。これだけの米を積載しえる大型船が品川湊に入っていたのである。外洋を行き来していた帆船が、ラグーンの中にではなく、その外に停泊し、港には小型船（艀）で運搬されていたのであろう。

このように展開した品川湊であるが、その発展は室町時代になってからと判断される。その重要な背景として、東京湾の背後圏となる関東平野の開発の進展があった。年貢とその他の物品など余剰生産物の増大があり、物資の移動が盛んとなっていったのだろう。利根川・荒川・渡良瀬川では内陸部あるいは河口部に河岸・港が設置され、物流が発展していった。また、西国との交易も盛んとなった。その中心として品川湊が大いににぎわったのである。

だが室町時代になっても一五世紀中ごろまで、鎌倉には鎌倉公方をトップにした鎌倉府があり東国の首都として機能していた。鎌倉の外港・六浦港がやはり重要な港であった。ともあれ、関東に根拠地をおく鎌倉幕府にとって「東国政権」であるかぎり、陸路・舟運からみて鎌倉が格好の地点であったのである。

六　鎌倉幕府の国土経営

幕府政権の誕生そしてその進展は先述したが、いま一度、整理しよう。治承四年（一一八〇）、富士川の戦いで平家に勝利した源　は、関東制定に向かい一カ月弱でそれに成功したのち鎌倉に帰還し、政権の基盤整備を進めていった。寿永二年（一一八三）、朝廷から東海・東山両道の東国支配が公認され、ここに東国国家が成立した。このご文治元年（一一八五）、国単位に軍事を担当する守護、敵方没収地に地頭をおく権限を公式に得、全国の軍事・警察権を掌握した。頼朝が挙兵後はじめて上洛したのは、奥州藤原氏を滅ぼしたのちの建久元年（一一九〇）であり、幕府が軍事・警察権をにぎり全国の治安維持を担当する政治権力として承認されたのである。京都には、警護のため京都大番役がおかれ、頼朝との間で主従関係をむすんだ御家人が務めた。

その後、承久三年（一二二一）の承久の乱で朝廷側が敗北し、執権北条氏は約三〇〇〇カ所の没収地に御家人を地

表 6.1『吾妻鏡』にみる鎌倉幕府による武蔵国開発命令

No.	年　代	西暦	対 象 地 域	内　　容
1	文治 5. 2.30	1189	安房・上総・下総等国々	地頭等に対し荒野開発を命令
2	建久 5.11. 2	1194	太田荘	堤修固命令
3	正治元. 4.27	1199	東国	東国分地頭等に水便荒野新開命令
4	正治元.11.30	1199	武蔵国	大田文作成命令
5	承元元. 3.20	1207	武蔵国	荒野等開発命令
6	寛喜 2. 1.26	1230	太田荘	荘内荒野新開命令
7	貞永元. 2.26	1232	榑沼堤	大破につき修固命令
8	延応元. 2.14	1239	小机郷烏山等	荒野水田開発命令
9	仁治 2.10.22	1241	武蔵野	水田開発命令
10	仁治 2.11.17	1241	多摩野	多摩野荒野を拝領した箕勾師政に開発命令
11	仁治 2.12.24	1241	武蔵野	多摩川掘通による水田開発
12	建長 5. 8.29	1253	下河辺荘	堤築固命令

(出典)『中川水系』Ⅳ人文，埼玉県，1992.

頭として新たに配置した。ここに幕府は西国にも広く支配権をにぎったのである。京都には新たに六波羅探題をおき，朝廷の監視，さらに京都をふくめ西国の統轄にあたらせた。それでも幕府は政治中心地を，当時の日本国の東端といってよい鎌倉においていたのである。

幕府設立当時，物流の中心地は天皇・貴族が住む平安京（京都）であった。全国から年貢などが運ばれたが，そのための輸送ルートが整備されていた。物流の中心地，つまり経済活動の中心地は，京都さらに広くみれば畿内であった。京都を中心に全国に通じる道路が整備されていたが，先述したように舟運にも好都合の条件をもっていた。この京都あるいは畿内に，幕府は魅力を感じていなかったのだろう。幕府政治のもっとも重要な役割は，所領・年貢をめぐる紛争の調停であった。畿内に進出するメリットはなかったと判断するのが妥当だろう。

幕府政権の政権基盤は，東国に領地をもつ御家人であった。彼らは，開発領主として地方の先祖以来の地に館をかまえ，農業生産をベースに簡素な生活をしていた。基本的に自給自足の経済で，物資の移動，その集散機能はそれほど重要ではなかったのだろう。京都がもつ王朝文化にも，あるいは中国からの陶磁器や香料・織物，書籍などの非日常的な舶来品に対する興味もそれほど持たなかったのかもしれない。

また、全国の治安はそれぞれの地域の守護・地頭により、鎌倉や京都の警護は御家人のご奉公として手弁当でもって行われた。全国統治にあたり、幕府経営で自ら負担する費用はそれほど必要ではなかった。平清盛は、商業的利益を求めて中国宋との交易に熱心で、瀬戸内海に面する大輪田の港を整備し、ここまで宋船が来航していた。だが、交易品として奥州の金を手にもっていながら、鎌倉幕府は貿易の必要性をそれほど見出していなかったのだろう。鎌倉の人口は増大し消費都市となったが、鎌倉に全国から集まる年貢など、さらに船来品の輸送ルートさえ確保したらそれで十分だったのだろう。

一方、幕府が力をいれたのは関東平野の開発であった。『吾妻鏡』には、幕府による積極的な開墾事業が散見される(表6・1)。概観すると、はやくも文治五年(一一八九)には、地頭にたいし安房・上総・下総国には荒野が多いから浪人を招き住ませ開発すべきことが命じられた。正治元年(一一九九)には東国の地頭にたいし水便のある荒野を拓くことが命じられ、さらに今後、荒不作と称して年貢を減少させたときには、その土地を領有させないことが定められた。また、承元元年(一二〇七)には武蔵野で、寛喜二年(一二三〇)には武蔵国太田荘で、延応元年(一二三九)には武蔵国小机《こづくえ》郷烏山(横浜市)などで開発が命じられた。つづいて仁治二年(一二四一)には多摩川の水を引いて武蔵野に水田を開くことが決定され、同年にはその事業の検分のため奉行が派遣された。

このように、鎌倉幕府は関東平野で水田を中心に耕地開発を進めたのである。関東平野の開発可能性は大きく、ここがフロンティアだったのである。

ともあれ、鎌倉は大河川とは関係のない都市であった。近代初めまで、内陸部との物資運搬は河川舟運が中心で、流域を背後圏として河川沿いの都市は経済活動の中心地となっていった。だが、鎌倉はその条件がなかった。経済活動が活発となり、物資運搬が重要となっていくと、鎌倉の立地条件は不利となっていったのである。

七　銅銭経済の進展

時代が進むとともに、社会経済は根底から大きく揺さぶられていった。中国から私的貿易を通じて大量に輸入された銅銭が、年貢米の現物に代わり年貢として用いられるようになった。いわゆる年貢米の代納化であり、一二七〇年代から展開された。中国からの渡来銭は、宋の時代の一二世紀中頃に本格化していたが、代銭納化の背景には、中国を支配した元が紙幣専用政策を採用して銅銭使用の禁止があった。このため一層多くの銅銭が日本に流入してきたのである。(14)

代銭納化のためには市場で生産物を売り、銅銭を手に入れなくてはならない。商品経済が発展していき、この結果、年貢船の減少と商船の増大となった。この流通経済の発展により、年貢の保管と販売を行う問丸《といまる》が発展し、やがて土倉《どそう》をはじめとする金融業者が重要な役割を果たしていった。

商品経済の進捗の背後には、当然のことながら生産物の増大がある。西日本では麦を裏作とする二毛作が普及し、山野の草木が肥料として使われ、鉄製の農具や牛馬を使用した農耕もひろがっていった。商品作物として油の材料となる胡麻《ごま》などが栽培され、絹布や麻布などが商品として織られていった。そして、流通経済の発展は、農地の生産性が高く人口も多く、また輸送ルートも密に整備されていた西日本が優先した。このことを背景に、やがて京都に新たな政権が打ち立てられたのである。(15)

八　元寇と鎌倉

鎌倉時代の大きな事件として、モンゴル来襲つまり元寇（一二七四年文永の役、一二八一年弘安の役）がある。運よく元を撃退したのだが、不思議なのは執権北条時宗が鎌倉から動かなかったことである。九州に所領をもつ東国御家人に九州下向を命じたり、「異国警固番役」として九州・西国に所領をもつ非御家人をふくむ武士を動員したり、北条一門を下向したりした。だが、武家の総大将である時宗自身は、鎌倉を離れることはなかった。

当時、戦いが行われた北部九州から鎌倉までどの位の日数を要したのだろうか。鎌倉・京都間は最短で三日ないし四日であった。一方、七二〇㎞離れている京都・大宰府間についてであるが、承和六年（八三九）事実上最後の遣唐使が筑紫についたとき、早馬により京都に報告されるのに七日要した。どんなに急いでも北部九州から一〇日近くかかると考えてよかろう。要するに、戦闘の指揮は鎌倉から行うことはできず、すべて現地にお任せだったことになる。

気象的な幸運もあって元軍の上陸は海岸線で防いだが、突破されていたら元軍は九州から西国・畿内に向かっただろう。その時の備えをどうしていたのだろうか。西から押し寄せる元軍の攻撃からみたら、鎌倉ははるか安全な地域である。この安全な地に身をおき、時宗がその戦略をもっていたとは思われない。あとは神頼みだったのだろうか。元寇以降、幕府は北条氏の主流であった得宗家に権力が集中し得宗専制となっていったが、それでも鎌倉を離れようとはしなかった。この背景として、大陸からの再度の攻撃も念頭にあったのかもしれない。

（注）

（1）網野善彦『東と西の語る日本の歴史』二〇五頁、そしえて、一九八二

（2）梶原正明訳注『将門記2』一七六〜一七七頁、平凡社、一九七六

（3）児玉幸多編『日本交通史』一二七頁、吉川弘文館、一九八九

（4）「御教書」とは、幕府の意を伝える文書のことで「金沢文庫文書」にある。（『中川水系』Ⅲ人文、一九五頁、埼玉県、一九九二）

（5）斉藤直子「中世前期鎌倉の海岸線と港湾機能」、峰岸純夫・村井章介編『中世東国の物流と都市』山川出版社、一九九五

（6）一説には『平家物語』の作者ともみられる信濃国司行長といわれる。

（7）大淀渡は、三重県伊勢市東大淀町にある伊勢湾に面した古代以来の湊との説がある。（綿貫友子『中世東国の太平洋海運』六一頁、東京大学出版会、一九九八）

（8）筆者は、海路を通る大型船は由比ヶ浜（浦）の沖合に碇泊し、その船の荷を艀《はしけ》でもって陸揚げしていたのではないかと考えている。

（9）一二世紀後半には、奥州平泉からも多量の輸入陶磁器が発掘されている。

（10）『東と西の語る日本の歴史』そしえて、一九八二、「太平洋の海上交通と紀伊半島」『伊勢と熊野の海　海と列島文化8』小学館、一九九二、「中世前期の交通」児玉幸多編『日本交通史』吉川弘文館、一九八九など。

（11）『鎌倉への道』神奈川県立金沢文庫、一九九二

（12）市村高男「中世東国における内海水運と品川湊」『品川歴史館紀要』第一〇号、品川区立品川歴史館、一九九五

（13）市村高男「中世東国における内海水運と品川湊」『品川歴史館紀要』第一〇号、三頁、前出

（14）元弘元年（一三三一）、志摩国泊浦の船が「東国」から現銭三一貫文を積んで帰る途中、三河国高松沖で沈没した（綿貫友子『中世東国の太平洋海運』五六頁、東京大学出版会、一九九八）。鎌倉時代も遅くなると、東国でも銅銭が使用されていることがわかる。

（15）室町幕府は商業都市京都に大きく依存していた。明徳三年（一三九二）には、商業都市京都の商人への課税権を朝廷の

もとから幕府に完全に移行させている。この年は南北朝が合体した年である。

(16) 武部健一『道路の日本史』五六頁、日本公論新社、二〇一五

(参考文献)

『日本歴史』第六巻・中世1、岩波書店、二〇一三
『中川水系』Ⅲ人文、埼玉県、一九九二
『鎌倉への道』神奈川県立金沢文庫、一九九二
『品川歴史館紀要』第一〇号、品川区立品川歴史館、一九九五
『東京湾と品川―よみがえる中世の港町』品川区立品川歴史館、二〇〇八
『新編埼玉県史』通史編3、埼玉県、一九八八
網野善彦『東と西の語る日本の歴史』そしえて、一九八二
児玉幸多編『日本交通史』吉川弘文館、一九八九
桜井栄治・中西　聡編『新体系日本史12　流通経済史』山川出版社、二〇〇二
島崎武雄『関東地方港湾開発史論』東京大学博士論文、一九七五
武部健一『道Ⅰ』『道Ⅱ』法政大学出版会、二〇〇三
永原慶二監修『全訳　吾妻鏡』新人物往来社、二〇一一
中村太一『日本古代国家と計画道路』吉川弘文館、一九九六
峰岸純夫・村井章介編『中世東国の物流と都市』山川出版社、一九九五
綿貫友子『中世東国の太平洋海運』東京大学出版会、一九九八

第七章　徳川幕府と国土経営

天正一八年（一五九〇）、徳川家康は豊臣秀吉の処置により東海から関東に入国した。東海から関東への移封は、一時、天下覇権への家康の思いを断ち切らせたという。つまり京都に遠いばかりでなく後進地域である関東は、天下を望む基盤が整えられていなかったという。そして未開の地であった関東平野の本格的な開発が、家康入国以降に行われたというのが通説となっている。

秀吉の死後、慶長五年（一六〇〇）の関ヶ原の戦いに勝利した家康は、慶長八年征夷大将軍に任じられて江戸に幕府を開き覇権を手にした。当時の先進地は畿内であり、物資輸送体系の中核は大坂であったが、慶長二〇年の豊臣家滅亡後も家康は本拠地を関東においたまま動こうとせず、二六〇年間、「将軍のお膝下」として江戸が政治の中心地となったのである。

当時、東日本に比べ西日本の経済的優位は明らかであり、かつ政治機構は京都、大坂を中心に成立していた。当時の物資輸送の主たる手段である舟運から考えていくならば、畿内が物流の中心地となりえる。事実、豊臣秀吉は大坂に築城して政治の中心地とし、その後も大坂は「天下の台所」と経済の中心地として近世大いに栄えたのである。

これまでも述べてきたことだが、大坂は瀬戸内海と淀川の結節点に位置する。瀬戸内海は内海として波静かであり、瀬戸内海に流入する太田川、高梁川、旭川、重信川などを培養河川とするとともに、九州と連絡していた。また淀川はその支川であった大和川を通じて大和とつながり、淀川を通じて京都のある山城、さらに丹波・伊賀・近江とつながる。とくに重要なことは、近江の琵琶湖を北に向かえばしばらく陸路ののち若狭湾に出、日本海とつながることである。当時の物資輸送手段からみて、大坂こそ日本の中心地でありえた。

なぜ徳川政権は、関東にそのまま政治の中心地をおいたのだろうか。家康は、フロンティアをかかえた東日本の開発に未来をかけたのだろうか。また、そのためにいかなる政策を行ったのだろうか。あるいは、それを可能とさせた関東のもっている条件はなんだったろうか。これらについて考えていくが、まずそれまでの政治・経済の中心地であった京都・大坂の立地整備について述べていきたい。

一　京都・大坂の立地整備

足利政権と京都

建武の新政を始めた後醍醐天皇が吉野に逃れたのち、足利尊氏が暦応元年（一三三八）征夷大将軍となり幕府は京都に開かれた。室町幕府であるが、その二年前の建武三年（一三三六）幕政の基本方針を示す建武式目《けんむしきもく》が制定され、これが実質的な室町幕府の成立といわれている。なぜ、それまで鎌倉にあった武家政権が京都に移ったのか。建武式目には、その最初にどこに幕府をおくのかにふれ、鎌倉でも京都でもよいと述べている。このことからみて、尊氏は積極的に京都に幕府をおこうとしたのではないかもしれない。吉野に立てこもる南朝との戦いを進めるのには、京都に幕府をおいておかざるを得なかったとの現実的課題が大きかったのかもしれない。

北条氏が支配する鎌倉政権打倒をめざした後醍醐天皇の背後には、悪党などとよばれる新たな武力勢力があった。

彼らは、耕地（土地）支配に地盤をおいた御家人勢力ではなく、流通をおさえるなど新たな経済力のなかから生まれていった。新たな経済力は、農業技術の進歩による生産物の増大、商品作物の植え付けなどをもとに、畿内・瀬戸内海地方が中心であった。その経済の中心地は京都であった。

先述してきたように、京都は延暦一三年（七九四）に遷都して以来、舟運では淀川沿いの淀津、琵琶湖沿いの大津を外港とし、また陸路では七道とよばれる東海道、東山道、北陸道、山陰道、山陽道、南海道、西海道により全国とつながっていた。この交通路を通じて列島各地から年貢や物資が集中し、貴族・寺院の経済力となるとともに京都住民の必要な生活物資となっていた。また、鏡・仏具・刀装具・漆器などの手工業が発達していた。これを背景に、土倉《どそう》・酒屋《さかや》などの金融業者が成長していった。

全国の軍事・警察権をにぎっているといっても、基本的には東国政権であった鎌倉幕府は、出先機関である六波羅探題をおいて京都を治めていた。だが、新興勢力をもふくめ、全国を統治下におこうとしたら、その根拠地は京都でしかなかったのであろう。

室町幕府の財政は、当初、鎌倉幕府と同様、幕府直轄領からの年貢、あるいは守護・地頭からの貢納であった。だが、三代足利義満の時代になると金融業者からの営業税、明との貿易、関や津における交通税が中心となっていった。義満による北山文化、八代義政による東山文化を支えたのは、京都を中心としたこれら流通経済からの収入であった。

やがて室町幕府は弱体化し、応仁・文明の乱（一四六七〜一四七七）などをへて、群雄割拠する戦国時代に突入した。そのなかから、尾張の織田信長が永禄一一年（一五六八）足利義昭をかついで入京し、その五年後義昭を追放した。そして、長篠の戦で武田軍に圧勝したその翌年の天正四年（一五七六）、自らの本拠地を琵琶湖沿いの安土として天守閣をもつ安土城の築造にとりかかった。当時の信長は、北陸攻め、大坂城攻め、丹波・丹後攻めを進めていた。

それらを結ぶ中心地として、京都に近く、湖上交通に便な安土に根拠地をかまえたのである。

豊臣秀吉と大坂築城

織田信長が天正一〇年（一五八二）に本能寺の変で自害したのち明智光秀・柴田勝家などを倒し、畿内を掌中に収めた羽柴秀吉が根拠地としたのは大坂である。おそらく信長は、毛利家を倒して瀬戸内海制海権を得たならば、ここに中心地を移しただろう。毛利と和睦した秀吉は、勝家を破ったのちの天正一一年（一五八三）大坂築城に取りかかった。その完成は三年後の天正一四年であるが、この間、関白に任官され四国平定が行われた。そして、この天正一四年には徳川家康を臣下とし太政大臣となって豊臣姓となり、その翌年九州を平定し、天正一八年（一五九〇）には小田原城を攻め落とし天下の覇者となったのである。大坂がその中心地となったが、堺、伏見の商人を集めた大坂は、流通経済の中核地として港湾機能、また下水道などの都市整備が行われた。

さらに交通路の再整備が行われた。大坂方面から京都への舟運による輸送ルートは、古代には山崎・淀津から陸送されていたが、一四、五世紀には淀津から鴨川をのぼって鳥羽まで舟航するようになった。この後、文禄四年（一五九五）秀吉が伏見に築城すると、その中継地点は伏見の港に移っていった。この伏見港の前面には、宇治川、桂川、木津川が合流する巨大な巨椋池《おぐらいけ》がひろがっていた。秀吉は築堤を進めて巨椋池の整備を行ったが、小出 博氏によると、これにより宇治川は巨椋池と分離され、伏見地点に宇治川の全水量が集中したことにより、伏見港の機能を大いに高められることとなったという。湖沼・沼沢地では岸辺にアシなどの水草が繁茂して舟運に支障が生じるため、藻刈をして航路の維持を図らねばならなかった。だが水深の増大とともに水が流れることにより、安定した航路が確保されたのである。

さらに、枚方《ひらかた》から長柄《ながら》にいたる淀川左岸側に連続堤が築かれた。文禄堤であるが、それ以前にあったものの増強だろう。堤防上は、また大坂と京都をむすぶ京街道としても利用された。治水と交通路の整備という二つを目的として、秀吉は堤防整備を行ったのである。

二　江戸の立地整備

天正一八年（一五九〇）徳川家康が入った江戸は、太田道灌以来の城があったが荒れはて、その周辺は海の入りこんだ葦原《あしはら》で茅葺《かやぶき》きの家が百戸あるかないかの小さな寒漁村であったとされている。だが、近年の研究では、当時の江戸はそのような草深い寂れた地ではなく、江戸氏の根拠地だった中世、あるいはそれ以前から港町として栄えた都市といわれている。[1]つまり西日本とつながる太平洋海運の東の終着港品川と、利根川水系舟運の終着港浅草とをむすぶ中継地点としての評価である。さらに後北条氏が支配した戦国時代の江戸の区域は、現在の東京二三区より広く、田無や調布にまでひろがっていたという。

江戸は、このように品川湊と浅草の中継地としての位置を占めていたのである。浅草は、隅田川下流部にあり門前町であるとともに河港町として栄えた。荒川下流に位置する隅田川は、利根川・中川・渡良瀬川（太日河）とつながっていた。

ここで利根川水系の開発面でのポテンシャルをみてみよう。周知のように、日本では沖積低地（氾濫原）での灌漑稲作農業が長い間の生産基盤で、米の収穫量は沖積低地の大きさによって基本的に定まっている。日本の各河川の沖積低地の大きさは表7・1に示してあるが、利根川水系（現在の利根川と荒川）は約五五五〇平方kmで、関東平野における沖積低地の大きな割合を占めており、他の水系をはるかに凌駕している。関東平野は開発のポテンシャルがきわめて大きく、ここを背後圏として江戸は成立したのである。ちなみに、淀川水系（大和川も含める）は約一八五〇

表7.1　沖積低地面積（想定最大氾濫面積）

順位	河川名	沖積低地面積	備考（他河川との重合面積）	流域面積
1	利根川	5,102	荒川　576	16,840
2	信濃川	1,937	阿賀野川　155	11,900
3	石狩川	1,920		14,330
4	木曽川	1,712	庄内川　142	9,100
5	淀川	1,515	大和川　80	8,250
6	北上川	1,147	鳴瀬川　194	10,150
7	荒川	1,028	利根川　576	2,940
8	阿武隈川	982		5,400
9	十勝川	938		8,400
10	阿賀野川	922	信濃川　155	7,710

（注）沖積低地面積は，建設省が想定した最大氾濫面積としている．
単位（km^2）
利根川＋荒川　5,555
信濃川＋阿賀野川　2,704
木曽川＋庄内川　1,961
淀川＋大和川　1,853
北上川＋鳴瀬川　1,199

（参考文献）松浦茂樹（1986）:『土木研究所報告「沖積低地における河川処理の計画論的評価に関する研究」』建設省土木研究所.

平方kmで五番目の大きさであった。

江戸（東京）を海流という別の観点からみてみよう。家康が江戸に幕府を開いた一七世紀初頭は、世界史的にみると大航海の時代をへて世界が一体化した時代である。具体的にみると、スペイン（イスパニア）帝国がフィリピンから植民地メキシコ（ノビスパニア）に行く太平洋東航路を発見したのは一五六五年である。それまでメキシコからフィリピンには、東から西に向かう北赤道海流を利用して太平洋を横断していたが、帰りはポルトガルが支配する西廻りで帰国せねばならなかった。だが一五六五年、黒潮のつづきの流れである北太平洋海流を利用した東廻り航路が、多大な犠牲をだしながら苦闘のすえ発見された。それから遠くない一五七〇年、スペインはマニラの占領を宣言したのである（図7・1）。そして「海上に浮かぶ堅固な城塞」[2]ともいうべきガレオン船で、マニラとメキシコの間を行き来した。

黒潮は房総半島犬吠埼の沖付近から東北さらに東に向きを変える。当時、帆船であったので、黒潮の主流（強流帯、幅約三〇～四七km）に乗ることは困難だっただろうが、その北のおだやかな東流に乗って東に向かった。アメリカ大陸に近づくと北太平洋海流から離れ、大陸沿いをカリフォルニア海流に沿って南下しメキシコに到達したのである。

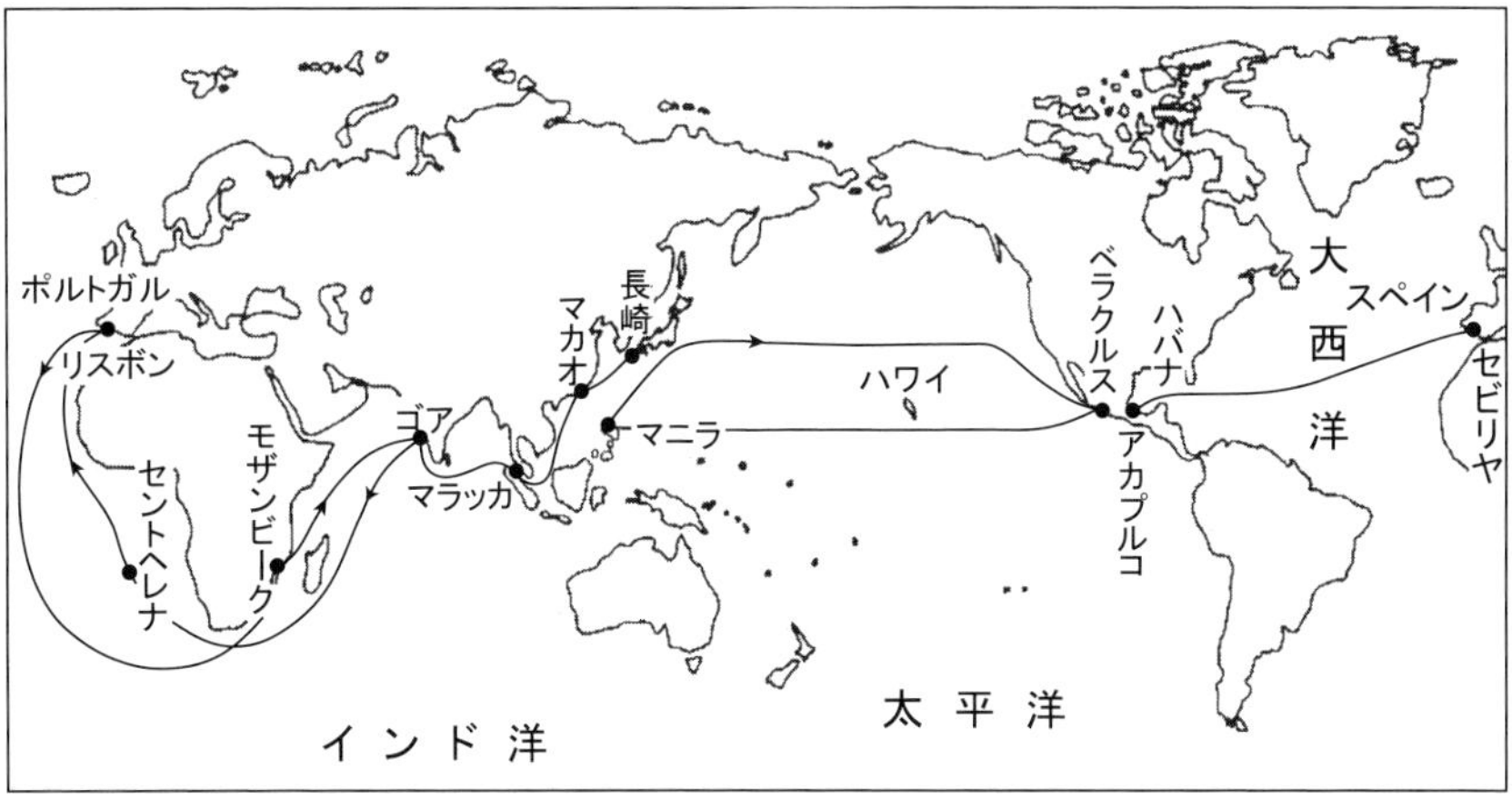

図 7.1　スペイン・ポルトガル人世界航路
（出典）松田毅一（1992）:『慶長遣欧使節』朝文社.

これでわかるように、日本がアメリカ大陸との連絡を考えるならば関東あるいは東北が好位置であった。この条件が、家康による江戸での幕府開設と関係があるのではないか、さらに幕府を江戸においたままにしたのではないかとの仮説を第五節、第六節で述べていく。

三　徳川幕府と交通政策

江戸に幕府を開いた徳川政権は、国土経営の一環として積極的な交通政策を展開した。人々が行きかう街道の整備に熱心に取り組み、江戸を新たに日本の政治の中心地とするため五街道を基軸として新しい陸路体制をつくっていった。はやくも関ヶ原の戦いの翌年の慶長六年（一六〇一）、東海道に伝馬制《てんませい》による宿駅制度が定められた。この制度は、公用の役人の荷物運送のため、宿場に人足と荷駄用の馬・伝馬を一定数常備するものである。寛永一二年（一六三五）に最終的に制度として確立した「参勤交代制」が、この陸路交通体系整備に大きな推進力となったのはいうまでもない。

一方、物資輸送は主に舟運で行われたが、政治都市として成長した江戸には、やがて全国の物資が集まるようになる。それは主として沿岸海運によって行われ、寛文一一年（一六七一）には北太平洋側の東廻《ひがしまわり》航路、翌年には西廻《にしまわり》航路が河村瑞賢によって整備されて江戸経済を支えた。まず街道整備についてみていこう。

三・一　街道整備

橋の設置

一般的には、徳川時代の陸路政策は消極的なものであったといわれる。その根拠として、河川に橋を人為的に架けず交通路を分断させる施策を行ったことがあげられ、それが江戸幕府体制の防備をなすもの、封建体制維持をなすものといわれている。たとえば東海道についてみるならば、六郷川（多摩川）、馬入川《ばにゅう》（相模川）、富士川、天龍川は渡船で越し、安倍川、大井川は渡船もなく歩行越・馬越・連台越で行った。また、興津《おきつ》川・酒匂《さかわ》川は冬には仮橋で往来したが、夏は歩行越・馬越であった。とくに大井川は江戸防衛のため、軍事的必要から渡船もおかなかったといわれる。しかし、はたしてそうであるだろうか。

結論的にいうと、近世初頭、橋を架けないことを積極的に押し進めたような政策はなかったと判断している。これらのことがいわれだしたのは、江戸幕府体制が確立した後であり、徳川政権創設期には、開放的な陸路政策がとられていた。橋梁が用いられなかったのは、別の理由、技術的な理由である。

たとえば、多摩川では慶長五年（一六〇〇）下流部をとおる東海道に橋が建造されたが、たびたび洪水で流出したため貞享三年（一六八八）以降はつくられることはなかった。河床に堆積している砂礫の移動が大きかったため、安定した橋脚を設置することができなかったのである。橋を架け、年々修復するより、むしろ渡船等の方がより合理的であった。つまり政策的な理由よりも、技術的な理由でもって橋は架けられなかったのである。一方、隅田川に架かる千住大橋は文禄三年（一五九四）つくられたが、近世を通じて出水で流されることはなかった。隅田川では河床に堆積しているのは粒の小さい砂・泥であって、移動は少なかったのである。

大井川・安倍川をみると、この両川の上流山地は破砕帯《はさいたい》に属し、山地崩壊、地すべりにより土砂の流出が非常に多い河川である。今日でも川幅は広く、堆積土砂も多い澪筋の安定しない扇状地河道形態を示している。この状況は近世初頭も同様であったことは間違いない。河床の変動が激しい河道では、近世初期の技術にとって、安定した橋を架けるのは困難だった。

同様に北アルプスなど背梁山脈を間において日本海に流れこむ急流河川でも、ほとんどの河川で橋は架けられず、川を渡るのに苦労した。加賀藩が参勤交代で越中をとおるときは、常願寺川、黒部川、小矢部《おやべ》川などの主要な川は、舟をつないで臨時に橋とする舟橋を仮設して渡っていった。黒部川では、「黒部四十八ヶ瀬」とよばれるほど澪筋の変動は激しく北陸街道は下流部を徒歩で渡っていたが、寛文二二年（一六六二）扇状地直上流の峡谷部に愛本橋《あいもとばし》がつくられた。これにより、水かさが増す夏は、ここを利用することとなった。土砂移動の激しい扇面上では、技術的な理由で橋が架けられなかったのである。

なお、京都鴨川は扇状地を流れ、河道の土砂の移動は激しいが、天正一七年（一五九八）豊臣秀吉の命によって一二六ｍの三条大橋が架橋された。橋の基礎となる礎石は九ｍの深さまで入れ、橋脚六三本はすべて石柱とされた。その建造費は膨大だっただろう。これにより出水に対し安定したものとなったが、やはりいくたびか破壊され流出した。

三・二　大規模河川改修と街路整備

さきに、豊臣秀吉が治水と街道の整備との二つの目的をもって淀川左岸側に連続堤を築いたと述べた。徳川幕府によっても、近世初め、街道の整備をも目的として大規模な河川改修が行われた。大規模な河川改修であるので、洪水防御など地域に大きな影響を与えたが、筆者は直接的には街道整備が重要な目的だったと考えている。少し詳しく、河川改修をみていこう（図7・2）。ここでは荒川付替と利根川東遷をみるが、近世初めに台地を開削して行われた鬼怒川・小貝川付替の直接的目的も、水戸街道の整備と考えている。(3)

荒川付替

荒川付替は、寛永六年（一六二九）伊奈半十郎忠治によって行われた。工事内容は、現在の元荒川筋を流れていた本流を、熊谷扇状地直下流の久下《くげ》地点で人工開削して和田吉野川へ落としこみ、入間川筋へ流すことだといわれる（図7・3）。

久下地点の荒川は、熊谷扇状地を四〇〇分の一という大きな勾配（傾き）で流下した河道が、急に一二〇〇分の一とゆるめた地点にあたる。放射状に乱流する扇頂とともに、乱流を生じやすい地点である。出水で運搬した土砂を堆積させ、それによって変流しやすいとの基本的性質をもっている。そして、この区域が中山道の安全上、出水に対してもっとも危険なところで、中山道の維持上、脅威が非常に大きいところであった。このため、この地点で荒川を和田吉野川筋に付け替えたのである。

この区域では、中山道は荒川左岸堤防上を通っていて「久下の長土手」とよばれる規模の多きい堤防がつくられた。元治元年（一八六四）の新しい記録であるが、久下の東竹院側の堤防約六〇〇 m が決壊した。湛水すること五〇余日にわたり、このため中山道は舟によって通行した。ここが決壊すると、中山道に多大な制約を与えていたのである。

利根川東遷

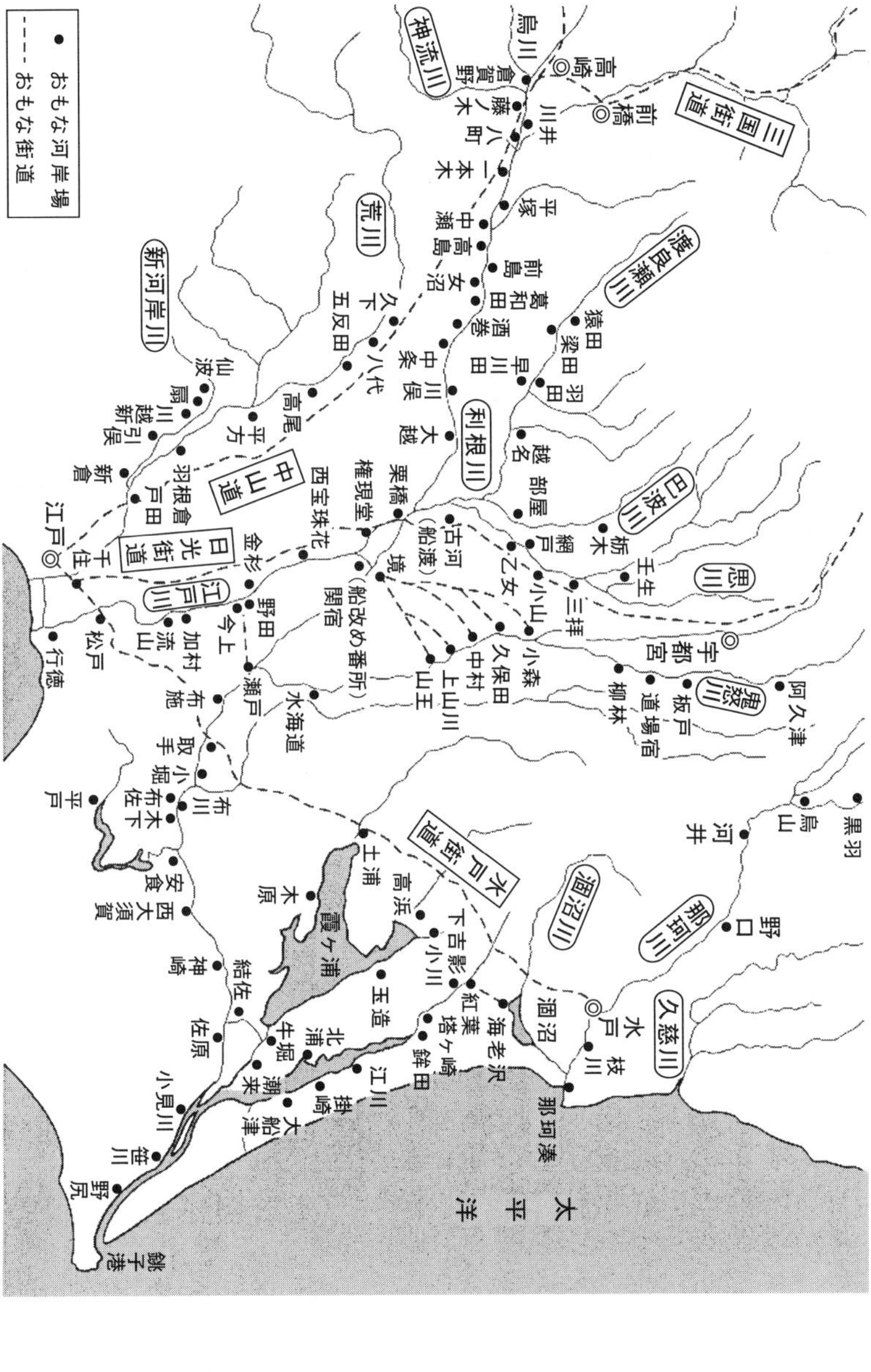

図7.2　近世における利根川水系の河岸と街道

（出典）児玉幸多編（1992）：『日本交通史』吉川弘文館，に一部加筆．

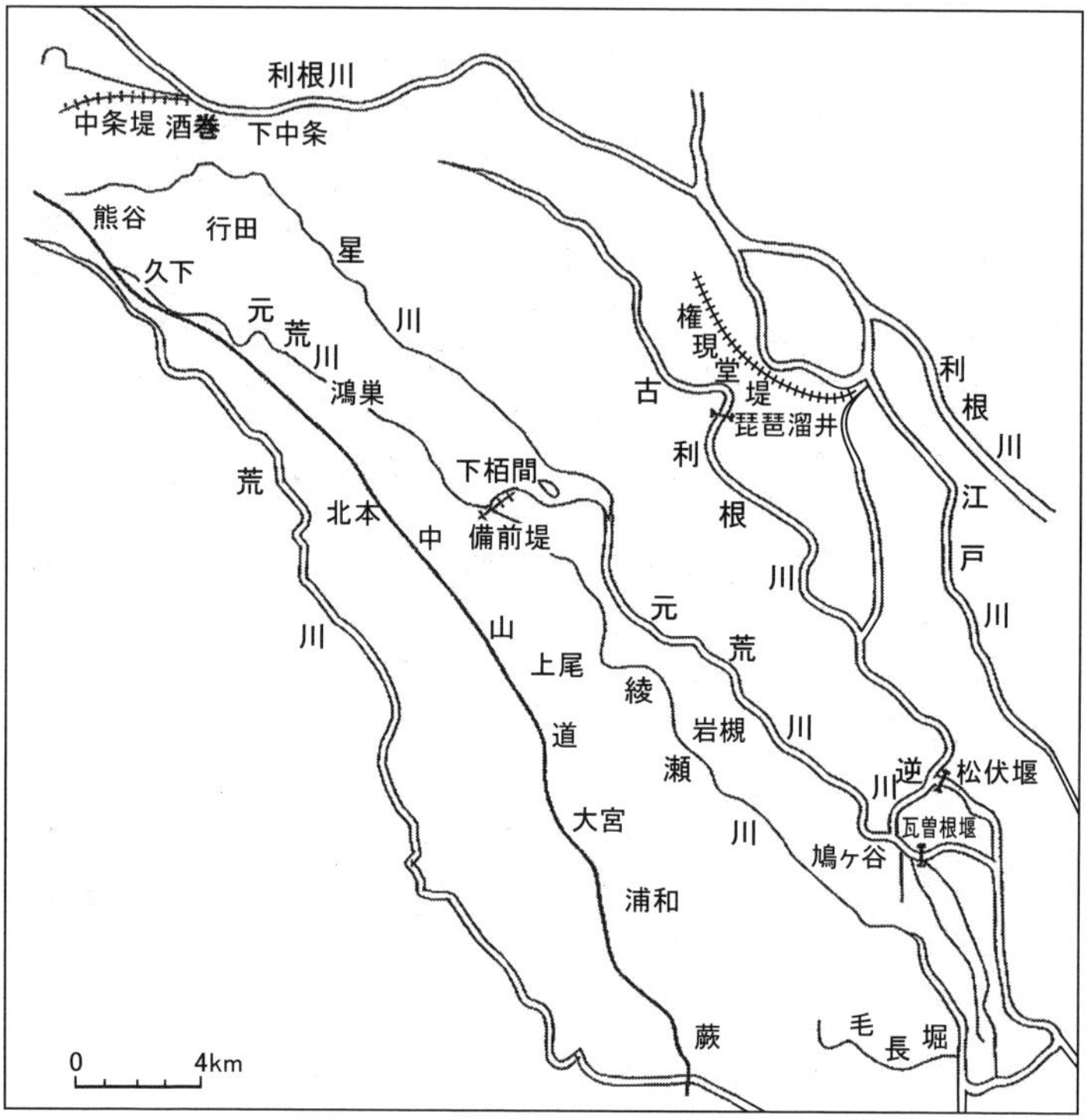

図 7.3　埼玉平野近世概況図

利根川東遷とは、それまで江戸湾に流出していた利根川を、ローム層台地を人工的に掘り割って常陸川筋につなげ、銚子から太平洋に流出させることである。常陸川は、今日、中利根川・下利根川ともよばれている。この事業は、戦国時代から昭和初期にわたり四〇〇年以上かけて行われた大プロジェクトであるが、ここでは近世初期について述べていく（表7・2、図7・4）。[4]

利根川東遷と日光街道

戦国時代の後北条家の時代に権現堂《ごんげんどう》川を通じて利根川は常陸川と既につながっていたと考えられるが、現在の利根川本川となる赤堀川は人工的に開削された河道である。この赤堀川の開削にはじめて着手したのは元和七年（一五九四）である。その前、徳川家康関東入国後にこの区域で最初に行われた大規模な河川改修が、文禄三年（一五九四）の会の川締切りである。利根川は東北東に向かい、そのご浅間川から島川を流下していった。浅間川か

表7.2　近世前期の利根川東遷

年	事　項
天正年間（1573～92年）初期	・権現堂堤築造
文禄3年（1594）	・会の川締切
元和年間（1615～24年） ≀ 正保年間（1644～48年）	・新川通の開削と増幅 ・赤堀川の開削（7間）と増幅（3間） ・浅間川の高柳地点での締切 ・佐伯堀の開削
慶安年間（1648～52年）	・江戸川の開削
承応3年（1654）	・赤堀川をさらに3間の拡幅ないし3間の幅で深く掘られる．この後，通常時，水が流れるようになった．
元禄11年（1698）	・赤堀川の川幅27間（49m），深さ2丈9尺（8.7m）

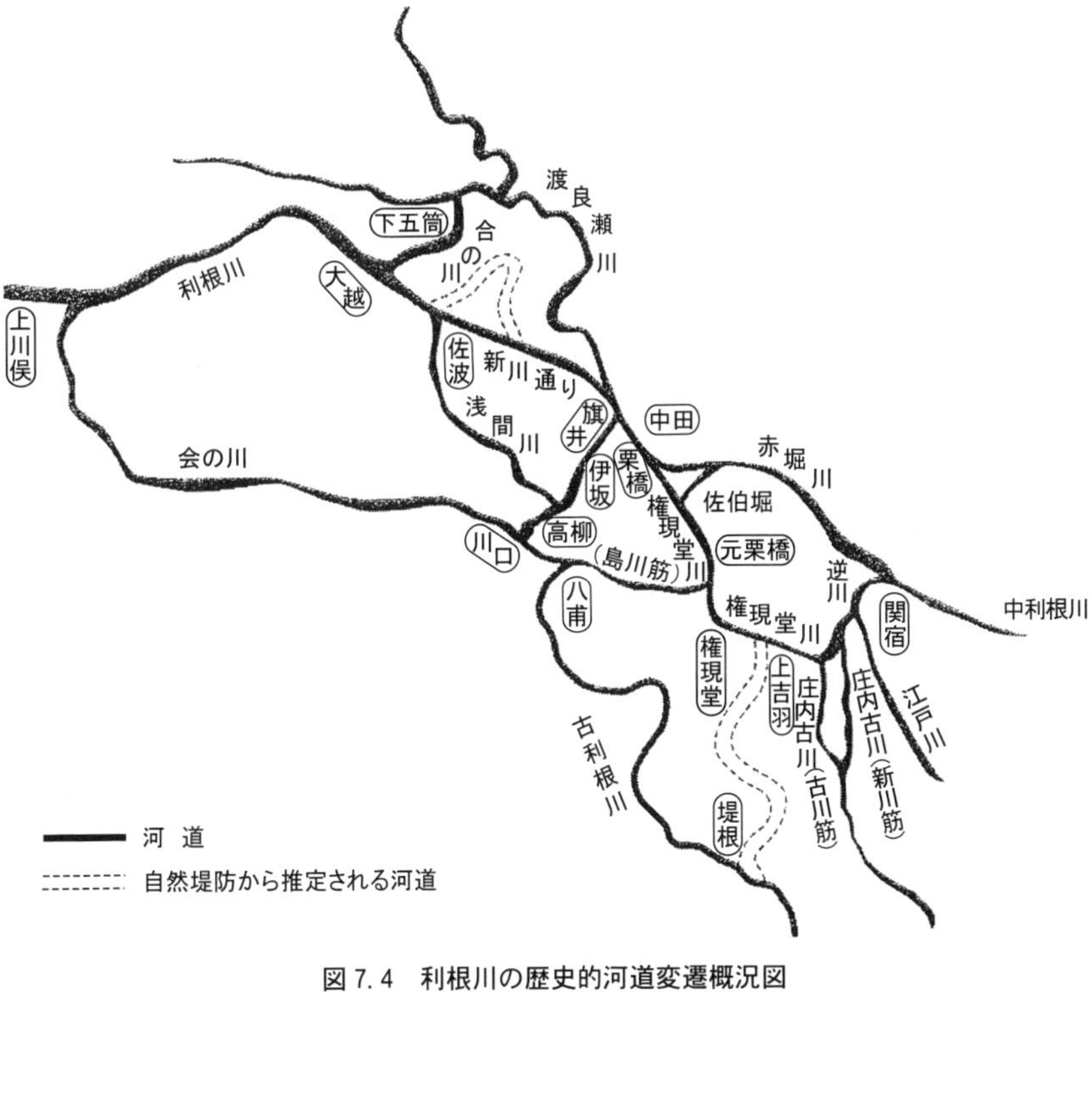

図7.4　利根川の歴史的河道変遷概況図

ら古利根川への流下締切りは、家康入国以前の天正二年（一五七四）ないし天正四年に行われていた。後に、権現堂堤とよばれるようになった築堤によってである。

新川通りは、元和二年（一六一六）に放水路として水路二筋に開削されたと考えられる。このご元和七年、高柳で浅間川が締切られ旗井で新川通りと渡良瀬川に合流した。その延長線上に川幅七間の赤堀川が開削されたのである。赤堀川は、そのご寛永二年（一六二五）、承応三年（一六五四）に少しずつ河道拡幅され水深の増大が行われた。通常時に水が流れるようになったのは、承応三年の水深の増大以降とされる。

元和七年は、利根川東遷にとって筋目の年であるが、同時に日光街道にとっても大事な年であった。日光街道は、いうまでもなく江戸と徳川政権の聖地・日光とをむすぶ幕府にとって重要な街道であった。家康が日光東照宮に葬られたのは元和三年（一六一七）であるが、この年、二代将軍徳川秀忠の日光社参が行われ、さらに寛永一三年（一六三六）日光東照宮が竣功した。その街道であるが、元々、権現堂川を舟で渡って元栗橋に入り、ふたたび河川を渡ることなく古河に向かっていた。

しかし、元和七年（一六二一）、権現堂から（新）栗橋（現在の栗橋）にいたる権現堂川の右岸堤に新たな街道が移された。ここが日光街道となり、元栗橋の住民が移転して新栗橋が宿場町となった。そして、利根川を舟で対岸の中田に渡ることとなった。そのご寛永元年（一六二四）、栗橋に関所が設置され、この関所によって人々の移動を管理したのである。

元和七年とは、先述したように浅間川、赤堀川が整備・開削された年である。つまり、これらの河川改修と一体となったプロジェクトとして街道整備は行われたのである。新たな街道は権現堂川右岸堤との兼用であり、大きな堤防が築かれ、天明六年（一七八六）の大出水までこの区間で決壊したことは知られていない。

日光街道の整備は、文禄三年（一五九四）千住大橋の架橋、慶長二年（一五九七）千住宿の宿駅指定、慶長七年の粕壁宿の新宿取りたてなど早くから行われた。本格的な整備は、日光東照宮が造営された元和三年（一六一七）から参勤交代が制度化された寛永年間（一六二四〜一六四三）にかけてである。だが日光街道は、埼玉平野では可能なかぎり自然堤防上の微高地をとおっているが、春日部をすぎるあたりから北は低地（氾濫原）を通る。ちなみに、二代将軍秀忠が元和三年四月に社参したときには、千住・草加間で諸道具を運んでいた足軽一三人が洪水によって死亡した。当時の日光街道は、利根川出水に対し、このような状況であったのである。日光街道の安定にとって、利根川治水は重要な課題だった。

利根川東遷の目的

利根川東遷は、次節に述べる舟運とも関連しているので、その目的について整理しておこう。これまで次のようなことがいわれている。

・舟運路の確保……関宿下流の常陸川（中利根・下利根川）をのぼって関宿から江戸川に入り江戸にいたる舟運路の確保である。上利根川[5]と河道をつなげて通常時の流量を増大させることにより、常陸川筋の舟運機能を発揮させようとのことである。なお舟運として武蔵国、上野国を流域とする上利根川と江戸をむすぶルートも、足尾銅を運搬するなど重要であった。

・洪水防御……利根川・渡良瀬川の洪水を常陸川に流下させる。防御の対象として埼玉平野、日光街道、江戸がある。

・河川を防御線とする……北方の雄藩・伊達家への備え、あるいは関所を設置し人・物資の移動をチェックする。

筆者は、舟運を考慮しつつ上利根川・渡良瀬川の出水を常陸川筋に流下させることが目的と判断している。つまり治水のためである。これによって守る地域は、埼玉平野である。なかでも、直接的には徳川政権にとって重要な日光街道の安全確保であり、江戸の防御はふくまない。江戸を襲う利根川の水は、当地域よりさらに上流部で氾濫しているからである。権現堂堤決壊による氾濫水が利根川氾濫水の中心となって江戸を襲ったのは、天明六年（一七八六）の出水がはじめてで、権現堂堤が強化されるのは、これ以降である。

ところで、治水と舟運は、河川改修に対して相反するとまでは断言しなくても、相違した内容をもつ。舟運は平常時に水位を保っておかなくてはならないが、治水は出水時、堤内に氾濫させることなく他領域に排水したい。この二つの相違した目的を果たすために、長い年月をかけて「そろりそろり」と成果を吟味しながら、当地域の河川改修が行われたのである。

とくに、舟運の整備は慎重を期したであろう。失敗すると流速が早くなり、ひどいときには水位が保てなくなる。なかでも赤堀川の開削、それによる常陸川筋への付替は、とくに慎重を要したであろう。赤堀川は、それまでの利根川と常陸川をつなげるルートである「権現堂川＋逆川」の延長に比べて約半分で、勾配は倍となる。下手をすると赤堀川での流速が早くなり、その上流もふくめて安定した水位が保てない可能性がある。そうなれば、幕府経済にとって重要な上利根川・渡良瀬川の舟運機能に重大な支障を生じさせる恐れがある。慎重を期したとしても当然であろう。

三・三　舟運路整備

舟運の重要性

近世になると、城下町を中心に多くの都市が発展した。その代表的な都市が、大坂、京都、江戸であり、近世中期には江戸は人口百万人を越える世界最大の都市となった。当然、そこでの住民の日常生活を支える消費物資が必要である。手工業品は都市内で生産されたが、その原料そして米を中心とした食料は外から移入せねばならない。また頻繁に襲われた火災後には、建築用の大量の木材が必要とされる。その輸送に重要な役割を果たしたのが舟運である。物資輸送での舟運の役割は大きかった。とくに重量がありかさばる物品、米・木材・肥料・酒樽などは、馬・人力に頼る陸上輸送に比べてはるかに経済的であった。

たとえば寛政四年（一七九二）の記録であるが、中利根川右岸の下総国布施河岸（柏市）から江戸川上流左岸の加《か》村（流山市）までの約一二㎞の陸路の駄賃は、米一駄（二俵）につき口銭合わせて一六〇文であった。一方、加村から江戸までの約三二㎞の船賃は、蔵敷料も入れて一駄七二文であった。(6) また日本海側の但馬から大坂に米一石を運ぶのに、津居山湊（豊岡市）から山口村までの川路一〇里の運賃が銀一匁五分、山口村から播州吉富までの陸路五里の駄賃が銀三匁三分との記録がある。(7) 舟運がかなり有利だったのである。このため、領国経営上、幕府・大名は舟運を考慮して城の位置を設定し、河川の舟運路整備に力を注いでいった。

京都・大坂の舟運路整備

淀川とつながる伏見港は、豊臣秀吉の時代に京都の玄関口となったのであるが、近世の初頭、ここと京都市中が運河・高瀬川の開削により結ばれた。慶長一六年（一六一一）角倉了以《すみのくらりょうい》が幕府に願い出、許可されて着工したが、工費はすべて自費で、三年の期間で完成させたのである。ここに京都市中と淀川を直結する大動脈が完成し、京都の商業発展の礎となった。

それに先立ち了以は、幕府から京都の方広寺《ほうこうじ》再建のための資材輸送の命を受け、京都三条までの鴨川の低水路（通常時に水が流れているところ）を整備し、搬入路としていた。しかし京都市内の鴨川は、扇状地河川である。網の目状に河道を乱流するのが扇状地河川の自然特性であり、かつ水深は小さい。当時の技術にとって、一本の低水路に水流を固定させるのは容易なことではなかった。安定した水路確保のため、河道とは別個に運河開削となったのである。

ところで角倉了以とその子・素庵は、他の河川でも舟運路の開削を行っている。山城から丹波にさかのぼる桂川は、亀岡と嵯峨の間が保津川とよばれるが、ここの開削工事が慶長一一年（一六〇六）に半年あまりの工期で行われた。数十人かかって鉄棒を綱で引きあげ、打ちおとして石を砕いたり、水面上に出ている岩石を焼き砕くなどの工法でもって工事は進められた。また、角倉父子は翌年の慶長一二年、徳川家康の命を受けて富士川、その翌年には天竜川でも開削工事を行っている。

さらに宝永元年（一七〇四）の付替まで淀川に合流していた大和川の舟運開設も、角倉素庵がかかわっている。近世の大和川舟運は、関ヶ原の役後に大和盆地西部の平群《へぐり》郡において二万石余りの所領を得、龍田に居城をかまえた片桐且元によって開かれた。ときに慶長一五年（一六一〇）で、素案の指導により亀の瀬峡谷部の岩の切りとり工事をともなう整備が行われた。

しかし近世初期のこの開削によって、下流大坂から上流大和まで支障なく舟が行き来したのではない。「龍田の滝」といわれた亀の瀬峡谷部の地すべり地帯である峠付近は急流をなし、この河道整備によってものぼることができなかった。大阪より上り舟で運んできた荷は滝の手前で一度下ろされ、仲仕によって滝の上まで人力で運ばれ、そしてふたたび舟に積まれた。亀の瀬を境にして、二つの区域に分けられていたのである。下流の舟は剣先船《けんさきぶね》、上流は魚梁船《やなぶね》とよばれていた。

近世中期になると、河村瑞賢が現地調査を行い、大坂を中心とした淀川水系の整備を進めた。その一環として、九条島を開削し安治《あじ》川がつくられた。だが、大坂港にとって上流山地から流出し堆積する土砂の不断の浚渫は、必要不可欠のことであった。このため大坂町人が出す川浚冥加金《かわざらえみょうがきん》、あるいは入津してくる廻船より税を徴収したりしてたびたび浚渫が行われた。とくに大規模な浚渫は、天保二年（一八三一）に行われた御救《おすくい》大浚である。当時、淀川派川である安治川・木津川の両河口が土砂で埋まり、舟運に支障が生じて大坂に深刻な影響を与えていた。この対策のため幕府からの補助と町民の寄付金で行われたのだが、このときの浚渫土砂で高さ一〇間余りの山（俗に天保山）が築かれ、河口入港のさいの目印となったほどである。それ以前では、安治川開削の土で小山（瑞賢山）をつくり、その上に松が植えられて航海者の目標となっていた。

流出してくる土砂対策として、寛文六年（一六六六）、幕府により「山川掟《やまかわおきて》之覚」が諸代官に通達されていたが、貞享元年（一六八四）五畿内を対象にふたたび触れだされた。そして、土砂留制度が発足して畿内に所領をもつ諸大名が地域割で奉行に任ぜられ、新開の禁止、植林などによって山地からの土砂流出を防ぐ山普請が行われた。

江戸の舟運路整備

江戸の外港は、隅田川岸であった。全国各地とつながる海運で物資を運んできた船は品川沖に碇泊し、さらに艀《はしけ》などの小舟に積み換えられ隅田川岸に運ばれた。また、隅田川を中心として何本もの水路が掘られていた（図７・５）。小名木《おなぎ》川、竪《たて》川をとおれば中川に通じ、また新川をへて江戸川に出れば利根川舟運と連絡していたのである。さらに荒川・新河岸川舟運の終着点でもあった。隅田川の両岸には倉庫が立ち並び、舟運を通じての物資は、すべてここに集中した。近世、隅田川は物資輸送の大動脈であり、その周辺が経済の中心地であった。

利根川水系の河岸の状況は先の図７・２でわかる。内陸奥深くまで河川舟運で連絡されている。利根川舟運にとって、とくに重要だったのは上利根川および渡良瀬川水系と江戸をむすぶ水路と考えている。中山道の交差点に位置

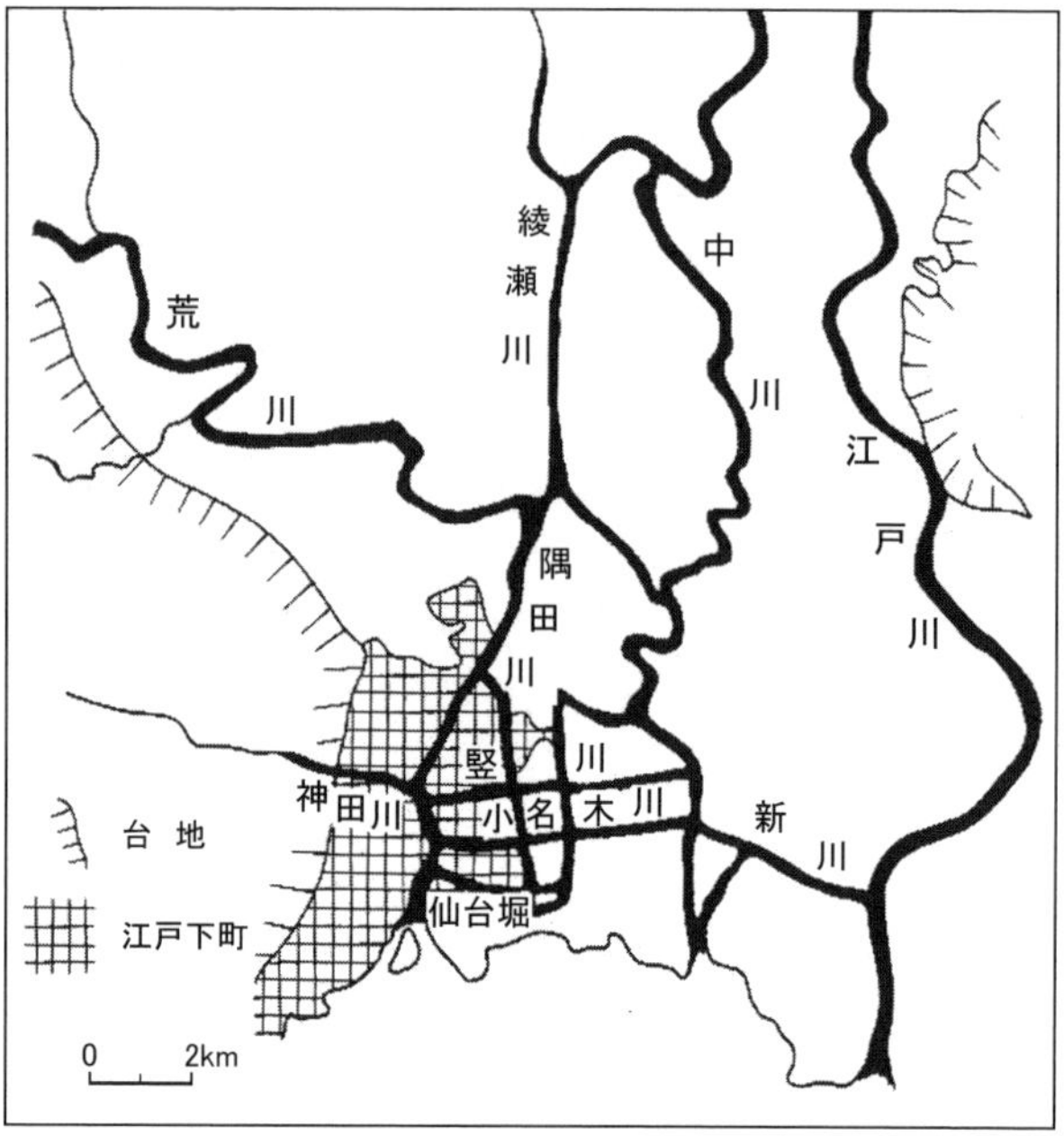

図 7.5　江戸周辺河川概況図

する上利根川の支川・烏川の倉賀野《くらがの》河岸は慶長年間（一五九六～一六一一）の創設といわれているが、信濃・越後の物資も中山道をとおって運びこまれ、ここから江戸へ移出された。また逆に、江戸の物資はここから信濃・越後方面にも運ばれていた。倉賀野河岸には、元禄四年（一六九一）、計七〇余艘の船があったといわれている。

また、上利根川は足尾御用銅のルートであった。当初は平塚河岸、元禄期からは前島河岸から、利根川舟運によって江戸に運ばれ、精錬されたのである。足尾銅山は戦国時代から銅山として知られていたが、徳川幕府により幕府御用銅山とされ、芝・上野の徳川家廟の築造また江戸城の増築のさい、その屋根瓦に使用された。近世、その盛況のピークは貞享年間（一六八四～八七）であったが、オランダに輸出した国産銅のうち、その五分の一は足尾銅山のものであったという。最盛期には、その産銅量から推定して年間数十艘の船によって運送されたのだろう。

江戸では、関東の諸河川を「奥川」とよび、これらの河川から荷物を積んで江戸に集まる船を「奥川船」とよんでいた。(8) 隅田川下流部に位置する江戸は、河川舟運を通じて利根川水系を背後圏とし、「将軍のお膝元」としてその発展を図ったのである。さらに江戸は舟運を通じて東北地方としっかりつながっていた。この状況についてみよう。

大消費都市江戸が必要とした食糧のうち、仙台藩からの米が重要な役割を担った。江戸の市中に仙台米が出まわり始めるのは寛永九年（一六三二）であるが、最盛期には二五万石の仙台米が船で廻漕され、江戸の米市場の相場を左右したといわれる。この廻船の出発点が、北上川河口にある石巻港である。石巻港は、北上川水系にある南部藩、一関藩、八戸藩の玄関口でもあり、これらの藩の米は北上川舟運によって石巻に集積された。また石巻と仙台の間は、御船入堀《おふないりぼり》と御船曳堀《おふなひきぼり》でつながれていた。さらに名取川と阿武隈川河口の荒浜までを、海岸に沿って走る運河が木曳堀《こびきぼり》であって、仙台城築城の木材運搬のため慶長六年（一六〇一）頃までにつくられたといわれる。

東北地方と江戸をむすぶ舟運路としてもっとも古くから利用されていたのが、いわゆる那珂湊内川江戸廻りと称するルートであった（図7・6）。石巻、荒浜から那珂湊までは海路をとり、那珂湊から涸沼《ひぬま》～陸路～霞ヶ浦～潮来をへて利根川に入り、そのご関宿経由で江戸川を下って新川・小名木川から江戸に達するもので、「湊積江戸廻り」ともよばれた。このルートの最大の難点は、涸沼～西浦または北浦の間に陸路が介在することであった。この難点を解消するため巴《ともえ》川の航路整備が行われ、また勘十郎堀・大谷川運河などの運河開削計画が立案され、あるいは着工された。

だが、運河化が実現しないうちに那珂湊内川廻りは銚子から利根川に入るルート、さらに寛文一一年（一六七一）に河村瑞賢によって開設された東廻航路の整備にともなって衰退し始めた。仙台藩により銚子荒野《こうや》村に陣屋が承応年間（一六五二～五四）におかれたが、これから判断すると、銚子入内川江戸廻り、つまり太平洋に出たのち鹿島灘沖から銚子に入り、ここから利根川をのぼるコースが本格化していくのは承応年間と考えてよい。そして、次第にこの銚子入内川江戸廻りが、重要性を増していった。

このコースの難所は、荒波激しい鹿島灘を横切り、いくつかの暗礁・暗州を避けて利根川河口の銚子湊への入港である。利根川河口での破船は近世を通じてたびたび生じ、江戸の古川柳で「銚子口おれが米でもうまるはず」と、仙台の殿様がもう自分の米で銚子口は埋まったはずだといっただろうと風刺されるほどであった。[9] これに比べ、那珂湊内川江戸廻りは安全であった。ただしこのコースは、先述したように涸沼～北浦間で陸上輸送せねばならず、荷物の積み換えもあって経済的には不利だった。

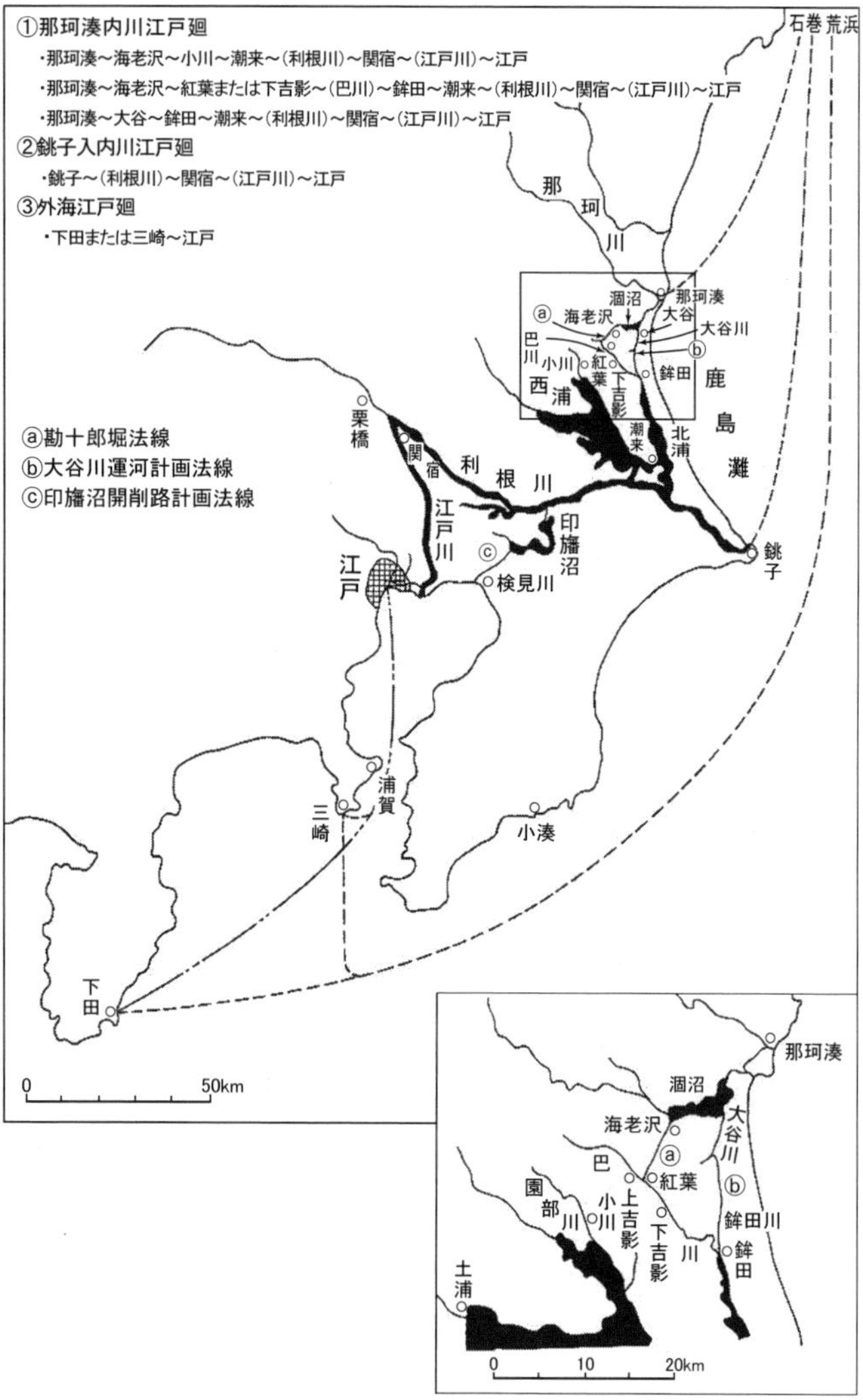

図 7.6　東北地方と江戸間の舟運概況図

銚子入内川江戸廻りが次第に本格化しはじめるが、寛文年間（一六六一～七二）になると阿武隈川の背後圏からその北方の奥州と江戸をむすぶ舟運体系の新たな整備が、幕府により進められた。河村瑞賢による房総半島を迂回する東廻航路の整備であり、外海コースであった。寛文四年（一六六四）、上杉家の領地であった伊達・信夫両郡が削封されて天領となったが、この地の米の江戸への廻船を幕府は瑞賢に命じた。瑞賢は常陸の平潟《ひらかた》・那珂湊、下総の銚子、安房の小湊等に立務所をおいて難破等に対する取扱い方を定め、外海コースを整備していったのである。

新たな天領の設置、そしてその廻米の背景には、明暦の大火を契機として始まった万治年間（一六五八～六〇）の本所開拓など、江戸の大いなる発展がある。そして、江戸の食糧の安定的確保が重要な課題だったのであり、新たな廻米ルートが求められたのである。

米を中心とした東北からの物資輸送は、外海廻りが次第に発展していった。また、銚子入内川廻りも利用されていた。しかし入港船舶数、積載荷物数量より、文化・文政年間（一八〇四～一八二九）を境にしての変化が指摘されている。それまで銚子に入港していた船は千石船が多かったが、これ以降、三百石から四百石積ぐらいの小型廻船の入港が考えられるというのである。それまで入っていた千石船のような大型船は、そのほとんどが銚子港にではなく、直接、江戸湾に入るようになった。(10)

流域経済圏の成立

利根川・淀川水系を中心に河川舟運路の整備についてみてきたが、名古屋城下と伊勢湾をつなぐ堀川、信濃川と阿賀野川をむすぶ通船川の開削など各地域で努力があり、河川舟運は整備されていった。そして海運との接点にあたり、物資の集散地として河口の港が発展していった。前節でみた淀川の大坂、利根川の江戸がそうであり、さらに信濃川・阿賀野川の新潟、北上川の石巻、最上川の酒田、雄物川の土崎（秋田）がそうである。これらの都市を中心にして、河川ごとに流域経済圏が成立したのである。そして、各流域経済圏をつないだのが沿岸の海運であった。江戸と大坂の間は、菱垣《ひがき》廻船、樽廻船で連絡したが、最終的に整備されたのが、寛文一一年（一六七一）、翌一二年の瑞賢による東廻航路、西廻航路の確立であった（図7・7）。

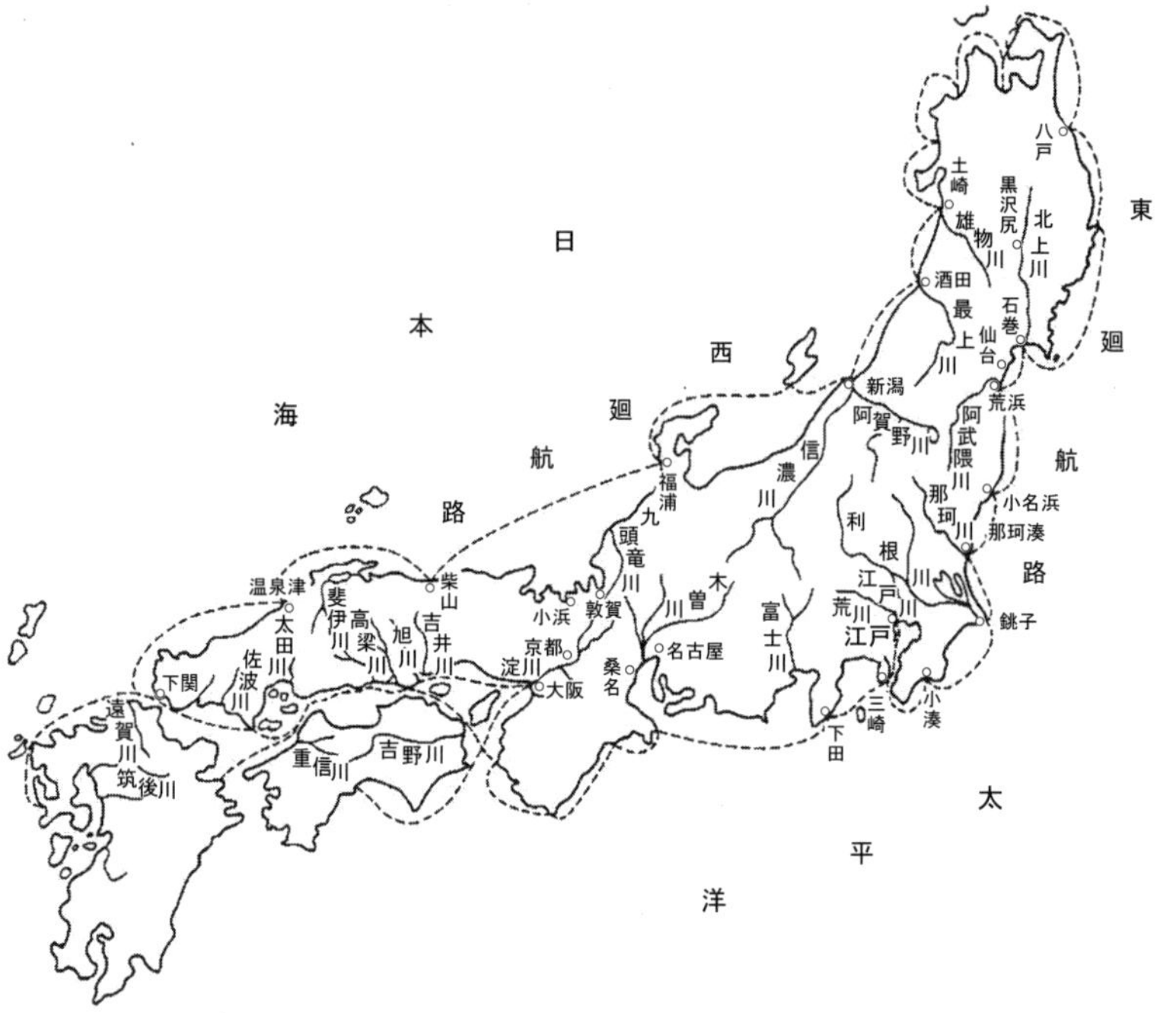

図 7. 7　近世全国舟運図

（出典）川名　登（1982）:『河岸に生きる人々』平凡社，をもとに作成.

四　埼玉平野の水田開発

さきに、利根川・荒川の氾濫区域が日本の河川のなかで最も大きく、水田開発のポテンシャルはきわめて大きいと述べた。この氾濫区域で埼玉平野の占める割合は大きいので、ここの開発について述べていくが、埼玉平野の開発は、徳川家康入国以降に始まったのではなく、それ以前から延々と続けられていた。徳川幕府による開発を相対化するため、まず古代・中世からみていこう。

四・一　古代・中世

行田周辺に「埼玉《さきたま》古墳群」がみられるように、埼玉平野では古代から開発が進められていた。古代の開発を考えるのに興味深いのは、氷川・香取・久伊豆《ひさいず》・鷲宮の四神社の分布状況である（図7・8）。これは近年の分布状況であるが、図7・8と近世初期の下総国と武蔵国の国境をあらわしている図7・9とを見比べていただきたい。香取神社は、古代の国境である古利根川の左岸つまり下総国に分布している。近世初期に武蔵国に編入された古利根川と太日《ふとひ》川の間は、香取神社の分布地域である。とくに古代の利根川主流であった小渕〜岩槻〜吉川間の古隅田川が、他の神社との明確な境界となっている。この古隅田川が、中世まで武蔵国と下総国との国境であった。香取神社は藤原摂関家との関係が強く、その本宮は下総国（千葉県）佐原の常陸川右岸にある。

大宮台地から多摩川にかけて、広大な台地とその周辺の低地に展開するのが氷川神社である。この神社は律令国家と関係が深く、武蔵国造《くにのみやつこ》の庇護をうけた神社である。この神社の分布でとくに興味深いことは、古代の足立郡・埼玉郡の郡界となっている綾瀬川を境にしていることである。図7・8では草加より下流部の綾瀬川と古利根川の間にも氷川神社は分布しているが、古い時代は草加の直下流で綾瀬川は古利根川に合流していた。この図の綾瀬川筋は、江戸時代の延宝八年（一六八〇）に整備された以降の川筋であろう。

一方、綾瀬川と古代の利根川筋でかこまれた広い沖積低地（氾濫原）には、国家権力との関係が強くない久伊豆神社と鷲宮神社が分布している。両神社とも平安時代の『延喜式』神名帳に記載されてなく、中央国家との結びつきから発展してきたものではない。産土神《うぶすながみ》として地域の中から誕生していったものである。久伊豆神社は、本宮がどこか特定されてなく旧騎西《きさい》町（加須《かぞ》市）の玉敷《たましき》神社ではないかとの説もあるが、埼玉平野北西部（埼玉郡西部）を主に

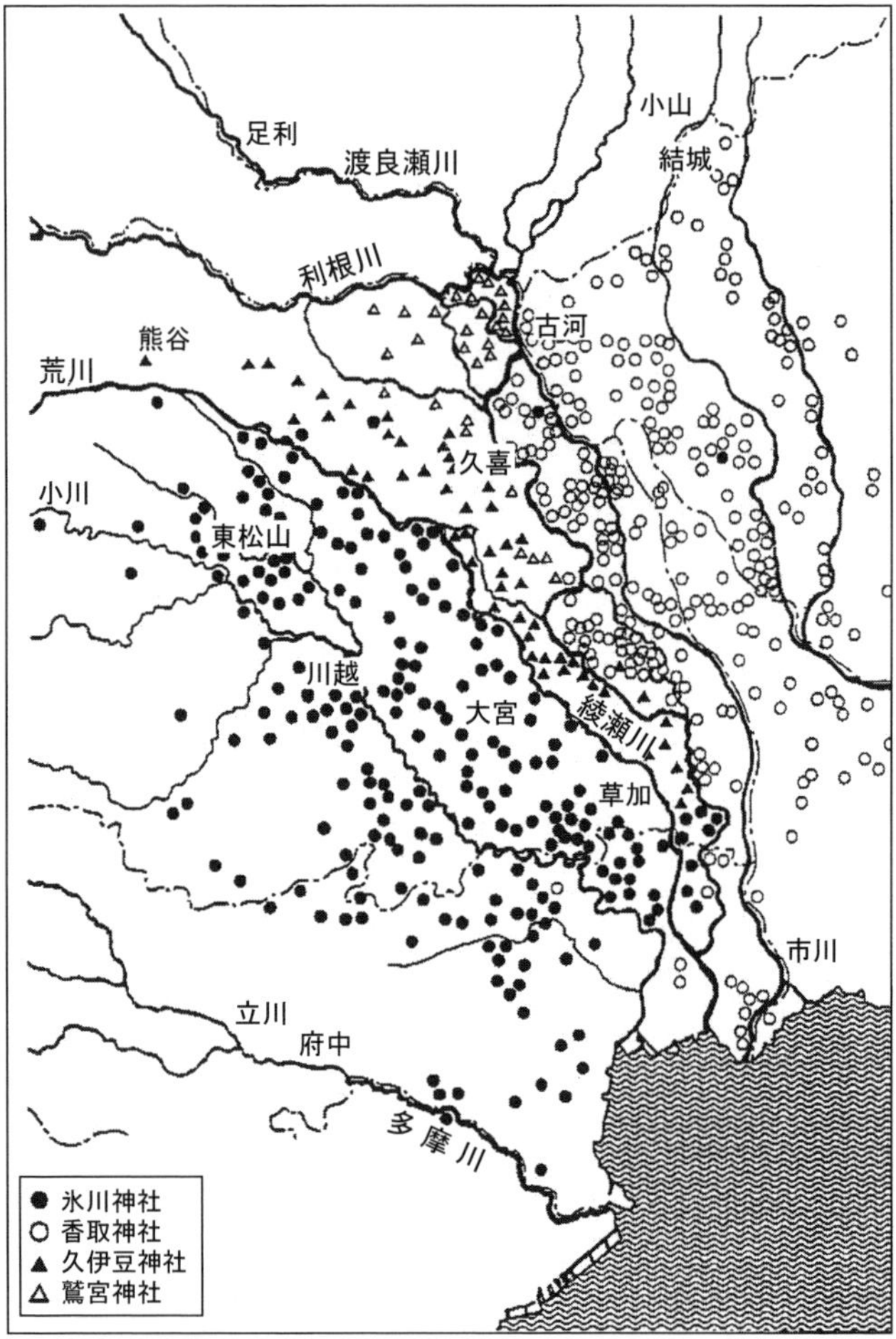

図 7. 8　埼玉平野における四神社の分布

（出典）:『新編埼玉県史』通史編 2，埼玉県，1988.

その分布地としている。忍《おし》城・岩槻城も、この久伊豆神社分布区域に位置している。

鷺宮神社は、春日部から久喜、北河辺にかけての埼玉平野北東部低地にひろがり、その本社は旧鷺宮町（久喜市）にある。この本社は中世に開発が進められた太田荘(11)の総鎮守として知られており、この本社から遠くない八甫《はっぽう》には、中世、有力な港があった。

この四神社の分布からいえることは、古代の国・郡堺が分布の境となっていることである。ということは埼玉平野の開発の出発点は古代であり、古代の出発を引き継いで、あるいは古代から連続的に開発が進行していったことを示している。

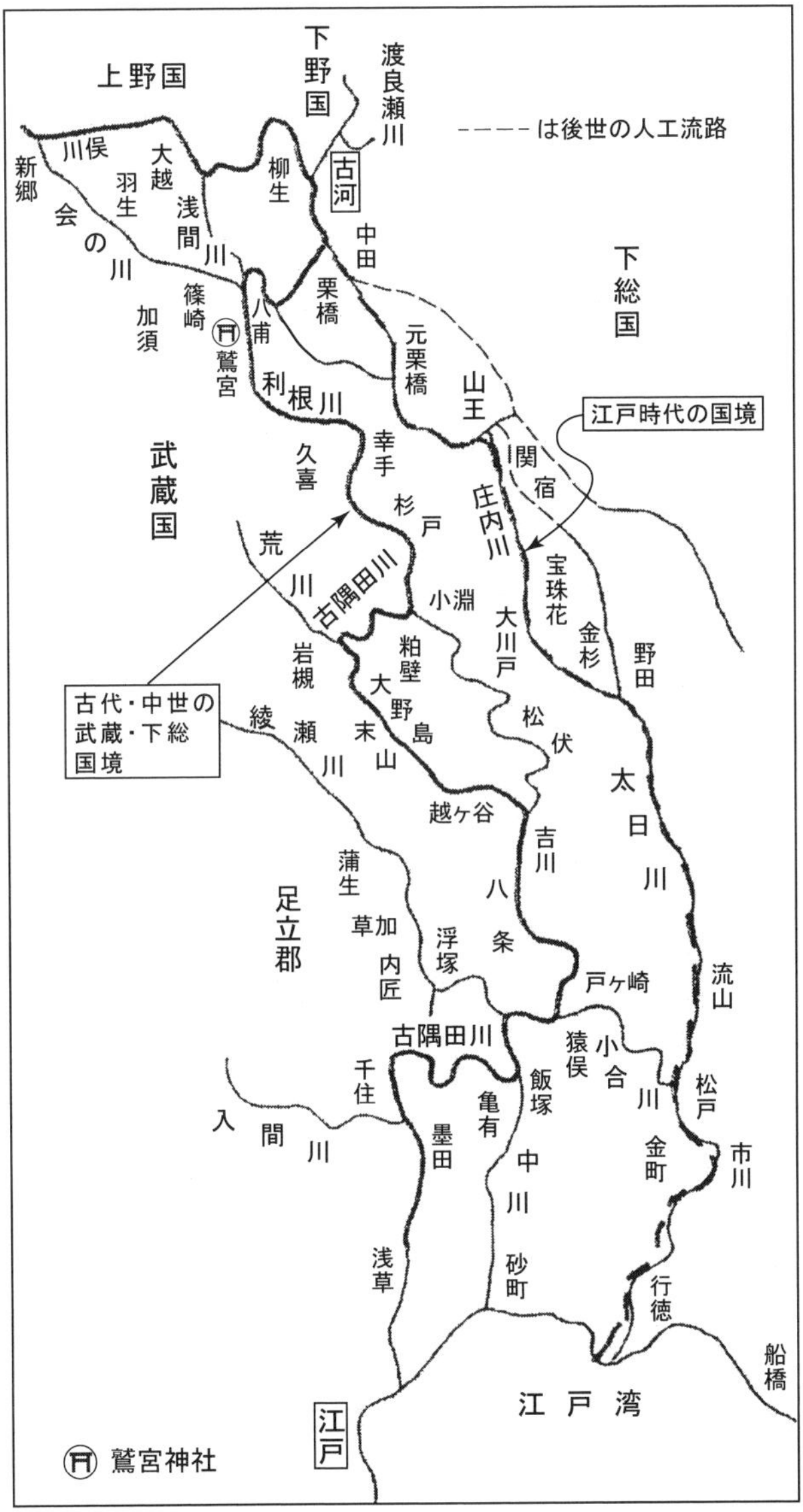

図 7.9　埼玉平野東部における国境の変遷と利根川
(出典)『利根川百年史』関東地方建設局，1987 に一部加筆，修正.

さて、徳川家康が入国する以前、埼玉平野は戦国武将・後北条家の支配下にあったが、この時代までに、かなりの整備が行われていたと判断される。たとえば豊臣秀吉による小田原北条討伐の一環として忍城の水攻めが行われたとき、武士・百姓・町人など総勢三七四〇余人が城に立てこもったという。水攻めのための約一四kmにわたる築堤工事はわずか五日間で完成したといわれるが、立てこもった人以外に工事のための徴用すべき農民が、その周辺にかなりいたことを示している。

利根川舟運についても、東京都葛飾区葛西から栗橋（利根川筋）、千葉県佐倉から関宿（常陸川筋）までの通行が後北条家の支配のもとに行われていた。また、鷲宮神社の近くの八甫まで三〇艘に及ぶ商船がのぼっていたことが知られている。さらに、利根川東遷事業の第一歩と評価される権現堂堤築造(12)、寛永六年（一六二九）久下での荒川付替の以前に行われていた綾瀬川筋から元荒川筋への付替も、後北条家の時代に行われていた。

四・二　近　世

伊奈忠次と忠治の役割

徳川家康関東入国後の埼玉平野の開発・整備を現地において指導したのは、関東郡代を代々継いでいった伊奈氏である。とくに初代・伊奈備前守忠次と、忠次の次男・伊奈半十郎忠治の活躍がめざましいが、二人の果たした役割には基本的に大きな相違があったと考えている。

埼玉平野には、「備前」と名のつく水利施設がいくつか残っている。たとえば、綾瀬川の最上流にある備前堤、利根川支川烏川の下流部から取水し埼玉平野上流部を灌漑する備前渠、久喜・白岡周辺の排水を行う備前堀などである。このことから忠次によって新たにつくられたとされている。だが、忠次が行ったのは、後北条家の時代までに整備されながら、秀吉による小田原攻めの戦乱によって荒廃した施設の修復ないしその増強が基本であったと判断している。そして後世、それが家康入国時に忠次によって整備されたと伝えられるようになったのだろう。あるいは、後世の整備ながら古い時代のものと主張するため、「備前」と名付けたことも考えられなくはない。

このことについて文献的な史料はなく、あくまでも国土史を研究してきた筆者の直感的判断であるが、河川・水利開発を進めていくには、河川・土地のもっている自然条件、さらにそれまでの開発状況をしっかりと認識する必要がある。忠次が家康にしたがい関東に入国したのは天正一八年（一五九〇）、死去したのは豊臣家が滅亡した慶長一五年（一六一〇）である。この間、関ヶ原の戦いなど全国的な大きな戦いがあり忠次は奔走したが、埼玉平野では彼が死去した慶長一五年までに復旧をほぼ終えたものと判断される。そして、その自然条件、開発状況の把握のもと、新たな構想にしたがって開発が展望できる時代となったのである。それを関東郡代として推進したのが、半十郎忠治であった。

さらに、忠治以降も代々関東郡代を継いだ伊奈氏によって整備が進められた。初期の利根川東遷を指導したのも、忠治をはじめ伊奈氏である。伊奈氏による整備は、狭い地域に部分的に行われたのではなく、関東平野一円を展望し総合的に整備したところに大きな特徴がある。それは、関東平野全体を掌握した強力な政権がはじめて誕生したことに起因する。近世初期の伊奈氏による整備は、埼玉平野の第一次総合開発と評価できる。

荒川付替と用水整備

さきに、街道整備との関連で寛永六年（一六二九）の久下開削による荒川付替をみたが、これにより荒川の通常時の水は和田吉野川筋に流下することとなった。この変流が埼玉平野の利水秩序に大きな変化を生じさせた。元荒川下流部には、埼玉平野東南部の灌漑にとって実に重要な灌漑施設である瓦曽根堰《かわらぞね》と末田須賀堰がある（図7・10）。両堰とも元荒川の川幅一面にあり、その上流部は水がためられて溜井となっている。川一面に堰があることは、基本的にこれを破壊させるような大きな洪水は襲ってこなかったことを示している。

両堰の設立年代は、はっきりとはしない。両堰とも利根川筋の本川であった古隅田川筋にある。太田道灌が岩槻城を長禄元年（一四五七）に築いたときは、すでに主流は古隅田川筋を離れ、現在の古利根川筋に移っていたといわれるが、戦国時代、旧河道となっていた古隅田川に両堰が設置されたと考えている。一方、古隅田川には元荒川が流下していたが、大きな洪水はここまでは襲ってこなかったのである。

寛永六年（一六二九）、瓦曽根堰をめぐって大きな変化が生じた。変化の一つは荒川付替であり、この結果、元荒川筋の通常時の流量は減った。他の一つは、利根川筋から瓦曽根堰へ、途中自然水路も利用しながら導水されたことである。庄内領中島村地先の庄内古川、のちには江戸川から取水し、幸手領八丁目村（春日部市）で古利根川に落とされた。中島用水である。さらに、古利根川下流の松伏《まつぶせ》と増林《ましばやし》の間にある松伏（古利根）堰から元荒川までの用水路（逆川）が整備された。

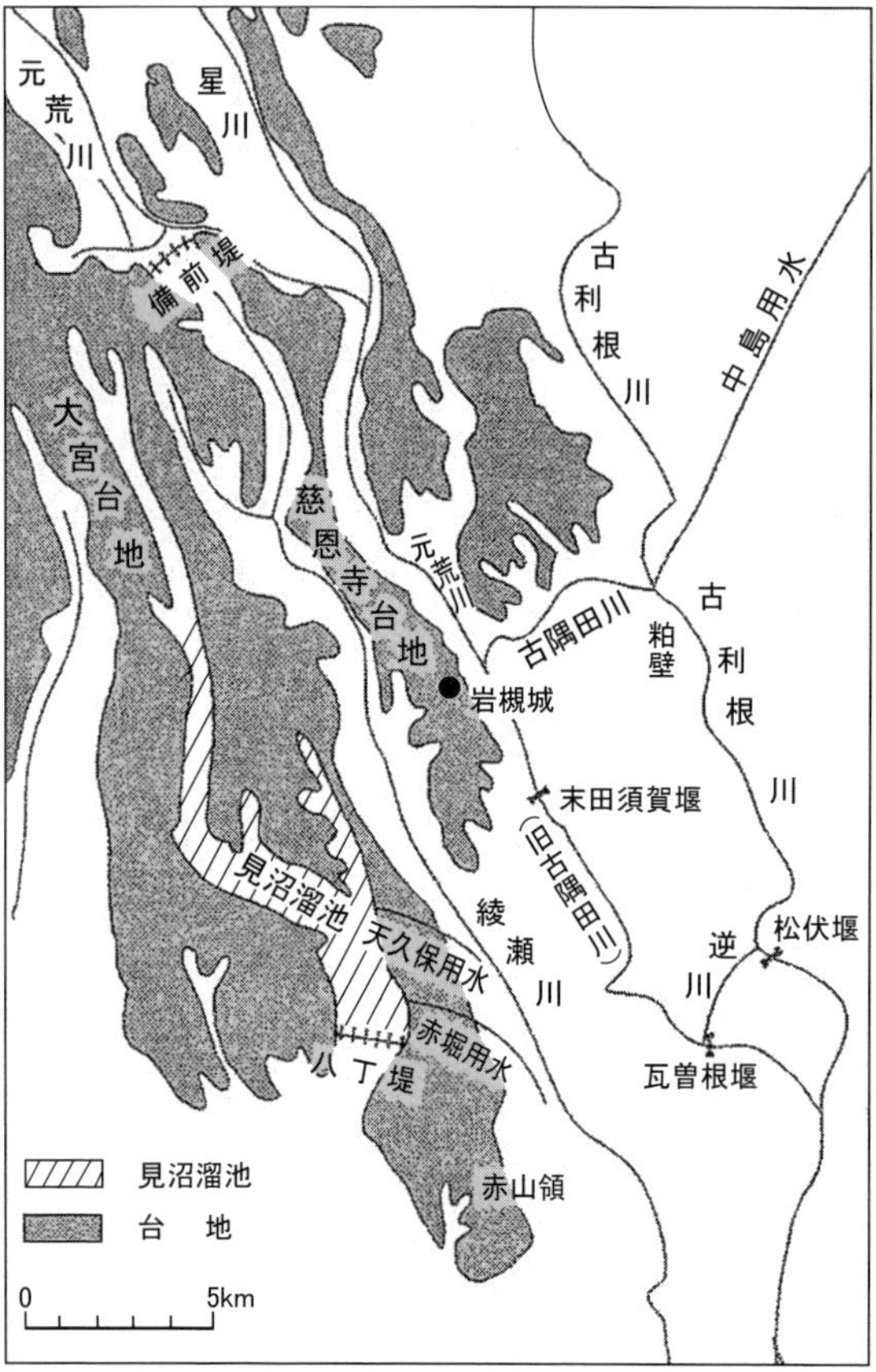

図 7. 10　元荒川下流部と末田須賀堰，瓦曽根堰

この二つの変化は、密接な関係のもとに行われたと考えるべきだろう。荒川の久下開削によって、瓦曽根堰に流入する元荒川筋の通常時の流量が減ったのであるが、その代用として用水源を庄内古川、さらに江戸川筋に

求めたのである。つまり荒川の付替は、江戸川まで及ぶ広い地域にわたった総合計画であった。また埼玉平野において、荒川、利根川そして江戸川の水は、交換可能であることを示している。

瓦曽根堰からは、八条用水などの農業用水とともに、延宝三年（一六七五）には新たに江戸下町の飲料水となった本所用水が取水された。その後、宝永元年（一七〇四）利根川の大出水により中島用水の取入口が埋没したため、享保四年（一七一九）利根川上川俣に新たに入樋が設置され、古利根川を通じて瓦曽根堰まで導水された。幸手領から葛西領にいたる一〇ヶ領からなる葛西大用水の成立である。

見沼溜池（溜井）の整備と見沼用水路の開発

図7・10にみる見沼溜池は、寛永六年（一六二九）伊奈忠治による八丁堤築造により、それまでの沼地が整備された。見沼溜池掛りの一二カ領一四四村の検地から開発状況を推定してみよう[13]。

徳川家康が関東に入国した天正一八年（一五九〇）以降、正保年間（一六四四〜四七）までに一九%にあたる二七村で検地が行われている。このうち一一村が寛永五年（一六二八）までに行われている。溜池整備によってまったく新たに開発が進められたのではなく、あるていど水田が開かれていたところに溜池による水源増強が行われたことがわかる。その後、元禄一〇年（一六九七）までに、七〇%にあたる一〇二村で検地が行われた。溜池が地域の発展に大きく寄与したことがよくわかる。

だが、見沼溜池の貯水量には限界があり、次の段階の整備が期待されたのである。それが享保一三年（一七二八）の見沼代用水路の開削である（図7・11）。九〇kmに及ぶこの用水路は、井澤弥惣兵衛の指導により約一カ年の工事によって竣功した、日本有数の用水路である。この水路開発により、見沼溜池をはじめとして黒沼・屈巣沼・鴻沼等の大小の池沼が開発され、見沼溜池跡約一二〇〇haなど約二〇〇〇haの新田が得られた。当用水路が「見沼代」と命名されたのは、それまで約五〇〇〇haの灌漑を行っていた見沼溜池の代わりの水源として開削されたことによる。

用水路が開削される以前は、これら大小の池沼は灌漑用水源、あるいは洪水を貯溜する悪水溜《あくすいだめ》であり、水田の用排水系統は錯綜していた。だが見沼代用水路の開削、排水路の整備により、この地域は基本的には用排水分離の灌漑体系が整備された。この状況を見沼溜池跡およびその下流でみると、用水路は水田より一段と高い台地際におかれ、排水路（芝川）は水田の最低地に配置された。

だが、用排水分離といってもすべてがきちんと分離されたのではない。利根川元圦口から見沼代用水路が東縁と西縁幹線路に分かれる瓦葺掛渡井《かわらぶきかけわたい》下流までは約三二kmであるが、このうち一八kmは行田・忍地域の排水を受けもつ星川と共用区間となっている。工事が約一カ年で完成したのはこのように星川を利用したこと、あるいは自然条件を巧みに利用したことにもよる。

見沼代用水路の整備は、米将軍とよばれた八代将軍吉宗の施策と深くかかわっていたことは疑いえない。しかし、吉宗の登場のみでこの大規模な開発を語ることはできない。この整備は、伊奈忠治による見沼溜池の整備以後、約百年たっている。この間、忠治により準備された生産基盤にしたがって水田の整備が進められていったが、その結果、溜池を中心とするそれまでの生産基盤が限界に達していたのである。

この用水路計画は、井澤の実施計画よりかなり以前の延宝年間（一六七三〜八〇）に具体的計画が地元から練られ、すでに実測も行われていた。これらをふまえ、井澤がはじめて現地を検分した享保一〇年（一七二五）からでもわずか三年、また工事着手してからわずか一年で竣工をみたのである。見沼代用水路開削は、地元と一体となって行われた事業であった。

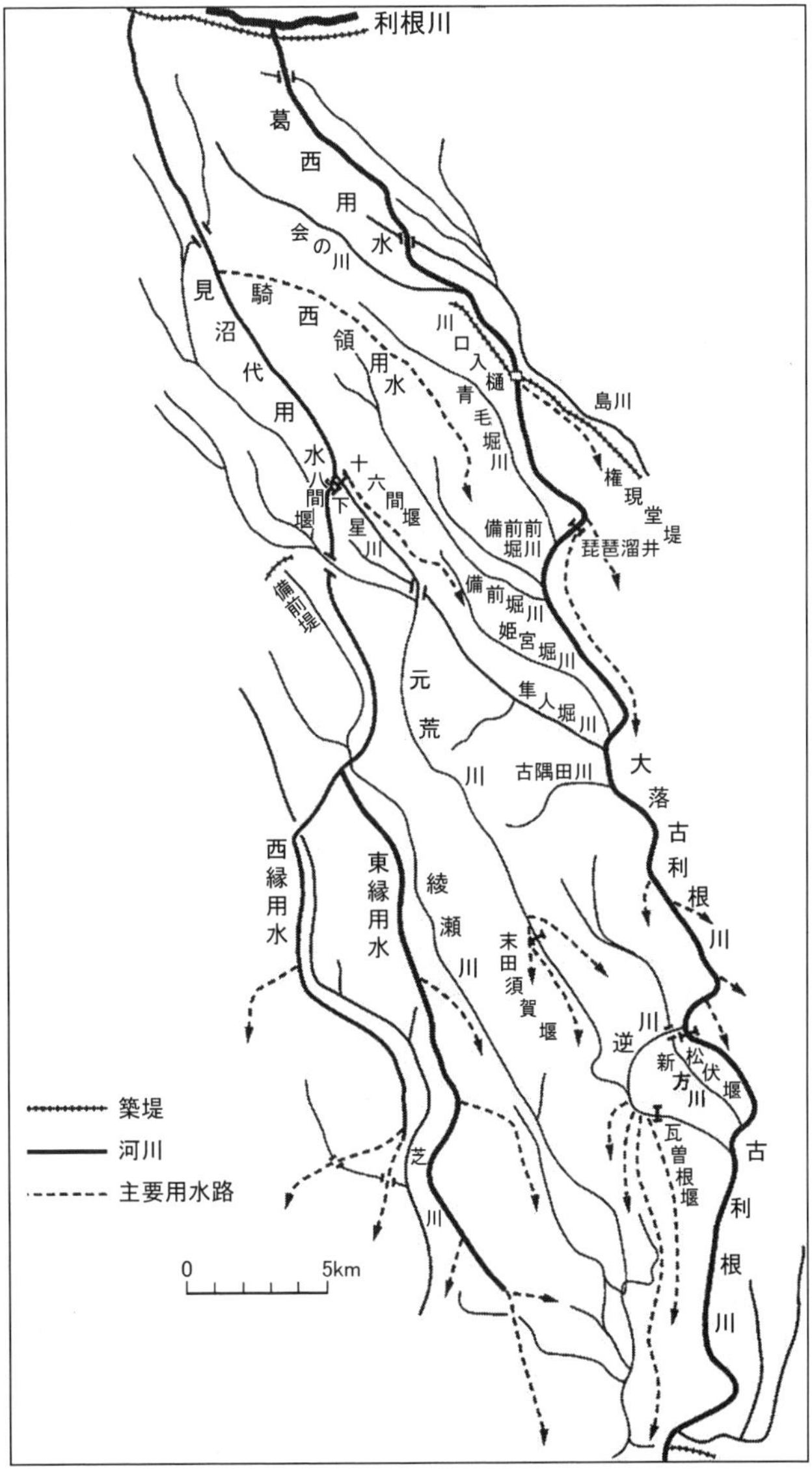

図 7.11　埼玉平野おける忌沼用水路，葛西用水路概略図

井澤弥惣兵衛による見沼代用水路開削を基軸として、見沼溜池をはじめとする大小一〇カ所の池沼が干拓された。これによって、近世初期伊奈氏によって整備された埼玉平野が大きく変貌したことは明らかである。約百年をへて行われたこの整備は、伊奈氏による埼玉平野の第一次総合開発に匹敵する第二次総合開発と考えてよい。(14)

五　太平洋国家構想

徳川家康が江戸に幕府を開いた理由として、家康は国家戦略として北太平洋海流に乗ってアメリカ大陸と連絡する太平洋国家をめざしていたのではないかとの大胆な仮説を考えている。アメリカ大陸との交易を考えるならば、江戸は好位置である。家康は、イギリス人ウィリアム・アダムス（三浦按針）を外交顧問とし、朱印船貿易などを通じて積極的に海外交易を指向した（表7・3）。彼はキリスト教の布教は禁止したが、とくにメキシコとの交易を強く希望し、マニラのフィリピン総督に親書を出すなどメキシコに深い関心を示している。この経緯について少し詳しくみていこう。

五・一　徳川家康とスペインとの交易交渉

豊臣秀吉とサン・フェリーペ号事件

スペインが、西太平洋の根拠地フィリピン（ルソン）から交易船を日本に向けて出したのは、一五八四年にスペイン修道士が乗った船が嵐にあって平戸に着き、その地の領主松浦氏との間で交易が始まったことによる。その後、宣教師が外交使節として日本に来たが、豊臣秀吉が政権をにぎっていた慶長元年（一五九六）サン・フェリーペ号事件が生じた。ガレオン船サン・フェリーペ号は、フィリピンからメキシコに向かっていたが、台風による嵐に遭遇して難破し、土佐国（高知県）浦戸に漂着した。積荷は没収されたうえ、スペインの領土が全世界にあるのは、まず宣教師を送りこんで布教により信者を十分に増やし、そのご彼らに反乱させ、それを口実に軍隊を送りこんで征服するとの嫌疑をうけた。この直後、二六人のフランシスコ会カトリック教徒（うち日本人二〇名）が処刑された。いわゆる

表 7.3　徳川家康のスペイン交易政策

年		事　項
慶長 3	1598	家康，宣教師ジェロニモにスペインとの交渉を依頼．（スペイン人を関東に寄港させ，メキシコ貿易のための造船技術を日本人に教えることを要望）
慶長 5	1600	オランダ船リーフデ号漂着，乗組員ウィリアム・アダムス（三浦按針）が家康配下となる．アダムスはその後，浦賀で 2 隻の船を建造．
慶長 5	1600	関ヶ原の戦いに勝利する．
慶長 6 ～ 11	1601 ～ 06	家康，東南アジア各国に交易を希望する書簡を送る．
慶長 6	1601	朱印船の制度設置
慶長 6	1601	家康，メキシコとの修好を希望していることをマニラの総督に書簡で伝える．
慶長 8	1603	家康，征夷大将軍となり，江戸に幕府を開く．
慶長 14 年	1609	前フィリピン臨時総督代理ドン・ロドゥリーゴが上総（千葉県）に漂着し，その後，ロドゥリーゴとの間で交易交渉を開始しスペイン国王宛の協定書を作成する．
慶長 15	1610	アダムスが建造した船で，ドン・ロドゥリーゴたちとともに，京都商人田中勝介ら日本人 22 人がメキシコに向かう．6 月に出発し，10 月にメキシコのアカプルコに到着．
慶長 16	1611	メキシコ副王使節ビスカイーノ，田中らをともなってガレオン船サンフランシスコ号で浦賀に入港．家康，秀忠に謁見した後，ビスカイーノは太平洋海岸を測量．仙台で伊達政宗と会見．
慶長 17	1612	岡本大八処刑，キリシタン禁令が出，直轄領から弾圧が始まる．
慶長 17	1612	太平洋横断を試みようとした幕府の日本船（船員はスペイン人）が浦賀で難波．ビスカイーノ乗船のサンフランシスコ号も別のところで破損．
慶長 18	1613	イギリス国王ジェームス 1 世の国書持参のセーリス，平戸に入港．北西航路開拓をめざす．
慶長 18	1613	牡鹿半島月の浦から支倉使節が出航．幕府の船手奉行・向井将監の家臣，その他大勢の日本人と，ビスカイーノ他のスペイン人が乗船（家康との連携の下に伊達政宗が派遣）．
慶長 19	1614	日本在住の宣教師の大部分，高山右近らが国外へ追放される．
慶長 19 ～ 20	1614~15	大坂の陣
慶長 20	1615	ドン・ロドゥリーゴとの間で作成したスペイン国王への親書に対する返書をもって，カタリーナが来日．
元和 2	1616	家康死去

「日本二十六聖人殉教」である。

この後、サン・フェリーペ号は修繕され、一五九七年にマニラに帰ったが、積荷が没収されたことに対する抗議としてその返還、殉教者の遺骨の引きわたしの要求のため使節が派遣された。使節は、秀吉への贈り物として象をともなっていた。この使者にわたした秀吉のスペイン国王への返書が伝わっている。[15] このなかに「聞くところによれば、貴国は布教をもって謀略的に外国を征服しようと欲しているということだが、もし本邦から教師や俗人が貴国に入り、神道を説いて人民を惑乱することがあれば、国王たる卿は喜びはしまい。これを思え。けだし卿らは、そのような手段をもってその地の旧主をしりぞけて新たな君主になったごとく、予に背き当国を支配せんと企てたのだろう」と述べられている。

スペインとの交渉開始

このような経緯ののち慶長三年（一五九八）八月の豊臣秀吉死後、五大老の筆頭として実権をにぎった徳川家康がスペインとの新たな交易に乗り出したのである。フィリピンから派遣されたフランシスコ会の修道士ジェロニモは、「日本二十六聖人殉教」直後、国外に追放されたが、その翌年には密かに日本に入り潜《ひそ》んでいた。だが、秀吉死去の三カ月後、彼は家康から召喚状を受け、フィリピンからメキシコへの航海のとき関東沖を通るとのことだが、関東に寄港させ貿易を行いたい、どうしたらよいかと問われたのである。[16]

ジェロニモは関東に赴き、江戸に小さな教会を設置したのち、家康の要請を受けてフィリピンに向かった。家康の求めたものは、関東の港での貿易、日本人によるメキシコとの交易、帆船建造のための造船技師・職工の派遣であり、さらに家臣に銀の製錬法を教えてくれと要望したという。約一年半後、ジェロニモは来日したがしばらくして彼が死去したこともあり、スペインとの交渉は進まなかった。その間の慶長五年（一六〇〇）、オランダ船リーフデ号が日本に漂着し、その航海長ウィリアム・アダムス（三浦按針）が家康の信頼を得、やがて外交顧問となっていった。また同年、関ヶ原の戦いがあり、家康は日本の覇権をにぎったのである。

家康は海外との交易に熱心であった。慶長六年（一六〇一）にはアンナン（ベトナム北部）国王、慶長八年にはカンボジア国王、慶長一一年にはシャム（タイ）、チャンパー（ベトナム中部）、ダタン[17]の諸国王に書翰を送って、両国間の国交と貿易の促進を希望した。幕府の海外交易許可書である朱印状をもつ朱印船の制度を設置したのは慶長六年である。そして、慶長九年から海禁（鎖国）政策が行われた寛永一二年（一六三五）の三二年間に少なくとも三五五艘の朱印船が海外一九の港に渡航した。[18]このなかで頻繁にいった国は、コーチン（ベトナム南部）七一艘、シャム五五艘、ルソン五四艘、アンナン（トンキンも含む）五一艘、カンボジア四四層、高砂（台湾）三六艘であった。東南アジアとは、日本の船によっての交易が盛んに行われていたのだった。

その目的は、もちろん交易による利益であった。海外貿易において家康は先買い特権をもって商品の買い付けを行い、市場で売って巨額の利益を得た。また、朱印船に対し資金を託して多額の買い付けを行って利益を得ていたのである。

さて、スペインとの交易交渉をみていこう。宣教師を通じての交渉はつづくが、進展はみられなかった。家康は、スペインとの交易、難破船への配慮、日本のいずれの港での自由な商品売買を認めたが、キリシタンの布教は厳禁するとの意向であった。スペイン側は、カトリック修道士の保護、自由な布教を要求するとともに、敵国オランダとの断交を求めた。交易交渉の進展はなかったが、フランシスコ会の修道士は続々と来日してきた。一方、家康が待望するところの浦賀へのスペイン船入港として、慶長九年（一六〇四）アダムスにより、関西の港に碇泊していたところを廻船させた。そのご慶長一一年、マニラから直接、スペイン船の入港があった。つづいて慶長一三年入港したが、それに先立ち浦賀には、フィリピン船に対する乱暴狼藉を禁止する高札が立てられた。

スペインとの本格交渉

このようなか慶長一四年（一六〇九）、フィリピン臨時総督であったドン・ロドゥリーゴをメキシコへの帰国のため乗せていた「サン・フランシスコ号」が房総半島沖で座礁した。この後、先の臨時総督という高官であったロドゥリーゴとの間で交易交渉が始まったのである。その前年、臨時総督としてフィリピンに赴任したロドゥリーゴが、家康と二代将軍秀忠に書状を送っていた。その内容の概略は以下のようであった。(19)

・日本人の賊軍が当地で騒動を起こした。彼ら全員を帰国せしめる。
・フィリピンからの商船は、関東へ赴くように指示するが、海路のことなので意のままにならぬから、日本国のいずれの港に入津してもよろしく取り計らいたい。
・日本からの商船は、年四艘に限られたい。
・日本にいる托鉢修道会員（フランシスコ会員、ドミニカ会員など）、ならびにイエズス会員を今までどおりご保護いただきたい。

ここには、日本とフィリピンとの間の交易を積極的に行おうとの姿勢がみられる。ただカトリック修道会員の保護を求めているが、これは家康の方針とは相いれないものだった。来日したロドゥリーゴとの交渉をみると、日本側からの要望を受けてスペイン国王宛に提出する協定文としてスペイン側が提案した内容は、おもに以下のようであった。(20)

・スペイン人に関東の港を提供し、倉庫・造船所などを設置し、その業務を行うスペイン人を移住させる。そこには、長崎のようにキリシタンの教会をたて宣教師を駐留させること。
・メキシコ、フィリピンの難破船は、関東および日本各地の港に入港でき、乗務員・貨財の安全と厚遇を約束すること。
・難破船に対して、正当で低価格で食糧を供給し、修理のための職工を日本の普通の賃金で十分、供給すること。
・フィリピン、メキシコと交易を開いたならば、スペイン国王が大使の派遣・駐留を希望した場合、大使また同行する司祭らに対しそれにふさわしい待遇をすること。また修道院、キリシタンのための教会を提供すること。持ちこまれた商品に対し、一手買い上げや課税はしないこと。

・スペインの鉱夫を渡来させ銀鉱石を精錬させることは困難であるが、次の条件のもとに国王に一〇〇名ないし二〇〇名の鉱夫の派遣を要請するだろう。スペイン人によって発見した鉱山については、精錬した銀の半額を鉱夫の分とし、他の半分を二分して日本皇帝（家康）とスペイン国王のものとする。また既に採掘に着手している鉱山については、その所有者とスペイン人の間に新たな契約を結ぶこと。もし必要あれば、水銀を持ちわたり、当地において正当な代価の支払いを受け、これを金鉱の精錬に用いること。

・各鉱山に居住するスペイン鉱夫のため、司祭をおいて聖祭を行わせること。スペイン人に対する司法権はスペイン側がもつこと。

・オランダとは直ちに手を切り、オランダ人を放逐すること。

・港はことごとく測量することが必要であること。

これより、家康が関東へのスペイン船寄港を強く要求していたこと、また銀山開発にスペイン人鉱夫の派遣を要請したことがわかる。新大陸で銀山開発に成功したスペインの技術、とくにスペインが水銀を用いた精錬技術（アマルガム法）に興味をもっていることがわかる。また、スペインは各地でのキリスト教の布教を強く意識していたことが理解できる。さらに、各地の港の測量を要求していた。

スペイン側の要求について、家康がそのまま認めることはできなかったことは必然だろう。家康と再交渉が行われ国王に提出する最終協定文がつくられたが、その内容について日本文は残されていない。だが、松田毅一氏はセビリ

アのインディアス総文書館から慶長一五年（一六一〇）一月付の文書を発見し、次のような内容であったと述べている。(21)

・メキシコの船が日本に来航するさいには、スペイン人が望むところに港を与え、居住するための地所を提供する。
・托鉢修道会員らに対しては、日本全国望むところに居住することを許可する。
・フィリピンからメキシコに赴く船には、日本に寄港して冬を過ごし、望みの期間滞在し、自由に航海を継続するため待機することを許可する。
・スペイン船が難破したさい修繕に必要な船、また新たな造船に対し普通一般の代価でもって材料・糧食を売りわたす。
・スペイン国王の大使、あるいはメキシコ副王からの大使が渡来したさいには、大いに歓迎し厚遇する。
・日本の船舶および（日本）商人がメキシコに赴くときには、（スペイン国は）これを厚遇する。
・スペイン船の商品類は、自由取引に全面的に任せる。

この文書と先のスペイン側が用意した協定案との間には、かなりの相違がある。一つは、関東に港を提供し造船所などを設置するとの件が消えたことである。その代わり、メキシコ船の来航に対して望むところに港を与え地所を提供するとし、メキシコとの交易を取り上げている。二つは鉱夫の派遣の件、三つはオランダ人放逐の件であり、最終協定文から除かれている。オランダについては、家康は慶長一四年（一六〇九）オランダからの使節に会い返書を与えるとともに、朱印状を交付していた。四つは、港湾測量が除かれたことである。

これに代わり、新たに加えられたのが日本商船のメキシコへの派遣に対して、スペインが厚遇することである。これこそが、家康の大きな狙いであったことが理解できる。家康は、メキシコとの間での太平洋交易、それも日本船による太平洋横断を図っていたのである。

キリシタンについては、関東の港に宣教師を駐留させ教会をたてること、スペイン国からの大使とともに司祭が渡来し教会を提供すること、派遣される鉱夫のために司祭をおくことなどが除かれた。家康から要望したであろう鉱山派遣について、最終協定文から除去されたのは、キリシタンである鉱夫が司祭とともに各地に居住することを嫌ったからであろう。しかし、最終協定文には托鉢修道会員らの日本全国での居住を許可するとある。キリシタン布教に執念をもつスペインに対し、メキシコ交易との引き換えに、その居住を認めたのであろう。そこまで太平洋をわたるメキシコ交易に家康は期待したのである。ただし、布教については認めるとは述べていない。

さて、協定文が作成されたので、慶長一五年（一六一〇）ロドゥリーゴはメキシコへ帰国の途についたが、[22] その船はアダムスの指導によってつくられた一二〇トン程度の船である。そこには京都商人田中勝介ら日本人二二人が乗船し、将軍秀忠のスペイン王宛の書状も持参させ、日本商品を乗せてメキシコに向かった。

伊達政宗と遣欧使節

慶長一六年（一六一一）、答礼使としてメキシコ副王からビスカイーノが派遣され、サン・フランシスコ（二世）号がメキシコから直航で商品を積み、田中勝介ら日本人をともない、黒潮に流され漂流しながらも久慈浜沖から浦賀に入港した。ビスカイーノは、自分の身分をスペイン国王から任命された大使として認識し、江戸で将軍秀忠、さらに駿府で家康と面会した。この後、彼は秀忠から沿岸測量について大名にあてた朱印状を手にして北に向かった。仙台では伊達政宗と面会したが、政宗はスペインとの交易を希望した。

ビスカイーノは政宗の援助も得て、三陸海岸の三陸町まで海岸を測量したのち東海道を下り、大坂をへて堺まで赴き、西日本沿岸を測量していた部下に会い測量図を完成させた。この測量に対し後日であるがオランダ人が、スペインが日本を占領する予備行為であると指摘した。一方、ビスカイーノは、日本の東方沖にあると伝えられている金銀島の探検をメキシコ国王から命じられていた。

ところが、この間、岡本大八事件が生じキリシタンに対する国内状況が大きく変わった。岡本は、家康側近の本多正純の家臣でキリシタンであったが、肥前のキリシタン大名有馬晴信から賄賂を受けとった。これが発覚し、家康はそれまで黙認していたキリシタンへの政策を大きく転換させたのである。慶長一七年（一六一二）三月、岡本は処刑され、直ちにキリシタン禁止令が出されて、同年八月から直轄領で禁圧を開始した。全国的には、翌慶長一八年一二月キリシタン禁止令が出された。

この情勢下で、ビスカイーノはメキシコ副王宛の「キリシタン布教は禁ずる。ただ商売の船を往来させること」との家康の返書をもち、慶長一七年八月、金銀島探検したのち帰国するため浦賀を出帆した。これに先立ち秀忠は、「サン・フランシスコ号」と一緒に太平洋をわたるべく一艘の造船を行っていた。だが、ビスカイーノはこれをともなうことなく出帆したのである。しかし、金銀島の探検中に嵐に襲われ、同年一〇月浦賀に帰ってきた。その途中、秀忠のつくった日本船が出帆早々に座標しているのを見た。この船は、スペイン人船員一〇名で太平洋横断に向かおうとしたが、大量の日本商品とともに多数の日本人が乗りこんでいた。その一人が、伊達政宗の家臣支倉常長であった可能性が指摘されている(23)。

この後、ビスカイーノがメキシコに向けて乗ったのが、遣欧使節のため伊達政宗がつくった船であった。その船は五〇〇トン級のガレオン船で、その造船場は牡鹿半島西海岸の月ノ浦とされている。その建造にあたり、船手奉行向井将監《しょうげん》から公儀の船大工が派遣された。彼らは、アダムスの指導により一二〇トンクラスの船をつくったことがあるので、ある程度の技術はもっていただろう。だが、彼らのみでガレオン船がつくれたかどうかは意見の分かれるところである。ビスカイーノとともに渡来していたスペイン人技術者が、それ相応の協力をしたと考えるのが妥当だろう。

慶長一八年（一六一三）九月、仙台藩士支倉常長を使節とし、また仙台藩士横沢将監を船長として遣欧使節団は月ノ浦を出帆した。その船には、ビスカイーノをはじめとする四〇人のスペイン人、幕臣向井将監の家臣たち一〇人、支倉など仙台藩士、そのほか多くの商人たち、あわせて約一八〇人の日本人が乗りこんでいた。さらに大量の商品を積んでいた。この派遣は、幕臣の家臣たちが乗船していたことからも明らかなように、家康の了解を得て行われたものである。造船開始の少し前、政宗は家康さらに秀忠と面会している。

政宗船は、三カ月の航海へてメキシコに到着した。この後、支倉らがローマに行き来している最中の慶長二〇年（一六一五）、スペイン使節カタリーナをともなって浦賀に到着した。カタリーナは、慶長一五年、ロドゥリーゴとの間でつくられた協定文に対する返書をもってスペイン国王から派遣されたのである。その返書は、メキシコとの交易は認めず、カトリックの保護を求めるものだった。これに対し、キリシタン弾圧を開始した幕府側の対応は冷淡なものので、家康にはお目通りがかなったが会話はなく、秀忠には会うこともできず贈物も却下された。

家康は元和二年（一六一六）に死去したが、その四カ月後、政宗船はカタリーナたちスペイン人を乗せてメキシコに出発した。政宗船はこの後、元和四年（一六一八）ヨーロッパから戻ってきた支倉らを乗せてマニラに到着した。だが、日本には渡ることなく、支倉らはマニラから別船で日本に帰国した。

徳川家康の願望

スペインとの交易交渉についてこのようにみてきたが、徳川家康はメキシコとの交易を熱心に願った。フィリピンをはじめとして東南アジアとの交易は、日本の朱印船で盛んに行われている。家康は自らの船でもって太平洋に乗り出し、メキシコとの交易を求めたのである。さらに、政宗の使節がヨーロッパ大陸まで向かっていることをみると、ヨーロッパとの交易も考えていたのかもしれない。家康はイギリス人ウィリアム・アダムスから世界地図あるいは地球儀を見せられ、海洋の知識を与えられていた。マゼランは南アメリカ大陸の南端を回ってアジアに達したが、家康は北アメリカ大陸の北端を回って、イギリスとの直接交易に関心をもっていた。もちろん、アダムスからの提言にもとづいてである。このことについて、少し述べていく。

五・二　北西航路開拓構想

一六世紀後半、アフリカ大陸の南端（喜望峰）を回ってアジアに達する海上ルートはポルトガルに、南アメリカ大陸の南端（マゼラン海峡）をとおってアジアに達する海上ルートはスペインににぎられていた。この状況下、一六世紀末、北海の新興国であるイギリスそしてオランダが新たな航路として開拓に挑んだのが、北からアジアに達する航路であった。その距離は、既存のルートよりはるかに短い。また不健康な熱帯地方の航海を行う必要はない。

イギリスは、西に向かい北アメリカ大陸の北を回って太平洋にでるルートに挑戦し、一七世紀になっても続けられた。一方、オランダは東に向かい、シベリア沖をとおる航路開拓に努めた。何回かにわたって挑戦されたが、アダムスはこのオランダによる北東方面の探検に一五九三、九四、九五年と三回参加し、九五年には北緯九二度に達したとの記述もある。(24) その真偽はさておいて、アダムスは来日したイギリス船（クローブ号）司令官セーリスに、北西航路開拓を強く働きかけたのである。

イングランド国王の親書をもってセーリスが平戸に着いたのは慶長一八年（一六一三）五月で、その当時、伊達政宗が月ノ浦で太平洋をわたる船の建造を行っていた。セーリスは八月家康・秀忠に謁見し、貿易の許可を得た。大坂冬の陣が始まるおよそ一年前である。

セーリスは、また蝦夷地（北海道）に赴く通交許可書を得た。アダムスの言によると、家康はセーリスの来航はイギリスとつながる北西航路開拓と関連があるのかと尋ねたという。(25) 北西航路について、家康はアダムスから詳しく聞いていたのである。さらにアダムスに、この航路開拓に参加する希望があるのかと聞いたので、彼は尊敬すべき会社が乗り出したら喜んで参加したいと答えた。家康がセーリスに蝦夷地への通交許可書を与え、援助を与える約束をしたのは、イギリスと短い距離での直接的な交易を望んだのだろう。

セーリスは、蝦夷地探検の準備として蝦夷地に二度ほど赴いた経験のある日本人から情報を得ている。強く関心をもったことは間違いない。東インド会社にあてた報告書のなかで、蝦夷地探検の計画をたてジャンク船の購入を提言したが、時候が悪くて実現しなかったこと、さらに蝦夷地から北西航路が発見されることが大いに期待される、と述べている。だが、家康が元和二年（一六一六）に死去したこともあって、これ以上の進展はなかった。

なお、イギリスが日本で根拠地をおいたのは、オランダと同じく平戸であった。家康はオランダ、イギリスに浦賀への入港を要望した。両国とも、浦賀を視察し、港として優良であることを確認した。しかし、平戸に商館をかまえてここを根拠地とした。それは江戸周辺の経済がそれほど発展していず市場としての魅力があまりなかったこと、さらに彼らにとって日本との交易はアジア交易の一環であり、中国、朝鮮との関係も考慮するならば、東シナ海を望む平戸が適地だったのだろう。フィリピンとメキシコを連絡するスペインのみが、立地上、関東をふくむ東日本が適地であったのである。

六　大坂の陣と日光東照宮

大坂の陣とキリシタン

家康がそれまで黙認していたキリシタンの禁圧を開始したのは、直轄領では慶長一七年（一六一二）八月であるが、全国的には慶長一八年一二月である。そして慶長一九年一〇月、日本在住の宣教師の大部分、さらに高山右近ら日本人キリシタンが国外追放となり、その五日後、家康は豊臣家滅亡に向け大坂城攻撃のため駿府を出発したのである。

ところで、キリシタン禁圧と大坂城攻撃とは関係ないであろうか。キリシタン禁圧が始まった最初は、豊臣秀吉による天正一五年（一五八七）の「伴天連追放令」であるが、今日の研究では信仰そのものに対する禁令ではなく、宣教師の国外追放とキリシタン大名による領民の強制改宗、また領内の寺社破壊を禁じることが目的だったとされている。[26]

家康は、岡本大八が処刑された慶長一七年（一六一二）までキリスト教を黙認していたが、家康が恐れていたのは、キリシタンがスペインまたポルトガルとつながっていくことだろう。これらの国が、キリシタンを先兵にして国土を侵略していくとの認識は十分もっていた。当時、キリシタンは畿内と西国を中心におよそ三七万人いたといわれる。[27]家康によるキリシタン禁令は、それまで武士層のみであったのと異なり一般民衆にいたるまでであったが、岡本事件は家康にとって衝撃だっただろう。大坂にいる豊臣秀頼が、キリシタンさらにその先のスペインと連携することは悪夢だっただろう。

七一歳となった家康が、成人した秀頼と二条城で会見したのは慶長一六年である。これを契機に秀頼を排除しようとしたとの説もあるが、大坂城攻撃の口実となった京都の方広寺鐘銘事件[28]が発生したのは慶長一九年七月であった。

交通の要衝、大坂に巨城をかまえ成長した秀頼を見て、老いていく家康が自分の死後、徳川家がはたして安泰であるか、不安に陥っていったのは当然といえば当然だろう。方広寺鐘銘問題の解決策として家康が出した提案の一つが、秀頼が大坂城を立ち去ることだった。全国に通じる立地特性をもつ大坂からの退去を求めたのである。

大坂冬の陣の戦闘開始は、慶長一九年一一月である。キリシタン禁圧は、秀頼攻撃と強いつながりがあったのかもしれない。この一月前に宣教師とともに高山右近らのキリシタンが国外追放となったが、大坂入城の危惧からであったことは十分、想定される。

大坂城攻撃はなかなか捗《はかど》らなかったが、最後に威力を発揮したのがイギリス・オランダから手に入れた大砲であった。クローブ号の司令官セーリスと契約し、慶長一九年にイギリスから五門、そのうち四門は有効射程距離が五〇〇mといわれるクルベェリン砲、一門はセーカー砲であり、鉛と火薬も購入した。またオランダからも、同年、一二門購入した。これら大砲のうち数門は、大和川と合流する直前の淀川備前島に据えられた。その砲弾が大坂城に命中し、それに恐れをなした大坂方との間で和睦となったのである。しかし翌年四月、夏の陣がはじまり豊臣家は滅亡した。

日光東照宮と江戸

このようにして大坂を手に入れたのちも、徳川家康は政治の中心地を江戸から移すことはしなかった。先述したように、当時の日本社会の先進地域は西日本であり、運輸体系を考えれば畿内、なかでも大坂がふさわしかった。

元和二年（一六一六）年家康の死後、遺体は駿河国久能山に一年間納められたのち「(関東）八州の鎮守に成り為さるべし」（『本光国師日記《ほんこうこくしにっき》』）との家康の遺志にもとづいて、日光に葬られ東照大権現として祀られた。この遺志が間違いないとすれば、家康は関東を根拠地として徳川政権の永続を願ったのである。なぜだろうか。関ヶ原の戦いに勝利したときは大坂に豊臣秀頼が健在であり、そこへの移動は政治的な困難がともなっていただろう。しかし慶長二〇年（一六一五）の豊臣家滅亡後も移ることはしなかった。家康は、島津氏・毛利氏などの戦国を生きぬいてきた武将、また前田氏・加藤氏などの秀吉恩顧の武将が西国に拠点をかまえたままでは、中央に進出する自信がなかったのだろうか。

家康は、豊臣家滅亡後の次の敵として海外からの侵略を考慮していたのではとの仮説を考えている。なかでも、マニラを根拠地とするスペインの武力進出という危惧を抱いていたのではないだろうか。フィリピンとメキシコの間を行き来するガレオン船は、大砲を装備し「海に浮かぶ城塞」といわれる。その大砲の威力は、大坂城攻めで十分知った。スペインが日本の植民地化を虎視眈々と狙っていたことは間違いない。その戦略は、宣教師を派遣してキリシタンを増やし、彼らに反乱させて自らもそれに加わり、植民地とするものだった。事実、日本各地の港湾調査も行っていた。また、陥落した大坂城には多くの日本人キリシタンが籠城し、数名の宣教師も立てこもった。

家康は、メキシコとの自らの船による交易を求めて長年、スペインと交渉を続けていった。だが、よりよい返事はまったく返ってこない。一方、宣教師をどしどし送ってくる。スペインに対して不信感をもつようになっていったことは、必然のように思われる。また、齢七〇を越えて今後の徳川家の安泰をつくづく考えていっただろう。

スペインがガレオン船でもってマニラから武力進出するならば、当然のことながらまず西日本を襲うであろう。東日本はその後である。また、江戸を襲撃するならば海上からが想定される。稀代の戦略家・家康が関東平野の不便な僻地にある日光を最終の地と選んだのは、このことと関係があるのではないだろうか。日光は関東平野のもっとも奥深いところに位置する。海上からの攻撃で江戸が落城したならば、内陸部へ避難し立て直す必要がある。その場所として日光を想定したのではないかと考えている。

ここで、徳川御三家の配置をみてみよう。江戸の北方、ガレオン船が東に向かう地域にあたる茨城海岸を慶長一四年（一六〇九）、水戸家で守らせ、黒潮に接近し大坂湾の入口の紀州に徳川家（紀州家）を移封したのは、家康死去の三年後の元和五年（一六一九）である。また、東海道に面してもっとも深い湾である伊勢湾に慶長一二年（一六〇七）、尾張家を配置した。徳川政権は、海外からの侵略に備えていたと思われる。

日光の戦略的位置を考えてみよう。日光街道が奥州街道と分岐するのは宇都宮であるが、日光は宇都宮から三七kmの距離にある。またわずか一〇kmしか離れていない今市から、北上する会津西街道が会津若松に向かってのびている。さらに日光から六方沢越で、栗山・田島と会津につながっている。日光は陸路を通じて東北地方と強い結びつきのある地域であり、戊辰戦争のさい、江戸開城後に大鳥圭介・土方歳三がひきいた二〇〇〇余名の旧幕府軍が向かったのは日光であった。家康の想定通りの行程を徳川軍はたどったのである。

（注）

（1）岡野友彦『家康はなぜ江戸を選んだのか』教育出版、一九九九

（2）松田毅一『伊達政宗の遺欧使節』四五頁、新人物往来社、一九八七

（3）松浦茂樹『利根川近現代史』四四五〜四四六頁、古今書店、二〇一六

（4）利根川東遷について興味のある読者は、拙著『利根川近現代史』の附章「戦国末期から近世初期にかけての利根川東遷」に目をとおしていただきたい。

（5）渡良瀬川合流点から上流の利根川。

（6）児玉幸多編『日本交通史』三三三頁、吉川弘文館、一九九二

（7）川名　登『河岸に生きる人々』一四頁、平凡社、一九八二

（8）江戸との日常的な台所を支えていたのは、川越との間の新河岸川であったが、水量が少ないこの川は九十九曲がりと呼ばれた激しい蛇行によって水の流れを遅らせ、水位の維持を図っていた。
（9）川名　登『近世日本通運史の研究』二九頁、雄山閣、一九八四
（10）『近世日本通運史の研究』二七頁、前出
（11）太田荘の範囲は、現在の羽生、加須から春日部、岩槻などにまたがり、北埼玉郡の大部分と南埼玉郡の北部一帯から大里郡の一部にかけての一八二村に及んだという。そこには元荒川・古利根川、綾瀬川が流れている。
（12）利根川は、南下して古利根川に合流していたのが、これより西から東に流れるようになった。
（13）検地は、水田から安定した稲が収穫できるようになった時点で行われる。これをメルクマールとして開発状況を推定する。検地は、文化七年（一八一〇）から文政一二年（一八一二）にかけて調査された『新編武蔵風土記稿』にもとづいたものである。
（14）第三次総合開発は、大正期から昭和戦前にかけて行われた。（松浦茂樹『利根川近現代史』古今書店、二〇一六）
（15）松田毅一『豊臣秀吉と南蛮人』二九二頁、朝文社、一九九二
（16）松田毅一『慶長遣欧使節―徳川、家康と南蛮人』三八～三九頁、朝文社、一九九二
（17）シャムの王都があったアユタヤの南にあったとその当時、想定されていた。
（18）岩生成一『朱印船と日本町』三二～三八頁、至文堂、一九六二
（19）松田毅一『慶長遣欧使節』七八頁、前出
（20）松田毅一『慶長遣欧使節』一〇二～一〇四頁、前出
（21）松田毅一『伊達政宗の遺欧使節』八四～八五頁、新人物往来社、一九八七

なお、家康の提案に対し、スペイン国王が一六一三年六月付の返書をしたためている。そこには、家康が提案しているすべてのことを遵守するなら、メキシコから日本にない品々を船載した船一艘を毎年、渡航させる、日本に居住している修道士たちをよろしく、と述べられている。だが日本に送られる前に、フィリピンが商船を派遣することを望まないこと、日本ではキリシタンに対して禁圧が始まったことなどを理由に、メキシコ副王により商船派遣については削除された。この変更となった返書を一六一五年、カタリーナが持参してきた。

(22) 正式の協定文は別の船で運ばれた。
(23) 平川　新『戦国日本と大航海時代』一六六頁、中央公論新社、二〇一八
(24) 岡田章雄『岡田章雄著作集Ⅴ　三浦按針』一三六〜一三八頁、思文閣出版、一九八四
(25) 岡田章雄『岡田章雄著作集Ⅴ　三浦按針』一四〇頁、前出
(26) 岡　美穂子「キリシタンと統一政権」『日本歴史』第10巻・近世1、岩波書店、二〇一四
　さらに岡氏によると、知行地が「弐百町、二、三千貫」に満たない一般民衆は自由にキリシタンになることが許されていたと理解されていたとしている。
(27) 五野井隆史『徳川初期キリシタン史研究　補訂版』一四四頁、吉川弘文館、一九九二
(28) 梵鐘に刻み込まれた銘文の中に「国家安康」「君臣豊楽」があり、家康を分断し豊家を繁栄させようとの呪詛としたと幕府側は断罪した事件。

(参考文献)

『日本歴史』第7巻・中世2、岩波書店、二〇一四
『日本歴史』第8巻・中世3、岩波書店、二〇一四
『日本歴史』第10巻・近世1、岩波書店、二〇一四
『日本歴史』第11巻・近世2、岩波書店、二〇一四
『京都の歴史』Ⅲ、近世の胎動、京都市、一九六八
『仙台市史』特別編8慶長遣欧使節　仙台市、二〇一〇
土木学会『明治以前日本土木史』岩波書店、一九三六
『見沼土地改良区史』見沼土地改良区、一九九八
『キリシタン研究』第十七輯、吉川弘文館、一九七八
岡田章雄『岡田章雄著作集Ⅴ　三浦按針』思文閣出版、一九八四
川名　登『近世日本通運史の研究』雄山閣、一九八四

栗原東洋『印旛沼開発史』印旛沼開発史刊行会、一九七一
小出　博『利根川と淀川』中央公論社、一九七五
児玉幸多編『日本交通史』吉川弘文館、一九九二
五野井隆史『徳川初期キリシタン史研究　補訂版』吉川弘文館、一九九二
清水有子『近世日本とルソン』東京堂出版、二〇一二
島崎武雄『関東地方港湾開発史論』東京大学学位論文、一九七五
新沢嘉芽統『農業水利論』東京大学出版会、一九五五
鈴木かおる『徳川家康のスペイン外交』新人物往来社、二〇一〇
高橋昌明『京都〈千年の都〉の歴史』岩波書店、二〇一四
武部健一『道路の日本史』中央公論新社、二〇一五
洞　富雄『鉄砲―伝来とその影響』思文閣出版、一九九一
松浦茂樹『国土づくりの礎』鹿島出版会、一九九七
松浦茂樹『国土の開発と河川』鹿島出版会、一九八九
松浦茂樹『利根川近現代史』古今書店、二〇一六
松田毅一『慶長遣欧使節―徳川家康と南蛮人』朝文社、一九九二
松田毅一『豊臣秀吉と南蛮人』朝文社、一九九二
松田毅一『伊達政宗の遣欧使節』新人物往来社、一九八七
松村　博『大井川に橋がなかった理由』創元社、二〇〇一

第八章　明治政府と国土経営

嘉永六年（一八五三）、ペリーを司令長官とするアメリカ艦隊四艘が開国をもとめて江戸（東京）湾浦賀沖に来航したことを契機に、日本は幕末の動乱期に突入した。安政元年（一八五四）の日米和親条約、翌年の日米修好通商条約の調印、翌々年の安政の大獄などをへて、一五代将軍徳川慶喜による大政奉還が行われたのは慶応三年（一八六七）である。その後、王政復古の大号令が発せられた。明治元年（一八六八）には一年半にわたる戊辰戦争の開始となったが、一方、明治新政府は次第に整備されていった。その新政府が首都としたのは、「将軍のお膝元」といわれた江戸であった。明治元年七月一七日、「江戸は東国第一の大鎮《だいちん》、四方輻輳《ふくそう》の地、宜しく親臨以て其政を視るべし」との天皇の詔勅《しょうちょく》が発せられ、江戸は東京と改称された。そして九月、天皇は京都を発し東京行幸となった。天皇はこの年の一二月、一度は京都に帰るが、翌年三月ふたたび東京に出て、ここに東京が明治新政府の首都となったのである。

しかし、成立したばかりの明治政府は、なぜ東京を首都したのだろうか。しかも明治政府を指導したのは西南日本の雄藩であった。彼らにとって東京は、自らの根拠地から遠く打倒した徳川将軍のお膝元である。また、天皇の宣言が発せられた明治元年七月は戊辰戦争の最中であって、佐幕派の最大拠点、会津若松城に総攻撃をかけたのは八月二三日であった。

さらに、東京を首都とし、近代技術を次第に手に入れるなかで、その後どのような国土経営が展開されていったのだろうか。これらについて述べていきたい。

一　国土経営からみた東京遷都

東京の立地特性

遷都の理由としてよくあげられるのが、江戸幕府の中心であった関東の人心が新政府に懐疑的であったのを手なずけること、また幕府側にたって戦った東北諸藩ににらみをきかせる必要である。つまり、佐幕派へ威令を示し民心を引きつけようとの考えである。さらに、公家にかこまれ民衆から遊離していた天皇を京都から引き離し、天皇の権威の確立を図ろうとしたことである。

しかし政治の中心地になるには、それなりの社会経済基盤が必要である。江戸は約二六〇年にもわたった徳川幕府の根拠地であり、この期間を通じて社会経済基盤の核となる運輸・交通体系が整備されていた。新政府はそれを引き継ぐわけだが、そのなかの何を重点的に引き継ぎ、また新たな政権として何を発展させようとしたのだろうか。当然のことながら、政権を支える力として経済基盤は重要である。しかし東京は大消費都市であって、当時の輸送体系を考えるならば、畿内がターミナルとして国内経済の中心地であり、とくに大阪は「天下の台所」として大いに栄えていた。

当時の国内の運輸交通体系からみれば、大阪が首都にふさわしかった。事実、このような条件を背景として大久保利通は、外国との交際、富国強兵、海軍整備の点で地形が適しているとして、明治元年（一八六八）一月に大坂遷都を建白している。そして三月に天皇の行幸となったが、大坂遷都が進められていくなかで、江戸遷都を大久保に提示

したのが前島 密であった。前島の江戸遷都の主張は以下の理由からであった(1)。

・首都は日本の中央でなくてはならない。蝦夷地（北海道）の開拓は急いで進めなければならないが、蝦夷地開拓後は江戸が中央となる。

・大坂はたしかに運輸の便利な地だが、日本式小船にとってであり、西欧の大艦にとって安全な港の築造には困難な地である。これに対し、江戸の海では既につくられている砲台を利用して容易に安全港を築造できる。さらに、幕府により建造された横須賀製鉄所（後に横須賀海軍工廠に発展した）を利用して、大艦の修理が容易である。

・大坂は市外に続く道路が狭隘であり、また郊外は広くない。これに対し江戸は、市外と連絡する道路は発達しその幅も広い。また郊外も広々としていて首都をおくのにふさわしい地である。

・大坂市街は狭く、軍隊の往来などには向いてない。これを改造するとなれば、大なる経費、民役が必要となる。これに比べ、江戸の市街はそのような改造は必要ではない。

・政府の建物について、江戸には既に官衛が備わり、学校、大名の藩邸があり、これらを利用すればよい。皇居は、江戸城にすこし修築を加えたら十分、使用できる。

・大坂は、首都とならなくても日本の物資集散地として衰退することはない。一方、江戸を首都としなかったら市民が離散してしまい、世界の大都として栄えている都市が一寒市となってしまう。これは、何とも痛惜すべきことである。

この後、大久保は東京遷都に向かうのだが、これ以前、体系的に江戸を東の都（東京）にすべきだと論じたのは、文化文政期（一八〇四―二九年）に活躍した佐藤信淵であった。彼は、文政六年（一八二三）『宇内《うだい》混同《こんどう》秘策《ひさく》』を著わし、このなかで江戸を天皇の居住する王都とし、天然の大都会である大坂を西京とすることを主張したのである(2)。さらに名古屋、博多、仙台など一四カ所に省府をたて節度大使をおいて各管内を統治させようとした。

信淵が江戸を東京にすべきとしたのは、その地形特性からである。関東の土地は広く、広々とした平野がひろがり、江戸湾は波穏やかでそこには利根川・荒川・鬼怒川・多摩川が流れこんでいる。舟運にとって格好の条件を備えており、関東から多くの物産、また諸国からの産物運搬にとってはなはだ便な地であり、人々が飢餓となるのは少ない。さらに、「東方一面大洋に浜し、進では以て他国を制すべく、退ては以て自ら守るに余あり」と、東方は太平洋につづき、その他の三方は山岳で囲まれているが、この条件は他国に進出するのによく、他国からの侵略に対しては防御しやすい。

一方、西京とした大坂は日本各地とつながる海運の中心地であり、天下の産物が集まる日本第一の「要津」（重要な港）である。また工業も発達し商業の利もあわせ豊かな地である。しかし多くの人々が居住し、この地からの米穀のみでは養えない。このため、この地には天皇の離宮を整備するとした。

前章で、徳川家康が江戸に幕府を開き豊臣氏滅亡後もそのまま江戸にとどまっていた理由として、太平洋交易を構想するとともに、スペインなどの西欧諸国からの攻撃を恐れていたのではないかとの仮説を述べた。佐藤信淵の東京遷都論は、想定した家康の考えと同じ方向のものと思われる。ただし鎖国時代にあって、信淵が進出しようとした地域は満州（中国東北部）であった。世界制覇の第一歩として満州を侵略し、その後、朝鮮、中国を征服しようとするものだった。

海外交易と東京遷都

徳川幕府を倒した明治新政府であるが、幕末に結んだ諸外国との不平等条約を継承せざるを得なく、この後、不平等条約改正がもっとも大きな外交課題となった。経済関係から不平等条約をみると、日本は関税自主権をもてず、低

表 8.1　生糸類輸出額の輸出総額に占める割合

年（明治）	①輸出総額（千円）	②生糸類輸出総額（千円）	②/①×100（%）
1868（1）	15,553	10,364	66.6
1869（2）	12,908	8,639	66.9
1870（3）	14,540	7,246	49.8
1871（4）	17,968	9,919	55.1
1872（5）	17,026	8,203	48.1
1868〜72			56.8
1873（6）	21,635	10,898	50.3
1874（7）	19,317	6,601	34.1
1875（8）	18,611	6,469	34.7
1876（9）	27,711	16,210	58.4
1877（10）	23,348	10,667	45.6
1873〜77			45.6
1878（11）	25,988	9,436	36.3
1879（12）	28,175	12,191	43.2
1880（13）	28,395	11,065	38.9
1881（14）	31,058	13,428	43.2
1882（15）	37,721	19,261	51.0
1878〜82			43.2
1883（16）	36,268	18,562	51.1
1884（17）	33,871	13,281	39.2
1885（18）	37,146	14,473	38.9
1886（19）	48,876	20,300	41.5
1887（20）	52,407	21,920	41.8
1883〜87			42.4
1888（21）	65,705	28,783	43.8
1889（22）	70,060	29,250	41.7
1890（23）	56,603	16,737	29.5
1891（24）	79,527	32,175	40.4
1892（25）	91,102	39,914	43.8
1888〜92			40.4

東洋経済新報社:『外国貿易五十六年対照表』より作成．
（出典）『横浜市史』第三巻（上），横浜市，1961．

率の関税で欧米諸国の工業製品が輸入され、貿易の不均衡に悩んでいた。しかし、その不均衡のなかで輸出を支えていたのが、生糸、繭《まゆ》、養蚕などの生糸類であった（表8・1）。

生糸類の大部分は、表8・2にみるように横浜から輸出されていた。そして、その生糸類の産地をみたのが表8・3である。これにより圧倒的に東日本で生産されていたことがわかる。一八七六年（明治九）から七八年の平均の生糸生産高をみると、一位が上野《こうずけ》、二位が信濃、三位が武蔵の国であり、五、六位に東北地方の岩代・羽前が入っている。繭生産高をみても同様の傾向である。さらに、一八八八〜九〇年平均でみても同様である。すなわち、この当時の日本の交易を支えていたのが、東北地方も含めた東日本であった。歴史的にみて当時、日本の経済的な先進地域は西日本であったが、代表的な輸出品である生糸類の生産からみると、その地位が逆転し東日本が優位を占めていたのである。

積極的に国を開き、欧米諸国に伍《ご》して国を興《おこ》そうとするのが明治新政府の方針であった。対外関係を重視しようと

表 8. 2　横浜港生糸輸出高

年	生　糸 全　国輸出高（千斤）	生　糸 横　浜輸出高（千斤）	生　糸 比率（%）	のし糸 全　国輸出高（千斤）	のし糸 横　浜輸出高（千斤）	のし糸 比率（%）	真　綿（玉糸・屑糸を含む） 全　国輸出高（千斤）	真　綿（玉糸・屑糸を含む） 横　浜輸出高（千斤）	真　綿（玉糸・屑糸を含む） 比率（%）	蚕　種 全　国輸出高（千斤）	蚕　種 横　浜輸出高（千斤）	蚕　種 比率（%）
871	1,323	1,252	94.6	390	178	45.7	148	141	95.4	1,400	1,395	99.6
872	895	883	98.6	584	489	83.8	112	109	97.3	1,287	1,285	99.9
873	1,202	1,056	87.9	329	314	97.0	69	69	100.0	1,418	1,409	99.4
874	979	977	99.7	456	314	68.9	77	76	100.0	1,335	1,334	99.9
875	1,181	1,181	100.0	423	380	90.0	36	35	96.4	727	727	100.0
876	1,864	1,841	98.8	746	695	93.3	58	58	100.0	1,018	1,018	100.0
877	1,723	1,723	100.0	615	556	90.4	90	90	99.8	1,176	1,176	100.0
878	1,451	1,451	100.0	1,074	1,015	94.4	42	42	99.2	887	887	100.0
879	1,637	1,637	100.0	1,491	1,478	99.0	112	112	100.0	813	813	100.0
880	1,461	1,461	100.0	1,407	1,293	92.0	16	16	100.0	530	530	100.0
881	1,801	1,801	100.0	1,682	1,672	99.4	87	87	100.0	374	374	100.0
882	2,884	2,884	100.0	2,219	2,218	99.9	75	75	100.0	177	177	100.0
883	3,121	3,121	100.0	2,463	2,427	98.5	57	57	100.0	75	75	100.0
884	2,098	2,098	100.0	2,053	1,935	94.3	148	145	98.0	59	59	100.0
885	2,457	2,457	100.0	1,503	1,425	94.8	56	47	84.4	41	41	100.0
886	2,635	2,635	100.0	2,252	2,180	97.1	140	105	75.0	4	4	100.0
887	3,103	3,103	100.0	2,206	2,134	96.6	79	77	97.5	2	2	100.0
888	4,677	4,674	100.0	2,252	2,922		107	96	90.0	0.7	0.7	100.0
889	4,126	4,083	98.9	2,513	2,416	96.1	49	34	69.0	9	9	100.0
890	2,110	2,085	98.8		2,786		70	38	55.0	7	7	100.0
891	5,325	5,291	99.1		2,986		35	21	59.5	3	3	100.0
892	5,406	5,406	100.0		3,705		23	16	72.0	3	3	100.0

注）単位 1000 斤未切捨，1871 ～ 72 年（明治 4 ～ 5）『各開港場輸出入物品高』，1873 年『明治六年海外貿易表』，以降『大日本外国貿易年表』による．
出典）『横浜市史』第三巻（上），前出．

する新政府の支えとなる物的基盤が、対外貿易港横浜と、東日本の生糸・繭であったと評価されるのである。つまり海外貿易を一手に取りしきっている横浜港と東日本の生糸が、生まれたばかりの明治政府を経済面から支えていたのである。

また政治的にみると、京都・大阪周辺には狂信的な攘夷論者がたむろしていた。攘夷を旗印として戦ってきた新政府側が、一転して開国政策をとるには、京都・大阪周辺では大きな危険がともなう。それに比べ東京では抵抗が少なく、諸外国の外交官をはじめ、欧米人の多くが東京そして貿易の中心地・横浜に居住している。西欧諸国と

表 8. 3（A）生糸産出高の地域性とその変化

順位	地域	1876 〜 78 年平均 産出高（千斤）	1876 〜 78 年平均 構成比（%）	変化	順位	地域	1888 〜 90 年平均 産出高（千斤）	1888 〜 90 年平均 構成比（%）	年平均成長率（%）
1	上野	333	16.0		1	信濃	1,036	18.5	13.0
2	信濃	239	11.4		2	上野	975	17.4	9.4
3	武蔵	209	10.0		3	武蔵	487	8.7	7.3
4	甲斐	171	8.2		4	岩代	389	6.9	7.2
5	岩代	168	8.0		5	甲斐	348	6.2	6.1
6	羽前	111	5.3		6	近江	276	4.9	10.8
7	近江	81	3.9		7	羽前	221	3.9	5.9
8	美濃	73	3.5		8	磐城	204	3.6	10.6
9	加賀	72	3.5		9	美濃	176	3.1	7.6
10	越後	72	3.4		10	相模	138	2.5	13.9
上位 5 カ国		1,118	53.7		上位 5 カ国		3,236	57.7	9.3
下位 5 カ国		410	19.7		下位 5 カ国		1,015	18.1	7.8
上位 10 カ国計		1,527	73.3		上位 10 カ国計		4,250	75.8	8.9
全国計		2,083	100.0		全国計		5,610	100.0	8.6

表 8. 3（B）繭産出高の地域性とその変化

順位	地域	1876 〜 78 年平均 産出高（千斤）	1876 〜 78 年平均 構成比（%）	変化	順位	地域	1888 〜 90 年平均 産出高（千斤）	1888 〜 90 年平均 構成比（%）	年平均成長率（%）
1	信濃	3,133	20.0		1	信濃	11,705	15.9	11.6
2	上野	1,912	12.2		2	上野	8,939	12.1	13.7
3	武蔵	1,411	9.0		3	武蔵	7,699	10.4	15.2
4	岩代	1,293	8.3		4	岩代	5,224	7.1	12.3
5	甲斐	925	5.9		5	近江	3,668	5.0	13.2
6	近江	826	5.3		6	美濃	3,612	4.9	14.4
7	美濃	721	4.6		7	羽前	3,557	4.8	16.2
8	羽前	587	3.8		8	甲斐	3,336	4.5	11.3
9	飛騨	517	3.3		9	磐城	2,981	4.0	15.7
10	磐城	517	3.3		10	相模	2,250	3.1	18.4
上位 5 カ国		8,675	55.5		上位 5 カ国		37,237	50.5	12.9
下位 5 カ国		3,169	20.3		下位 5 カ国		15,736	21.4	14.3
上位 10 カ国		11,844	75.7		上位 10 カ国		52,972	71.9	13.3
全国計		15,638	100.0		全国計		73,717	100.0	13.8

『（全国）農産表』および『農商務統計表』各年度より作成.

（注 1）原資料に桁違いと思われる数値があるときは訂正した．全国計は原資料にあたえられたそれではなく，筆者の集計である．なお，北海道を含まない.

（注 2）年平均成長率の計算は，各国別のパネルとグループ別のパネルとでは若干異なっている．例えば（b）における相模の 18.4%は ,1876 〜 78 年平均の欄には表示されていない産出高 296 と 1888 〜 90 年平均の欄に示されている 2,250 とから算出されたが , 同表の上位 10 カ国グループ 13.3%の場合，構成する国が変ってもあくまで順位に基づいた集計値 11,844 と 52,972 とから計算されている.

（注 3）―― は両年度とも登場する県を結んだもの ↗↘ はそれぞれ上位 10 カ国への参入・退出を示す.

（出典）斎藤・谷本雅之（1989）:「在来産業の再編成」，梅村又次・山本有造編 :『日本経済史』3　開港と維新，岩波書店.

積極的に関係をもとうとすれば、政治・経済的にみて東京が首都としてふさわしかったのである。

このようにみると、次に課題となるのは、なぜ徳川幕府が横浜を開港したのかである。幕府の要職にあって横浜ないし江戸周辺での開港を主張したのは、下田奉行とともに日米通商条約を協議すべく全権委員に任命された岩瀬忠震《ただなり》であった。彼は部屋住の身ながら老中阿部正弘に見いだされ幕府の中枢で活躍するが、目付の地位にあった安政四年(一八五七)、老中へ上申書を提出し、横浜開港の必要性を主張した(3)。

その理由として、いくつかあげられている。外国が経済の中心地大坂の開港を希望していることをみてとり、京都に近い大坂を開くことによって対朝廷関係が不都合になる。一方、江戸の眼前に各国の船が入港することにより刺激を与え、江戸がロンドンのようになって武備を精励し士気もあがり、海陸の防備も厳重になる。そして西欧の武備の情報が容易に得られることなどであるが、そのもっとも大きな期待は経済上の利益であった。

この当時、自然条件に恵まれている大坂が商業の中心地であったが、さらに外国貿易の利が加わると大坂のみ肥え太るであろう。それに比べ江戸は自然の条件に恵まれず、全国的な取引はなく、大都市江戸の消費物資のみの交易にとどまっている。この状況を横浜開港を契機として打開し、海外貿易をおさえることによって、一挙に全国的経済利益を掌握しようというのが岩瀬のねらいであった。

海外貿易を通じて商品を集め、全国との取引を大きく拡大させようとする岩瀬の構想はまんまと当たった。貿易港横浜は大発展するのである。そして、それを支えた主なる商品が生糸類であった。

なお岩瀬は、運輸についての江戸の自然条件として、とくに品川沖に停泊できる港がなく、各地との連絡に恵まれず、東北からの東廻りの船の多くは大坂へ直行して、大坂より東国の諸品を高価に買い受けていると述べているが、この認識は間違っている。前章でみたように、東廻りの船は直接、江戸に入る。その商業中心地は荒川下流部に位置する隅田川河口部であり、ここは利根川・荒川の内陸舟運と連絡していた。また、関宿から下流の利根川には奥州の物資を積んだ船が往き来でき、江戸川から江戸へ通じていた。この内陸舟運を重要な輸送路として、生糸は横浜へ集荷されたのである。

このように生糸貿易を含めた幕末の対外関係を考えると、明治新政権が東京に首都をおいたのは理解できる。老中阿部正弘を中心とした幕閣の開明派の苦闘により形成された社会経済基盤を、明治新政府は引き継いだのである。

二　大久保利通の国土経営構想と起業起債事業

後に大久保利通は、東京遷都について「たとえ西国は失い給うとも東国を全う」とまで述べて、その意義を強調した。つまり、当時の経済的先進地・西日本を切り捨ててでも、東日本に自らの政権の運命をかけていたのである。そして、大久保の七大プロジェクトを中心とした東日本の開発構想へとつながる。

一八七八年（明治一一）、内務卿大久保利通が太政大臣三条実美あてに提出した伺書「一般殖産及び華士族授産ノ儀ニ付伺」(4)のなかで、東北地方の運輸体系の整備を目的とした七大プロジェクトが提案されている（図8・1）。この伺書は、当時の重大な社会問題であった士族の救済と一般殖産の構想を述べたもので、第一等、第二等、第三等の三項目からなる総額六〇〇万円の提案である。第一等、第二等での目的は、華士族救済のための開墾政策であり、約一万三千戸の華士族の移住による開墾を計画した。この計画をもとに具体的に進められた代表的事業が、猪苗代湖から導水する安積疏水《あさかそすい》事業である。つづく第三等で、一般殖産事業として述べたのが七大プロジェクトである。

まず最初に野蒜《のびる》築港をあげるが、道路について構想したのは越後と上野をむすぶ清水越のみで、あとはすべて舟運

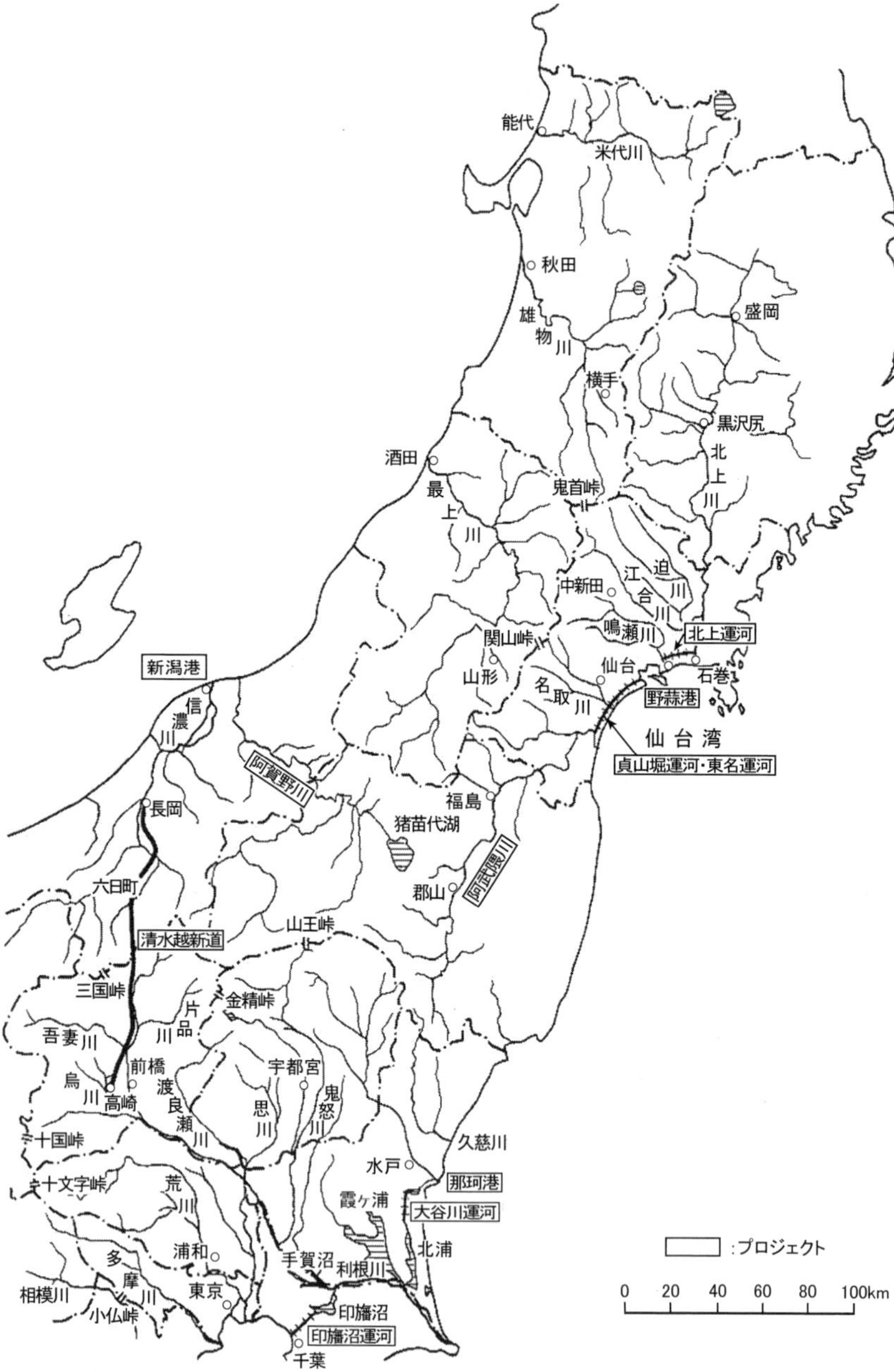

図 8.1　大久保利通の東日本開発構想（江口知彦作成）

体系の整備である。そのうち港湾の整備としては宮城県の鳴瀬川河口部の野蒜港とともに、阿賀野川ともつながっている新潟港、涸沼《ひぬま》とつながっている那珂港をあげる。河道の改修としては、福島地方の便のための阿武隈川、会津の便のための阿賀野川をあげる。さらに新たな運河として野蒜港と北上川との間の新運河、北浦・涸沼・那珂港をつなぐ大谷川運河、印旛沼より東京湾へ出る新運河をかかげている。また道路の清水越は、利根川と信濃川を連絡するものである。

この七大プロジェクト以外に大久保は、猪苗代湖から阿武隈川水系に落とし安積開墾を進める安積疎水計画の目的の一つとして、阿武隈川と阿賀野川をむすび、太平洋と日本海をつなぐ構想をもっていた。大久保の構想は、沿岸海運と河川舟運とで全国をネットワークしていた近世の延長線上に東日本の運輸体系の整備を図ったものと評価できる。

この大久保構想、さらに殖産興業政策を推進する工部省、北海道開発を担当する開拓使の事業を行うため、当初予定総額一〇〇〇万円からなる起業公債事業が一八七八年（明治一一）から開始された。同年三月、予算をともなう五点の具体案が大蔵省から提出された。第一項に大阪から京都をとおり敦賀港に達する鉄道計画、第二項に新潟・石巻などの港湾の整備と陸路の開削、第三項に秋田県の院内《いんない》・阿仁《あに》その他の鉱山開採の改良と銀銅精錬所の設立、第四項に北海道幌内の炭坑開発、最後に場所の指定のない農地開発が掲げられている。[5] 第二項の計画こそが、大久保構想として内務省が展開しようとしていたものであった。

起業公債事業は新潟築港の中止、野蒜築港の放棄、清水越新道開削、敦賀〜大垣間鉄道建設など計画内容を変えながら一八八七年（明治二〇）度に総額約一二三七万円で決算された。七八年の当初予定額、八一年度までの支出額、八七年度における決算額が表8・4に示してある。

表 8.4　起業公債事業の支出額推移（単位：円）

	当初予定額	1881年（明治14）度まで支出額	決算額（1887年度）
野蒜築港費	255,044.855	572,964.619	678,194.245
新潟築港費	361,200.000	21,602.806	21,602.806
東北地方新道開鑿費		194,955.044	194,954.091
清水越新道開鑿費		299,050.477	347,015.174
京都・大津間鉄道建設費	1,333,914.000	952,140.000	952,140.000
敦賀・大垣間鉄道建設費		1,522,170.000	3,421,469.000
東京・高崎間鉄道測量費		6,000.000	5,974.805
小計	1,950,158.855	3,568,882.946	5,621,350.121
院内阿仁鉱山開坑費用	2,001,600.000	1,600,000.000	1,614,408.898
幌内開採岩内改良費	1,500,000.000	1,500,000.000	1,805,165.809
油戸炭山興業費	119,690.000	119,690.000	48,608.298
勧業経費	3,000,000.000	3,231,117.054	3,176,377.487
大蔵省担当公債費	100,000.000	100,000.000	99,988.030
総額	10,000,000.000	10,000,000.000	12,365,898.643
東京・前橋間鉄道建設費			2,902,685.115

（出典）小風秀雄（1996）:「起業公債事業ど内陸交通網の整備」, 高村直助編:『道と川の近代』山川出版社.

三　明治の国土づくり（鉄道事業、河川事業、港湾事業、道路事業）

明治になり、西欧からの近代技術の導入により新たな国土づくりが進められた。一口にいえば、国土の近代化であり、中央集権政府による国家主導のもとに行われた。

さて、明治の初めから昭和の高度成長時代までの事業ごとの投資構成比をみたのが図8・2である。明治から大正初めにかけて、鉄道事業と河川事業の投資が大きいことがわかる。道路事業にもある程度の割合で行われてきたのであるが、その比率が一気に大きくなるのは昭和初期においてである。それまでは鉄道事業と河川事業の割合が大きかった。

これらに比べ、港湾事業は投資の割合は小さい。しかし河川、鉄道、道路が面的に広い地域の整備を課題にしているのに対し、港湾は拠点開発の意味合いが大きい。国内あるいは海外の交易を行う港湾は、地域に対しきわめて大きいインパクトを与えるが、ここでは投資額の大きい鉄道事業、河川事業を中心に述べていく。

鉄道事業は、明治の新時代を象徴する社会インフラ事業として着工され、はやくも一八七二年（明治五）新橋〜横

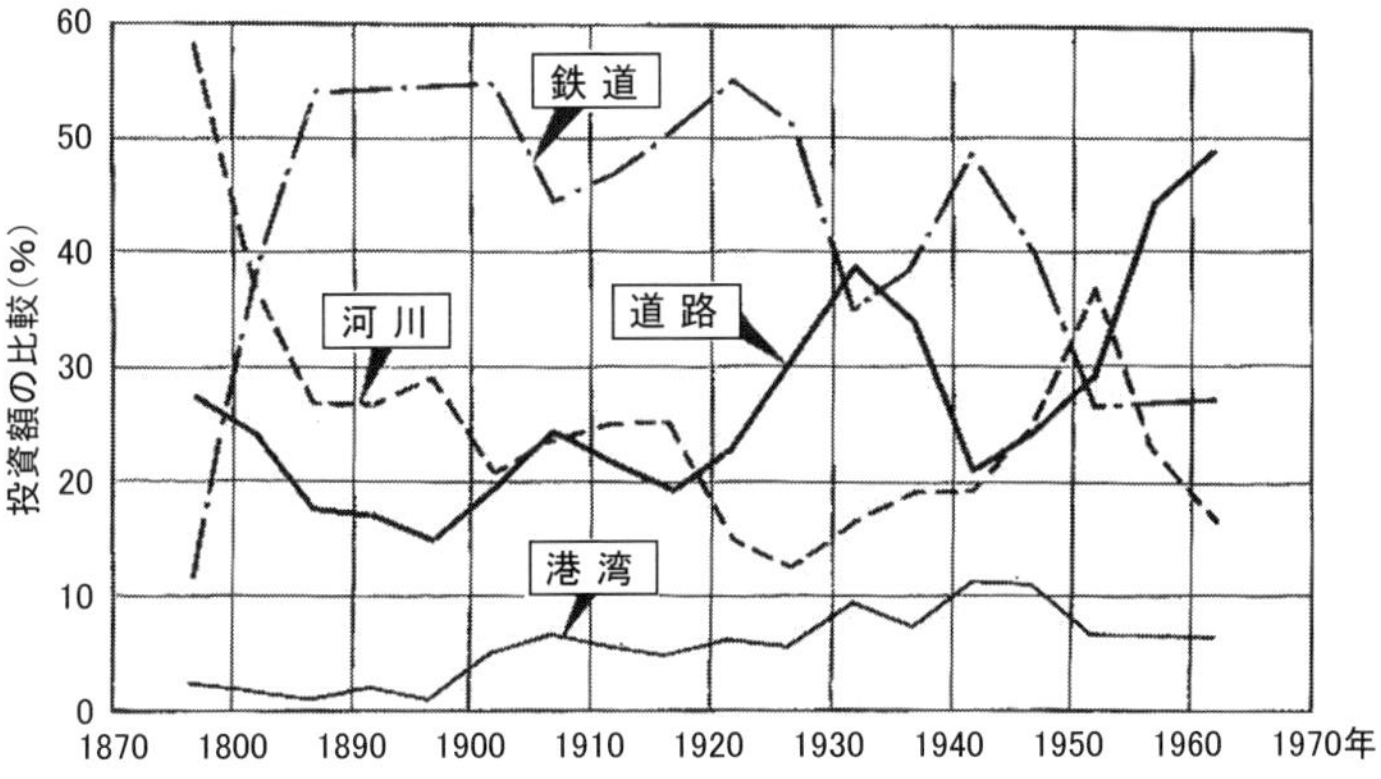

図 8. 2　近代の河川，鉄道，道路，港湾事業投資額の比率
（出典）沢本守幸（1981）:『公共投資 100 年』大成出版社の第 6 表をもとに作成.

浜間、七四年には神戸～大阪間が開通した。技術指導をしたのは、イギリス人を中心とした御雇《おやと》い技師であった。だが、鉄道建設には膨大な資金が必要である。このため当初はあまり費用もかけずに整備され、かつ大量輸送に向く舟運を活用しようとした。先にみた大久保の七大プロジェクトも、舟運を中心に整備していこうとするものであった。

鉄道事業

神戸～大阪間の開通直後は、大阪～京都間が細々と続けられていたにすぎなかった。この後、起業公債事業等により京都～大津間（一八七八年着工、八〇年竣工）、敦賀～大垣間（当初は敦賀～米原間であったが、一八八二年に計画変更、八〇年着工、八四年竣工）が竣功し、東京～高崎間の測量が一八八〇年（明治一三）に行われた。これにより西日本では八四年、大津～長浜間は琵琶湖舟運に頼ったが、大阪・敦賀・四日市（大垣から揖斐川舟運）の重要拠点が連絡した（図8・3）。

一方、東日本では民間会社によって鉄道が建設されていった。東京～高崎間は政府の財政難により着工中止となったのち、一八八一年に設立された日本鉄道会社によって進められた。その資金は、華族を中心に三菱社や沿線各県の資産家から株主払い込みにより得ようというものだった。ただ工事・保線また汽車運転・管理はすべて政府鉄道局に委託し、開業までは年八％の利子保証、開業後の一〇～一五年間は八％

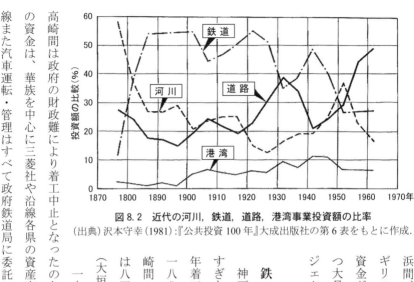

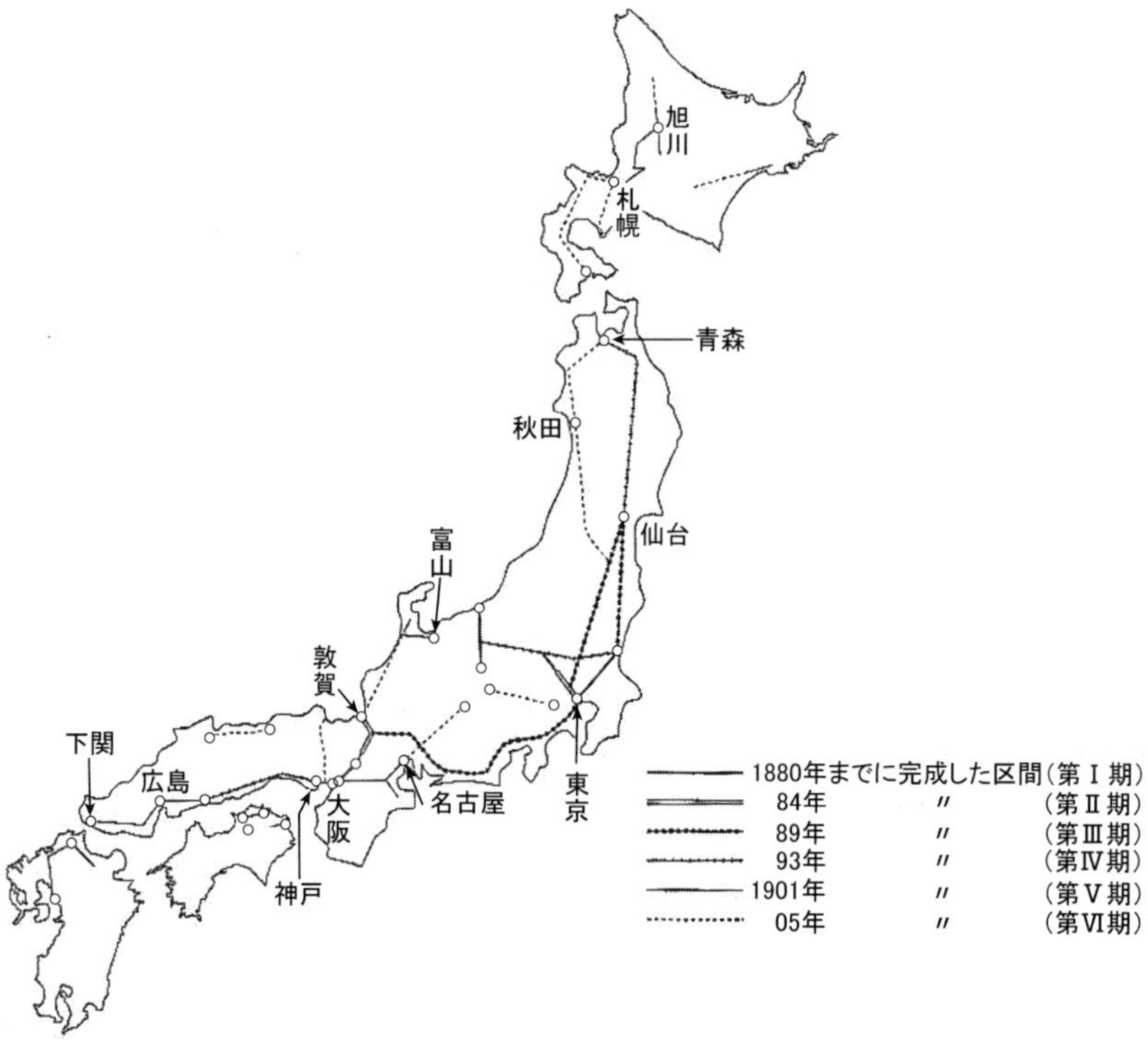

図 8. 3　明治時代の鉄道整備状況

（出典）沢本守幸（1981）:『公共投資 100 年』大成出版社.

までの利益補填をするものだった。

この日本鉄道会社によって一八八二年（明治一五）四月から工事が始められ、上野～前橋間が八四年一〇月全線開通となった。この開通は、八五年に竣功した清水越道路と相まって長岡で信濃川舟運と連絡するものだった。つづいて八五年三月、赤羽・品川間が開通し、新橋～横浜間の鉄道とつながった。また、東北地方には、大宮～宇都宮間が八五年七月に開通したのを手始めに、八七年末までに仙台をへて塩釜まで開通した。さらに青森まで達したのが九一年九月であった。東京・京都・大阪が鉄道でつながる八九年以前に、既に東日本ではかなりの鉄道整備が行われていた。

ところで、民間資金をもとにした幹線鉄道建設は、他の地域でも計画されたにもかかわらず認可されなかった。ただ東日本の鉄道建設を進める日本鉄道会社のみが認可された。それは、先述したように当時の代表的な輸出品である生糸類の生産の中心地は東日本であり、横浜から輸出されていた。明治政府は、この基盤を重視し大久保構想、さらに鉄道により一層の連絡を図ろうとしたのである。

一八八二年（明治一五）当時の鉄道官僚の考え方[6]は、鉄道をまず敷設する地域として、物産が豊富にあるにもかかわらず舟運の便がないところ、舟運の便はあるが物資が多量にあり、舟運によっても十分に運搬ができないところ、または海上輸送が可能であるが、はるか遠回りしなくてはならないところを対象としていた。舟運の便とは、内陸部では河川舟運である。地域の輸送にとって当時、河川舟運が大きな役割を果たしていることを強く意識していた。

河川事業

明治当初、河川舟運は重要視されていた。それを担当する内務省は一八七四年（明治七）、「水政ヲ更正スル議」全八条を提出したが、この第六条で、陸運に対する舟運の利を説き、交通路の整備は水路を先にして陸路を後にすべきであると強く主張した。舟運路となる低水路《ていすいろ》[7]が最初に整備されたのは淀川であるが、淀川舟運は明治政府から、「澱（淀）川は皇国一、二の大河、内外交通の要路にして、民産の栄枯この通塞に係るまた少なからず」と、とらえられていた。それを指導したのは、御雇いオランダ人技師たちであった。

彼らオランダ人技師は河川舟運を重要視していたが、長工師ファン・ドールンは一八七四年、鉄道と淀川舟運を具体的に比較検討した。大阪〜伏見間の工事費でみると、鉄道では約一六八万円かかるが舟運では四一万七二〇〇円と四分の一しか要しない。運賃でみれば鉄道の方が六・六倍も費用が大であり、舟運が有利と主張した。[8]

明治二〇年代初め頃まで、交通運輸の基軸として舟運が重要であり、国直轄により河川舟運も考慮した修築事業が

表 8. 5　国直轄による修築工事状況

河川名	費　目	工　　期
淀川	修築費	明治第 7 期～ 1888 年度
	修築工修繕費	1889 ～ 1898 年度
利根川	修築工	明治第 8 期～ 1899 年度
信濃川	修築工	1876 ～ 1905 年度
	河口修築費	1896 ～ 1903 年度
木曽川	修築工	1877 ～ 1913 年度
	修築工速成費	1903 ～ 1906 年度
北上川	修築工	1882 ～ 1901 年度
	修築工修繕費	1901 ～ 1902 年度
阿賀野川	修築工	1882 ～ 1904 年度
富上川	修築工	1883 ～ 1894 年度
	修築工修繕費	1895 ～ 1898 年度
	追加修築工	1896 ～ 1897 年度
庄川	修築工	1883 ～ 1899 年度
筑後川	修築工	1884 ～ 1898 年度
最上川	修築工	1884 ～ 1903 年度
吉野川	修築工	1884 ～ 1904 年度
大井川	修築工	1884 ～ 1902 年度
阿武隈川	修築工	1884 ～ 1902 年度
天竜川	修築工	1885 ～ 1894 年度
	修築工修繕費	1895 ～ 1899 年度
	追加修築工	1896 ～ 1898 年度

（資料）『土木局第三十回統計年報』内務省土木局，1937.

行われた。この事業は、低水路の整備、つまり河身《かしん》改修と、山地からの土砂の流出を防ぐ砂防工事よりなる。オランダ人技師は、近代科学技術にもとづき地形・水位などを観測して基礎データを得、水理式などによって計画を策定していった。

修築事業は、一八七四年（明治七）に淀川、七五年に利根川、七六年度には信濃川で始まった。その後、表8・5にみるように、八四年度の天竜川まで一四河川で着工された。これらは全額国費で行われ、後年、低水工事と称されたものである。

だが、これら低水工事は舟運整備のみを目的としたものではなく、治水工事の一つとしても位置付けられていた。一八八四年、内務卿山縣有朋から太政大臣宛に提出された「治水ノ義ニ付上申」[9]では、河身改修、土砂防止がまずはじめに行われる工事であって、これが修了すれば堤防修理も容易であると主張された。すなわち、河身改修、土砂流出防止、築堤を一体的なものとしてとらえている。低水路を整備し洪水がスムーズに流れるようになったのち、堤防を整備するとの方針であったのである。

一八八七年（明治二〇）頃から新たな河川事業が展開された。利根川・信濃川・木曽川・筑後川等で、新たな計画のもとに河川事業が着工されたのである。この背景には、八五年の全国的な大水害があった。この八五年は、統計が整備されている七八年以降、今日にいたるまで国民所得に対する水害被害額の割合がもっとも大きい年であった。事業内容は、低水工事を国が行い、築堤工事を府県の負担で行うものであった。たとえば木曽川では、八六年に改修計画が策定され、木曽川・揖斐川・長良川の三川分離をともなう大規模な改修事業に着工した。河身改修・砂防は国直轄により、築堤は愛知県・三重県・岐阜県により進められたのである。

また、一八八八年に開始され九〇年に竣功した利根運河をはじめとして、宮城県下の貞山堀《ていざんぼり》運河（九〇年竣功）、京都と大津をむすぶ琵琶湖疎水（九〇年竣功）など全国各地で河川・運河による舟運事業が構想され、かつ実施された。

港湾事業

近世までの日本の港の多くは河口に位置していた。その理由は河口港が河川舟運と海運との接点に位置し、河川流域を背後圏としていたためである。しかし、河口港は大きな宿命をもっている。上流から流出してきた土砂の堆積によって、水深が減じることである。大型西洋船に対処できる近代港湾にどのように脱皮していくのかは、近世に栄えた河口港にとってとくに重要な課題であった。

一八七八年（明治一一）九頭竜川河口の坂井港、鳴瀬川河口の野蒜港が着工された。この後、三角港・宇品港などが着工されたのち、八九年、京浜地区の窓口として、防波堤で泊地を保護した日本最初の近代港湾である横浜築港事業が神奈川県によって着工された。ここに本格的な近代港湾の築造となったのである。この後、さらに九六年、航海奨励法と造船奨励法が成立し、海運業・造船業が活気づくとともに、港湾の整備も図られていった。九六年には名古屋港・函館港、九七年には、近世に大いに繁栄した大阪で近代港湾工事が市営により着手されたのである。

なお、はじめて鉄道と直接的につながったのは一八九九年に着手した横浜港第二期工事である。横浜駅と横浜港との間に鉄道が敷設されたが、第一期工事でも計画は立てられていた。しかし、舟運関係者等の反対により中止となっていた。

東海道線開通と鉄道敷設法の成立

新橋～神戸間の東海道線が開通したのは一八八九年（明治二二）であるが、東京・京都の両京間の鉄道計画は明治初頭から構想されていた。その重要な課題は、ルートを東海道筋にするのか、中山道筋にするのかであった。御雇いイギリス技師ボイルは七四年から七六年に調査を行い、開発効果の大きさから中山道ルートを選択していた。

一八八三年に中山道ルートが内定したが、その基本方針について参事院議長で工部卿代理であった山縣有朋は八三年の高崎・大垣間鉄道建議書で、「交通の便を起すに最緊要とする所の者は鉄道布設に若く者なし」と鉄道の重要性を指摘し、「一旦、緩急ある日子を費やずしてよく多数の軍隊を千里の遠きに達すべし」と軍事面での必要性を述べた[10]。そして、海洋に囲まれ東西に長く南北に狭いのが日本の地形条件であり、沿岸は海運に恵まれ良港をもっている。このため中央に東京・京都をつなぐ鉄道幹線を敷設し、ここから太平洋側、日本海岸の港に支線を引く計画を主張し、中山道ルートとしたのである（図8・4）。

つまり本州の中央に位置する中山道ルートに鉄道をとおし、新潟、敦賀、大阪、四日市、横浜の主要港湾をつなごうとするものであった。

この建議書にもとづき、敦賀から関ヶ原まで竣工していた鉄道は大垣まで延長され、また中山道ルートで両京間を結ぶ鉄道建設が決定したのである。財源として、二〇〇〇万円の中山道鉄道公債が発行された。このルート選択について、鉄道局の認識は次のようなことであった[11]。

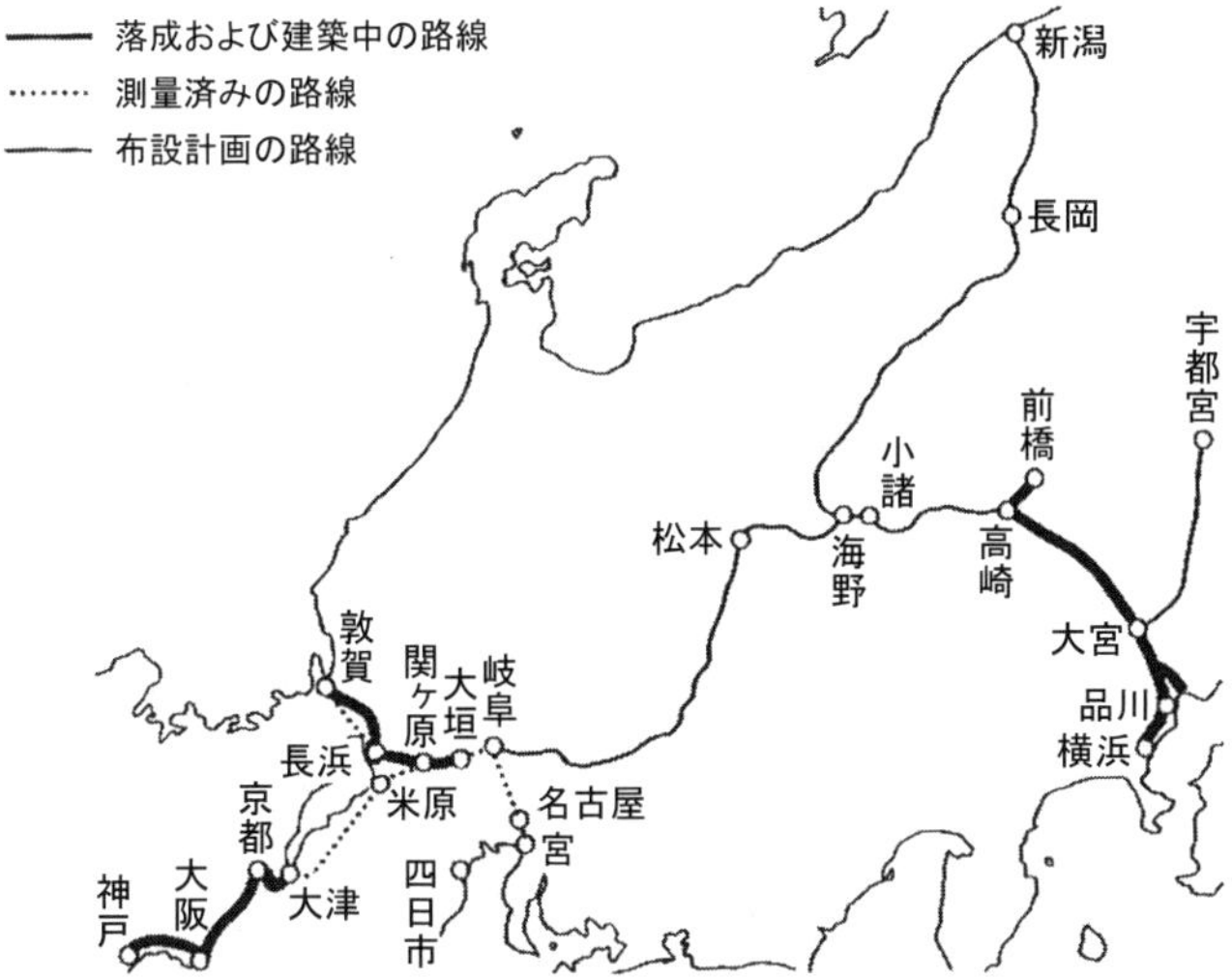

図 8.4　明治 16 年（1883）の工部省内陸鉄道網構想
（出典）小風秀雄（1996）:「起業公債事業と内陸交通網の整備」，高村直助編 :『道と川の近代』山川出版社.

東海道ルートは箱根の急峻な山、富士川・大井川などの大河があり工事が難しい。さらに、沿海に位置していて地形は平坦で、舟運・車馬の輸送に便利である。一方、内地の中央をとおる中山道ルートは「もし鉄道にして之を敷くあらば、沿線左右の数国は為めに運搬の便を拡むる僅少ならずして、その利その益随って起るもの必ず夥多《かた》に及ぶべし」と、その開発効果が大きいことを述べる。さらに工事について、木曽の険しい山々、大河があるが、「工事を施すの一点にありても正しく東海道の比に非るべし」と、東海道と比べて困難でないと主張する。つまり開発効果、工事の難易度から中山道ルートを選択したのである。

中山道ルートは、一八八四年（明治一七）から西部の大垣～岐阜間、東部の高崎～横川間が起工し、翌八五年には資材運搬路として直江津～上田間、名古屋～武豊間の鉄道建設が始まった。しかしこの直後、中央山間部の実施調査の結果、技術的な困難性が明確となった。費用が莫大となり竣功の時期が著しく遅れるとともに、「将来の運輸上においても列車の速度遅緩ならざるを得ず。したがって運転費また巨額に上り、結局鉄道の利用完全なる能わざる」と、その不利が明らかとなったのである。[12] この結果、ついに八六年七月、東海道ルートへと変更となった。その技術的背景には、大河を横断する橋梁技術の進歩があった。

一八八六年（明治一九）、鉄道政策は幹線の官有官設官営方針が転換され、民有民設民営による幹線鉄道の建設が許可されることとなった。その最初として門司～三角間に着手する九州鉄道が許可された。その背後には、松方財政デフレによる不況の終息との経済背景がある。八六年から八九年頃にかけ鉄道の企業家に対し、一大企業勃興ブームが生じた。

一八九二年、鉄道建設法が第三回帝国議会で成立した。その内容として、ほぼ全国を張りめぐらす三三の建設予定地が定められ、このうち緊急を要する九路線が第一期予定線とされ、一二カ年で建設されることとなった。工事予算費は総額六〇〇〇万円で、年利五％以下の公債の募集によって調達するものであった。ここに、内陸輸送は鉄道で進めていく方針が定められたのである。この制定以降、新たな内陸舟運開発は基本的に行われなくなった。

この方針が、どのような議論をへて決定していったのか明確ではないが、政府にあって鉄道を担当する鉄道庁が一八九〇年九月から九三年一一月まで内務省の配下にあったことが重要と考えている。政府内での鉄道部局の配属をみると、鉄道局として八五年一二月に工部省が廃止されるまで工部省の管轄にあった。だが廃止後、鉄道局は内閣直属となり閣議の直接監督下におかれることとなったのち、九〇年から鉄道庁として内務省に移管された。河川改修また道路改修は内務省土木局が担当していたが、鉄道部局もこの時期、同じ内務省の管轄に入ったのである。この後、内陸輸送をどのように進めていくのか内務省内で幅広く議論され、それをふまえて内陸輸送は鉄道で進めるとの方針が確立されたと考えて間違いないだろう。つまり、内陸輸送の基本方針の確立のため内務省管轄下に入り、その基本方針また全国計画の確立をみて鉄道建設推進のため一八九三年一一月内務省から分離し、逓信省に移されたとみてとれるのである。

鉄道事業の意義について、政府内にあってその中心として長く鉄道建設を推進していた鉄道官僚井上勝は、国土経営としての鉄道の役割について、開発によって生じる間接利益が重要としておおむね次のように主張した(13)。

鉄道は、国防上から殖産興業におけるすべての事業に便益を与え、富強の重要な道具であるとともに開明の利器である。そして投資すべき資本額は、直接利益の大きさのみで判断するのではなく、鉄道の開通によって生じる間接利益を基本として判断せねばならない。この間接利益を十分に発達させるには、全国枢要の地をできるだけ早く接続せねばならない。直接利益の確保を目的とする民間鉄道ではその任を果たすことができず、政府自らが建設すべきである。

河川法の成立

内陸輸送を鉄道で進めるという方針を確立してから河川行政は大きな転換をみ、一八九二年（明治二五）度から新たな調査が開始された。九〇年帝国議会が開設されると、国庫による堤防修築など、治水を求める請願が全国から行われた。第一回帝国議会に寄せられた請願数は一四二件に及び、地租軽減そして地価修正の四三八件についで多く、全請願数一〇五六件の一割以上であった。一方、議員からは治水（洪水防御）工事の促進を求める建議がたびたび行われ、政府直轄による治水の要望が盛んに展開された。とくに淀川改修が地元により熱心に推進され、議会内への強い働きかけもあった。淀川では、七四年から始まった修築事業が八八年度には竣功し、新たな改修事業が求められていたのである。

この結果、修築事業が既に完了していた淀川・筑後川で、一八九六年（明治二九）度から政府直轄による治水事業が着工されることとなった。河川事業は新しい段階に入ったのであるが、それとともに河川管理、費用負担などを規定した制度として九六年三月、六六条からなる河川法が成立したのである。

だが、即座に国直轄により治水事業が全国的に展開されたのではない。一九〇七年（明治四〇）までに着工された河川は、一九〇〇年の利根川・庄川・九頭竜川、〇六年の遠賀川、翌〇七年の信濃川・吉野川・高梁川のみであった。これ以外に、一八九八年に定められた直接施行制度により、修築事業として進められていた木曽川・大井川で県が施工していた築堤工事を国が代わって行った。明治政府は、膨大な海陸軍の臨時拡張費が優先されるなど財政からの強い制約のもと、工事対象河川をきびしく絞って進めていったのである。

道路事業

明治初頭には、地方の開発に対し国によっても道路の整備が重視され、また地方は道路の整備を熱心に主張した。この後、道路は一等、二等、三等に区別されたが、一八七六年（明治九）に等級は廃止されて国道、県道、里道の三区分となった。

国からの補助は、そのときの国家財政にもとづき個別審査により行われていた。しかし、その数や額も少なく、明治時代中頃から政府が鉄道に力を注いだのに対し、地域間をむすぶ道路の整備は大きく遅れることとなった。

西欧技術の導入

当初、御雇い技師、つまり欧米技術者の招聘によって進められた。表8・6にみるように、合計一四六人が招聘されているが、イギリスからがもっとも多い。彼らは学校教育をのぞいて主に計画・設計の技術分野を担当し、現場監督者としては技手・技能者が来日した。鉄道は主にイギリスからで、河川と港湾はオランダからであった。また、北海道開拓はアメリカからであった。さらに、国による西欧諸国への留学制度が一八七五年（明治八）から始まった。

一方、技術者教育機関の整備もはかられ、一八七〇年政府による灯台寮修技校の横浜での設置を端緒とし、七三年には工部省に工学寮が設置され、七七年に工部大学校と改称された。また大学南校、開成学校などをへて、七七年には東京大学理学部が開設されたのち、八六年工部大学校を吸収して帝国大学工科大学となった。また、北海道開拓に有用な人材を養成するため、七六年には開拓使により札幌農学校が開設された。

欧米への留学生、高等教育機関の卒業生が実地に経験をつみ実力を備えるとともに、一八八七年（明治二〇）頃からはインフラ整備事業は日本人技術者の指導によって進められていった。

次に施工技術の近代化をみていこう。日清戦争後の一八九六年、国直轄により淀川改良事業、翌年に大阪市により大阪築港事業、また鉄道作業局による中央線笹子トンネルが着工された。この工事のためフランス、イギリス、ドイツ等から浚渫船、掘削機、機関車などの施工機械が購入され、機械力を本格的に駆使する大規模工事が展開されたの

表8.6　欧米技術者の招聘

①招聘された欧米技術者の国籍別分類

国名	人数
イギリス	108
オランダ	13
アメリカ合衆国	12
フランス	11
ドイツ	1
フィンランド	1
計	146

②招聘された欧米技術者の雇い上げ官公庁等別分類（含民間）

官公庁名	人数
鉄道寮（局）	56
内務省土木寮	15
測量司（内務・工部）地理寮	15
鉱山寮	15
開拓使（含農学校）	13
工部省（工作・営繕・灯台）	11
工部大学校・開成学校・帝国大学	11
海軍省	7
陸軍省	4
神奈川県	3
東京府	2
農商務省	1
大阪府	1
京都府	1
(民間)	4

③招聘された欧米技術者の職種別分類

職種	人数
鉄道（敷設・建築）	59
測量（教師・測量師）	31
電信敷設	14
鉱山土木	14
治水・水理・港湾	11
土木一般・土木顧問	9
陸海軍土木	8
土木工学教師	8
道路	4
建築師	4
灯台	3
水道	2

（注）表②，③の合計が146人以上となるのは職種の変更等のため，重複しているからである．

（出典）村松貞次郎（1976）:「お雇い外国人と日本の土木技術」,『土木学会誌』61巻13号.

である。

それまでの施工についてみると、わずかな機械は導入されていたが、人力によるところが大きかった。人力ではなかなか大変な掘削・浚渫についてみると、一八七〇年、安治川浚渫のため大阪府がオランダから鉄製バケットラッダー浚渫船一〇〇坪掘二隻を買い入れた。これが最初で、つづいて七九年、野蒜築港のため四〇坪掘一隻を買い入れた。利根川低水工事では八五、八六年頃、日本製木造二〇坪掘バケット船があったが、木曽川浚渫のため八六年、オランダから三三坪ホッパー付き大型ポンプ船木曽川丸が購入された。日本ではじめてのポンプ船であったが、これによって浚渫された土量は木曽川改修掘削浚渫土量二五八四万立方mの約一%にしかすぎなかった。ちなみに淀川改良工事では、掘削浚渫量一三一八万立方mのうち四三%が掘削機・浚渫船で行われたのである。

淀川改良・大阪築港・笹子トンネルの工事開始により土木事業は一大転機を迎えたのであるが、この土木事業の機械施工化は、対ロシア戦に備えての大型機械による施工能力を手に入れるとの目的も有していたと考えている。たとえば淀川改良事業であるが、熱心に淀川治水運動を展開する地元に対して、当初、政府は三国干渉による遼東半島返還のち、ロシア戦に備える軍備拡張のため財政をそちらに向けねばならないと強く拒絶する。それをひるがえしての着工であった。施工機械購入のためヨーロッパに技師が派遣され、多額の費用をもって導入されたのである。

「明治の国土づくり」の到達点

一九〇七年（明治四〇）前後、国土づくりに対し施策の大きな進展があった。鉄道建設は、一八九〇年代以降順調な推移をみせ、一九〇〇年前後には旭川から熊本までの列島縦貫線をつくりあげた。そして、日清・日露両戦争時の軍事輸送で重要な役割を担い、軍部から一層注目されたことも背景となって、日露戦争後の〇六年に鉄道国有法が成立し、全国の幹線は国有化されていった。一九〇七年頃にはほとんどの県で鉄道が整備されたが、さらに国より全国ネットワークが進められていった。鉄道はこの後、輸送力の著しい増大をはかる広軌鉄道改築問題へと移っていく。

河川行政についてみると、一九一〇年（明治四三）、関東平野をはじめとして全国的な大水害が生じ、政治および経済に深刻な影響を及ぼした。政府にとって水害対策と治水事業は、韓半島問題、税制整理を中心とする財政政策、公債政策とならんで重要な課題となったといわれるほどであった。この後、政府内に臨時治水調査会が設置され、ここで第一次治水計画が策定されて帝国議会で承認された。また、財政面においても制度が確立され、水田を中心とする耕地の保全と都市の安定と発展を求め、社会の基盤を築くものとして治水事業は進められていくのである。

港湾についてみると、一九〇六年四月、港湾調査会が内務省内に設置され、港湾整備に対する体系的な政府の方針が定められた。翌年一〇月、「重要港湾」として一四港を定めるなど、ここにはじめて港湾に対し国の統一的方針が決まったのである。

これによると、重要港湾は、⑴国が経営する港湾として四港（横浜港、神戸港、関門海峡、敦賀港）、⑵関係地方が経営し国庫からの補助がある港湾として一〇港（大阪港、東京港、長崎港、青森港、秋田海岸、新潟港、境港、鹿児島港、伊勢湾、仙台湾）に分類された。そしてその残りの全国の港湾は、⑶関係地方の独力経営にまかすべき港湾とされた。

日露戦争後、このように河川、鉄道、港湾に対し新たな枠組みがつくられ、国土づくりは新たな段階を迎えたのである。鉄道・治水については全国的な整備が国によって進められ、港湾にかんしては重要港湾が定められて国営あるいは国庫補助のもと、修築事業が進められていくこととなった。ここに、国の主導にもとづき全国をにらんで国土づくりが展開されていったのである。

四　武蔵国分割による首都・東京の成立

東京府の拡大

古代からの歴史をもつ武蔵国が、近代初め、東京府と埼玉県さらに神奈川県の一部に分割された。図8・5でわかるように、明治元年（一八六八）七月幕府時代に南北町奉行が管轄していた、いわゆる「朱引内」を武蔵国から分割して東京府は成立した。この区域はほぼ旧一五区にあたる。その後、何度かの編入を経て一八七三年（明治六）には、ほぼ図8・5の「一八八九年（明治二二）区域」が東京府となった。海岸線は多摩川河口から江戸川河口までで、埼玉県との境界は、ほぼ現在のようになった。そして同年、旧一五区を範囲として東京市が誕生した。その後、大きく区域を広げたのは九三年で、北、西、東の多摩郡からなっていた三多摩地域が神奈川県から移管されたことによる。

この移管の背景には、水道事業との関連がある。三多摩地域が移管された同じ一八九三年に、東京市水道事業が改良（創設）水道として着工された。事業は多摩川から取水し、近世初期に整備されていた玉川上水を利用するものだが、当時、市内でコレラ問題があった。このため、水源は自らが管理するとの東京府の意向により移管となったのである。一方、三多摩地域から東は多摩川が府県境となって武蔵国は分割され、川崎、横浜は神奈川県に編入されたのである。

東京下町の治水整備

図8・6は、近代初期の東京下町の治水秩序で、近世に整備されたものである。ここで注目したいことは、左岸側は埼玉県から連続した堤防である熊ヶ谷堤があり、千住で綾瀬川を合流したのち隅田堤と続くが、須崎下流で堤防は

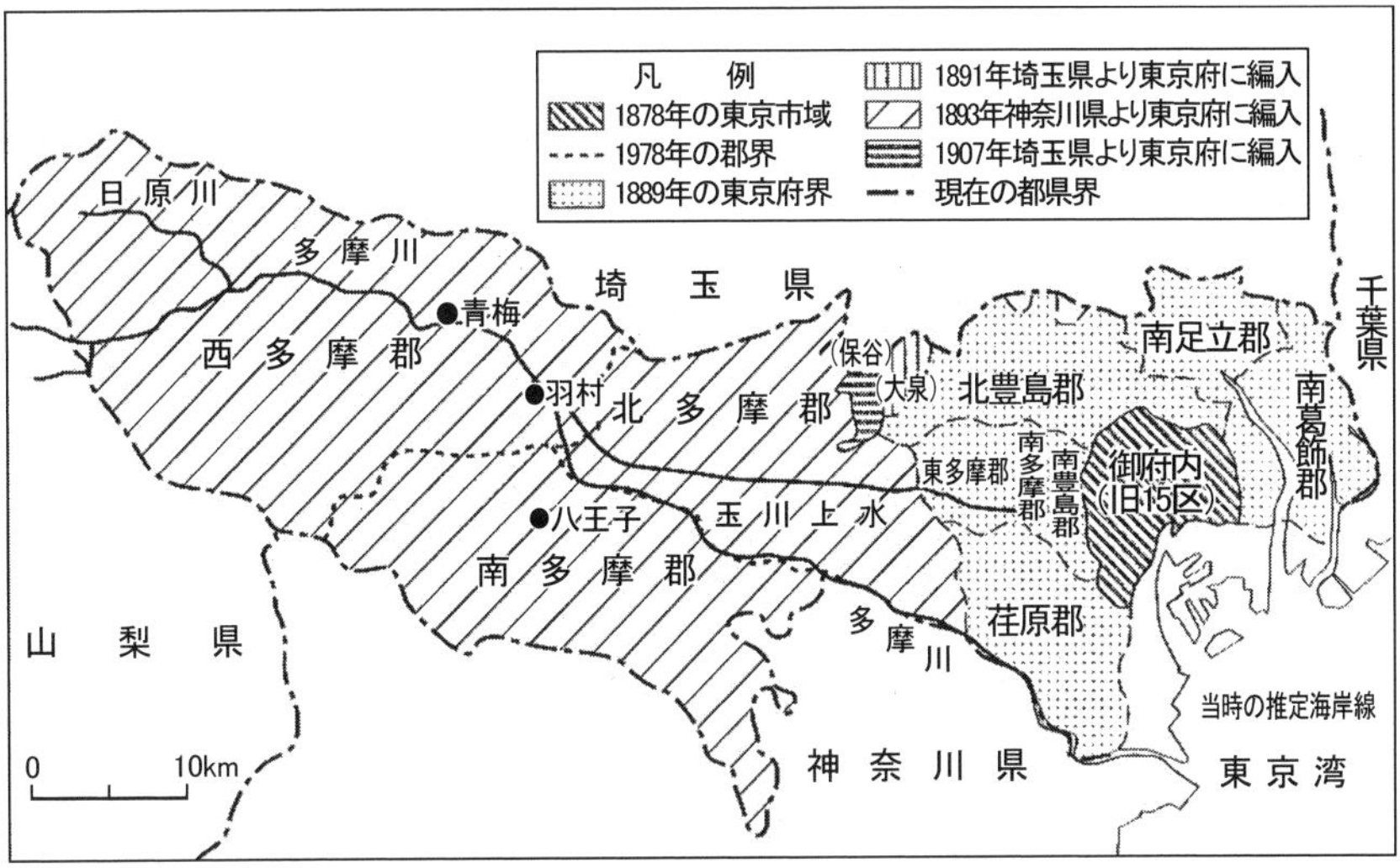

図 8. 5　東京府行政区画変遷図（1868 ～ 1909 年）

（出典）泉　桂子（2004）:『近代水源林とその軌跡』東京大学出版会.

なくなる。一方、右岸側には須崎の対岸に川に直角に近い形で日本堤がある。しかしその上流は無堤で、台地際まで大堤外地（出水時に氾濫する地域、遊水地）が広がっていることである。須崎下流から両岸に堤防がないのは、隅田川の水深が十分、大きいことによる。

右岸の市街地には浅草・日本橋・京橋が位置し、江戸経済の中枢地であるが、ここを守る第一線の堤防が日本堤であった。だが、この堤防は決壊したことがなく、わずか天明六年（一七八六）の大出水時に越水が推定されているのみである。それは、隅田川上流の荒川からの出水は、日本堤上流部のみならず川口・岩淵上流にも広大な堤外地をかかえ、ここで氾濫・遊水しながらピーク流量を大きく減じて流下してくるからである。

一方、左岸の本所・深川には利根川洪水さらに荒川上流で氾濫した洪水が埼玉平野を氾濫して流下し襲ってくる。埼玉平野には多くの控堤がある。控堤《ひかえてい》とは、河道に沿ったものではなく平野の中にみられる堤防である。その代表的なものは、中条堤であり備前堤であり、権現堂堤である（図7・3参照）。

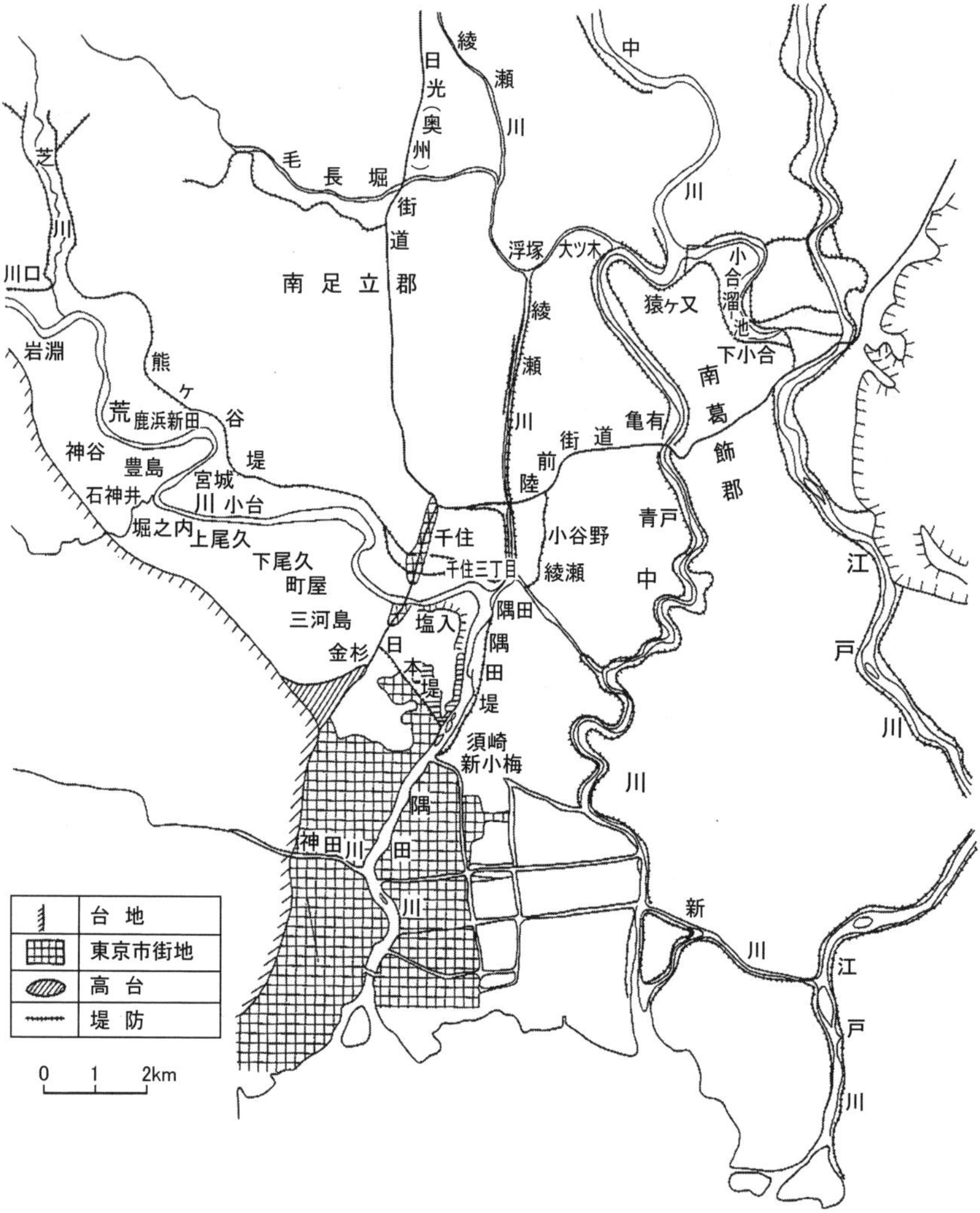

図 8.6　東京府下荒川の現況図

（出典）迅速図「麹町区」「下谷区」「川口町」「市川驛」「逆井村」「松戸驛」をもとに作成.

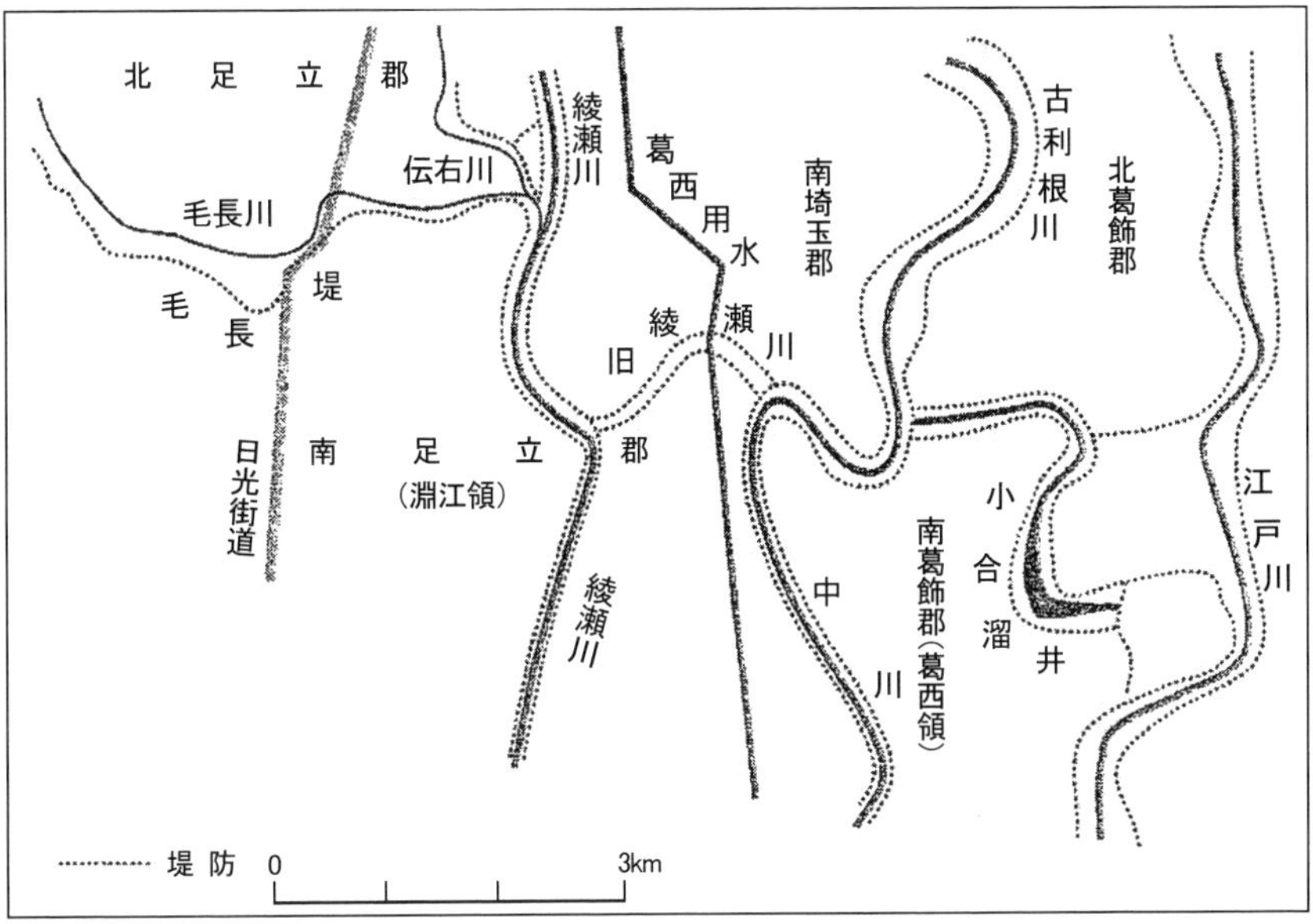

図8.7　東京・埼玉境界状況図

東京下町には、何段にもある控堤を乗り越え、あるいは決壊させて流下してくる。東京下町にとって最後の防御線が、毛長堀《けながぼり》に沿って築かれた毛長堤、綾瀬川と中川をむすぶ旧綾瀬川（桁川《がけ》）堤、さらに中川と江戸川を結ぶ小合《こあい》溜井の堤（桜堤）であった（図8・7）。

この秩序のもと、ここから下流部を東京府にしたのであり、葛飾郡が北葛飾郡（埼玉県）と南葛飾郡（東京府）、足立郡が北足立郡（埼玉県）と南足立郡（東京府）に分割された。ただし、近世から南葛飾郡は葛西領、南足立郡は淵江領と、その上流部とは異なる領となっていた。埼玉平野に発達した領とは、水共同体といってよい。

一方、荒川下流部には北豊島郡[14]が位置し、岩淵上流の右岸側にも大堤外地が広がっていたが、北豊島郡は分割されることなく東京府に編入された。この結果、岩淵上流の白子川合流点から下流部右岸が東京府となった。荒川右岸に位置する北豊島郡の歴史的一体感から、分割されることはなかったのである。

ところで、本所・深川に流下してくる洪水であるが、隅田堤の決壊あるいは無堤地域からの氾濫は、荒川の稀有な大出水である寛保二年(一七四二)、明治四三年(一九一〇)が知られている。それ以外の洪水は、毛長堤、旧綾瀬川堤、そして桜堤を決壊させ、隅田川からみて背後から本所・深川に氾濫してくるものである。この洪水は、多くの控堤がある埼玉平野を氾濫しながらその末にこの地域にたどり着く。このため、洪水の流速は小さく水位上昇は緩慢で、氾濫水の侵入はおだやかで徐々に生じるものだった。

一方、本所・深川地域の市街地は自然堤防、埋立て、砂州をもとにした微高地を中心に発展していた。大名屋敷など微高地の家屋で床上浸水が生じたのは、寛保二年(一七四二)、天明六年(一七八六)、明治四三年の稀有な大出水のみであった。もちろん、それ以外の出水で本所・深川地域に水害がまったく生じなかったことはなく、低い土地では湛水被害が生じていた。

整理すると、江戸の中枢部である日本橋・京橋が大きな水害を受けたことはなかった。これ以外の下町では湛水害が主であったが、一気の濁流によって洗われたことはなかった。水害によって江戸が大混乱におちいったことはなかったと考えている。これが、荒川が首都東京を流下しながら、近代改修事業がなかなか着工されなかった理由である。

だが、明治三〇年代になると、本所・深川の位置する隅田川左岸部、そして日本堤上流部の氾濫・遊水地域で土地利用の大きな変化が生じていった。工場が進出していったのである。このため、さほど被害がでなかった湛水が深刻な都市水害となった。この結果、明治三〇年代終わりから近代改修計画が検討され、一九一〇年(明治四三)大水害を受けた翌年から放水路を中心とした改修事業に着工したのである。その完成は、一九三〇年(昭和五)であったが、これにより東京下町の治水秩序は根本から変わった。

（注）

（1）岡部精一『東京奠都の真相』九九～一〇三頁、仁友社、一九一七
（2）岡部精一『東京奠都の真相』一五～三〇頁、前出
（3）『横浜市史』第2巻、一五七～一六五頁、横浜市、一九五九
（4）織田完之編「安積疎水志　巻の一」五〇頁、安積疎水事務所、一九〇五
（5）小風秀雅「起業公債事業と内陸交通網の整備」、高村直助編『道と川と近代』三七頁、山川出版社、一九九六
（6）井上　勝・野田益晴・飯田俊徳「建白書」、中村尚史『日本鉄道業の形成』八八～八九頁、日本経済評論社、一九九八
（7）通常時に水が流れているところ。出水時にのみ水が流れるのが高水敷。
（8）ファン・ドールン「日本水政第78号　澱河改修」、『淀川百年史』二四一～二四三頁、建設省近畿地方建設局、一九七四
（9）『公文録　内務省6月第1　明治17年』一八八四
（10）山本弘文編『近代交通成立史の研究』一九三～一九四頁、法政大学出版局、一九九四
（11）中村尚史『日本鉄道業の形成』九四頁、前出
（12）宇田　正『近代日本と鉄道史の展開』三九～四〇頁、日本経済評論社、一九九五
（13）井上　勝「鉄道政略ニ関スル議」、日本科学史学会編『日本科学技術史大系16　土木技術』一〇三～一〇六頁、第一法規出版、一九七〇
（14）一八七八年（明治一一）に豊島郡が北豊島郡と南豊島郡に分割された。

（参考文献）

『東京百年史』第二巻、東京都、一九七二
『横浜市史』第二巻、横浜市、一九五九
『横浜市史』第三巻（上）、横浜市、一九六一
『横浜市史』第三巻（下）、横浜市、一九六三
日本科学史学会編『日本科学技術史大系16　土木技術』第一法規出版、一九七〇

日本国有鉄道『日本国有鉄道百年史』第3巻、財団法人交通協力会、一九七一
『古市公威とその時代』土木学会、二〇〇四
梅村又次・山本有造編『日本経済史』3、開港と維新、岩波書店、一九八九
西川俊作・阿部武司『日本経済史』4、産業化の時代（上）、岩波書店、一九九〇
岡部精一『東京奠都の真相』仁友社、一九一七
沢本守幸『公共投資100年』大成出版社、一九八一
島崎武雄『関東地方港湾開発史論』東京大学学位論文、一九七五
高村直助編『道と川の近代』山川出版社、一九九六
中村尚史『日本鉄道業の形成』日本経済評論社、一九九八
西川　喬『治水長期計画の歴史』財団法人水利科学研究所、一九六九
広井　勇『日本築港史』丸善、一九二七
松浦茂樹『明治の国土開発史』鹿島出版会、一九九二
松浦茂樹『国土づくりの礎』鹿島出版会、一九九七
山本弘文編『近代交通成立史の研究』法政大学出版会、一九九四

第九章　北海道本府・札幌と国土経営―アメリカとのかかわりを中心に―

日本の国土開発上、特異な地位を占めているのが北海道である。沖積低地の少ない南西諸島はさておき、日本は、沖積低地での水田稲作農業を生産基盤として近世までに開発の手が加えられていた。一方、北海道で水田稲作が導入されたのは明治に入ってからであり、自然採取を中心にした時代から一足飛びに近代化が進められたのである。しかし、ここでも気温が許すかぎり沖積低地では水田づくりが進められた。あくなき米への執着である。

和人による北海道の開拓が本格的に始まるのは、明治新政府によってである。もちろんその前史としてアイヌの人々の生活があり、ロシアの南下政策に対する防衛、また新フロンティアの開発を目的として旧幕府により奥地内部への調査が進められていた。しかし、実質的な開発の手が入るのは明治維新政府によってである。

明治政府は、開発を進めるにあたりアメリカ合衆国にその模範を求めた。明治四年（一八七一）二月二二日、開拓次官黒田清隆がアメリカに向かって日本を出発し、大統領グラント将軍に開拓使顧問の派遣を要請したのである。その招聘に応え、開拓使教師頭取兼顧問としてやってきたのがホレス・ケプロンである。ときにケプロン六七歳、現役のアメリカ連邦政府農務長官であった。彼は、鉱山・地質・土木・農業などのアメリカ技術者を引率し、顧問として約四カ年その任にあり、今日では「北海道開拓の父」と称され、札幌大通公園に銅像が立てられている。

ここで考えたいことは、日本政府の要請に応え、農務局長という政府高官を団長として送りこんできたアメリカの意図である。その意図をどう解釈したらよいであろうか。純粋に、人道主義にもとづき後進地域の開発を手助けしようとしたのだろうか。けしてそんな甘いものではなく、アメリカはアメリカとしての国家戦略のもとに北海道開拓を睨んでいたと思われる。このような観点から、ここでは札幌に本府をおいて進められた北海道での国土経営について述べていく。まず、日本に開国を迫ったペリーの動向からみていく。

一　ペリー艦隊来日の目的と背景

安政元年（一八五四）に締結された日米和親条約により日本は鎖国体制から開国となったが、いうまでもなく、そのきっかけはアメリカ東インド艦隊司令長官ペリーによる砲艦外交であった。江戸に近い浦賀沖に軍艦（「黒船」）を停泊させ、開国を迫ったのであるが、来日の目的とその背景について、石井 孝『日本開国史』および『ペリー提督日本遠征記』を中心にみていこう。

日本へのアメリカの関心

アメリカ合衆国が太平洋に本格的に関心をもつようになったのは、一八四八年（嘉永元）メキシコとの戦争に勝ちカリフォルニアを得てからである。これにより太平洋国家となったのだが、さっそく同年五月、下院海軍委員から上海・広東とをむすぶ太平洋横断汽船航路開設の勧告が出された。その目的の重要な一つが、中国との貿易であった。綿織物の輸出先として中国に注目していたのである。その航路として、太平洋を北上するコースとする場合は、アリューシャン列島から津軽海峡をとおり日本海を経由して上海にいたるルートを示している。さらに、津軽海峡が荒れる冬季は、琉球諸島の東方に航路をとることを推奨している。

また、一八四八年一一月の政府財務報告では、太平洋航路を通じてヨーロッパよりもずっと東洋と近くなり、東洋産物をヨーロッパに供給することによりニューヨークは世界商取引中心となるとまで予想している。くわえて、アジア諸国の内で高度に文明が進み人口が多い日本との通商は、平和的努力によって達成できるとの信念を表明した。

だが、中国にいたる安定的な太平洋航路を維持するのには重要な課題があった。当時の汽船では大量に石炭を必要とし、その置き場に場所をとられ、その分、貨物量が少なくなる。その解決のためには供給基地が必要とされた。その候補地として、日本列島が注目されていたのである。

さらに、アメリカが日本に関心をもつもう一つの大きな理由が、北太平洋での捕鯨問題であった。一八四三年（天保一四）には、オホーツク海に豊富な捕鯨漁場を発見し、その後、さらに金華山沖にまで姿を見せるようになっていた。このため日本沿岸で捕鯨船が遭難することもあって、その保護が課題となったのである。

ペリー艦隊の訪日目的

ペリー艦隊は一八五二年（嘉永五）一一月二四日、アメリカを出港し日本をめざしたが、その目的は、出港以前の一一月五日、国務長官代理が海軍長官に提出した書簡に詳しく述べられている。対日交渉の目的は次の三つであった。[1]

(1) 日本諸島で難破し、もしくは荒天のため日本の諸港に避難したアメリカ船員の生命・財産を保護するため恒久的な協定を結ぶこと。

(2) 食料・薪水等を補給し、もしくは災害のさいは航海を続行することを可能ならしめるような修理をするため、アメリカ船舶が日本の一港以上に入るのを許されること。日本列島の一つではなくても、少なくとも近海にある小さな無人島に、一カ所の貯炭所を設置する許可を得ることが望ましい。

（3）アメリカ船舶がその積荷を販売もしくは交換する目的をもって、日本の一つ以上の港に入る許可を得ること。

このように、難破したアメリカ国民の保護をまず求め、食料・薪水などの補給、修理のための入港の許可、また列島周辺での貯炭所の許可を求めている。それにつづいて、通商を求めるのである。

ペリーは一八五三年（嘉永六）年七月一四日久里浜に上陸し、幕府にアメリカ大統領フィルモアの親書をわたした。さらにこの親書をみると、双方の利益のための通商、捕鯨船を含めた船舶が難破したさいの自国民の保護につづいて、次のように石炭・食料・水の供給を要求している。[2]

「我々は、日本国内に石炭と食料がきわめて豊富にあることを知っている。わが国の蒸気船は大洋を横断するさいに多量の石炭を焚いているが、石炭をはるかアメリカより積んでいくのが不便である。我々は、わが蒸気船およびその他の船舶が日本に停泊し、石炭、食料、水の供給を受けることが許されるよう願っている。わが船舶はこれらの物に対して金銭または陛下の臣民が好む物によって対価を支払うであろう。また、我々は陛下に、わが国の船舶がこの目的のために停泊できる便利な港を一つ、帝国の南部に指定されることを要望する。我々はこのことを熱望している。」

当時、アメリカから太平洋を蒸気船で横断するにあたり、石炭そして食料・水の供給がいかに重要であるかがよくわかる。これらの供給が、日本に求められたのである。

日本周辺におけるペリーの行動

これらの目的をもって蒸気船艦隊で江戸に向かったペリーであるが、上海を出てまず到着したのが沖縄の那覇であった。一八五三年（嘉永六）五月二六日那覇に入港し、二九日に上陸したのち島内調査が行われた。このご六月九日、二隻の軍艦を那覇におき二隻をひきいて出港したが、向かったのは小笠原諸島であった。六月一四日父島（ピール島）に到着し、二三日に出発するまで踏査を行った。その目的は、将来、アメリカ西部と中国をつなぐ郵便航路の開設のさい必要となる碇泊港つまり避難港、あるいは食料などの供給港を求めようとするものだった。その港として、父島の二見港《ふたみ》（ロイド港）は格好の場所と評価した。さらに、蒸気船の補給基地として必要な事務所・波止場・石炭倉庫を築造するのに適切な場所も決められた。

那覇港に帰航したのは六月二三日で、琉球王国の幹部と艦上で宴会などをした。この後、四隻からなる艦隊をひきいて七月二日ペリーは江戸に向かったのである。浦賀沖には七月八日到着し、一四日久里浜に上陸して大統領親書を幕府にわたした。ペリーは、来春、大統領親書に対する回答を受け取るといって七月一七日江戸湾を発ったが、向かったのはふたたび那覇であり、二五日に到着した。

ここでペリーは、琉球王国に対し強硬に、①六〇〇トンを貯蔵する貯炭所の建造、②アメリカ人に対する密偵の廃止、③市場での交易の自由と艦船必需品の購入、などを要求した。この要求を認めようとはしない琉球王朝に対し、二〇〇人の兵で首里に進軍し王宮を占拠するとの脅しをもって認めさせた。さらにペリーは、通商上の利益のため琉球占領を本国に提案していた。だが、大統領は認めようとはしなかった。

ペリーは八月一日那覇を出港し、同七日香港に引き返した。ふたたび日本に向かって香港を出発したのは翌一八五四年一月四日で、那覇に寄航したのち江戸湾に現れたのは二月一一日だった。この後、幕府との交渉が行われ、三月三一日、日米和親条約が調印されたのである。この条約で下田港と箱（函）館港のアメリカ船舶の受け入れ（開港）、薪水・食料・石炭その他必要な物資の有額での供給、難破船や乗組員の救助などが取り決められた。一方、一般の通商は認められなかった。

ところで、なぜ下田と箱館の二港の開港となったのだろうか。当初、ペリー側が要求したのは、五港の開港を期待するとしながらも、当分は浦賀、蝦夷地の松前、琉球の那覇であった。交渉の結果、下田と箱館となったが、那覇港はいつでも占拠できるとして強くは要求しなかったのだろう。箱館は、松前藩の中心である松前に代わりとして幕府が提案したのをペリーは受け入れたのである。北海道周辺では多くのアメリカ捕鯨船が活動しており、牛肉の供給はほとんど困難としながらも、水、食料（魚、鶏肉、野菜）、若干の木材の供給基地として箱館は期待されたのである。

ペリーは、五月一七日から六月三日にかけて箱館周辺の調査を行い、箱館港が良港であることを確認した。さらに一隻を内浦湾（噴火湾）と室蘭港の調査に向かわせた。当時、すでに室蘭港はアメリカには知られていた。

ペリーは六月三日箱館を発ち、下田に帰ってきたのは六月七日である。ここでふたたび幕府との間で会議が行われ、調印した条約に特記されなかった付加条項が定められた。そのなかに、箱館では石炭を供給することはきわめて困難なので、箱館港を石炭供給地とする義務をなくすよう、ペリーがアメリカ政府に進言することが含まれていた。この当時、石炭が北海道から産出するかどうかは明らかでなかったのである。

ペリーは下田を六月二八日発ち、那覇港に七月一日ふたたび現れた。琉球王国との間で協約が結ばれ、薪水の供給、難破船の救助・保護、来訪したアメリカ人への物品の自由な販売、那覇港への水先案内人の任命などの協約を結んだ。那覇を発ったのは七月一五日であった。

ペリーは、訪日目的のなかで一般通商以外は手に入れたのである。一般通商については、下田領事として赴任したハリスによって交渉が進められ、一八五八年（安政五）日米修好通商条約が調印された。

二　北海道本府・札幌の設立

二・一　本府札幌の決定

明治新政府が北海道の本拠地として札幌と定めたのは、明治二年（一八六九）のことである。幕府時代、何回も北海道にわたり全土の調査を行い、新政府になって開拓判官となっていた松浦武四郎の意見にもとづいてである。彼は、石狩川舟運を基軸におき、内陸部そして日本海、太平洋と四方の連絡の便から北海道開拓の中心地として札幌が適当だと主張した。具体的には次のようである(3)（図９・１）。

札幌に本府をおいたなら、石狩川河口の石狩は大坂のように繁昌するだろう。河口から一〇里（約四〇km）に位置する津石狩《ついしかり》（現在の対雁《ついしかり》）は伏見となる。ここから札幌まで川舟でのぼることができ、札幌はまさに京都ということになるだろう。そうなるときは、太平洋に面する勇払《ゆうふつ》海岸は京都にとっての北陸・山陰と位置づけられ、小樽湾に面す手宮《てみや》・高島は京都にとっての兵庫・神戸の両港にたとえることができる。また、有珠《うす》・蛇田《あぶた》・岩内《いわない》は新道によって一日圏に入り、石狩川を東にさかのぼっていけば、そのご天塩・十勝にも馬で連絡できる。

新政府は、さらに対外関係、とくにロシアの南進に備えて日本海側に本府札幌を設置したと考えられる。ロシアが清との間の北京条約で沿海州を手に入れたのは一八六〇年で、翌年にはウラジオストクに海軍根拠地を求めた。ロシアは、それまで千島列島に沿って南下していたが、日本海沿いに確固たる地盤を築いたのである。それへの対抗からしても、本拠地は日本海側に設置するのが妥当と判断されたのだろう。事実、新政府が蝦夷地開拓にはじめて動き出したのは、岡本監輔《かんすけ》がカラフト方面を探検してロシアの南進に大いに驚き、明治元年（一八六八）二月、新政府に建

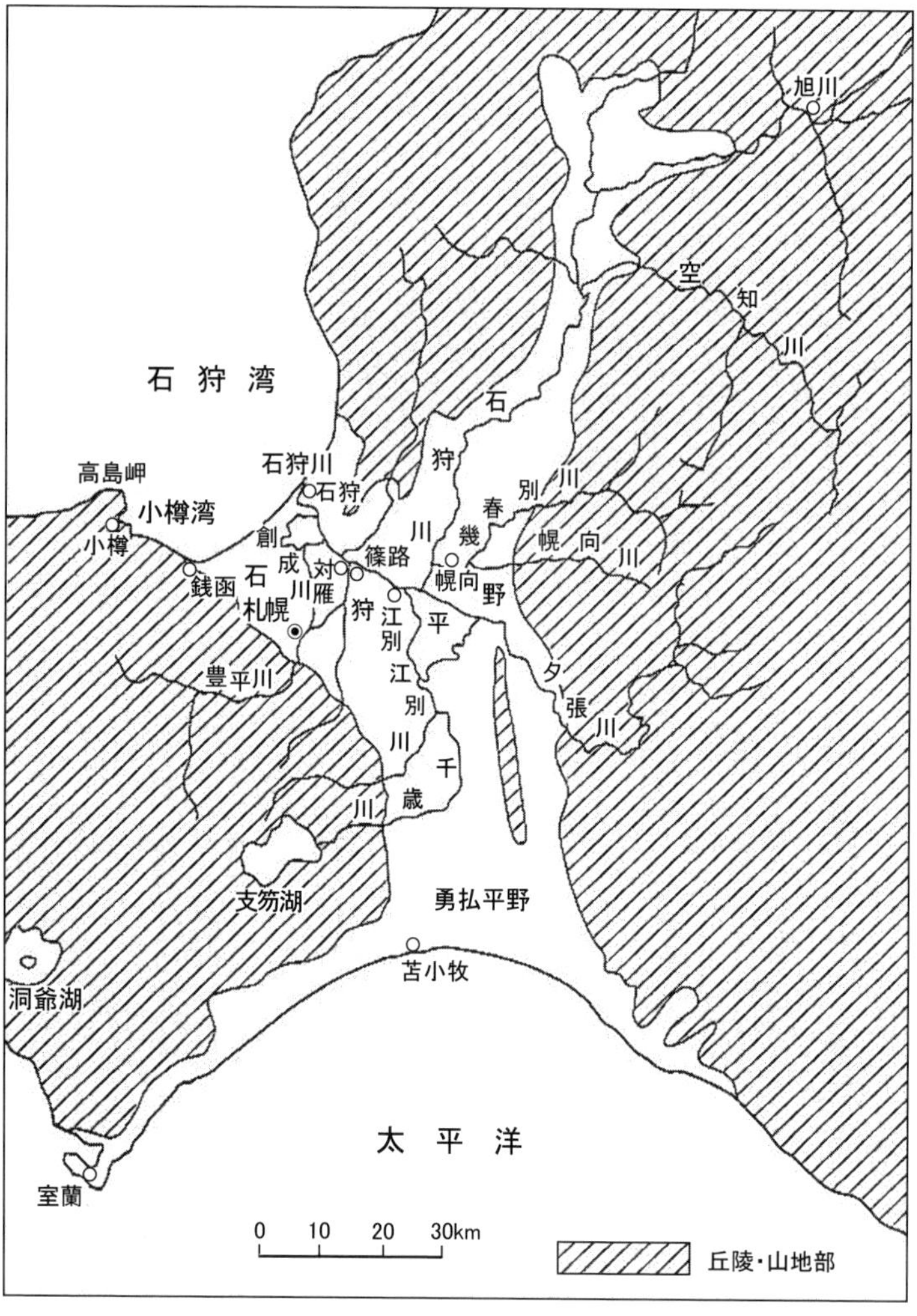

図 9.1　北海道中央部概況図

議書を提出してからであった。国際関係が重要な背景となっていたのである。

ところで、流域面積一万四三三〇平方㎞の石狩川を背後圏とし、その下流部に中心地をおこうとする構想は、淀川河口の大坂に本拠地をおき、淀川、大和川流域を背後圏とした豊臣秀吉の構想、利根川水系の入口に本拠地をおき、その背後圏の関東平野の開発に自らの運命をかけた徳川家康の地域開発構想と同様であった。つまり歴史的に行われてきた日本の地域開発計画と基本的に同じであり、その延長線上に札幌の地が選定されたのである。

なお筆者は、石狩川下流部に本拠地を設置しようとすれば、河口に近く石狩川の大氾濫を避け、清浄で大量の飲料水が容易に得られる豊平川の扇状地が求められるのは、自然のなりゆきだと考えている。豊平川扇状地には旧派川があり、それらの整備は容易であって、札幌と石狩川間の舟運路となる。松浦武四郎が札幌と比較した京都には、近世の初め、高瀬川が開削されて伏見とつながれ、そこから淀川に出て大坂と連絡していた(4)。

北海道開発の本拠地としての札幌の地の選定にあたり、石狩川舟運の意義は大きかった。事実、札幌の都市建設にあたり、その資材は石狩川、それと連絡する水路を利用して運びこまれた。やがて札幌と石狩川の間には創成川が整備された。

二・二　御雇《おやと》いアメリカ人の評価

このように選定された北海道本府札幌に対して、御雇いアメリカ人たちはどのように評価したのだろうか。

一八七一年（明治四）八月、ケプロンは土木技師ワーフィールド、化学技師アンチセル、さらに書記兼医師をともなって東京に到着した。その年の秋、ワーフィールドとアンチセルは現地踏査を行った。彼らは、上司ケプロンから函館から札幌までの地理の視察、道路の築造、海岸から内陸部への連絡の方法、とくに札幌の玄関口となる港について詳しく調べてくるよう指示を受けた。本府札幌についての彼らの評価をみていこう。

ワーフィールドの評価(5)

ワーフィールドは、函館より東海岸（太平洋）ルートで室蘭から勇払平原をとおって札幌に着いた。彼は、北海道の中央に位置する石狩平野が適当であり、そのなかでも東西海岸への連絡に便な札幌がふさわしいと報告した。札幌から太平洋に出るのに高峻な山地がないことを有利と指摘したのである。また気候について、身体を健康にし精神を活発にするととらえ、札幌の北にひろがる広大な平原は、世界の同緯度の地域から考えて開拓地として有望と述べ、その発展のポテンシャルは大と評価した。

さらに、札幌近傍に上流六〇マイル（九七㎞）ほど航行可能な石狩川があり、篠路《しのろ》川（伏籠《ふしこ》川）が合流する篠路太地点で運河を連結することによって内陸部と連絡できることを大きな利点とした。だが石狩川は、一二月中旬から四月中頃まで結氷し、船舶の航行に支障が生じると指摘した。一方、東西海岸との連絡であるが、石狩川河口とつながる西海岸の小樽湾について、ロシアに接近していて軍政上重要であり、また地形上、巨大な船舶の停泊が可能である。しかし、一一月中旬から三月下旬あるいは四月上旬までは強風で船舶にとっては危険と評価した。このため、西海岸の小樽港のみに頼ることを否定し、東海岸の室蘭とも連絡する必要を主張したのである。また、東京と札幌の連絡において室蘭港経由がもっとも有利と、室蘭港の重要性について指摘した。

交通路の整備方針としては、まず札幌と石狩川をむすぶ運送路ないし鉄道を整備し、その後、運河を開削して小樽湾と船舶で連絡することを主張した。さらに冬季対策として、小樽との間に銭函《ぜにばこ》をとおる道路の築造を提案した。一方、東京との連絡には東京～室蘭の間に航路を設置し、室蘭と札幌の間は鉄道で連絡するとした。そして鉄道敷設前に、輪車路（駄馬あるいは人力車がとおる道）または車馬道（馬車が通行可能な道路）の築造を報告した。札幌を本府にするにあたって、室蘭港との連絡を重視していたことがわかる。

ワーフィールドは、また札幌の利点として豊平川が近くを流れていて、その水力を利用することができること、下水の排泄に有利なことをあげている。さらに、石狩川上流で大石炭層の発見を指摘している。

アンチセルの評価⑥

アンチセルは、西海岸（日本海）沿いに札幌に到着した。彼は、札幌について気候状況から食料確保の面で自活できない地とし、本府とすることを否定的にとらえた。耕作ができるのは夏の短い期間であって、冬季の五カ月間は外から移入しなくてはならない。さらに内陸地札幌なので近くに港がなく、積雪のため陸上輸送もかなわない交通不便の地であり、食料欠乏の地と認識した。

また、近傍に良港がなく荒天時の風波から守る岬もないため、この地を護衛する船隊をおくことができない。一方、ここはロシアと近接しているが、ロシアの蒸気船は日本の軍艦よりも早くここの海岸に達することができる。港湾がないこの地では、砲台を築いて上陸を防止することができない。夏に敵兵に囲まれ、港口（石狩川河口？）を軍艦で囲まれたら、食料を他のルートで得ることができず投降となるだろうと、防衛上においても適当でないと判断した。

アンチセルは、北海道経営の中心地として札幌を否定的にとらえたのであるが、それに代わる適当な地として推奨したのは、室蘭と根室との間の東海岸であった。しかしどうしても札幌の地に定めねばならないとしたら、東海岸、とくに室蘭との間を道路（室蘭と石狩川間）で、あるいは費用は莫大であるが札幌～室蘭間を鉄道で連絡せねばならない。そうしたら、石狩川河口が敵兵に囲まれても兵糧を送ることができると報告した。

ケプロンの評価

ワーフィールド、アンチセルの報告を受けて、ケプロンは一八七二年（明治五）黒田清隆開拓次官に提出した報文のなかで、本府札幌の整備について次のように述べた[7]。

まずもって行うべきことは、石狩川河畔の篠路まで良好な約一二マイル（一九km）の車路の整備である。室蘭港までの道路が整備されるまでは、この車路が札幌に達する本道となる。だが西海岸には穏当の港湾がなく、また石狩川は五カ月間結氷するので、この期間、航路として利用できない。一方、室蘭港はいつでも碇泊できる良港であって、札幌の玄関口となる港である。室蘭港と札幌の間は約一〇〇英里（一六一km）であるが、道路さらに鉄道を築造するのに何ら障害となるものはない。道路は早急に整備すべきであり、春になったら測量に着手すべきである。

また、石狩川は鉱属に富んでいる地域があり、河口を改良したら大船も入ってくることができる。さらに、遠く上流にも舟運を開くことができる。石狩川と札幌の間に運河を開くべきである。

ケプロンは、提示した交通路整備に対する費用について、次のように試算も提示していた。たぶん実際に作業を行ったのは、彼の配下の土木技師ワーフィールドだっただろう。

- 札幌〜石狩河畔篠路間　車道　二万元（ドル）
- 　同上　運河　一五万元
- 在来運河改良　二五〇〇元
- 札幌〜小樽間　車道　一万五〇〇〇元
- 札幌〜室蘭間　車道　二〇万元

・同上　　　　鉄道　　四〇〇万元

札幌～室蘭間の鉄道整備が巨額なこと、札幌～小樽間の車道整備が札幌～室蘭間の整備に比べて費用はかなり少ないことが目につく。このなかでケプロンは、札幌～室蘭間の車道整備が基本であることを主張した。室蘭港を利用することにより、函館経由より時間がかなり短縮できるとして、東京との連絡を重視したのである。暫定措置として緊急的には小樽との連絡路を整備すべきであるが、恒久的には室蘭との連絡を重要視するものだった。北海道本府としての札幌について、室蘭との連絡を絶対条件としたのである。

二・三　道路整備

ケプロンの提案もあり、函館から東海岸（太平洋側）をとおって札幌にいたる札幌本道が一八七二年（明治五）四月に着工された。そのルートは、函館港近くの亀田から陸路で森に出、ここから室蘭まで船で内浦湾（噴火湾）をわたり、室蘭で上陸して陸路で札幌に達するものであった。陸路は車馬道で整備され、七三年六月に完成となった。その後、室蘭港、森港の整備が行われた。また、札幌と日本海岸に面する銭函までの車馬道の工事にも取りかかり、同年一一月竣功した。その費用はあわせて八四万三〇〇〇円で、当時、開拓使が基礎的事業に投入できた一三二万円の六割強であった。

だが、札幌本道は車馬輸送運賃が高かったのであまり利用されなかった。石狩川舟運が札幌への物資輸送の動脈であり、小樽湾が札幌の玄関口となったのである。札幌から小樽にいたる道路は一八七三年一一月札幌・銭函まで車馬道が開通したが、銭函・小樽間は途中に難所があって、馬車がとおる良道の整備はなかなか困難であった。この区間に道路が整備されたのは一八七八年（明治一一）一一月であり、さらに鉄道が整備されたのは八二年五月である。この道路さらに鉄道整備は、石狩川流域で発見された幌内《ほろない》炭鉱の石炭の移出問題と深くかかわっていた。

三　幌内炭鉱の移出（図9・2）

地質学を専門とするライアンにより、幌内炭鉱をはじめとする石狩炭田の調査が行われたのは一八七四年（明治七）七月で、質・量ともきわめて有望であることがケプロンに報告された。数百年間、採掘しても尽きることがない埋蔵量との評価である。一方、それ以前の七二年、札幌住民が現地で入手した石炭を調査・分析した開拓使四等榎本武揚は、その優秀さを認めていた。

石狩炭田の開発が重要な課題となっていくが、その開発には運搬路の問題が大きく関係する。どのようにして消費地に運んでいくのかである。榎本が主張したのは、石狩川舟運を利用して日本海を経由するルートであった。榎本は人馬の行き来は札幌本道を頼るが、物資輸送は石狩川から汽船で小樽と連絡すべきと主張していたように、舟運を重視していた。これに対しケプロンは、強く室蘭経由での移出を主張した。それも延長約八〇～九〇マイル（一二九～一四五㎞）の鉄道を通じての運搬である。そのコースは、札幌を経由するものだった。

なお、これから具体的に石炭輸送の社会インフラ整備について、その計画過程また整備状況を述べていくが、興味のない読者は省いて第四節から目を通していただきたい。

ケプロンの主張

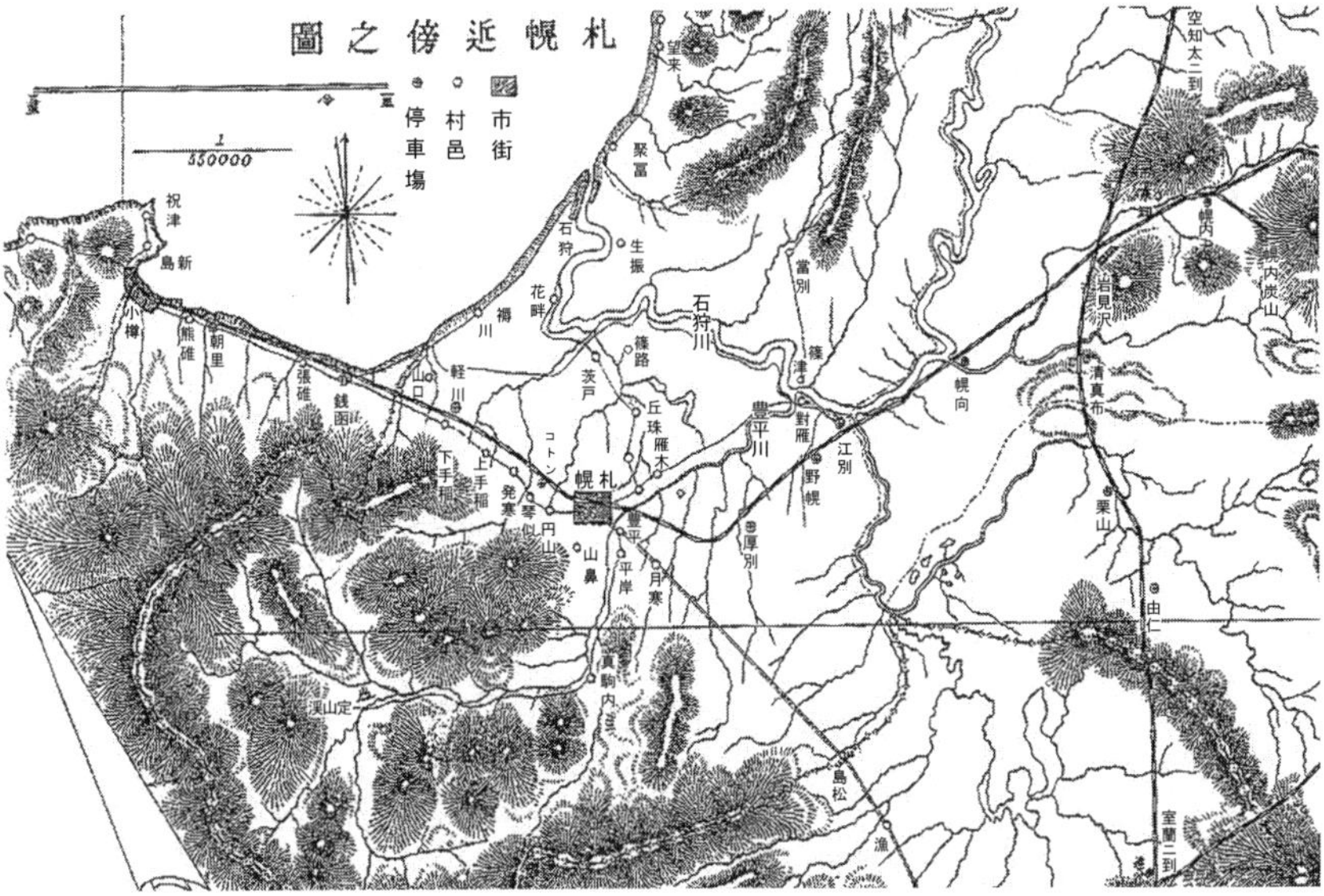

図 9.2　1890 年頃の札幌近郊図

（出典）札幌史学会（1897）:『札幌沿革史』，に一部加筆.

石狩川経由によれば、一二・五マイル（二〇km）の鉄道によって河畔まで運搬し、そのご石狩川を下ることになる。だが石狩川は半年間氷結して使用できない。一方、石炭運搬用の船をつくらねばならないが、河口の砂州を考えると吃水九尺（二・七m）以内の五〇〇〜七〇〇トン積みの外輪船でなければならない。だが、砂州の状況により常には河口に入ることはできず、沖合に碇泊し好天を待たなければならない。この船で外海を行き来するのは安全上問題がある。さらに東京・横浜の市場に出すのに、室蘭経由に比べて約二五〇マイル（四〇〇km）も距離がかかる。

また、荷船（はしけ）で石狩川を下り本船に積み替え、あるいは曳舟で小樽港まで運び、ここで船積みや陸に貯炭する案があるが、議論するまでもない。積み替えなどによる運賃の高さ、運搬できる石炭量の少なさから、市場に着いたときには相場よりはるか高価になるだろう。

これに比べ鉄道によっての室蘭経由では、直ちに船積みでき一年中安全に運搬できる。アメリカの炭鉱でも、二〇〇〜三〇〇マイル（三二〇〜四八〇km）の鉄道でもって海と連絡している。石狩の埋蔵石炭量から、うまく開発すれば東半球石炭売買の価格決定権をにぎることができる。

ケプロンは、このように鉄道を敷設して室蘭港からの運搬を強く主張した。また、鉄道建設に十分な権利と保護を与えたら自ら資本を出す民間人も現れるだろうと、民間資本による建設を期待したのである。だが、当時の日本の状況を考えると民間資本はほとんど期待されない。残るは外国資本であるが、外国資本による鉄道建設は、植民地化を恐れる政府がけっして認めるところではなかったろう。

運搬ルートの決定

一八七五年（明治八）五月のケプロン帰国後も、ライアンによって石狩炭田の調査が進められ、その有望さが確認された。開拓使五等大鳥圭介や伊藤博文・山縣有朋両参議の現地視察も行われた。そして、岩内炭鉱とともに幌内炭鉱の開発が決定されたのは西南戦争後の七八年で、大久保利通の建議にもとづく内国債募集による起業基金事業の一環として着手された。同年三月、その運搬ルートは幌向太《ほろむかいふと》（幌向川と都春別川の合流点に位置する）まで鉄道輸送し、ここから船に積み替え石狩川を下っていく計画が議決された。その運搬ルートの確保のために、鉄道部門ではアメリカ人技師クロフォルド、舟運部門ではオランダ人技師ファン・ヘントが来日したのである。ファン・ヘントの招聘は、若いときオランダに留学し、当時ロシア公使であった榎本武揚を通じて行われた。

それ以前の一八七五年、ライマンによって幌内より幌向太まで鉄道路線が測量された。このときまでには、幌内から幌向太まで鉄道を通し、ここで船に積み替え石狩川を下るルートが有力とされたのだろう。当時の日本の財政を考慮すると、室蘭への鉄道輸送は、その費用の大きさからとうてい不可能な選択だったと判断されたのだろう。

一方、石狩川の測量がアメリカ人技師ワスソン、アメリカ海軍大尉デイによって、荒井郁之助（後の中央気象台長）らの協力を得て行われた。石狩川河口には大きな砂州が発達していたが、ここに深さ一二尺（約三・六m）の航路が確保できるかどうかが重要な課題であった。

一八七四年（明治七）に提出されたデイの石狩川測量報文では、季節風によって冬期間、河口は埋没してしまい航路として機能しないが、春になると河流によって押しひろげ可能となる。とくに九月上旬までは南風あるいは東風が卓越し、船の出入りにもっとも安全であると結論づけた。そして浅瀬が年々変化し不安定な面があるが、幌向《ほろむい》川合流点までは石炭輸送に障害はなく、夏の安穏な時期には五〇トンないし一〇〇トンの荷船で河口まで下れる。ただし、毎年の春、航路を検査する必要があると主張した。(8)

荒井郁之助は、北海道の開拓に対して石狩川は自然条件的に有利できわめて重要とした。一方、河口の澪筋では一〇尺以上の深さがあって西洋の大型船が入航できたが、一八七三年九月から一〇月頃に測量したときは、一一月には季節風によって河口は浅くなり、厳寒の時期には川水は凍り蒸気商船が入ることはできなかったと指摘する。だが、荒井は、天然のままでは処理できないが、大阪築港事業で行っているように蒸気機械で浚渫すれば十分対応できると報告した。

このように舟運からの石狩川調査が行われ、石狩川経由での幌内炭坑の輸送が選定されたのである。

運搬ルートの整備

一八七八年（明治一一）末に来日したクロフォルドは、翌年二月札幌入りし、黒田清隆開拓使長官から幌内炭坑より石炭を積み出すことを目的とする幌内鉄道建設の指示を受けた。(9) 鉄道路線は、ライアンによって概略計画が既にたてられていた。クロフォルドはこれを妥当とし、三月に現地測定をして、その概算工事費を約一三万七〇〇〇円、これ以外に外国品購入費として約一五万四〇〇〇円とはじいた。また、幌向太から江別までの支線を測定し、その工事費を約四万円、外国品購入費を二万一〇〇〇円とした。しかし、このご彼は現地実測などの調査を行い、五カ月後の八月にいたって、幌向太から船に積み替え輸送するこれまでの計画を全面的に変更し、江別まで延長、もしくは札幌・銭函をへて小樽手宮港に達する新計画を建言した。

それによると、幌向太は低湿地帯で衛生条件が悪いとの人々の住居条件を述べたのち、冬期の六カ月間は川の水が凍結し、また氷片が流れている、春秋には洪水が発生するとの河道の条件によって、一カ年のうち舟がとおるのは一五〇日間にすぎない。そして、石狩川航路を改良して汽船が自由に航行できるならば、あるいは鉄道に直結する良港が整備されるまでの間のみ石狩川に頼るならば、「止むを得ず」幌内から江別までの鉄道延長を主張した。しかし彼は、全北海道と連絡する鉄道を考慮せよとの長官からの命があったことを重視し、江別から札幌をへて小樽港にいたる鉄道を建言したのである。

さらに彼は、鉄道により小樽港に連絡する方が石狩川舟運に比べて有利なことを六つの理由をあげて強調した。このなかで注目すべきことは、札幌～小樽間の道路は一一月から四月までの冬期間不通となるが、鉄道が利用されると年間約六万六〇〇〇円の運賃収入があるとして、鉄道が道路の代替施設となることを指摘したことである。この札幌～小樽間の道路は、一八七七年（明治一〇）に工部大学校教師イギリス人ペリー、同校生徒杉山輯吉たちによって新道開削による車道整備のため約八四万四〇〇〇円必要であると報告されていた。だが、クロフォルドは、七九年三月、費用五万円からなる新たな計画を報告した。この報告にもとづき車道整備がこの年の五月に着手され、五万円余の工事費で一一月に竣功したのである。なぜペリーに比べてこんなにも安くできたのか。銭館～小樽間の難所であるカモイコタンを、クロフォルドは海岸沿いの道路をひろげて整備した。一方、ペリーの方針はトンネルで山中を抜けることではなかったかと推測している。

この車道整備の成功が、大いにクロフォルドの力量を信頼させたのであろう。幌内の石炭を小樽港手宮桟橋まで鉄道で運ぶとのクロフォルドの計画が、一八七九年（明治一二）一二月決定された。ここに、石狩川舟運によって石炭運送を行うとのこれまでの計画は変更されたのである。

一方、舟運路整備のため来日したファン・ヘントは、一八七九年四月札幌に入った。七八年三月、幌内石炭について石狩川舟運での輸送が議決されたときの河川開削資金は五万円であった。ヘントはさっそく調査を進め、七九年八月には新河口開削見込図とともに、石狩河口工事第一報告書を提出した。ヘントの計画は、これまでの河口を堰止め全流量を新河口より放流し、旧河口に埠頭・停泊所を設置するものだった（図9・3）。この処理により、新河口が凍結することはないと判断した。

先述したように、一八七九年一二月、幌内の石炭は小樽まで鉄道輸送に決定された。しかし、同時に河口開削事業は必要かつ急務とされ、新たに石狩河口改良係が設置されて二九万五〇〇〇円で進められることとなった。幌内石炭輸送以外での北海道開拓における石狩川舟運の役割の大きさがよく理解される。だが八〇年一一月、中止とされた。その直接的理由は、ファン・ヘントの病死であった。これに加えてクロフォルドの鉄道工事が予算をオーバーし、河口工事費はそちらに回されたのである。

ここで幌内から小樽までの鉄道工事について簡単にみよう。一八八〇年一月、小樽～札幌間の工事に着手、早くも同年一一月竣功した。しかし、札幌～幌内間は苦労した。ここは、豊平川・江別川などの石狩川支川を渡らねばならない。鉄橋の建設には苦労し、全線が開通するのは八二年五月である。費用は、クロフォルドの当初見積りよりかな

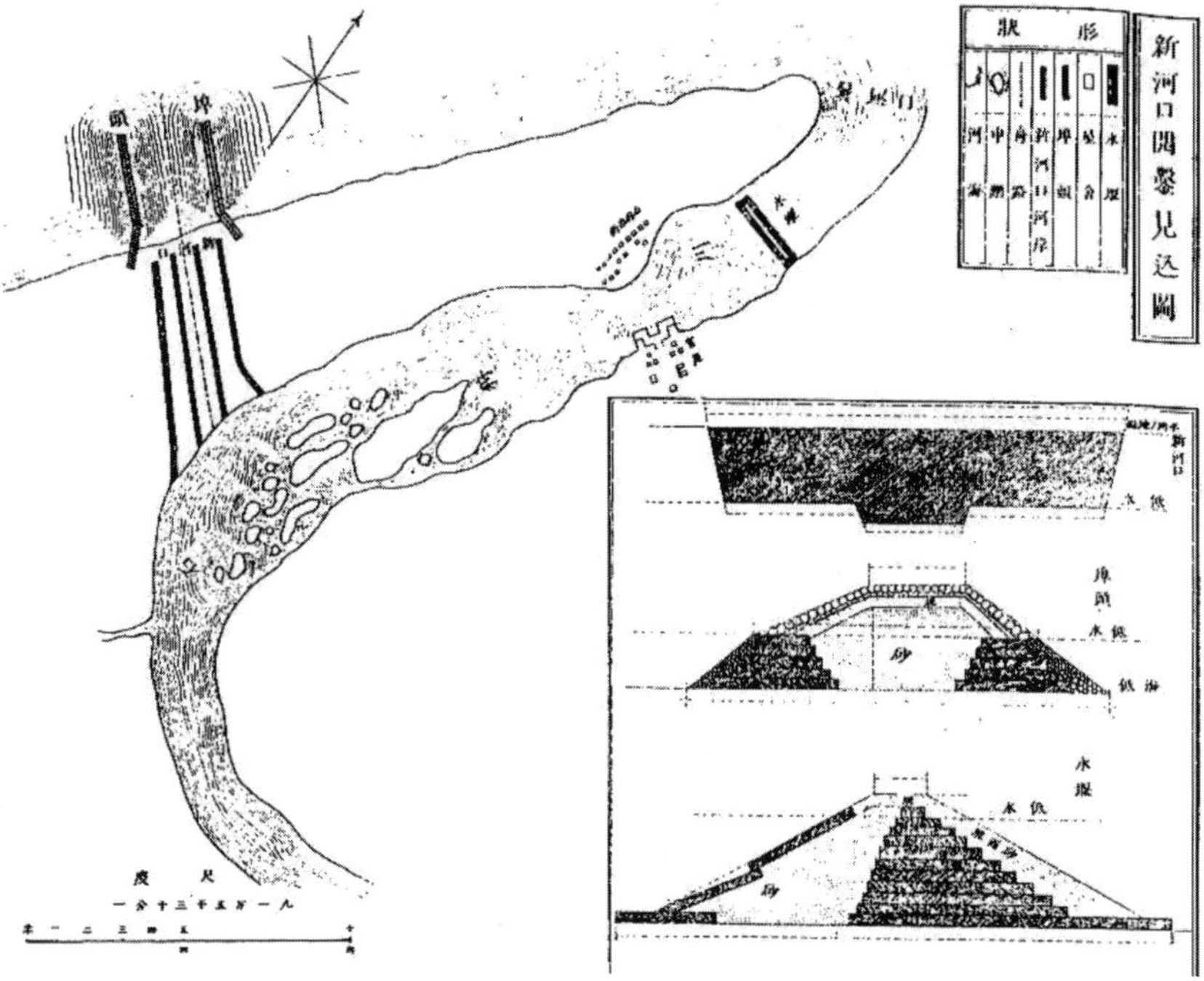

図 9.3　ファン・ヘントの新河口開削図
（出典）『大蔵省開拓事業報告』第二編，勧農土木，1905.

り増大したことは間違いない。かつ予定工期より遅れた。だが竣功以後、石炭は鉄道により小樽港を経由して運送された。

そのご明治二〇年代初め、北海道庁により築港のため招聘されたイギリス人技師メイクが、空知炭坑の石炭運搬に石狩川舟運を主張した。だが、このとき北海道庁が推進したのは鉄道による室蘭港への輸送であった。一八九二年（明治二五）、岩見沢～室蘭間の鉄道、さらにその支線の夕張鉄道が全通し、室蘭港から東京・横浜さらに海外へ供給することとなったのである。この後、室蘭港は石炭積出港として大きく発展し、小樽港にとってかわった。ケプロンの構想がここに実ったとみてよいだろう。その前提には、鉄道・港湾建設を自らの資本で行えるようになった日本の国力増大があった。

四　北海道農業

ケプロンの主張は、稲作の否定とアメリカ式畑作の推進であった。その理由は、北海道はアメリカ大陸の同緯度にあたる地域と非常によく似ていて、その気候がアメリカ合衆国でもっとも富みかつ人々が稠密な地域とそれほど差はないことにもとづくものである。北海道の気候について、函館で実測した天気観測結果さらに北海道の天然の草木などを調べて、アメリカ合衆国北緯四〇度以北に産する植物はすべて北海道で繁殖でき、「北アメリカ洲の温帯中に産するところの草木は、ことごとく本島（北海道）に産すること疑いをいれざるなり」と、その移植を主張する。かつ耕作には牛・馬を用い、また牧畜を広めることを提案するのである。

家畜は、日本に従前からいる牛・馬・豚の改良は困難であるとし、良種の馬・牛・羊・豚の輸入をすすめる。さらに世界各地の果樹から適切なものを選択して植えることを提案する。北海道の土地は肥沃で、この土地にあって利益が生じる穀類・野菜・果樹を海外から購入し植え付けていったら、ついには輸出できるようになると主張する。

要するに、アメリカ式畑作農業の展開を主張し米作は作付には適していないと拒否した。さらにケプロンは、北海道のみならず日本の米作に対して非常に否定的で、コストが大いにかかり、その栄養分は麦と比較して劣ると述べた。たとえば小麦と比較し、米一七〇斤は小麦一〇七斤の栄養分にすぎないと断じた。そして、北海道への移民に対し日本人が常食とする米に頼るのは拙策であって、食習慣を変えることが緊要であるとまで述べた。これまでの食物の嗜好を自ら変更して、畑作食料を常食とすることを主張したのである。これにより、食料面での北海道の自立を主張した。

ここで断っておきたいことは、米と麦との比較である。たとえ栄養分はそのようであっても、水田稲作と麦畑作とを比較すると、単位面積あたりの収穫量は水田稲作の方がずっと大きい。北海道の稲作は幕末から試作が行われ、開拓使でもケプロンが帰国した後の一八七六年（明治九）試作に着手し、試験田も設置された。そのご品種の改良もあり、経済作物として八七年以降、稲作は広く展開されていった。米への愛着を断ち切ることはできなかったのである。

五　アメリカ合衆国の国家戦略

アメリカは、なぜ現役の農務長官であるケプロンを派遣したのであろうか。農務長官に就任する以前のケプロンの経歴をみると、工場経営者であり、農牧場経営者であり南北戦争に北軍騎兵隊指揮官として参加した軍人でもある。農務長官に任命されたのは一八六七年（慶応三）であったが、それまで官僚の経験はなかった。政治的に農務長官に任命された人物である。

ケプロンの招聘に尽力したのは黒田清隆である。彼は、開拓次官として明治三年（一八七〇）国境の定まっていなかったカラフトを視察したが、ロシア勢力の前にカラフトの保持は困難と判断し、同年一〇月カラフトを放棄して北海道の開拓に力を注ぐことを建議した。くわえて開拓についての経験豊かな外国人の招聘を献策した。開拓を進めなかったら、南下するロシアの勢力下に北海道までもが入ることを危惧したことは間違いないだろう。明治初頭の北海道人口は、約一二万人であった。

この建議が実行されることとなり、黒田が留学生をともなってアメリカに出発したのは明治四年二月である。岩倉使節団が欧米視察にでかけたのは同年末であるから、一年近くも早い時期である。では、なぜアメリカだろうか。当時、北太平洋にとくに強い関心をもっていたのはロシアとアメリカである。ロシアの南下を恐れる日本は、その対抗上、必然的にアメリカに頼っていったのだろうか。だが、開拓の指導を仰ぐには当然のことながらアメリカの国土開発の状況を知っておかねばならない。ここで、幕末のアメリカと北海道開拓とのかかわりをみていこう。

幕末の北海道開拓

幕末の文久二年（一八六二）、ウイリアム・ブレーク、ラファエル・バンベリーの二人のアメリカ人鉱山技術者が招聘され、箱館奉行のもとで地質・鉱山調査を行った。(10) 通商を認める日米修好条約が調印された四年後であるが、アメリカ公使ハリスに外国奉行兼箱館奉行・村垣範正が北海道での鉱山等開発調査のため技術者の派遣依頼をしたことにもとづくものである。安政元年（一八五四）にペリーが調印した日米和親条約では、箱館が開港され石炭の供給が求められたが、その当時、石炭が埋蔵されているかどうかもわかっていない。アメリカとしても、鉱山調査は願ったりかなったりのことだっただろう。ハリスは、即座に手配を行った。

薩摩藩士であった黒田清隆がはじめて北海道に足を入れたのは、明治二年（一八六九）参謀として参加した箱館戦争のときである。このとき箱館にはアメリカ領事館があり、領事は安政三年（一八五六）以来、この地にいたエリシャ・ライスであった。箱館戦争の前後、黒田はライスと接触し面識を得ていたことは間違いないだろう。ここで幕末のアメリカ人技術者の調査、さらにアメリカの国土開発について知識を得たのではないかと思われる。ブレーク、バンベリーが横浜から箱館に向かうとき、アメリカに帰国していたライスと同船していた。ライスは、ブレーク、バンベリーの道内調査についてよく知っていたのである。ちなみに、ケプロンは来日の前、ブレークから調査内容について詳しく話を聞いている。なお、二人の道内調査に技術習得もかねて五人が同行していた。そのうちの一人が、洋式砲台をもつ五稜郭を設計・築造した武田斐三郎《あやさぶろう》であり、もう一人が鉄鉱石を原料に日本最初の西洋式高炉を釜石に建造した大島高任《たかとう》である。当時、最高級の技術知識をもつ人物が同行していたのである。

開拓顧問を求めての黒田の渡米に、函館領事ライスがなにがしかの役割をもっていたのではないかと考えている。ライスが正式の函館領事になったのは一八六九年（明治二）九月で、それまでは貿易事務官であった。北海道の実情について、彼はよく知っていたのである。ライスが函館領事を辞任したのは七四年八月一九日で、ケプロンが二人の技師、一人の医師をともなって横浜に到着したのは、そのわずか後の同月二五日であった。函館領事としてライスはケプロンに会うことはなかった。

さらに、訪米した黒田を待っていたのが少弁務使（代理公使）森有礼《ありのり》であった。彼は、黒田と同じ元薩摩藩士で、一八六五年（慶応元）留学生としてイギリスに密航した。その後、六七年夏にアメリカにわたり一年間ここで生活したのち帰国した。七一年二月には初代駐米外交官として赴任したが、当時の日本で有数のアメリカ通といってよい。アメリカ国土の実情について、黒田は森から知識を得たことも十分想定される。

アメリカ合衆国の意図

一方、黒田清隆の要請に応えたアメリカの意図は何だったろうか。先述したように、当時アメリカにとって北海道周辺で活動する捕鯨船の安全、また東アジアへの航路確保が日本に対する大きな課題であった。そのためには、避難港と薪水・食料・石炭の補給が重要な関心事であった。そのアメリカにとってもっとも懸念されたのが、ロシアが北海道を支配することだったろう。日米和親条約が調印された翌一八五五年（安政二）二月七日、露和親条約が調印され、五八年一一月にはロシア領事館が函館に開かれた。ロシアは北海道に強い関心をもっていたのである。イギリスが函館に領事館を設置したのは一年後の五九年一〇月のことで、ロシアへの対抗のためだったろう。

函館領事（当時は貿易事務官）ライスは、一八六二年（文久二）八月アメリカ政府に、もしもロシアが函館を攻撃したらどうすべきか指導を求めている。その翌年八月国務省に次のような進言をした(11)。

「私が入手した最良の報告によると、この蝦夷を近々手に入れることはロシア政府の疑いもない狙いであります。日本の現在の困難な事情がこの時期を早めることになるとも考えられます。もしこのことが事実となったらどのようにしてこの問題に対処したらよいでしょうか。

ロシアが日本のこの島を手に入れるにはほんの小さな力で十分で、赤子の首を絞めるようなものです。ロシアは函館をほんの一時間で占領してしまうでしょう。

フランスは琉球諸島を欲し、イギリスはすべての貿易をすべて支配したいのです。」

一介の貿易事務官からの進言がどこまで重みをもってアメリカ政府に受け止められたのは明確ではないが、アメリカは、ロシアが北海道を支配下におくことを強く懸念していただろう。そして不凍港を得て太平洋に進出してくることは、絶対に防ぐべきことだったろう。後年、日露戦争の講和を斡旋したセオドア・ルーズベルトは日露戦争について、「日本は我々のゲームを行っている」と述べている。アメリカの現役の農務長官派遣は、ロシアの南下を防ぐことを目的としたと判断してよいだろう。あるいは、黒田がロシアの南下対策としての北海道開拓の重要性をアメリカ政府に説き、しかるべき人物の派遣を要請した可能性も十分ある。さらにアメリカは資源確保を考えていた。

西太平洋岸において、石炭を安定的に得るのがアメリカの重要な国家目的であった。ケプロンは、鉱物の専門家を引きつれ来日したが、すぐに現地調査を行わせている。それはアンチセルであり、彼の跡を継いだライマンであって、そのご九州の高島炭鉱に匹敵する幌内炭鉱が発見された。その移出について、ケプロンは鉄道で太平洋岸の室蘭まで運び、ここからの積み出しを強く提案するのである。それこそが、アメリカの国益にかなったものだったろう。さらに、ケプロンまた彼に同行して来日したワーフィールド、アンチセルは、北海道本府としての札幌について室蘭との連絡を絶対条件とした。ここにも、アメリカと連なる太平洋岸との連絡の重要性に対する彼らの認識がうかがわれる。アメリカとの強いつながり、あるいは影響下での開拓を志向していたと思われる。

ケプロンの北海道開拓政策の目的は、豊かな資源に富む北海道の自立であったことは明らかであろう。彼は主張する。土地、気候が農耕に適していてアメリカ農法の採用によって自給の体制を確立し、さらに輸出をも可能となる。全島に繁茂している森林は、製材し建築・鉄道の材料、さらに家具類に加工すれば大きな財源となる。漁業は、外国人が好んで需要するものが多いので大きな利益を得る貿易品となる。発見された石炭は、世界の市場に向かって採掘したらよい。さらに紡績・製粉・缶詰などの諸工場の設立を提示する。

北海道の自立のため、自給とさらに輸出が可能となる開拓を求めたのである。その担い手として、自己の力によって自由に生産し営業する独立自営民を想定し、外国（ロシア）からの侵略があったら、彼らがこの地を守り抜くだろうと期待した。北海道の自立、それはロシアの支配下に入ることを恐れるアメリカの国益にかなったことだった。

ところで、食料について畜産をともなう畑作を主張した。北海道の風土、また当時の状況から考え、畑作を主張するのは当然かもしれないが、アメリカ人の食料は畜産物と畑作物である。これらを得たならば、多くのアメリカ人が住むことが可能となる。あるいはアメリカは、その先を考えていたかもしれない。つまり西太平洋側における自らの根拠地の確立である。一八五〇年代にはハワイ併合を画策し、一八六七年にはアリューシャン列島をロシアから購入したアメリカが、その延長線上に北海道の支配権確立を構想したとしても何ら不思議ではない。事実、ペリー提督は、琉球をその支配下におこうとした。そして、フィリピンを支配下においたのは一九〇一年（明治三四）であった。

樺太千島交換条約

ケプロンが延期していた契約が終了し日本を去ったのは、一八七五年（明治八）五月二三日であった。ほぼ同じ時期の同年五月七日、ロシアとの間で懸案の国境問題について、カラフトはロシア領、千島列島は日本領とする樺太千島交換条約が榎本武揚全権のもとで調印された。ここにロシアとの緊張関係は緩和したのである。ロシアに備えてアメリカ指導のもとで北海道開拓を進めようとした時代が、大きく転換したと考えられる。この国際関係を背景に、明治政府は幌内炭鉱の移出について、石狩川を通じて小樽港に積み出すことを決めたのである。

ウイリアム・クラークと金子堅太郎

前アメリカ政府農務長官であったケプロン、そして彼と同行してきたワーフィールド、アンチセルは、アメリカとの強いつながりのもとでの北海道開拓を志向し、北海道をアメリカの影響下におこうとしたのではないかと述べた。彼らは、アメリカの国家戦略を十分、理解してのことと考えている。一方、それ以外の技師、たとえば石炭の石狩川舟運による輸送が可能とした土木技師モルレー、デー、あるいは幌内～小樽間の鉄道建設を指導したクロフォルドなどは政治的なことはまったく考慮しない技術者であったと考えている。与えられた課題を純技術的に対応していったのであろう。

では、「少年よ　大志を抱け」で著名なウイリアム・クラークはどうであろうか。彼は、マサチューセッツ州立農科大学の学長の身で、一八七六年（明治九）開校となった札幌農学校の教頭として招聘された。そして、ケプロンの主張と同様に、畜産をともなう畑作農業を教育していった。クラークの来日は、ケプロン帰国の翌年である。クラークはケプロンと同様、はたして北海道をアメリカの影響下におこうとの国家戦略をふまえ、教育にあたったのだろうか。だが彼はケプロンとは異なり、幌内炭鉱の輸送ルートについて幌内から札幌をとおり小樽にいたる鉄道の設置を主張した。このことからみても、純教育者として来日したと考えている。

ところで、札幌農学校は現在の北海道大学の前身であり、クラークの名声は高い。また、その教育は理論のみに偏重することなく、学校農場で経験的、実際的な教育を行い、さらにキリスト教精神による人格的教育を行ったとして、今日高く評価されている。だが、この教育を真っ向から否定した報告が一八八五年（明治一八）行われた。

北海道開拓は一八六九年開拓使がおかれ、ここで推進されていたが、八二年廃止された。代わりとして新たに設置された札幌・函館・根室の三県と、官営事業を統括する農商務省北海道事業管理局がその担当となった。この体制が妥当かどうか、太政官大書記官・金子堅太郎によって八五年現地視察が行われ、「北海道三県巡視復命書」が提出された。金子は、岩倉使節団に同行してアメリカにわたり現地の小学校に入学し、最後はハーバート大学を卒業したアメリカ通である。ハーバード大留学時代にセオドア・ルーズベルトと面識があり、日露戦争時、常にルーズベルト大統領と接触して講和の道を模索したことで名が知られている。

金子はこの復命書のなかで、マサチューセッツ州立農科大学を留学中に視察した自らの経験もふまえ、その教育を否定的にとらえた。英米の植民地では、農学校がなくても普通の人々によって原野は日々耕地となり、農産物は月々増加している。札幌農学校の教育は学理的に農学を教えるが高尚過ぎ、また開墾の実情を知っていないとし、農学校は開拓の実務に何の利益も与えないと切って捨てたのである。この評価が妥当かどうかは、筆者が判断しえることではないが、金子の復命にもとづき、一八八六年（明治一九）に三県と北海道事業管理局が廃止され北海道庁が設立されて一九四七年（昭和二二）まで続いた。一方、札幌農学校は存続し、一九〇七年（明治四〇）東北帝国大学農科大学に改称された。

(注)

(1) 石井　孝『日本開国史』三三三頁、吉川弘文館、二〇一〇

(2)『ペリー提督日本遠征記』六〇三頁、角川ソフィア文庫、二〇一四

(3) 松浦武四郎「西蝦夷日誌・五編」、吉田常吉編『新版蝦夷日誌』下、時事通信社、一九六二

(4) 札幌の都市計画につき、札幌在住の作家・荒巻義雄氏によって「札幌は裏京都」との興味ある説が提唱された。札幌は、京都と同様に南北東西の格子状に区画され、道路が配置されている。しかし札幌の豊平川は、京都の鴨川と逆の方向に流れている。また京都の比叡山に対するのが藻岩山《もいわやま》であるが、市街地にとってその位置は逆である。このような地理的配置より、「裏京都」ととらえたのである。基本的に両都市とも扇状地上に展開され、地形的条件は同じである。札幌の街づくりが京都を非常に意識して計画されたことは間違いないだろう。

(5)『新札幌市史』二一四～二一五頁、札幌市、一九九一

(6)『さっぽろ文庫19　お雇い外国人』二五七～二六〇頁、札幌市、一九八三

(7)『新撰北海道史』第六巻史料二、五六～七五頁、北海道庁、一九三七

(8)『石狩川治水史』五二三六～二三八頁、北海道開発協会、一九八〇

(9)『大蔵省開拓事業報告』第二編勧農土木、五七一～五七二頁、一九〇五

(10) この調査で、岩内に有力な炭鉱があることが発見された。茅沼《かやぬま》炭鉱であるが、幕末の一八六六年（慶応二）、この開発のため、当時、来日していたイギリス人技師が雇用された。

(11) ヘルベルト・プルチョウ『外国人が見た十九世紀の函館』八〇頁、武蔵野書院、二〇〇二

(参考文献)

『新撰北海道史』第六巻史料二、北海道庁、一九三七
『新北海道史』第七巻史料一、北海道、一九六九
『新北海道史』第三巻通説二、北海道、一九七一

『札幌市史』札幌市、一九五三
『新札幌市史』札幌市、一九九一
『札幌文庫19　お雇い外国人』札幌市教育委員会、一九八一
『開拓史事業報告』第貳編（復刻発行）、北海道出版企画センター、一九八三
『小樽市史』第一巻、小樽市、一九五八
『新室蘭市史』第二巻、室蘭市役所、一九八三
『ペリー提督日本遠征記』角川ソフィア文庫、二〇一四
『石狩川治水史』、北海道開発協会、一九八〇
石井　孝『日本開国史』吉川弘文館、二〇一〇
西川吉光「日米関係と沖縄（1）」『国際地域学研究』第四号、東洋大学国際地域学部、二〇一一
松浦茂樹『国土づくりの礎』鹿島出版会、一九九七
ルベルト・プルチョウ『外国人が見た十九世紀の函館』武蔵野書院、二〇〇二

第一〇章　大正以降の「国土づくり」

明治初頭に遷都して以来、東京がずっと首都であった。それは、東京が時代の要求にまがりなりにも応えてきた、あるいは応えることができた条件を有していたことを示す。だが遷都の議論がなかったことはない。とくに一九九〇年代、「首都機能移転」が国会でも議論され、一九九二（平成四）年には「国会等の移転に関する法律」が成立した。現在も、どこに、何の機能を移転させるのか議論が進められているが、政治・行政セクションすべてを移転させる議論とはなっていない。あいかわらず首都は東京である。ここでは、東京を首都としてどのような「国土づくり」が展開されていったのか、社会経済の進展とともに述べていく。

一　大正期から昭和初頭の国土づくり

鉄道建設

一九〇六（明治三九）年鉄道国有法が成立し全国の幹線は国有化されていったが、国鉄の方針は、大正に入ると「建主改従」か「改主建従」かをめぐって激しく対立した。第一次世界大戦時の日本経済の好況による旅客・貨物輸送の激増、海運の内航から外航への転換などによって国鉄の輸送状況は逼迫した。このため、既設の幹線を広軌改築して輸送力の拡充に重点をおこうというのが「改主建従」であった。鉄道当局は広軌改築を主張したが、地方の有力者を地盤とする政党である政友会は「建主改従」、つまり全国での鉄道の延長を主張した。その後、一九一八（大正七）年に政友会の原敬内閣が成立すると、鉄道敷設法を改正し、新たに一四九線一万二二二㎞（当時の既設線一万六四四㎞）の新線建設計画を国の方針として定めた。「建主改従」の方針で、さらに鉄道による全国ネットワーク化が推進されていったのである。

この「建主改従」の決定には、陸軍の後押しがあったといわれている。陸軍は全国津々浦々から兵隊の大量の敏速な動員を鉄道に頼り、そのネットワークの完成を要望したのである。さらにこの方針は、道路網整備によるトラック輸送の拡充と密接な関係があったと考えている。軍部として兵士輸送は鉄道に頼る一方、物資輸送は道路に期待したのである。すなわち広軌改築による輸送力拡充を放棄した政友会内閣の政策の背景には、物資の輸送力拡充は道路によって進めるとの判断があった。

水力発電と経済の重化学工業化

ヨーロッパの先進工業諸国を主戦場とした第一次世界大戦が、一九一四（大正三）年に勃発した。日本では、ヨーロッパからの工業製品の輸入が途絶し、輸入代替産業の勃興をうながして重化学工業の基礎を準備していった。この重化学工業化は、とくに京浜・阪神などの臨海部で進められ、中京・北九州をふくめた四大工業地帯が形成されていった。ここで注目すべきことは、この時期の工業化のエネルギー源が水力電気だったことである。

水力発電は、当初は渇水量（年間を通じて三五五日間はこれを下回らない流量）を標準とした流れ込み式発電であった。だが一九二〇年代中頃になると、ほぼ平水量（年間を通じて一八五日はこれを下まわらない流量）程度の使用水量を目標としていた。平水量を対象とすると、河川の流量の変化にしたがって発電量は変動する。この不安定な発電が安価で供給されて、硫安・レーヨンなどの電力多消費型産業が第一次世界大戦後に勃興したのである。

その後、水力発電は開発の難しい河川上流部に貯水池をもつダム式による発電へと移行した。その先駆けとなる代表的なものとして、一九二四年（大正一三）に完成した木曽川水系大井ダムによる発電（出力四万八〇〇〇kW）がある。その後、小牧ダム、祖山ダム、塚原ダムなど堤高七〇〜八〇m級のダム建造に成功し、これが鴨緑江の水豊ダムなど大陸での大ダム建造に発展していった。

都市計画法と道路法の成立

四大工業圏では、あわせて都市化が進行し都市人口が増大していった。これに対し、彼らが居住し生活する空間の計画的整備を求めて一九一九年（大正九）、都市計画法と市街地建築物法が公布された。この成立以前には、明治五年（一八七二）、銀座から築地にかけて発生した大火をきっかけに道路の改良・新設と銀座煉瓦街の建設が進められた。その後、東京市区改正条例が一八八八年に勅令として公布され、その翌年東京市区改正土地建物処分規制が制定された。市区改正条例は、基本的には近世以来の旧市街地の近代化をめざしたもので、拡大していく都市に対処するものではなかった。新たに成立した都市計画法は、拡張する市街地の整備をにらんで、土地区画整理・地域地区制（用途地域など）が盛りこまれた。

都市計画法と同時に道路整備を目的とする道路法が成立した。(1) その背景には、自動車の登場があげられる。自動車は新しい陸上輸送機関として一九一〇年代初めに本格的に登場し、一九年には七〇〇〇台となっていた。そのご急速に普及し、二九年（昭和二）には八万台を越え、自動車のための道路改良が課題となっていた。また、第一次世界大戦で物資輸送にトラックが重要な役割を担ったため、道路法の成立を軍部が強力に支持したのも重要な背景である。

一九二〇年から始まった第一次道路改良計画は、二三年の関東大震災によって予算は大きく圧縮されて低迷した。だがこの事業によって横浜と東京をむすぶ京浜国道、大阪と京都をむすぶ京阪国道、大阪と神戸をむすぶ阪神国道、また箱根峠や鈴鹿峠など、古来、天下の難路と称せられた道路が整備された。

関東大震災後の首都復興

一九二三年(大正一二)九月一日、関東大震災に襲われ、東京、横浜を中心に大惨状となった。震災時、火災によって被害もいちじるしく増大し、東京市の消失面積は市街面積に対し四四%に上っている。この復興のため、特別都市計画事業が進められた。その完成をみたのが三〇年(昭和五)である。街づくりは、当初検討されていた「焼土全部買上案」は断念され、東京市を中心にして土地区画整理事業によって進められた。その意義は次の四つに整理される。

①約三六〇〇haの土地区画整理事業

②道路・街路の整備、総延長二五三kmで面積約五二六haの道路整備

このうち五二路線、延長一一四kmが幅員二二m以上の幹線道路である。道路整備の結果、土地区画施行地域における道路面積率は一四・〇%から二六・一%に上がった。また隅田川には九橋の新橋梁がつくられた。

③公園の整備

大公園として隅田、錦糸、浜町のほか五二の小公園が設置された。この結果、東京市の公園面積は約一六%増加し、市域面積に対して約三・六%となった。

④河川・運河の整備

改修一一水路、新設一水路、埋立て一水路の事業が行われた。

この事業によって、土地区画施行地域では自動車交通に配慮した街路が整備された。つまり、自動車交通に対処した改造事業であり、東京は新たな都市に生まれ変わったのである。じつは関東大震災の二年前から、自動車交通整備を中心とした日本で最初の市街地改造事業が行われていた。大阪第一都市計画事業である。この事業によって用地買収をともなう市街地改造が行われ、また街路が整備された。一等道路は、大阪駅から淀屋橋をへて難波駅前に達する延長約四・五㎞の御堂筋であったが、その幅員は二四間（約四四ｍ）とされた。(2) この幅員が復興事業でも最大幅員として採用され、今日の昭和大通りと八重洲通りの主要部が築造されたのである。大阪都市計画事業を先行事業とし、首都復興事業は進められたと評価してよい。

「明治の国土づくり」の竣功

ここで特筆しておくべきことは、「明治の国土づくり」が昭和初期に完成したことである。河川事業についてみると、利根川は一九三〇年（昭和五）年度、増補工事が加えられた淀川は三一年度、大河津《おおこうづ》分水堰の一部が陥没し補修工事が追加された信濃川は三一年の竣功であった。港湾事業は、すでに大正時代に横浜港・神戸港・大阪港・名古屋港・新潟港などが竣功していたが、二八年に関門海峡・四日市港、二九年には塩釜港を竣功させた。

一方、鉄道についてみると、一九一三年、北陸線の泊〜直江津間の竣功により列島主要部の幹線網を完成させ、一四年には羽越本線が全通して日本海岸縦貫線が完成となった。そのご残りの幹線は、昭和になって山陰本線が三三年に、高知と高松をむすぶ土讃線が三五年に開通した。

二　昭和恐慌から戦時経済時の国土づくり

時局匡救事業《じきょくきょうきゅう》

日本経済は第一次世界大戦終了後の一九二〇年（大正九）、恐慌にみまわれ、さらに二三年の関東大震災にも襲われて長期にわたる不況に陥った。一九二〇年代は慢性不況の時代といわれ、その締めくくりに二九年（昭和四）一〇月二四日のニューヨーク街の株大暴落に端を発する世界大恐慌が発生した。この大恐慌は日本経済を直撃し、日本社会は大混乱に直面した。もっとも深刻な不況に陥った東北地方などの農村では子女の身売りが珍しくないといった惨状となり、社会不安は深刻化した。

一九三一年（昭和六）一二月、政権が民政党から政友会への移動にともない大蔵大臣に高橋是清が就任し、積極的な財政支出をともなう経済政策に転換した。この財政支出の中心は、軍事費の増大とともに三二年から三四年にかけて行われた時局匡救事業（農村救済土木事業）であった。その目的は、農村を中心として土木事業への労務提供によって賃金を得、自力更生の糧とするとともに、地方産業発展への基礎となることを期待するものだった。

時局匡救事業では、道路事業がその中心となって地方政府によって行われた。しかしそれに先立つ一九三一年、失業救済道路改良事業が実施されたが、そのなかで国直轄改良事業が開始された。規模の大きい道路改良事業が国直轄で進められたのであるが、その重要な背景に、新たな産業振興は自動車輸送でもって進めようとの考えがあった。この考えは内務省を中心としたものだが、新しい産業インフラとして内陸輸送では鉄道に代わり、道路が前面に出てきたのである。

一九三五年頃から景気は立ち直り、大陸における軍事活動を背景に、鉄鋼・化学工業などの重化学工業の発展が課題となった。ここに新たな政策が展開されることとなった。

河水統制《かすいとうせい》事業の登場

河水統制とは、上流山間部でのダム等による貯溜によって洪水調節を行うとともに河水利用の増進を図るもので、アメリカではＴＶＡ事業などとして推進されていた。当時、治水は一九三四年（昭和九）、三五年と立て続けに大水害をうけ重要な課題となっていた。河水利用とはこれまで水力発電と灌漑が中心であったが、都市人口の増大にともなって都市用水の確保が課題となってきた。三七年度、国による河水統制調査費、四〇年度には府県を中心とした事業が認められ、翌年からは国直轄事業が着工となった。東京市は、人口増加による水需要の増大に対処するため利根川からの導水を計画し、河水統制事業による水源地でのダム築造に事業者として加わった。

工業港を中心とした臨海工業地帯の整備

京浜地区ではそれまで川崎・鶴見地区の埋立てが民営で進められていたが、一九三六年（昭和一一）一二月、京浜運河と臨海地帯の造成を国庫補助のもと神奈川県営で進めることが閣議決定された。また三九年、多摩川河口より東海岸でも東京府により京浜運河開削と造成事業が開始された。

さらに一九四〇年、公共団体による造成に対し、公共施設の三分の一を国庫補助する規定が定められた。ここに臨海工業地帯の造成が国策として進められることとなったのである。この年、東京湾臨海工業計画が決定され、工業港とともに千葉臨海工業地帯の造成が始まった。また工業港と臨海工業地成は、広島・名古屋・堺などでも公共事業として進められていった。

産業道路の整備

一九三三年（昭和八）には第二次道路改良計画が策定され、産業開発・地域振興は道路整備でもって推進していくことが確立された。その整備は国直轄で行おうとするもので、道路整備のための目的税ではないが「相当額を道路改良費に充て」るとの衆議院委員会での付帯決議のもと、三七年度から揮発油税法が施行された。

また道路整備として、一九三六年に東京と横浜をむすぶ第二京浜国道が着工され、九州と本州をつなぐ関門トンネルの工事に着手したのは三九年度である。四〇年度からは三カ年計画で重要道路整備調査が行われ、この調査結果もとに延長五四九〇㎞からなる全国自動車国道網計画が作成された。そして名古屋～神戸間で実施調査が行われたのである。なお鉄道では、東京～下関間を九時間以内でむすぼうとする広軌道の新幹線計画、いわゆる弾丸列車計画が四〇年以降の継続事業として実施された。

国土計画・地域計画の登場

国土計画、地域計画について正式に政府がその策定を公にしたのは、一九四一年（昭和一六）の「国土計画設置要項」の閣議決定である。三七年に日中戦争が始まり、大陸では激しい戦闘が行われているなかこの年に設立された企画院によって検討が進められた。「要項」は、日本・中国大陸全体をみつめて人と施設との「合理的配分方針ヲ策定」する日満支計画と、これを基準として日本（台湾、朝鮮半島を含む）を対象として行う中央計画よりなる。それに先立ち経済不況そして冷害等の自然災害で疲弊の極にあった東北地方で、総合的な東北地域振興計画が策定されていた。

企画院は、戦争遂行の企画立案の中枢機関として国家総動員法の規定、物資動員計画、国家総動員計画、生産力拡充計画などを進めていったが、一九四〇年にはさらに国土計画策定それにもとづく各省庁への統制の権限が与えられ、総合国策機関へと発展した。

三　復興期の国土づくり

社会インフラ整備の課題

一九四五年（昭和二〇）九月、日本は敗戦を迎えた。国土の広さは、それまでの五五％に減少し、そこに軍隊からの復員者七六〇万人、海外から一五〇万人が引き上げ、約八〇〇〇万人が居住することとなった。復興が国土計画、地域計画の旗印となったことは当然であるが、国富に対する戦災の状況をみると、社会インフラでは電気ガス供給設備の被害率一一％をのぞいて意外に小さい。発電のうち火力が大きな被害を受けているが、それ以外の国鉄、水力、電信、電話はそれほど大きな被害を受けていない。鉄道は、線路延長・機関車両とも戦争直前を保持していて、混乱する社会の大事な足となった。また鉄鋼・機械・化学工業などの生産設備は、三分の一程度の被害であった。これらを基盤にして、戦後の経済復興が図られたのである。

戦後の社会インフラ整備は、洪水防御（治水）、電力開発、食料増産を課題として始まった。昭和二〇年代は一九四五年の枕崎台風を皮切りに、四七年のキャサリン台風、四八年のアイオン台風の襲来など毎年のように大規模な風水害が発生し、戦争で疲弊していた国民経済に大きな痛手を与えた。また電力重要の増大により電力飢饉といわれるような深刻な電力危機が生じたが、海外からの物資輸入に大きな制約が加えられていたため、残された国土の資源として水力が注目されるのは当然だろう。また国土が日本列島のみとなり、食糧不足も重大な問題であり食糧増産が急務の課題となっていた。

一九五〇年（昭和二五）、国土総合開発法が制定されたが「国土総合開発の運営方針」として次の二大重点目標の達成が重視させることとなった。

①国内資源の高度開発と合理的利用による経済自立の育成

②治山・治水の恒久対策樹立による経済安定の基盤確立

とくに、①の要請からは水資源の活用による電力の確保と耕地の整備、②の要請からは直接的に河川が対象となる。このことから河川の総合開発が重視されることになり、多目的ダム・水力ダムを中心に開発が進められていった。

河川総合開発

河川の総合開発は、戦前に河水統制として着手されていた。この事業を進めるにあたり内務省土木局を中心にしてアメリカＴＶＡが研究され、積極的に紹介されていた。しかしそれは一部にとどまり、一般の間にひろく周知されたのではない。戦後、占領軍の中核であったアメリカから、草の根民主々義にもとづく地域開発の成功例としてＴＶＡがひろく喧伝された。ＴＶＡ理事長リリエンソールの『ＴＶＡ――民主々義は進展する』は翻訳され、新たな地域開発手法として大きな影響を与えたのである。

河水統制事業は、一九五一年（昭和二六）年河川総合開発事業となり国土総合開発法にもとづく特定地域総合開発計画の柱として進められた。制度として五七年、特定多目的ダム法が制定された。それに先立ち五二年、水力開発のための電源開発促進法が制定されて電源開発（株）が設立された。この前後から、アメリカから導入された重土木機械でもって大型ダムが着工された。

産業基盤整備

戦争で混乱していた日本の社会経済であるが、戦後復興は朝鮮動乱の特需もあって急速に進められた。やがて太平洋ベルト地帯での臨海部工業開発が進行し、そのボトルネックとして産業基盤の整備が課題となり制度が整えられていった。

道路整備についてみると、はやくも一九五二年（昭和二七）には新道路法と、有料道路制度である道路整備特別措置法が制定された。翌五三年には「道路整備の財源等に関する臨時措置法」が制定され、揮発油税をもととした道路特定財源が確立されるとともに、五四年度を初年度とする道路整備五カ年計画が策定された。なお戦前の三七年に創設された揮発油税は、四三年廃止されたが、四九年に復活していた。これを道路整備の特定財源としたのである。

さらに高速道幹線道路を整備する道路公団が一九五六年設立され、翌五七年、高速自動車国道法、国土開発縦貫自動車道建設法が制定されて高速自動車道建設の制度がととのった。日本最初の高速道路である名神高速道路が着工されたのは五七年で、その翌年東海道新幹線が着工された。

臨海部の工業開発は、重化学工業を中心として工業港・工業用水をともなった臨海部造成が進められた。港湾については、一九五〇年に港湾法が制定され、港湾管理者の規定、国庫補助の対象を公共性の高いものに限定するなど、港湾の管理が法律として定められた。つづいて五三年、港湾整備促進法が策定され港湾管理者が行う荷さばき施設、そして埋立地の造成などに政府が財政資金から融資する途が開かれた。これ以降、全国的な臨海地域造成事業が、港湾管理者および地方公共団体によって進められた。

港湾の事業・計画に関しては、一九五九年（昭和三四）に特定港湾施設整備特別措置法が制定されたが、六一年には港湾整備緊急措置法が成立し、六一年度を初年度とする港湾整備五カ年計画が策定された。

また、工業用水の確保が重要な課題となった。工業用水の確保を目的とする工業用水法が一九五六年に、つづいて五八年に工業用水道事業法が策定された。五七年に成立した特定多目的ダム法は、この工業用水また都市上水の確保を重要な課題としていた。また、戦後最大の気象水害となった五九年の伊勢湾台風襲来の翌年、治山治水緊急措置法が制定され、河川事業についての長期一〇カ年計画が樹立されたのである。

戦前との連続性

戦前の一九三六年（昭和一一）の内務省における政策課題は、治水事業と産業基盤としてのインフラ整備であった。治水に対しては上流山間部でのダムによる洪水調節が前面に出ることとなったが、ダムとしてまた水力開発・都市用水確保等を目的とした多目的ダムで進めようとした。産業開発は、工業港を中心とした臨海工業地帯の整備が課題となっていた。また道路整備を産業開発の観点から進めようとし、全国自動車網計画が樹立されていた。これらの計画が全国的に展開されていくのが高度経済成長時代であり、復興期はそれを進めるための制度が整備された時代と評価できる

四　高度経済成長時代の国土づくり

昭和三〇年代中頃から本格的な高度経済成長が始まった。一九六〇年（昭和三五）「国民所得倍増計画」が閣議決

定されたが、そのめざした工業開発は、既に進行しつつあった太平洋ベルト地帯臨海部での重化学工業が中心であった。そのなかでも、京浜・京葉臨海工業地帯が大いに活況を呈し、経済面でも東京周辺はもっとも発展した地域となった。増大する都市用水に対しては利根川本川から供給開始したが、戦前から進められていた計画が花開いたのである。

さて国土総合開発法にその作成が定めながら策定されていなかった全国総合開発計画が、「地域間の均衡ある発展」を基本目標に一九六二年（昭和三七）閣議決定された。これ以降、五次にわたり全国総合開発計画は策定されていき、国の公共投資計画の大本とされた。

第一次全国総合開発計画（一全総）

一全総は、「所得倍増計画」と同じく目標年次を一九七〇年（昭和四五）とし、経済フレームは「所得倍増計画」を用いて作成された。ここで打ち出された戦略が、拠点開発構想である。当初、拠点開発地域は太平洋ベルト地帯が想定されていたが、地方を地盤とする自民党の強い抵抗のもと「後進地域の開発促進」を目的とすることとなり、一五カ所の新産業都市が決められた。一方、太平洋ベルト地帯には六カ所の工業整備特別地域、岡山県内と大分の二つの新産業都市が定められた。

重化学工業は石油・鉄鉱石など海外の資源に依存したので、工業地帯の中核に工業港がおかれた。土木施工技術の発展により、それまで不適地であった砂丘海岸に、鹿島港・新潟港などの掘込《ほりこみ》港湾が築造されていった。

道路をみると、自動車交通の増大をふまえ、幹線道路の整備拡充と東京〜大阪間、さらにそれにつづく高速自動車国道の建設がうたわれた。日本で最初の高速道路として名神高速道路が竣功したのは一九六五年（昭和四〇）であるが、六六年には国土開発幹線自動車道建設法が制定され七六〇〇㎞高速道路網計画が策定された。この計画は、重要都市および重要地域から二時間以内に高速道路へ到達することを目的としていた。なお東名高速道路は六二年に着工され、六九年に竣功したが、そのルートを東海道ルートにするのか中山道ルートにするのか、議論が行われた。一方、鉄道については幹線の複線化、電力化の促進がうたわれ、さらに東京〜大阪間の新幹線の完成が述べられている。東海道新幹線が営業を開始したのは、六四年である。

ところで臨海工業は大量の工業用水を必要とする。また第二次・三次産業の発展にともない都市化が進行し、都市上水の需要が著しく増大した。これへの対応として都市用水の確保を目的に六一年、水資源開発促進法と水資源開発公団法の水資源二法が制定されたが、つづいて六四年、河川法が改正されて利水規定が整備された。

新全国総合開発計画

高度経済成長が進展していくなかで、「豊かな環境の創造」を基本目標におく新全総が一九六九年（昭和四四）に閣議決定された。新全総を一口でいうと、新幹線・高速自動車道等ネットワークの整備、これを基礎条件として開発可能性を全国土に拡大し、全国土の利用を均衡しようとするものだった。これをベースに、各地で大規模プロジェクトが計画・構想された。大規模工業基地としては、むつ小川原、苫小牧東部、志布志《しぶし》湾などが対象となった。また大規模畜産規模基地、大規模レクリエーション基地、大規模流通処点、大規模エネルギー供給地区などが計画・構想された。そして大規模プロジェクトをナショナルプロジェクトとして推進しようとした。その一環として、七二年度からは琵琶湖総合開発事業が着工された。

治水計画にかんしていえば、この時期、思想的に大きな変更が行われた。計画対象洪水について、既往最大洪水主義（近代になって観測された洪水をもとに策定）から超過確率洪水主義（降雨量、洪水量などを確率計算して策定）

への転換である。大河川では、一五〇年確率洪水（一五〇年に一回、それ以上の洪水が発生する可能性がある洪水）とか、二〇〇年確率洪水が対象となった。これらは近代以降に実際に観測された最大洪水（既往実績最大洪水）より、かなり大きくなるのがほとんどであった。

新全総ほど気宇壮大なものはないだろう。目標年次は一九八五年（昭和六〇）であったが、明治期につくられたインフラに代わり、二一世紀に向かっての新たな国土の骨格をつくりだすとの意気込みであった。自然地形あるいは歴史的社会条件に制約され、各地域はそれぞれ個性的な発展を示していたが、その制約を新幹線・高速自動車等のネットワークをもとに突破しようとしたものと評価される。日本の自然条件は、著しく進展した土木施工技術によって克服しえると想定されたのである。

オイルショックと第三次全国総合開発計画

日本の経済に深刻な打撲を与えた一九七三年（昭和四八）のオイルショックを契機として、社会の基調に重要な変化が生じた。経済効率を最優先として進めてきた高度経済成長政策の転換であり、人々の求める価値は「心のうるおい」「精神的な豊かさ」へと次第に移動していくとされた。それより以前、七〇年の公害国会に象徴されるように、大気汚染・水質汚濁・騒音などの公害が社会問題化し、住民運動が台頭して高度経済成長に反省が強く求められていた。社会のこのような変化のなか、全国総合開発計画は七七年に新全総から目標年次をおおむね一〇年間とする三全総へと移行した。

三全総では「国土の資源を人間と自然との調和をとりつつ利用し、健康で文化的な居住の安全性を確保しその総合的環境の形成を目指す」として、「人間居住の総合的環境の整備」が基本目標とされ、「定住構想」が打ち出された。

社会インフラ整備の基調が基本的に変化したのであり、新たな社会インフラ政策の確立が求められたのである。そして市民一人ひとりが日常的に接し、人々に真の豊かさ、うるおいが実感できる空間が期待されたのである。

だが、新全総で打ち出された大規模プロジェクト開発は否定されたのではなく、目立たないようにしてしっかり書きこまれていた。「新工業基地」としては苫小牧東部、むつ小川原の建設がうたわれた。高速自動車道路は、七六〇〇㎞の国土開発幹線自動車道路ほか、日本海沿岸縦貫道、本四連絡橋などをふくめ一万㎞余が構想された。また新幹線は一九七〇年（昭和四五）に全国新幹線鉄道整備法が制定され、約七〇〇〇㎞が基本計画路線となっていたが、そのまま踏襲された。

これらのプロジェクトは、オイルショック直後には政府の「総需要抑制等」にもとづき本四連絡橋などの新規事業は一時見送られた。しかし、しばらくして動き出していった。

五　一九八〇年代以降の国土づくり

日本経済は、一九七三（昭和四八）年のオイルショックを契機に高度成長から安定成長へと移り、産業構造は鉄鋼・石油化学・造船等の重化学工業から、自動車・工作機械・エレクトロニクス等の技術集約型の機械・電気産業へと重心を移していった。八三年には、先端技術産業育成をはかるテクノポリス法が施行された。

一方、新全総で計画された高速交通ネットワークが着々と整備された。高速自動車道路についてみると、一九八二年（昭和五七）に中央自動車道、翌八三年には中国自動車道が全線開通した。さらに八五年には関越自動車道が開通し、首都圏と日本海側が高速道路でむすばれ、八八年には北陸自動車道が開通し、ここに本州中央部の大環状高速道路が完成するにいたった。この間、八六年には東北自動車道が全通するなど日本全土にわたり高速道路網が充実した。新幹線についてみると、七五年に博多までの山陽新幹線、八三年には東北新幹線・上越新幹線が開通し、国土を縦貫する新幹線網が充実した。また八八年には、青函トンネル・瀬戸大橋が竣功し、四島の鉄道による連結一体化が実現した。

東京を起点に、全国とつながる高速道路・新幹線が整備されていったのである。また東京港は、戦前の一九四一年、主として中国大陸の貿易を扱う港として開港となったが、戦後そのような制約もなくなり、コンテナー埠頭も整備され国際港として大いに発展した。交通網の中心は首都東京であったのである。航空網もふくめ、東京と地方は直接的につながり、いわゆるストロー効果によって人口は東京に集中していった。

この集中する人口に対し東京は、戦前からの施策によりまがりなりにも対応できたのである。東京湾の埋立てにより東京港が整備され、横浜とつづく京浜工業地帯が造成され重化学工業が展開されていった。また羽田空港が築造された。内湾である東京湾が、埋立てを可能にしたのである。また都心の自動車道は、水辺をつぶして整備されていった。さらに、都市用水は利根川からの導水に成功した。

第四次総合開発計画

一九八七年（昭和六二）、人口の東京一極集中が進行している状況のもと「多極分散型国土の構築」を基本目標に、おおむね二〇〇〇年を目標年次とする四全総が策定された。東京の過密問題は常に国土計画上大きな課題であったが、交通網の整備とともに東京への人口集中は一層顕著となっていった。九〇年代になると、「首都機能移転」が議論されていった。

「多極分散型国土」を構築する方式として、基幹的交通・情報・通信体系の整備による「交流ネットワーク構想」でもって進めようとした。当時、通信技術の発展のもとに情報社会の到来が盛んにいわれ、また経済の本格的な国際化が進展しつつあった。基幹的交通としては、日帰り可能な全国一日交通圏の構築をめざす約一万四〇〇〇㎞からなる高速自動車道路計画が打ち出された。新幹線は、整備計画五線について逐次建設に着手するとした。また国際化の推進を図るため、およそ一五カ所の国際空港の整備がかかげられた。さらに大型化し増大する外貿コンテナー船に対応可能な大水深をもつコンテナターミナルについて、東京湾・大阪湾・伊勢湾の三大湾の港湾を中心におよそ一五地区の拠点的な港湾整備が主張された。

新全総では国土改造の中心となるプロジェクトと位置付けられながら、三全総では背後にかくれた交通体系整備が、四全総ではふたたび前面に出てきたのである。高速道路建設を中心に、国土づくりは進められていった。一九九七年（平成九）に東京湾横断道路が竣功し、九三年に着工した第二東名高速道路は、現在、建設中である。

「二一世紀の国土のグランドデザイン」

社会経済は、一九八〇年代後半のバブル景気、九〇年代の平成不況へと移り、その不況克服の一環として公共事業に大きな予算がふりむけられた。一方、一九九八年（平成一〇）、全国総合開発計画は「地域の自立の促進と美しい国土の創造」との副題をもつ「二一世紀の国土のグランドデザイン」に改訂された。この計画では、新全総から四全総において提示されていた社会資本投資額が示されなかった。つまり全総が、長期的公共投資の枠組みを設定しようとする役割をなくしたのであり、個別のプロジェクトは記載されていない。

またこれまでの計画の基本的な考えであった「国土の均衡ある発展」は重きをおいては主張されず、多様な地域特性を十分に発揮させる「地域の個性ある発展」が述べられ、個性的地域間の連携と交流がうたわれた。その社会背景として、温暖化等の地球環境問題、人口減少・高齢化問題、高度情報化の進展がある。その基調は、「人間居住の総合的環境の整備」をうたった三全総に通じるものがある。

「国土の均衡ある発展」とは、国民所得の増大と地域間格差の是正を求めたものだが、「地域の個性ある発展」とは、成熟化社会を背景に経済的豊かさから、文化や自然と親しむなどの生活の豊かさを基準とした「国土づくり」といってよいだろう。たとえば地域の空間を「文化的景観」と認識しながら、うるおいのある地域独自の「国土づくり」である。

居住空間の整備についてみれば、一九八一年、河川審議会から「河川環境管理の在り方について」の答申が出された。これにより、水と緑に恵まれた河川環境の良好かつ適切な管理を図ることが強く打ち出されたのである。そして戦後の河川環境整備のメルクマールと評価される原爆ドーム周辺の広島・太田川基町護岸整備が行われた。また、一九九〇年（平成二）からは、生物の良好な生育環境に配慮し、あわせて美しい自然景観を保全あるいは創出しようとする「多目的型川づくり」がはじまった。

国土形成計画法

全国総合開発計画は、二〇〇五年（平成一七）の国土総合開発法の国土形成計画法への改定にともない、広域地方計画と一体となった国土形成計画へと変更となった。国と地方の協働によるビジョンづくり、成熟社会型の計画として開発中心からの転換が、その背景にある。

それに先立ち、二〇〇一年（平成一三）には一九六三年（昭和三八）策定の新産業都市建設法、六四年策定の工業整備特別地域促進法が廃止になった。これらは全総の拠点開発地区の主柱であったが、名目上もここにきて役割を終えたのである。

「持続可能な開発」

一九七二年（昭和四七）ストックホルムで地球環境にかんする最初の国際会議「国連人間環境会議」が開かれたが、八三年に国連総会で「環境と開発に関する世界委員会」の設置が採択された。そして八七年、「持続可能な開発」との基本概念が打ち出されたのである。つづく九二年（平成四）、ブラジルのリオデジャネイロで「環境と開発に関する国連会議」、いわゆる地球サミットが開かれ、地球環境の保全と持続可能な社会の実現をめざした「リオ宣言」が合意された。

これらの背景には、酸性雨による森林破壊、砂漠の拡大、地球温暖化問題、生物種の保存などの地球規模での環境問題や汚染問題があった。「持続可能な開発」とは、「大量生産」、「大量消費」、「大量廃棄」とは相反する概念である。これまでの社会経済のあり方に変更が求められたのである。

この世界の潮流のなかで、日本では一九九三年、公害対策基本法が廃止され、新たに環境基本法が公布された。また九七年には河川法が改正され、環境整備は治水・利水とならぶ河川管理の目的となった。九九年環境影響評価法が施行され、公共事業に対する環境アセスメントが成文化された。さらに、過去に損なわれた生態系その他の自然環境を取り戻すことを目的とした自然再生推進法が二〇〇三年に制定された。

東日本大震災とその後

一九九五年（平成七）の阪神大震災、二〇〇四年の中越地震、それにつづく一一年の東日本大震災、さらに一六年の熊本地震と日本列島は立て続けに大きな地震に揺さぶられ、大災害となった。一方、豪雨災害も一四年の広島土砂災害、一五年の鬼怒川水害など大きな被害が生じている。東日本大震災などは今日も復興の最中である。

昭和二〇年代から三〇年代中頃にかけ例年のように豪雨災害を受け、「国土づくり」において災害対応が重要な課題となり災害対策基本法などが制定された。それ以降、災害対策が「国土づくり」の中核としてはじめて登場したといってよく、二〇一三年には国土強靭化基本法が制定された。

それまでと大きく異なるのは、被害を無くそうとの防災ではなく、被害を軽減させようとの減災が前面に出てきたことである。減災の主張は以前からあったが、ようやく社会から認知されたと考えてよい。それは、福島原発事故など東日本大震災をもたらした東北地方太平洋沖地震が一〇〇〇年に一回生じる自然現象とも評価されているように、人々の生存スケールからみてまれな頻度の現象であり、またその余りにも大きな外力に対して完全な防災は困難だからである。ハード面のみに頼るのではなく、安全な避難場所・避難路の確保などソフト面からの対応が大いに期待されている。

ときあたかも、日本では人口減少の時代となり高齢化が急速に進んでいて予測のできない社会の大変動の時代となっている。社会経済ではＩＴ（情報技術）化の著しい進展をみ、ＡＩ（人工頭脳）の積極的な利用が現実味を帯びてきている。一方、東京と地方との格差がいよいよひろがり、地方の衰退が懸念されている。

このようななかでの今後の「国土づくり」である。それぞれの地域の魅力を再度、確認し、生活者の立場から、うるおいのある地域独自の「国土づくり」が期待される。

（注）

（1）国道の管理機関は原則として府県知事である。費用負担は、軍事国道と指定国道という特別な国道の新設または改築はすべて国庫負担とし、それ以外の一般国道の新築・改築には国庫補助が規定された。

（2）車道幅として、電車軌道敷の両側にそれぞれ自動車二列と荷馬車二列が並んで走ることができ、さらにその外に一列の車馬が停留可能な幅として一七間（約三一 m）と定め、それに歩道をそれぞれ三間半加えたものである。

（参考文献）

『日本港湾修築史』運輸省港湾局、一九五一

『日本道路史』日本道路教会、一九七八

『技術者の自立・技術の独立を求めて』土木学会、二〇一四

石田順房『日本近代都市計画の百年』自治体出版会、一九八九

川上征雄『国土計画の変遷』鹿島出版会、二〇〇六

下河辺　淳『戦後国土計画への証言』日本経済評論社、一九九四

中村隆英『日本経済―その成長と構造』第2版、東京大学出版会、一九八〇

藤井信幸『地域開発の来歴』日本経済評論社、二〇〇四

松浦茂樹『戦前の国土整備政策』日本経済評論社、二〇〇〇

付章一　国土経営から「記紀神話」「出雲神話」を考える

八世紀初めに成立した『古事記』『日本書紀』で、まず最初に述べられるのが「神代巻」であり、神話である。天地創造から始まり、イザナギ、イザナミによる国土創造（国生み）や神々の誕生物語である。イザナギ・イザナミによる神々の誕生の最後に登場するのが、アマテラス、ツキヨミ、スサノオであり、その後、スサノオの高天原《たかまがはら》の侵入、アマテラスの「天の岩屋隠れ」、スサノオの狼藉と「葦原《あしはら》の中の国」への追放とつづく。ついで出雲（島根県東部）を舞台にしてスサノオによるヤマタノオロチ退治、さらにオオナムヂ（オオクニヌシ）の活躍と「国譲り」などとなる。

これらの神話は、何のために、あるいは何を根拠にして創られたのであろうか。実際に展開されてきた国土の歴史とまったく無関係であろうか。筆者には、国土開発の苦難と苦闘の歴史を物語っているように思われる。そのような考えのもと、スサノオの高天原への侵入からオオクニヌシの「国譲り」にいたる神話について、主に『古事記』によりながら国土開発との関連で述べていく。その後、考古資料、「神代巻」以外の『日本書紀』さらに『出雲国風土記』などの史料をもとに「出雲神話」、なかでもとくに「杵築《きつき》（出雲）大社創建と〈国譲り〉」を中心に、国土史研究の立場から史実との関連で考えていきたい。

一 「記紀神話」と国土開発

一・一 縄文人と弥生人

周知のように、日本の歴史はおよそ紀元前（ＢＣ）一万一〇〇〇年から始まったという縄文時代から、米作が本格化した弥生時代へとつづく。弥生時代は高校教科書にはＢＣ四世紀から始まるとされているが、北九州ではＢＣ八〇〇年頃とされる稲作水田が発見され、さらにそれ以前にさかのぼるとの意見も出されている。一方、ＢＣ一〇〇〇年からＢＣ四世紀頃は、縄文時代の晩期とされている。当然のことながら、日本列島で縄文と弥生が併立していた時代があったのである。

日本列島への水田稲作の伝来は韓半島からが定説になりつつあるが、採取・狩猟・漁労が生活の中心の時代に渡来人がやってきて水田稲作を開始したのである。水田稲作は低地で行われる。一方、採取・狩猟は台地や丘陵地帯で主に行われ、生産の場は異なっていた。しかし、住居は飲み水が得られる湧水や谷近くにつくられる。彼らが接触したことは十分、考えられる。また、湧水は水田稲作にとって重要な水源となる。彼らの間でいさかいが生じたことは、間違いなくあっただろう。

従来から生活している縄文人にとって弥生人は侵入者だが、弥生人にとっても縄文人は水田経営の邪魔者とみなされただろう。さらに「女」の取り合いはなかったのだろうか。海を渡ってきた渡来人たちは男たちが中心で、女は少なかったのではないかと思われる。そうであるならば、自分たちの子孫を残すために縄文人の女を「略奪」する。そのさいには当然、縄文人の男たちとの間で激しい戦闘が繰り広げられたことは想像に難くない。

一・二　スサノオとヤマタノオロチ退治

スサノオの高天原の侵入と追放

海原を治めるよう父イザナギにいわれながら、哭《な》きわめいて従わなかったため放逐されたスサノオは、高天原にいる姉アマテラスを訪れた。その高天原は、畔・水路が整備された田があり、そこでは稲が生育されていた。また布が機織女によって織られていた。その布の原料は述べられていないが、生糸である可能性も十分ある。また、ここには真金（鉄）もあった。高天原は弥生時代を、さらに用水路がよく整備されている状況を考えると古墳時代を色濃く表わしていると判断される(1)。

姉を訪れたスサノオの姿は、胸の前あたりまでたれるほどの長いあご髭を持っていた。縄文の男と思われてよいが、そのスサノオが弥生社会である高天原に入るとき、アマテラスは髪を解いて男の姿となって武装した。そして、矢筒を背負い弓をもって待ちかまえ、河を挟んで二人の間で闘いが行われた。

その闘いは「子を生む」というものだった。最初にアマテラスが、スサノオのもっていた剣を取って三つに折り、口の中に入れてかみくだいて三柱の女の神々を、その後、スサノオがアマテラスのみずらに巻いてあった勾玉《まがたま》を取り、かみくだいて五柱の男の神々を生み出した。だがアマテラスは、五柱の男の神々はその本質が自分のものからなっているから自分の子、三柱の女の神々は逆でスサノオの子と、一方的に決めてしまった。スサノオは、自分の心が清く明るいから女の子を生んだ、自分が勝ったといって高天原に入りこんだ。

この神話について、スサノオが縄文人であるならば、その姉のアマテラスも縄文人ということになる。筆者は、アマテラスは縄文社会から略奪されてきた女性と考える。それを縄文人スサノオが奪い返しにきたのである。縄文社会に慣れ親しんできたアマテラスは苦悩したであろう。その侵入を拒否しようとして一度は闘いを挑んだが、結局、受け入れた。その闘いとは、「子を生む」ことだった。いかに子孫を残すのか、という社会にとって核心的なことが争われたのである。最終的には、女の子を生んだスサノオは勝ったと主張した。子を生む女が男より大事なことと示しているが、縄文人スサノオの子とされた女たちは縄文社会から弥生社会に略奪されてきたことを暗示しているように思われる。

この後、スサノオは田の畔を壊し水路を埋めアマテラスの御殿で糞をしそれをまき散らしたり、機織り小屋に剥いだ馬の皮を投げ入れるなど、したい放題の乱暴を働いた。だが縄文人スサノオにとって、弥生社会は受け入れることができなかったのである。乱暴とは弥生社会の秩序からみてのものであり、縄文人にとっては驚くべきことではなかったのかもしれない。縄文社会に出自をもつアマテラスは、このスサノオの行動に対して大いに悩んだだろう。スサノオを処分することもできない。悩んだあげくとったのが「天の岩屋」に隠れることで、このため世界は真っ暗闇になってしまった。だが、神々の計略により引き出され、明るさを取り戻した。そして、スサノオは高天原を追放されたのである。

この神話は、元々縄文人の娘たちであった女たちが、弥生社会を受け入れ、ついに弥生社会で生きていくことを物語っていると思われる。

クシナダヒメとヤマタノオロチ退治

高天原を追放されたスサノオは、さまよう道中でオホゲツヒメに食べ物を求めたところ、彼女は鼻・口・尻から草々のおいしい食べ物を取り出しいろいろ調理してもてなした。しかしこれを見ていたスサノオは、わざと穢《けが》してつくったと思い彼女を斬り殺した。そうしたら、オホゲツヒメの身体から次々と有益なものが生まれた。頭には蚕、二つの目には稲の種、二つの耳には粟、鼻には小豆、陰には麦、尻には大豆である。つまり五穀と生糸の材料となる蚕である。

これを高天原から見ていたカムムスヒの母神[2]がスサノオにこれらを取らせ、種となったのをスサノオに授けた。この種をもってスサノオは、「葦原の中の国」に降りていったのである。「葦原の中の国」とは地上のことで、地上は葦原におおわれていた。つまり台地や丘陵ではなく、葦原が広がる低地が地上だったのである。そして、降り立った場所は出雲の国、肥の河の上流山地部の鳥髪《とりかみ》であった。

ここでスサノオを待っていたのが、ヤマタノオロチ退治である。オロチは毎年やってきて娘を喰い、最後の娘を喰いに近いうちに来るというので、年老いたその両親が嘆き泣いているのに出会った。最後の娘の名はクシナダヒメ[3]である。スサノオは彼女の姿を櫛に変えて髪にさし、やってきたオロチと闘い斬り殺した。

ヤマタノオロチの姿は次のように述べられている。その目はアカカガチ（真赤に熟れたホオズキの実）のように赤く燃え、身一つに八つの頭と八つの尾がある。また、その身にはコケやヒノキやスギが生え、その長さは谷を八つ、山の尾根を八つもわたるほどに大きく、その腹を見ると、あちこちただれていつも血を垂らしている。一方、『日本書紀』では、頭が八つ、尾が八つあって目はアカカガチのようである。背にはマツやカヤのような常緑の大木が生え、その大きさは八つの丘、八つの谷の間にはいわたるほどと記されている。

このヤマタノオロチ退治をどのように解釈したらよいのだろうか。スサノオとクシナダヒメの合体は、稲の種子と水田との結び付き、つまり水田稲作を表わしているのだろう。この文脈から判断し、ヤマタノオロチはその稲作を襲う、あるいは稲作の開始を抑止しょうとするものである。八つの頭と八つの尾とは、よくいわれているように斐伊川のことを表わしているのだろう。

斐伊川の上流山地は花崗岩が風化したマサ（真砂）地帯であり、いくつもの谷がよく発達する。八つの頭と八つの尾とは、その形状を表わしているのだろう。コケ、ヒノキ、スギ、『日本書紀』でいうマツやカヤの常緑の大木が襲ってくるとは、山崩れが想定される。つまり花崗岩のマサ地帯の山地斜面の崩れをともなう洪水の襲来である。ヤマタノオロチを殺したのち肥の河（斐伊川）は血に染まったというが、マサ地帯の大々的な山崩れをともなう洪水であったら、その色は赤みを帯びている。

ところで、赤く燃えるアカカガチのような目とは何を象徴しているのだろうか。筆者には、闇夜の中の「火」のように思われる。斐伊川の谷での水田開発に先立ち、花崗岩のマサからなる山地で焼畑農業が行われていたと考えてよいだろう。マサとは、花崗岩が深部から風化したもので、そこでは畑作を行うのに条件がよい。マサ地帯で焼畑農業が行われると、土砂の流出が降雨ごとに生じる。肥の河は「今も赤い」と述べられているが、降雨ごとに土砂が流出する。この状況を述べているのかもしれない。

なお近代初めまで、山地を切り崩して砂鉄採集が行われていた。この結果、土砂の流出は激しくなる。川が赤いとは、この状況を表わしているとの説もあるが、はたして『古事記』が成立した八世紀初め、山地を崩して砂鉄採取が行われていたかどうかである。行われていたとの考古資料はないようである。また古代、砂鉄を原料として製鉄が出雲で行われたとの確かな資料もないようである。

さて、スサノオに斬り殺されたヤマタノオロチから太刀が出てきた。『日本書紀』では天叢雲《あめのむらくも》といわれ、スサノオは天上のアマテラスに献上した。のちに「草薙《くさなぎ》の太刀」と命名されたものである。この太刀であるが、ヤマトタケルの東征のとき携帯され、現在は熱田神宮に奉納されていて、弥生時代の銅剣であろうと推定されている。

ヤマタノオロチから出てきた太刀は、焼畑を営んでいた山地民が所持していたものだろう。ヤマトタケルは、東征の途中、相武《さがみ》の国であざむかれ野の中で火に囲まれた。そのとき、火の襲来を避けるため草を刈り払うのに使用したのがこの太刀である。火に囲まれるとは、焼畑と思われる。この太刀が焼畑と深く結びついていることが、これからも想定される。

では、肥の河山地で焼畑を営んでいたのは一体誰なのか。ヤマタノオロチは、正式にはコシノヤマタノオロチであり、コシとは越の国（北陸地方）のことだろう。北陸地方から山陰地方にかけて山地丘陵で焼畑が営まれていたのだろう。筆者には、その自然条件から畑作が広く行われていた韓半島中北部（新羅の北部、あるいは高句麗）からの渡来人のように思える。

このように、人々に重要な穀物を地上に持ちこんだのはスサノオであり、高天原からその種子を持ちこんだのである。[4]スサノオは、水田稲作の「葦原の中の国」における創造神と考えられる。高天原から降りたとき創造神となったのである。彼は、クシナダヒメと住む宮を須賀[5]につくったが、クシナダヒメの親・アシナヅチを「稲田の宮主《みやぬし》」と名付け、稲作水田を広げようとしたのである。稲作水田による国土の開発は、そのご六代後のオオナムヂ（オオクニヌシ）によって本格的に進められた。この開発状況を神話からみていこう。

一・三　オオナムヂ（オオクニヌシ）による国土開発と「国譲り」

水田開発とその苦闘

稲羽《いなば》（因幡）の素兎《しろうさぎ》（白兎）という有名な神話がある。白ウサギが、ワニをだまして隠岐の島から稲羽の国に渡ろうとしたさい、だましたことが知れ、皮を裂きはがれた。そこを先に通りかかったオオナムヂの兄たち（八十《やそ》の神々）から、海の塩水を浴び風通しのよい高い山の尾根に臥せっているとよいといわれた。素兎（白兎）がその通りにしたら、皮は風に吹かれて乾き裂けてしまい、痛み苦しみ泣き伏せってしまった。そこを通ったオオナムヂが、真水で体をよく洗い水辺に生えている蒲の穂を敷いて横たわっていれば元の肌に直るだろうと教え、ウサギは元の白い毛におおわれたというのである。

水田稲作にとって海水は用をなさず害となる。蒲の穂の生える海岸に近い沼などの水辺、それを稲作水田にするためには淡水（真水）によって塩を洗い流し、用水として淡水を使い海水の流入を防がねばならない。この白ウサギの神話は、海に近い沼地の開発を物語っていると思われる。

この後、妻問いでオオナムヂに敗れた八十の神々はオオナムヂをいくたびか殺そうとした。まず赤いイノシシを山の下で待っていて捕まえろといったが、イノシシの代わりに火で赤く真っ赤になるまで焼いた大きな岩を転がし落とした。オオナムヂは、この岩に押しつぶされ死んでしまった。結局は、母神が高天原に行ってカムムスヒに願い再生するのだが、この話はせっかく開発した水田が溶岩などの火山噴出物により襲われたことを物語っているのだろう。

つづいてオオナムヂは、八十の神々にだまされ太い木の割れ目に挟まれ死んでしまう。これは、樹木におおわれている葦原の開墾にいかに苦労したのかを物語っている。樹木を切り払って開墾は進められるが、その作業中に命を落とした人々はたくさんいただろう。

オオナムヂは、ふたたび母神の働きによって生き返る。だが、さらに追ってくる八十の神々に対し、木の国（紀の国）からスサノオが支配している「根の堅州《かたす》の国」（あらゆる生命力の宿る根源の国）に逃れていった。スサノオは、オオナムヂを「アシハラシコオ（葦原醜男……地上世界の勇猛なる男）」と呼ぶ。スサノオは、地上の世界はあくまでも葦原と考えている。

ここでオオナムヂは、スサノオから試練を受ける。ヘビ、次にムカデとハチの室屋に寝かせられるのだが、ヘビはマムシと考えられ、ムカデ・ハチとも水田開発のとき襲ってくる外敵を想像させる。さらにスサノオが射った矢を野の中に探しに行ったが、火を放たれてしまった。それは、せっかく収穫した後の稲穂が野火によって焼失することを物語っているのではないだろうか。

これらの試練をオオナムヂはスサノオの娘スセリビメ、またネズミによって救われ、スセリビメと一緒に「葦原の中の国」に逃げ帰った。そのさいスサノオは、「葦原の中の国を統治してオオクニヌシ」となれと呼びかけた。オオクニヌシの称号をスサノオからもらい、オオクニヌシとなったオオナムヂは「葦原の中の国」を統治し、国を創りその主となったのである。つまり、オオクニヌシによって国土開発が大いに発展したことを物語っている。

「国譲り」と杵築（出雲）大社

この開発が進んだ「葦原の中の国」を「豊葦原《とよあしはら》の千秋長五百秋《ちあきながいほあき》の水穂《みずほ》の国」とよび、征服を企て実行したものがいる。高天原を治めるアマテラスである。彼女は、アメノホヒ（アマテラスの二番目の息子とされる）、つづいてアメノワカヒコを派遣したがうまくいかず、三番目に派遣したのがタケミカヅチとその付き添いとしてアメノトリフネである。[6] タケミカヅチが降り立ったのが出雲の国伊耶佐《いざさ》の小浜（出雲大社近くの稲佐《いなさ》の浜）である。タケミカヅチはオオクニヌシの息子コトシロヌシを説得し、またもう一人の息子タケミナカタとの力比べに勝って、オオクニヌシが開発した国土を征服（「国譲り」）したのである。その国譲りに対してオオクニヌシが出した条件が、高天原に届くほど高い大殿を築くことであった。その大殿は杵築《きつき》大社とよばれるようになった。

「国譲り」に成功したタケミカヅチは、高天原に帰り、そのことを報告した。この後、「葦原の中の国」は「豊葦原の瑞穂《みずほ》の国」とよばれ、アマテラスの孫ニニギノミコトの高千穂への降臨となるのである。その降臨の地は韓半島に向き合う九州であった。

ところで、オオクニヌシの願いにより建てられた大殿について考えてみよう。その位置は、島根半島の西の端にある日御碕《ひのみさき》からそう遠くない稲佐の浜に近い。一方、島根半島の東に位置しているのが美保碕《みほみさき》である。ここで重要なことは、その位置がヤマタノオロチ退治の舞台となった中国山地の斐伊川流域ではないことである。また、銅剣三五八本、銅鐸六個、銅矛一六本が出土した荒神谷《こうじんだに》遺跡、大量の銅鐸がみつかった加茂岩倉《かもいわくら》遺跡は中国山地につづく丘陵地帯にある。さらにスサノオがイナダヒメと住んだ須賀神社は中国山地の中にあり、杵築（出雲）大社と遠く離れている。

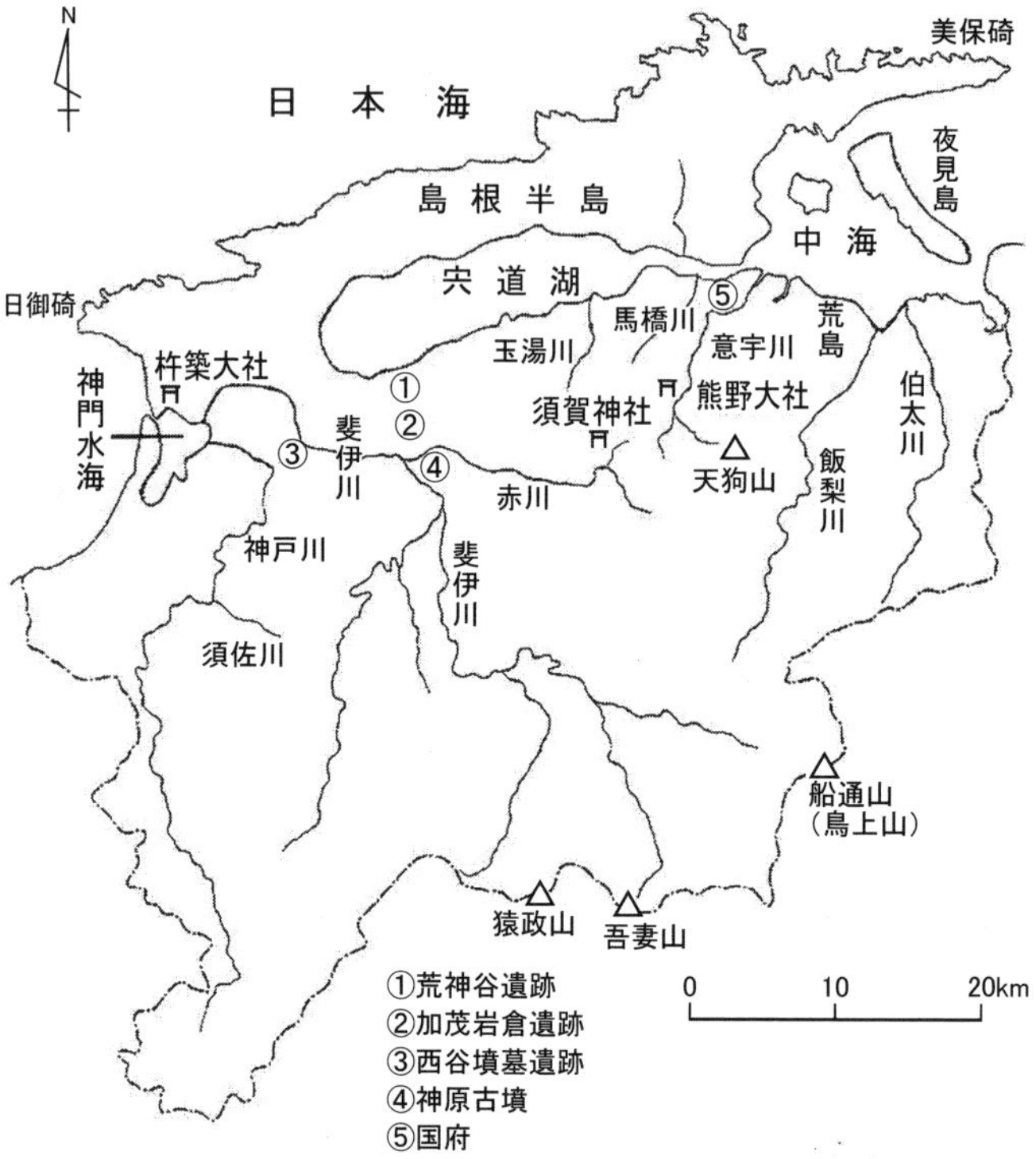

図付 1.1　島根県東部（出雲地方）概況図

（出典）渡辺貞幸ほか（2005）:『島根県の歴史』山川出版社を参考に作図.

往時、杵築神社の前には神門水海《かむどみずうみ》とよばれる大きな湖沼があった（図付1・1）。その後、この湖沼は斐伊川の土砂で埋まっていったが、杵築大社は湖沼を目の前にした位置につくられた。そして、そこには有力な港があったと考えられている。そこでの交易は、九州から北陸地方、さらに韓半島に及んだだろう。オオクニヌシは越の国（北陸地方）に妻問いに行っているし、玄界灘にうかぶ沖ノ島の宗像神社奥津宮にいるタキリビメ（スサノオの娘とされる）を妻として子どもをつくっている。九州から北陸地方と深い結びつきを物語っていよう。

また、『出雲国風土記』には、オオクニヌシの祖父にあたるというヤツカミヅオミヅノ（八束水臣津野命）が「国引き」を行い、出雲の大地をひろげたことが述べられている。取ってきた（引いてきた）土地は新羅と越の国からである。その背景には、これらの地域との交易を中心に強い結びつきがあったと考えてよいだろう。新羅・越以外にも「北門《きたと》」の「佐伎《さき》に国」と「良波の国」からも引いてきた。これらの国は、その方向から韓半島の高句麗、また大陸の一部にあたるかもしれない。さらに広い交流が想定される。

さて、港のそばのオオクニヌシが住むという高い建物である。それは現在の杵築神社の二倍の一六丈(7)の高さをもっていたという。『日本書紀』の一書（別伝）では、「国譲り」したオオクニヌシに対し、海に遊ぶための道具として高橋・浮橋と天鳥船《あまのとりぶね》をつくってやろう、天安河にも橋をかけてやろうと、水辺近くに大きな宮殿を築いたことが述べられている。水辺のそばの高い建物、それは入港する船の目印ではないのだろうか。そして夜になり、その頂上でかがり火がたかれるならば、それは今日の灯台である。

筆者は、オオクニヌシがつくらせた高い建築物とは、港の位置を示す目印さらに灯台であったと考えている。もちろん当初から神社形式ではなく、はじめは柱のみであったと考えてもよい。荒神谷のある中国山地からも、広く見られたであろう。そこをめざして船が集まる。つまり古代における出雲の繁栄は、日本海を舞台とした交易のターミナルとしてである。そこで祀られていたのがオオクニヌシであった。そして、倭（大和）とは陸上交通でつながっていた。オオクニヌシが正妻スセリビメと仲違いしたとき、馬で大和に行こうとした。大和との間に深い交流があったことを物語っている。大和と出雲の途中にある吉備とも当然、交流はあったのであろう。

「国譲り」と太刀

タケミカヅチとタケミナカタで力比べが行われたとき、握られたタケミカヅチの手はツララに変り、さらに剣の刃に変ったため、タケミナカタは怖気ついて手を引っこめてしまった。これでは勝負にならない。またタケミカヅチは、征服のため伊耶佐（稲佐）の小浜に降り立ったとき太刀を抜いて刃先を上に向け、柄頭を刺し立ててその刃先にあぐらをかいて座り、オオクニヌシに降伏を呼びかけた。太刀とは軍事力を象徴しているのだろう。軍事力を背景にして征服していったのである。

ところでタケミカヅチの太刀は、『記紀』で今一度登場する。第三章で述べたが、日向を出発したイワレビコ（後の神武天皇）が、ヤマト侵攻のため軍をひきいて紀伊半島の熊野に上陸した。この直後、イワレビコ軍は病に襲われるなど苦境に陥った。このとき天上からタケミカヅチの太刀が与えられ、イワレビコ軍は生気を取り戻したのである。出雲征服とヤマト侵攻（神武東征）に同じ太刀が登場することは、じつに興味深い。この太刀は、石上《いそのかみ》神社（天理市）に保管されていると伝えられている。(8) このことをどのように理解するのか。侵攻当時、大和の有力な勢力として出雲族がいて、その打倒のため太刀が登場したと考えるのがもっとも理解しやすい。(9)

二　「杵築（出雲）大社創建と〈国譲り〉神話」を史実から考える

これまでは、主に『古事記』にもとづいて神話をみてきた。出雲神話は、日本の歴史において何を物語っているだろうか。八世紀初めに編さんされた『記紀』はヤマト王権を正当・権威化するためのフィクションで、出雲神話はそのための道具であってまったくの虚構とみなすのも一つの見解である。だが、何らかの史実を背景にしているのではと思っても、一方的に非難されることはないだろう。ここでは、地道な努力により発掘されてきた考古資料、『日本書紀』、地誌である『出雲国風土記』などの文献史料をもとに、先学を参考にしながら史実との関連で考えていく。

　和銅六年（七一三）、元明天皇の詔勅《しょうちょく》にもとづき各国で風土記が作成されることとなったが、今日、その全文が知られているのは『出雲風土記』のみである。成立したのは天平五年（七三三）で、『古事記』（七一二年成立）、『日本書紀』（七二〇年成立）より少しばかり新しい。その責任編集者は、出雲国造《くにのみやつこ》で意宇《おう》郡の大領（長官）であった出雲臣広嶋《いずものおみひろしま》とされる。他の風土記が国司などの中央系役人が中心となり中央への報告というものに対し、『出雲国風土記』は在地の古い豪族である出雲臣が担当している。このため在地性が強く、素朴な出雲の風土伝承が数多くみられ、出雲神話の原像が記されているという[10]。

　ここには、スサノオによるヤマタノオロチ退治、あるいはスサノオとアマテラス、スサノオとオオナムヂ（オオクニヌシ）との血縁関係は何も述べられていない。また、オオナムヂは「五百《いほ》の鋤々猶《すきすきなほ》所《と》取り取らして天の下所造《つく》らし大穴持命《オオナムヂ》」と、耕地を開拓する国土づくりの神と記されている。この性格は『記紀』と基本的に同じであるが、オオクニヌシの名は一言も表われていない。オオクニヌシが使われているのは『古事記』と『日本書紀』別伝（一書）のみであり、これらによる以外はここではオオナムヂを用いる。

二・一　スサノオと四隅突出型墳墓

『記紀』によると、スサノオが高天原から舞い降りてきたのは肥の河（斐伊川）上流山地部の鳥髪であるが、なぜ肥の河上流部であったのだろうか。『日本書紀』では一書（別伝）として、スサノオは子の五十猛神《イソタケル》とともに、はじめは新羅国に下ったのち埴土《しょくど》（五〇％以上の粘土を含む土）でつくった舟で出雲国の「簸《ひ》の川」（斐伊川）の川上に到着したとあり、新羅からやってきたことを伝えている。それもヤマタノオロチを殺した天蝿斫剣《あまのはきりのつるぎ》（本文では〈十握剣《とつかのつるぎ》〉、また別伝で〈蛇《おろち》の韓鋤《からすき》の剣〉）を持ってである。そして、切り刻んだヤマタノオロチから出てきたのは、銅剣（草薙剣）であった。

このことは新羅から鉄製品をもった集団が新たに渡来し、青銅器が中心であった人々を圧倒し支配下においたことを暗示する。考古学からみれば、荒神谷遺跡、加茂岩倉遺跡から弥生時代中期製作の大量の銅剣・銅鐸がみつかり、弥生時代後期初め（紀元前後）に整然と埋葬されたとされている。その理由の定説はないが、この地域に何か大きな衝撃的な出来事があったのだろう。

それから一五〇年以上がたつ弥生時代後期後葉（二世紀後半から三世紀前半）、斐伊川が平地部に出る左岸最下流に五つの四隅突出型《よすみとっしゅつがた》墳丘墓からなる西谷《にしだに》墳墓群が成立した。この地は荒神谷から西方約五㎞の地点で、樹木さえ切れば斐伊川下流部の簸川《ひかわ》（出雲）平野が日本海の方まで一望できる丘陵である。

四隅突出型墳丘墓は、弥生時代中期後葉に日本海に注ぐ江の川上流部（広島県三次《みよし》市）に登場したが、後期前半までに出雲（島根県東部）から伯耆《ほうき》（鳥取県西部）にかけての海岸部にひろがった（図3・2参照）。これらはいずれも小型であったが、後期後半になると大型の墳丘墓が登場し、その範囲は隠岐さらに北陸にまでひろがっていったのである。荒神谷遺跡・加茂岩倉遺跡での青銅器埋葬は、出雲から伯耆にかけて四隅突出型墳丘墓がひろがった時期に相当する。この四隅突出型墳丘墓をもつ集団が農具などの鉄製品を豊富にもち、あるいは韓半島から手に入れたであろう鉄製品をつくる技術をもち、青銅器主体、少なくとも祭祀を青銅器で行う集団を征服し支配していったと想定するならば、スサノオのオロチ退治が理解できる。スサノオが鉄製品をもった集団であり、退治されるオロチが青銅器を主体とした集団としてである。

さらに、この記憶が鉄器武器をもつ集団に武力で制圧されたとのオオナムヂ（オオクニヌシ）の「出雲の国譲り」につながっていったと考えるならば、あまりにも単純ながら一応の筋道はできる。『出雲風土記』には、大原郡神原《かんばら》郷の条に「古老の伝えて云はく、天の下所造《つく》らしし大神《オオナムヂ》の御財《みたから》を積み置き給ひし処なり」とある。オオナムヂが神宝を積み置いたとされるこの神原郷内の加茂岩倉から、多数の銅鐸が発掘されたのである。

さて、西谷墳墓群のなかの西谷三号墓での発掘調査[(11)]により大量の副葬品が出土した。韓半島の鉄を原料として鍛造された鉄剣、装身具として中国でつくられ楽浪郡経由で入ってきたと想定される管玉《くがたま》などのガラス製品である。これにより、まちがいなく大陸と交易があったことが想定される。さらに興味深いものは、出土した三三三個以上の土器である。このうち六割以上は出雲の土器であるが、吉備で生産された特殊器台・特殊壺が三〇個以上出土した。残りは、出雲の土でつくられた「越」系統のもので、この地が広く国内と交流していたこと、また吉備とは密接な関係があったことがわかる。

なお、土器から二世紀後半の築造とされる西谷三号墓、さらにそれにつづく西谷墳墓群は、『魏志倭人伝』にいう「倭国大乱」、邪馬台国の卑弥呼共立の時代とかさなる。

二・二　ヤマト王権との関係

出雲から大和への進出説

『古事記』では、オオクニヌシ（オオナムヂ）と大和の関係が「御諸山《みほろやま》（三輪山）の祭神」を通じて述べられている。

国土の開発を進めていったオオクニヌシに協力していたのがカムムスヒの子スクナビコナであったが、その途上去ってしまった。オオクニヌシは嘆き悲しみ、独りで国造りができるのかと痛く憂えていた。そこに海を光らしてやってくる神がいた。その神は、自分を祀ったなら一緒に国造りを行う、それができなかったら国造りを完成させるのは難しいと述べた。

そこで、オオクニヌシがどこで祀ったらよいかと尋ねたところ、倭の東の山、つまり大和の御諸山と答えた。そこに祀られている神がオオモノヌシ（大三輪神）である。『日本書紀』では、この神をオオクニヌシの「幸魂奇魂（幸せを与える美しい神）」としている。このことを素直に考えると、ヤマト王権によって出雲が征服されたのではなく、逆に出雲勢力がヤマト王権に参加したこととなる。

第一章で、考古学者白石太一郎氏の主張として、卑弥呼を女王とする邪馬台国連合とは瀬戸内海沿岸・北部九州と連合して成立した西日本連合国家であったことを述べた。『魏志倭人伝』のいう女王卑弥呼の共立は、畿内勢力・瀬戸内勢力・北部九州の地域の連合を表わしているというのである。瀬戸内勢力の中心は吉備であり、吉備で生産された特殊器台・特殊壺の埴輪が卑弥呼の王宮ではないかと想定されている三輪山周辺の纏向《まきむく》遺跡で出土している。

この特殊器台・特殊壺は、先にみたように西谷三号墓でも出土している。これらは吉備でつくられたもので、吉備と出雲との密接な関係を示している。(12) また、大和を中心に造られた前方後円墳にみられる葺石《ふきいし》も、四隅突出型墳丘墓の貼石が導入されたのではないかとの説もある。このことから、卑弥呼の共立に出雲勢力も参加したと想定してもおかしくない。

そう理解すれば、オオクニヌシと関係の深い御諸山のオオモノヌシの存在も納得できる。さらに、斐伊川山地部で合流する赤川沿いの古墳時代前期の小規模な方墳である神原《かんばら》神社古墳(13)（雲南市加茂町）から、魏の「景初三年」（二三九年）の銘が入った三角縁神獣鏡が発掘された。この型の鏡は、卑弥呼の派遣した使節が魏から与えられた鏡ではないかとの強い主張があるが、少なくともヤマト王権と関係の深い鏡であった。

古墳からの考察

一方、ヤマト王権との政治連合を示すという前方後円墳は、出雲ではそれほど造られていない。(14) 四世紀後半になって、はじめて大寺古墳（五二m、出雲市）、廻田《さこだ》一号墳（五八m、松江市）が造られた。その最大のものは、六世紀後半（古墳後期）の大念寺古墳（推定九一m、出雲市）であるが、斐伊川流域にはわずかしかみられず、伯耆国（鳥取県西部）との境にある安来市を流れる伯太《はくた》川流域、飯梨《いいなし》川東岸（右岸）に集中している。また、松江市を流下する意宇《いう》川下流部にみられる。それ以外に、宍道湖周辺に散在する。

さらに、前方後円墳にかぎることなく前期（三世紀後半〜四世紀）の古墳をみると、その数は多くなく、飯梨川西岸（左岸）の安来市荒島《あらしま》丘陵に一辺六〇mくらいの方墳である大成《おおなり》古墳と造山《つくりやま》一号墳が目立つ。これらの古墳からは、三角縁神獣鏡が発掘されている。この荒島丘陵では、出雲市の西谷墳墓群とならんで同時期に複数の大型四隅突出型墳丘墓が造られている。西谷では前期古墳はみられないが、荒島丘陵では連続して古墳が造られていくのである。

ところで、古墳時代の出雲の大きな特色は、後方部が円墳ではなく方墳である前方後方墳が多く造られたことである。前方後方墳は、備前、畿内、能登、信濃・武蔵などの東国でも造られ全国四〇〇基以上あるが、出雲ではその一割の四二基が確認され、旧国別確認数ではもっとも多い。それに対し、出雲で確認されている前方後円墳数は一一〇基余である。

出雲での前方後方墳の特色は、その数の大きさとともに五世紀末から六世紀にかけての古墳時代後期に集中的に造られたことである。出雲以外では、古墳時代後期にはほとんど造られていないのに対し、著しい対比となっている。出雲最大の前方後方墳は山代二子塚古墳《やましろふたごづか》（九四m、松江市）であるが、他の形式の古墳をふくめても出雲でもっとも大きい古墳である。なお、銘文で「額田部臣」と読め、部民制としてヤマト王権と地方の関係をあらわす資料として有名な鉄剣が発掘された岡田山古墳（二四m、松江市）も前方後方墳である。

このような古墳の出現は何を物語っているのだろうか。とくに古墳時代前期に前方後円墳が造られなかったことから、ヤマト王権から制裁として造らせてもらえなかったとの説もある。それは、『記紀』でいう高天原からの使者に屈服したオオクニヌシの「国譲り」に結びついていく。一方、考古学者渡辺貞幸氏は、六世紀の中頃に西部の出雲市あたりと東部の松江市あたりとに中心をもつ二つの有力な政治勢力にそれぞれ統一され、七世紀になるころ松江市の方が最終的に全体の覇権をにぎるとしている。[15]「国譲り」について、ヤマト王権とつながりをもつ東部の意宇郡の豪族が、西部の出雲郡から神戸郡にかけての豪族を滅ぼし、出雲国造に就任したことを反映したものとの従来の説があるが、これを裏付けるものである。

ともあれ、前方後方墳の出現状況からみて、出雲が他国とちがう文化を有していたことは十分察せられる。それは、律令時代にもつながっていく。『出雲神賀詞《かみよごと》』が述べているように、出雲国造が新たに就任するとき、一族百余名とともに都にのぼり大量の玉・剣・布・白馬・鵠（白鳥）などを献上し、天皇の長命、回春（健康）を祈る神賀詞を奏上した。この儀式は、出雲国造のみが行っていたものとされている。[16]また、『続日本紀』文武天皇二年（六九八）の記事によると、宗像大社のある筑前国の宗形と意宇の両郡の郡司のみが三等以上の親族をつづけて任用することを許すと、特別扱いにしている。

二・三　古代出雲の開発

古代の斐伊川

古代において沖積低地（氾濫原）での稲作は、社会経済の中心となるものであった。今日、出雲（島根県東部）のまとまった大きな沖積低地としては、鳥上山を水源とする斐伊川（宍道湖に流下する直前での流域面積九二四平方km）の氾濫原である簸川《ひかわ》（出雲）平野がある。日本海と宍道湖の間の低地であるが、古代には日本海側に大きな神門《かむど》水海《みずうみ》があり、斐伊川はここに流出していた。弥生時代として図付1・2のような想定がある。今日では斐伊川は東の宍道湖に流出しているが、当時は西の神門水海に流れ出ていた。『出雲国風土記』でも「出雲の大川」と記されていて、西に流れていた。今日のように通常時の河道が宍道湖に流れこむようになったのは、近世の寛永一二年（一六三五）の出水後とされている。だが、それまでも宍道湖に流出したことは何回もあるだろう。とくに出水時には流れこみ、土砂を堆積させていったのだろう。

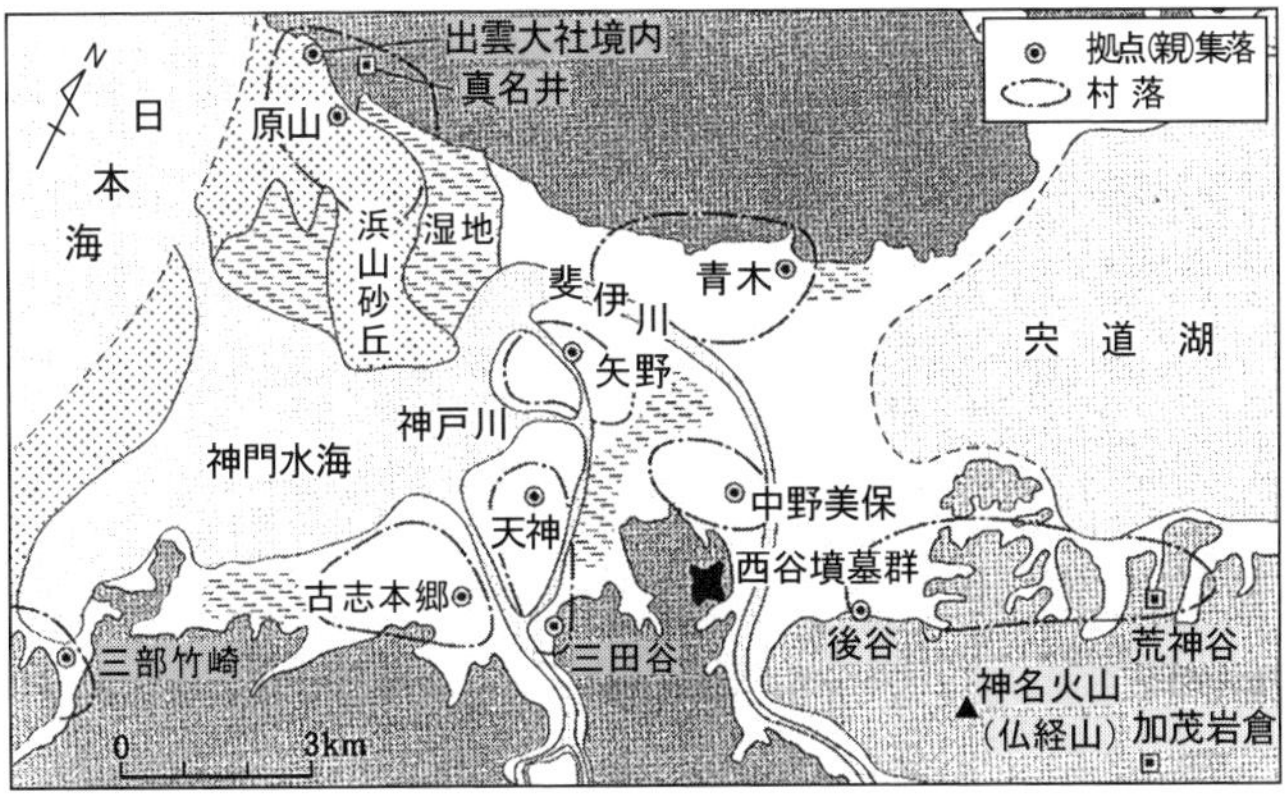

図付1.2　簸川（出雲）平野の弥生集落・村落郡の分布（想定）図
（出典）渡辺貞幸ほか（2005）:『島根県の歴史』山川出版社.

上流部山地の地質は、花崗岩が大きな割合を占めている。先述したが、その花崗岩はマサ化し、そこでは傾斜面に畑がひろがり出水のたびに大量の土砂流出があっただろう。だが、『出雲風土記』によれば今日のような著しい天井川ではなかったようである。[17] 平野部に出た直後の出雲市大津町の鉄橋付近とされる地点では「渡り五〇歩（八九m）、渡船一」[18] となっているが、渡船があることは天井川ではなかったことを示している。ちなみに、今日での河道幅は三〇〇m以上となっている。

また、その少し上流の（旧）出西村岩海（出雲市斐川《ひかわ》町）での古墳の立地状況から、ここでは河床が一〜二丈（三〜六m）ほど古墳時代から高くなったと推定されている。さらに、上流の大原郡から飯石《いいし》郡に行く里熊橋付近では「渡二五歩（四四・五m）、渡船一」と、河幅四四・五mで渡船があるが、昭和初期の里熊橋の長さは約二二〇mであった。

古代、斐伊川からはかなりの土砂流出があったことは間違いないが、今日見る簸川（出雲）平野は、戦国時代末ないし近世初頭から行われた「カンナ流し」による砂鉄採取によるところが大きい。「カンナ流し」とは、山を削り水で砂鉄を分離する方式で、膨大な土砂が生まれたのである。これにより、宍道湖そして神門水海は大きく埋められていった。神門水海は今日その一部は神西《じんざい》湖として残っているが、その広さは周五里七四歩（一八・八km）であったものが、現在約五kmとなっている。古代、簸川平野は今日に比べてかなり小さかったのである。

なお神門水海には神戸《かんど》川（流域面積四七一平方km）も流入していた。『出雲国風土記』によるスサノオが自分の魂を鎮めおいたとする須佐《すさ》は、この神戸川の支川・須佐川流域にあり、そこに式内社須佐神社が祀られている。

簸川平野の開発

簸川平野の開発は、斐伊川の流域面積から判断される出水の規模からみて古代の技術ではなかなか困難だっただろう。『出雲国風土記』によると、鳥上より流れる斐伊川は、山間部で横田・来次《きすき》・神原などの八つの郷を通ったのち平野部に出、北へ河内・出雲の二つの郷を流れたのち西に向かい、伊努《いぬ》・杵築《きづき》の二つの郷をへて神門水海に入る。山地部には横田・木次《きすぎ》などの小盆地が発達していて、古代の技術でもって開発ができ八つの郷が成立したのだろう。

一方、平野部では四つの郷が営まれた。この数は、今日の簸川平野の大きさからみたら少なすぎる。簸川平野が今日に比べかなり狭かったこともあるが、開発の着手が困難だったことによるところが大きいだろう。先の弥生時代の状況を示している図付1・2では平野部(氾濫原)にも村落が推定されているが、山裾は別にして低地部では小高くなっている自然堤防上にあったのだろう。しかし、大出水のときには洪水に襲われ安定したものではなかっただろう。『記紀』に述べるヤマタノオロチについて、簸川平野の開発を妨げる洪水を示すものと考えてもおかしくない。先に述べたが、たとえば『古事記』では、オロチは八つの頭と八つの尾があり、その長さは谷を八つ、山の尾根を八つもわたるほどに大きいと述べ、その身体に八が使われている。これは斐伊川山地部の八つの郷にもとづいたもので、八つの郷から襲ってくる洪水を表わしていると考えられるのである。

『出雲国風土記』は、斐伊川が平地部に出た直後に位置するとされた河内郷について、その中を斐伊川が流れ、長さ一七〇丈五尺（五〇六・四m）、そのうち七一丈（二一〇・九m）には幅七丈（二〇・八m）、九五丈（二八二・二m）には幅四尺五寸（一三・四m）の堤防があったと記す。その幅から考え、自然堤防を利用しながら築堤がなされたのだろう。だが、それはわずかな長さであり、開発は限られたものだったと推定している。このことが、簸川平野に古墳の築造が少なかった理由だろう。安定した耕地が少なく、多くの人口を養うことができなかったのである。

なお築堤について、『出雲国風土記』はもう一つ述べている。神門水海に流出する神戸川が平野部に出たところに位置する古志《こし》（出雲市）で、古志の国（越、北陸地方）から来た人たちが堤をつくり、日渕《ひぶち》川を利用して池を築いたという。灌漑のため、谷口に堤を築いて溜池を整備したのである。そのさい彼らが宿したことから、古志の地名がついたという。

中小河川での開発

一方、古代の技術でもって中小河川は開発可能であった。古墳の分布状況から、その河川は中海《なかうみ》に流下する伯太川(九一平方km)、飯梨川(二〇八平方km)であり、意宇川(七二平方km)であった。また、宍道湖に流出する玉湯川(一三平方km)であり、中海と宍道湖をむすぶ大橋川に流出する馬橋《まばし》川(九平方km)であった。とくに意宇川下流部には岡田山古墳がつくられ、律令時代には国府・国分寺がおかれ、その山地部に熊野大社が鎮座された。ここでは、条里制遺構も発掘されている。[19] さらに、その隣接する馬橋川流域には出雲最大の古墳である山代二子塚古墳が造られた。

『日本書紀』によると、五世紀末の顕宗紀に「出雲は新墾《にいはり》」とあって、出雲で開発が進んだことが述べられている。この開発は先述した簸川平野での築堤によるものとも考えられるが、中小河川の氾濫原とみるのが妥当だろう。なお、斐伊川山地部にある木次や横田などの小盆地は古代の技術で開発可能で、今後、古墳が確認されていくのではと思われる。

二・四　熊野大社、杵築(出雲)大社そして「国譲り」

熊野大社と杵築大社

平安時代の一〇世紀に編さんされた『延喜式』神名帳には、出雲の名神大社として熊野座神社(今日の熊野大社)と杵築大社(今日の出雲大社)の二つがあげられている。この当時、出雲では熊野大社と杵築大社が別格だったのである。熊野大社は、意宇川の上流山間部、杵築大社は日本海近くに位置していて約六〇kmの距離がある。今日、熊野大社が「出雲一の宮」と称されているが、古くから両大社を列挙するとき常に熊野が杵築の前であって上位とされ、律令時代に朝廷から与えられる神階もいつも熊野が杵築より一階ほど上だった。

また、天平一〇年(七三八)頃に成立されたとされる『令集解《りょうのしゅうげ》』「古記」には、次のように述べられている。[20]

「天神は　伊勢・山代鴨・住吉・出雲国造斎神等」（天神とは、伊勢、山代の鴨、住吉、出雲国造の斎く神など）、
「地祇《ちぎ》は　大神・大倭・葛木鴨、出雲大汝神等」（地祇とは、大神、大倭、葛木の鴨、出雲大汝《おおなむち》神など）

天神とは、高天原から天降れた神（天つ神）とその系統、地祇とは元からいた土着の神（国つ神）とされているが、天つ神と国つ神のそれぞれの代表例四つの一つとして、熊野大社の祭神「出雲国造斎神」、杵築大社の祭神「出雲大汝神」があげられるのである。両神社とも、古代には実に重要視されているのがわかるが、一方は天つ神、一方は国つ神でその性格はまったく異なる。両大社の関係を直接あらわすものとして、杵築大社の宮司の世継ぎ儀式が興味深い。今日でも新たに宮司となるため、熊野大社に出かけて儀式（火継式）を行うのである。また、毎年一〇月に行われる熊野大社の鑽火《さんか》祭には、杵築大社宮司が杵築大社のさまざまな祭りに使用するさいの神器（火きり臼、火きり杵）を受け取るため、熊野大社を訪れる。

格として同じ名神大社としながら、なぜこのようになったのだろうか。意宇川下流部に国府・国分寺がおかれたように、律令時代の出雲の中心地は意宇川下流部であった。出雲最大の古墳である山代二子塚古墳がその隣接する場所に造られたように、意宇川流域が古墳時代に引き続いて律令時代も出雲の中心地であったのである。その源流部は熊野山（天狗山）であるが、その近くに位置する熊野大社は、律令政府によって祀られた神社であった。

この熊野大社は、第三章でも述べたが『延喜式』神名帳には熊野座神社と記されている。熊野座神社というと、紀州熊野川（新宮川）の中流部にある熊野座神社（戦後になって熊野本宮神社とよばれるようになった）が思い出されてくる。熊野座神社以外でも、両国には速玉《はやたま》神社（紀伊は早玉神社、格として紀伊は名神大、出雲は小）加太神社（紀伊、出雲とも小）、須佐神社（紀伊は名神大、出雲は小）など共通のものがみられる。はたして何の関連もなく両国に創《つく》られたのだろうか。古代に出雲族が紀伊に移住した、その逆に、紀伊の海人によってその崇拝が運ばれてきたと

の説がある。

出雲の熊野大社の神（スサノオあるいはイザナギの息子クシミケヌ、地元では一体として熊野大神《くまのおおかみ》としている）を奉斎《ほうさい》するのは、出雲臣（出雲国造）であった。国造《くにのみやつこ》とは、律令時代以前、地方の政治・祭祀権を世襲する豪族である。出雲臣の祖はアマテラス第二子のアメノホヒとされ、その根拠地はもともと意宇川下流部（意宇郡）であり、律令時代になっても意宇の郡司など出雲の行政権をにぎっていた。この時代、意宇郡は熊野大社の神郡、つまり熊野大社という特定の神社の 所領・神域として定められた郡であった。また出雲臣は、杵築大社の祭祀も担っていた。だが平安時代になると行政権はなくし、杵築の地に移転して杵築大社の宮司として宗教的権威のみに生きることになったとされる。

杵築大社と「国譲り」

ここで杵築大社の建立について考えていこう。平安時代の天禄元年（九七〇）に成立した『口遊《くちずさみ》』（源 為憲著）には「雲太、和二、京三」とある。このときには確かに大きな杵築大社があったのは間違いなく、大和の東大寺大仏殿、平安京の大極殿をしのぐ日本最大の建築物であったとされているのである。この巨大な建築物の創建について、文献史料はほとんど語っていない。なんとも不思議であるが、その巨大さからみて出雲という一地方のみでつくるのはとうてい不可能だろう。古代において、ヤマト王権のみがつくれる構造物であったと判断している。

『日本書紀』をみると、斉明五年（六五九）「出雲国造に命じて神の宮を修造させたところ、狐が意宇郡の人夫のもっていた葛（材木を引くための葛）の端をくい切って逃げた」と、ヤマト王権の命令により出雲国造が「神の宮」を修造したとある。そこには、意宇郡の人々が労働者として参加していた。ただ「神の宮」が、熊野大社であるか、杵築大社であるのか議論の分かれているところである。

一方、『出雲国風土記』では杵築大社について「天《あめ》の下所造《つく》らしし大神《おおかみ》の宮　奉《つかえまつらん》として、諸々《もろもろ》の皇神《すめかみ》等、宮処《みやところ》に参集《まいつどい》ひて杵築《きづ》きき」と述べる。もろもろの神々、つまり全国の力を合わせてつくったと伝えるのである。その巨大性については、杵築大社のある出雲郡ではなく北東隣の楯縫《たてぬひ》郡の条に、「わたしの十分に足り整っている天の立派な御殿の規模が、千尋《ちひろ》もある長い栲縄《たくなわ》を使い、桁梁《けたはり》を何回も何回もしっかり結んで、たくさん結び下げて造ってあるのと同じように、この天の尺度をもって、天の下をお造りになった大神の住む御殿」(21)と述べる。その内容は、『古事記』と矛盾しない。

文献史料では、これ以外では杵築大社の建立について何も述べられていない。(22)これほどの大規模な建築物について述べられてないのは何とも不自然で理解できないが、そこには書くわけにはいかなかった理由があったのではないかと推測している。

その理由とは何か。それは、その存在が軍事機密ではなかったかと思わせる。神門水海を停泊地とする港をもつ軍事基地とし、灯台機能をもつ大きな建物が築かれたのではないかと考えている。その建物は、斐伊川の河口からは少し離れているが、波静かで奥まった場所を船だまりとし、その後方に今日の杵築大社のもととなる巨大な構造物である。

「神の宮」と『日本書紀』が書いた斉明五年（六五九）は、国際関係が緊迫していた時代であった。翌年正月、高句麗の使者一〇〇余人が筑紫に着き、五月難波に入り七月帰国の途についた。当時、高句麗は六五五年、六五九年と唐から攻撃を受けていた。また、同盟していた百済が唐・新羅連合軍によって攻撃されていたので、倭国（日本国）に救援を求めにきたのだろう。だが、百済は七月に滅亡した。

この緊迫する国際関係を背景に、斉明四年ないし五年、越国守である阿倍臣（比羅夫《ひらふ》）が軍船一八〇艘をひきいて蝦夷《えみし》を討った。また斉明五年、天皇は近江の平浦（琵琶湖畔の志賀町付近）に出かけた。さらに翌年三月、阿部臣が軍船二〇〇艘をひきいて粛慎《みしせめ》の国を討った。日本海東部で、倭国は軍事行動を起こしていたのである。のちに阿倍臣は、半島に遠征して唐・新羅軍と闘っている。おそらく白村江の戦いにも参戦したであろう。

この国際情勢のなかで日本海西部での軍事活動のため、神門水海を停泊地とし韓半島と連絡する軍事基地がつくられたと考えるのである。その軍事基地に大型の構造物が建てられたのである。『日本書紀』では、斉明四年に出雲国が「北の海辺で魚が死に、厚さ三尺ばかりも積み重なっています」などと報告してきた。この報告について「ある本」によるとしながら、百済が滅亡したため斉明六年に「兵卒を西北の辺境にそろえ城塞を修繕し、山川を断《た》ち塞いだ」が、このことの前兆と述べている。つまり「神の宮」をつくった翌年、西北の辺境で城塞を修繕したのである。出雲が、韓半島と密接な関係があることがわかるとともに、西北の辺境とは出雲であり、城塞の築造とは大型の構造物をもつ杵築での軍事基地の造営を表わしているのではないだろうか。あるいは既にあったものの大幅な修復を示しているのではないだろうか。

斉明六年（六六〇）とは、白村江での敗戦の三年前である。白村江敗戦ののち唐軍の侵攻に備えて、北部九州・瀬戸内海沿いに山城が築かれたことは周知のことであるが、それ以前に出雲で軍事基地が準備されたのである。そして、軍事基地を整備し水軍をおいたのは紀伊を根拠地とする紀氏と推測する。(23)

『日本書紀』で述べられているように、紀氏は韓半島と深くかかわり、遠征して戦争も行っていた。その紀氏の配下にある紀伊水軍が進駐してきたのである。進駐軍の根拠地をおいたのは意宇川下流部と考える。意宇川は中海に流下するが、宍道湖とつながっている。斐伊川は神門水海に流出していたが、当時の技術力でもって宍道湖と斐伊川あるいは神門水海とをむすぶ水路を出水時以外で整備することは十分、可能である。当時、弓ヶ浜半島はいまだ島の状況と想定されるが、冬の北からの季節風の防壁となる約六五㎞に及ぶ島根半島の南側水路は、内海であり舟運にとって有利の条件をもっていた。島根半島あってこその安全な水路であるが、この半島はヤツカミヅオミヅ(25)が新羅や越の国から引っぱってきたと『出雲国風土記』は述べる。いわゆる「国引き」であり、舟運にとって島根半島の重要性を物語っているのだろう(26)。ちなみに瀬戸内海の長さは約四〇〇㎞である。

意宇川下流部に根拠地をおいたことにより、神門水海からも島根半島東部の美保碕からも日本海に進出できる。そして意宇川上流部に熊野大社を創建したのである。創建というよりも、既にあった神社を熊野大社として造り直したというのが妥当かもしれない。この考えにしたがっていけば、『日本書紀』斉明五年にいう「神の宮」とは熊野大社ということになる。また「出雲の国譲り」とは、紀伊水軍の進駐であったととらえることができる。当然、地元民からの強い反発があったのだろう。それを武力で抑えこんだのである。

杵築大社の創建とオオナムヂ信仰

神門水海の軍事基地はその後どうなったのだろうか。白村江の敗戦後、四年たって中大兄皇子（のちの天智天皇）は琵琶湖畔の大津に都をおいた。韓半島をめぐり同盟国である高句麗との連絡が重視され、母である斉明天皇もかって行幸した琵琶湖畔への遷都である。このことは第二章で述べたが、このとき日本海を通じての高句麗との連絡に、水軍基地をもつ神門水海は重要な拠点だったろう。さらに想像をたくましくすれば、倭国に遠征してきて日本海を東に向かう唐水軍を迎え撃つ軍事基地とし、より重視されたのではないだろうか。このとき、目印そして灯台の機能をもち、意宇川下流部との連絡にも必要とされて一層巨大な構築物がつくられたのではないだろうか。『出雲国風土記』には、斐伊川の舟運として、一月から三月の間、材木を統御する船が川を上り下りするとある。巨大な構造物をつくるため、木材が運ばれたことを暗示しているように思われる。

この巨大なる構造物が純粋なる宗教施設としての神社となったのは、唐との緊張関係が完全にとかれ紀伊からの進駐軍が去っていった後と判断される。神社化は中央権力によるのではなく、地元の人々によって行われたのだろう。そして、祀られたのがオオナムヂである。オオナムヂはもともと出雲の地に生まれた地主神（土着神）、つまり産土《うぶすな》神だったのだろう。その伝承はほとんど出雲国全域にわたって述べられ、『出雲国風土記』の主人公といってよい。

紀伊からの水軍の進出によってひとたびは隅に追いやられたオオナムヂが、大社創建とともに復活したのである。もともとの発祥の地は、以前から舟運にとって便で各地と交易したこの地であったのだろう。その復活として『出雲国風土記』では、自分がつくった国は天つ神の子孫である天皇に治世を任せるが、出雲の国は自分が鎮座する国として守る、とオオナムヂはいったと述べるのである。『出雲国風土記』で「国譲り」を推測される文章はここのみであるが、タケミカヅチ（鹿島神社の祭神）、彼と力比べをしたタケミナカタ（諏訪大社の祭神）などは登場しない。

杵築大社の祭祀権をにぎったのは国造出雲臣である。その祖先は、アマテラスの息子アメノホヒとあるように天つ神としていて、オオナムヂではなく天皇の血筋とつながると主張する。その背景に、中央政府の力によって杵築神社の宮司となったことを示しているのだろう。では、進駐してきた紀氏が出雲臣となったのだろうか。律令時代、出雲臣は世継ぎのときヤマト王権に忠誠を誓う神賀詞を奏上しいることからみると、出雲臣は征服された側と判断される。進駐軍に対しはじめは抵抗したかもしれないが、やがてその配下に入り帰順した地元豪族と考えている。

ここで思い出されるのが、ヤマト王権による出雲の神宝簒奪である。ヤマト王権と杵築（出雲）大社のかかわりとして、『日本書紀』崇神天皇六〇年の条に興味深い話が、次のように記述されている。

崇神天皇が「天上よりもってきた神宝が出雲大神の宮に収納してある。(27) これが見たい」と群臣に述べた。そこで出雲に使者を遣わし献上させた。このとき、出雲臣の遠祖である出雲振根《ふるね》は筑紫国に出かけていて留守であり、その弟が対応してわたした。これに恨みをいだいた振根は弟を殺害した。これを聞いた朝廷は、すぐに吉備津彦と武渟河別《たけぬなかわたけ》を派遣して振根を殺した。この二人は崇神一〇年に全国制定のために派遣した四道将軍であるが、出雲の人々はしばらくの間、大神を祀ることができなかった。そのとき丹波の氷上《ひかみ》の人が、出雲人の祈り祀る本物の見事な鏡が水草の中に沈んでいると皇太子にいったところ、勅が発せられて大神は祀られるようになった。オオナムヂは、ヤマト王権に認められたのである。

このように、ヤマト王権からの進駐により出雲は征服され地元民が祀っていた大神、つまりオオナムヂは一時、その座を失ったというのであるが、ふたたび祀られたのである。紀伊水軍の進駐、それによる産土神オオナムヂの排斥、その後の復活を見事に述べている。

やがてオオナムヂは国土づくりの神として、耕地開拓を進める人々の信仰の対象となり、全国にひろがっていった。あるいは、それ以前にひろまっていたオオナムヂ信仰がヤマト王権の承認を得、ヤマト王権と結びつきながら、さらに広くひろがっていったと考えられるのである。

三　おわりに

出雲神話は『古事記』「神代篇」のなかで約三分の一を占め、また『日本書紀』「神代巻」でもかなりのスペースをさいて述べられている。さらに、『日本書紀』のそれ以外のところでも、出雲はたびたび顔を出す。このようなことから、ヤマト王権にとって古代出雲は特別な地域であったとされている。この出雲神話はなにを語っているのか、国土史研究の立場より「国土開発」の観点から述べていった。さらに、考古資料、文献史料によりながら杵築（出雲）大社の創建、「国譲り」について考察を加えていった。

多くの研究者が指摘しているように、中央貴族がヤマト王権の権威づけ、あるいは正当性を主張するため『記紀』には政治的創作が加わったことは間違いない。だが、それ以前にベースとなる史実があったことは否定できないだろう。それは何なのか、根拠薄弱なことは十分承知で大胆すぎる仮説を述べていった。それを実証するのは考古資料であるが、近世から近代初頭にかけての「カンナ流し」による大量の土砂の流出、それによる堆積によって発掘するのは困難だろう。

「国譲り」の仮説として、緊張する国際関係を背景に出雲の重要性を「神門水海」が重要な水軍の軍事基地であり、巨大なる杵築大社の出発点は灯台の機能をもつ構造物と想定していった。この軍事基地はヤマト王権によって築かれたもので、(28) 水軍は紀伊に根拠地をもつ紀氏がひきいたものと考えた。これにより、なぜ出雲に熊野大社、杵築大社が建立されたのかの説明ができる。そして、出雲が「国譲り」の舞台となったのかが説明できる。もちろんその背景に、前方後方墳に代表され産土神オオナムヂを信仰するなど独自の文化が出雲にあったことを忘れてはならない。

なお、紀伊（熊野）とのかかわりについて第三章でも記したが、『日本書紀』はさらに次のことを述べている。オオナムヂとともに国造りに努めたスクナビコナは、「熊野の御碕」から常世の国に旅立つ。また、「国譲り」のため高天原から派遣されたタケミカヅチは、美保碕で釣りを楽しんでいたオオナムヂのもう一人の息子コトシロヌシとの交渉のため使者を派遣したが、それは「熊野の諸手船《もろたぶね》」に乗ってである。さらに別伝（一書）で、スサノオとともに新羅からやってきた彼の息子イソタケルは、紀伊国に鎮座していると述べる。出雲と紀伊（熊野）の間で深いつながりがあることが、これらからも理解できる。

ところでこれまで、出雲は韓半島と近くここと盛んに交流があったことを前提にしながら述べてきた。だが核ＤＮ

A分析により、出雲の人々は韓半島よりも東北地方の人々と近縁であったとの説が遺伝子研究者から報告されている。(29)祖父母四人が出雲出身であることが明らかな、四七名の核DNA分析による結果である。著者・斉藤成也氏は、大陸の人々により近い核DNAをもっているだろうと予想していたが、衝撃的な結果であると述べている。今のところ仮説であろうこの結果が、出雲研究にどのように結びつけられるのか今後注目したい。

（注）

（1）高天原でどのようにして稲作水田が始まったのか、『古事記』では述べられていないが、『日本書紀』別伝で興味深いことが記述されている。それによると、アマテラスは弟のツキヨミに、食べ物を主宰するウケモチノカミ（保食神）が「葦原の中の国」にいると聞いているから見てこいといった。ツキヨミがウケモチノカミの所に着くと、ウケモチノカミは口から飯、大小の漁獲物、狩の獲物を出し、それらを備えてご馳走とした。しかしツキヨミは、口から吐き出した穢らしいものを使うのかといって、ウケモチノカミを打ち殺してしまった。

　それを聞いたアマテラスはたいへん立腹し、ウケモチノカミの看護のためにアマノクマヒトを派遣したが、彼が到着したときにはウケモチノカミは死んでいた。だが、その頭には牛と馬、ひたいの上には粟、眉の上には蚕、眼の中には稗、腹の中には稲、陰部には麦と大小豆が生まれていた。アマノクマヒトはこれを持ち帰りアマテラスに献上した。アマテラスは大いに悦び、粟・稗・麦・豆を畠、稲を水田の種として栽培した。また、アマテラスは蚕を口の中に含んで、そこから糸を引き出した。これが養蚕の起こりとされている。つまり高天原に五穀を持ちこんだのは「葦原の中の国」からで、その生産は高天原で始まったのである。

　ウケモチノカミの口から出され、ツキヨミが穢らしいとした食べ物は縄文人の食べ物といってよい。縄文人は、基本的に採取狩猟を中心とした生活である。そしてウケモチノカミの死体から五穀・蚕、さらに農作業に使われるのであろう牛・馬が生まれた。五穀の本格的な生産活動は弥生人により行われ、牛・馬を使用するのは古墳人である。

（2）神々が住まう高天原ができたとき、最初にあらわれた三神のうち三番目の神。

（3）原文は、櫛名田比売、『日本書紀』では奇稲田姫。
（4）本文で述べているが、『古事記』では母神カムムスヒが種を与えたと述べている。一方『日本書紀』では、スサノオが高天原を追放されたとき、穀物の種をもって葦原中国に降りたとはとくに記されていない。ただ別伝で、スサノオの子のイソタケル（五十猛神）が多くの樹の種子をもって天から一緒に、はじめは新羅国に下った。その後、埴土でつくった舟で出雲国の簸の川上に到着した。種は新羅の国で植えないで筑紫から大八州《おおやしま》国全部にまいて殖やしたと述べている。後年のことであるかもしれないが、韓半島の山は樹木がなく、荒れていた。
（5）現在の島根県雲南市大東《だいとう》町須賀と比定されている。今日、この地には須我神社がある。
（6）『日本書紀』ではフツヌシノカミ（経津主命）とタケミカヅチノカミ（武甕槌神）の二人となっている。
（7）今日の二倍の四八mとの推定がある。
（8）石上神社は大和朝廷の武器庫の性格をもつといわれ、百済の王が倭王に贈ったとされる七支刀《しちしとう》が伝わっている。
（9）イワレビコ遠征軍に出雲族も参加していたのではないかとも考えたが、整理がつかなかった。
（10）松前　健『出雲神話』三三～三六頁、講談社、一九七六
（11）墳丘墓は四つの突出部を含めて東西約四〇m、南北約四〇m以上、高さ約四・三mの大きさである。
（12）「国譲り」とは、吉備勢力の出雲の征服を表わしているとの説もある。
（13）加茂岩倉遺跡から南東二kmに位置する。
（14）古墳については、渡辺貞幸「四隅突出型墳墓」古代出雲王国の里推進協議会『出雲の考古学と「出雲風土記」』学生社、二〇〇六、渡辺貞幸ほか『島根県の歴史』山川出版社、二〇〇五、による。
（15）古代出雲王国の里推進協議会『出雲の考古学と「出雲風土記」』一五〇頁、学生社、二〇〇六
（16）この神賀詞には、皇祖の子のヒナドリと副将としてフクヌシを天から遣わし、オオナムヂに国土を献上させたことが述べられている。
（17）『斐伊川改修史四十年史』六一～六二頁、建設省出雲工事事務所、一九六四
（18）距離については、荻原千鶴『出雲国風土記』全訳注、講談社、一九九九、による。それによると、一里五三四・五m、一

歩一・七八m、一尺二九・七㎝である。

(19) 出雲での条里制はここ以外では、中海西岸の松江市福原町でも発掘されている。その他では確認されていないが、斐伊川・飯梨川などでは近世になって「カンナ流し」により大量の土砂流出があり、その氾濫・堆積によって地下深く埋没され確認されていない可能性が十分ある。

(20) 水野　祐監修・瀧音能之監修『出雲世界と古代の山陰』一六一頁、名著出版、一九九五

(21) 荻原千鶴『出雲国風土記』全訳注、一六五頁、前出

(22) 熊野大社の建立については、なにも述べられていない。

(23) 紀伊を根拠地とする紀氏について、岸　俊男氏は『日本古代政治史研究』一三一頁、塙書房、一九六六、で次のように述べている。

「紀氏はその地理的位置と自然的環境によって、まずクスなどの豊富な船材に恵まれていたこと、つぎにそれらを用いて日常の体験に基づき外洋航行に耐えうる大型船を早くから建造することが可能であったこと、さらにはそれらの船に乗って、潮流を利しながら瀬戸内海の要衝を占拠して、そこに同族を分布せしめたこと、そしてそのような基礎の上に立って大和朝廷外征軍の主力となった。」

(24) 中海は今日、その東部を弓ヶ浜半島で日本海と分かれているが、『出雲国風土記』では、弓ヶ浜半島は「夜見島《よみしま》」と記されていて、島になっている。その後、日野川からの土砂流出により半島となった。

(25) ヤツカミヅオミヅノは、『古事記』にスサノオの四世の子孫、オオクニヌシの祖父と記されているオミズヌと同神との説もある。

(26)『日本書紀』では、仲哀天皇が朝貢をしないといって熊襲を討つために出発したのは紀伊国であった。海路西に向かったが、紀伊水軍を引き連れてと想定される。そのとき敦賀にいた皇后（後の神功皇后）は、天皇と合流するため日本海を西に向かい、渟田門《ぬたのみなと》に泊まった。この渟田門がどこなのか。森　浩一氏は、島根半島南部の出雲国楯縫郡沼田郷を想定し、楯縫郡沼田郷は古代、島根半島によって防御された内海に面していたとしている。（編集代表・森　浩一『海と列島2　日本海と出雲世界』五九頁、小学館、一九九一）。

（27）原文は「出雲大神宮」である。
（28）古代の出雲にヤマト王権の軍港があったことは、既に水野祐氏によって主張されている（『古代の出雲と大和』大和書房、一九七五）。ただしその軍港の位置は島根半島であり、「久毛等浦《くもと》（旧美保関町雲津浦）」、「宇礼保浦《うれほ》（旧大社町宇竜）」など四つの浦である。『出雲風土記』では、「美保の浜」など浜とされているところは多数あるが、浦とされているところはこの四つであり、たとえば久毛等浦は「広さ一百歩（一七八m）、十船可泊（一〇艘の船が泊まることができる）」と浦の長さ、碇泊できる船の数が書かれている。一方、浜には、その長さなどは述べられていない。
水野氏は、船とは軍船のことであり、浦とは軍港であったとし、その仮想敵国は八世紀の新羅としている。
（29）斉藤成也『日本の源流』一五四〜一六〇頁、河出書房新社、二〇一七

（参考文献）

『斐伊川改修史四十年史』、建設省出雲工事事務所、一九六四
古代出雲王国の里推進協議会『出雲の考古学と「出雲風土記」』学生社、二〇〇六
編集代表・森　浩一『海と列島2　日本海と出雲世界』小学館、一九九一
井上光貞監修『日本書紀』上・下、中央公論社、一九八七
荻原千鶴『出雲国風土記』全訳注、講談社、一九九九
佐々木　稔『鉄の時代史』雄山閣、二〇〇八
千家尊統『出雲大社』学生社、一九六八
瀧音能之『古代出雲の社会と交流』おうふう、二〇〇六
瀧音能之『出雲古代史論攷』岩田書院、二〇一四
松前　健『出雲神話』講談社、一九七六
三浦佑之『口語訳　古事記』文芸春秋、二〇〇二
水野祐監修・瀧音能之監修『出雲世界と古代の山陰』名著出版、一九九五
渡辺貞幸ほか『島根県の歴史』山川出版社、二〇〇五

付章二　武蔵国誕生と埼玉古墳群

徳川家康が幕府を開いたのは、律令時代に誕生した武蔵国（現在の埼玉県、東京都および神奈川県の一部）の江戸である。第七章でも述べてきたが、武蔵国は江戸を支える背後圏として重要な役割を果たした。ここで武蔵国を河川との関連でみると、荒川（流域面積二九四〇平方㎞）はすべて武蔵国、多摩川（一二四〇平方㎞）は最上流部山地が甲斐国（山梨県）に属するが、そのほとんどは武蔵国である。また、北方の上野国とは利根川（一万六八四〇平方㎞）とその支川神流川《かんな》（四〇七平方㎞）が、東方の下総国とは当時の利根川筋が国境となっていて、その洪水は埼玉平野を中心に武蔵国に広く氾濫する。武蔵国は大河川と深いつながりがあることがわかる。

一方、律令時代に設置された国府は多摩川中流部左岸の府中に位置する。ここは、武蔵国全体からみたら西に片寄っている。なぜこの地に国府がおかれたのか、考えてみたら不思議な気がする。とくに利根川・荒川は、古代には埼玉平野で合流していたので一つの水系と考えてよいが、多摩川とはまったく異なる水系である。それが、なぜ武蔵国という一つの国となったのだろうか。

ところで、埼玉古墳群の一つである稲荷山《いなりやま》古墳で出土した鉄剣から一一五文字の金錯銘《きんさくめい》文が発見され、世紀の大発見として日本の古代史研究に大きな衝撃を与えた。その衝撃と興奮は、門外漢であった筆者にも、マスコミ等を通じて頭のなかに強く残っている。一九七八年（昭和五三）のことであった。それまで文献的にまったくわからなかった

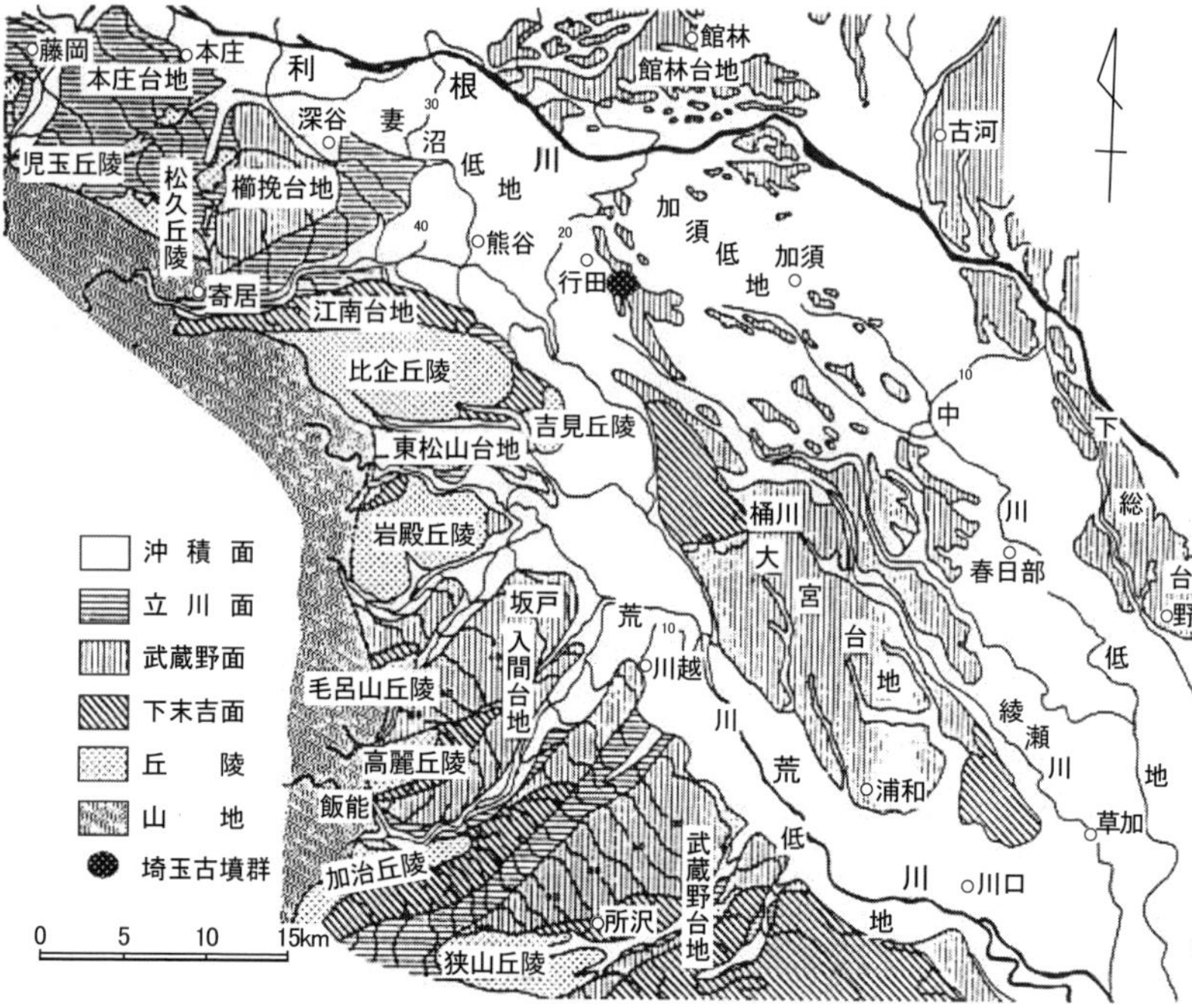

図付 2.1　埼玉平野の地形区分（堀口萬吉作成）

（注）立川面，武蔵野面，下末吉面はローム層台地であり，
立川面が最も新しく，下末吉面が最も古い.

（出典）『中川水系　総論・自然』埼玉県，1993，に一部加筆.

当時の日本の社会状況のみならず、ヤマトと関東との関係の理解にきわめて重要な史料となっている。それ以降、今日にいたるまで、この銘文をめぐり幅広い議論が行われている。銘文によりこの鉄剣の元来の所有者であるとされる乎獲居《ヨワケ》臣(1)が稲荷山古墳に埋葬された人物かどうか、彼から鉄剣がわたされた人物が埋葬されているのではないか。また、乎獲居が仮に埋葬された人物だとしても、畿内から進出した豪族であったのか、あるいは在来の関東の豪族であったのかなど、今日にいたるまで決着はついていない。

　この埼玉古墳群について、はじめて見た若い時から不思議でしょうがなかった。その後、各地の古墳を見ていったが、その不思議さは今も変わらない。なぜ、埼玉平野の真ん中といってよいだだっ広い場所に立地されたのかである（図付２・１）。その場所は、利根川・荒川の氾濫区域で、大河川である利根川と荒川と密接に関係する土地である。大規模な古墳を築くためには、当然のことながら多くの労働力を必要とする。そのためには多くの人々を集めねばならないが、この築造のためだけに広い地域から臨時的に集めたのではないだろう。その古墳周辺に多くの人々が住んでいたからこそ、築造となったのだろう。では、彼らが居住できる条件は何だったのだろうか。

さらに、その存在が武蔵国誕生と強いつながりをもっていたのではないだろうか。『日本書紀』には、埼玉古墳群の初期の築造当時、「武蔵国造」の地位をめぐって激しく抗争したことが記されている。このことから、埼玉古墳群の築造を考えていったら、武蔵国誕生の出発点的なものがわかるのではないだろうか。そのように思った。

ここでは、まず埼玉古墳群がなぜこの地に存在するのか、この課題について、とくに河川とのかかわりを中心に述べていく。古代、生産面できわめて重要であった稲作水田のためには、利水・治水から河川とのかかわりが大きい。また、物資集散にとって大きな役割を果たしている舟運は、内陸部に立地することから河道を利用せざるを得ない。

一　埼玉古墳群の築造と地形特性

埼玉古墳群は、最初に築造された稲荷山古墳以降、この古墳とあわせ九基の前方後円墳、一基の円墳、一基の方墳、中小円墳数十基よりなる（図付２・２）。七世紀初頭の築造とされる方墳を除くと、五世紀末から六世紀末にかけて約一〇〇年間、絶えることなく規模の大きい前方後円墳が、埼玉の地で築かれてきたのである。古墳群はほぼ南西の方向に向いているが、地元は富士山に向かって造られたと意識している。

ところで、埼玉平野の地形を考える場合に重要なことは、加須《かぞ》市を中心にした関東造盆地運動の影響である。こ

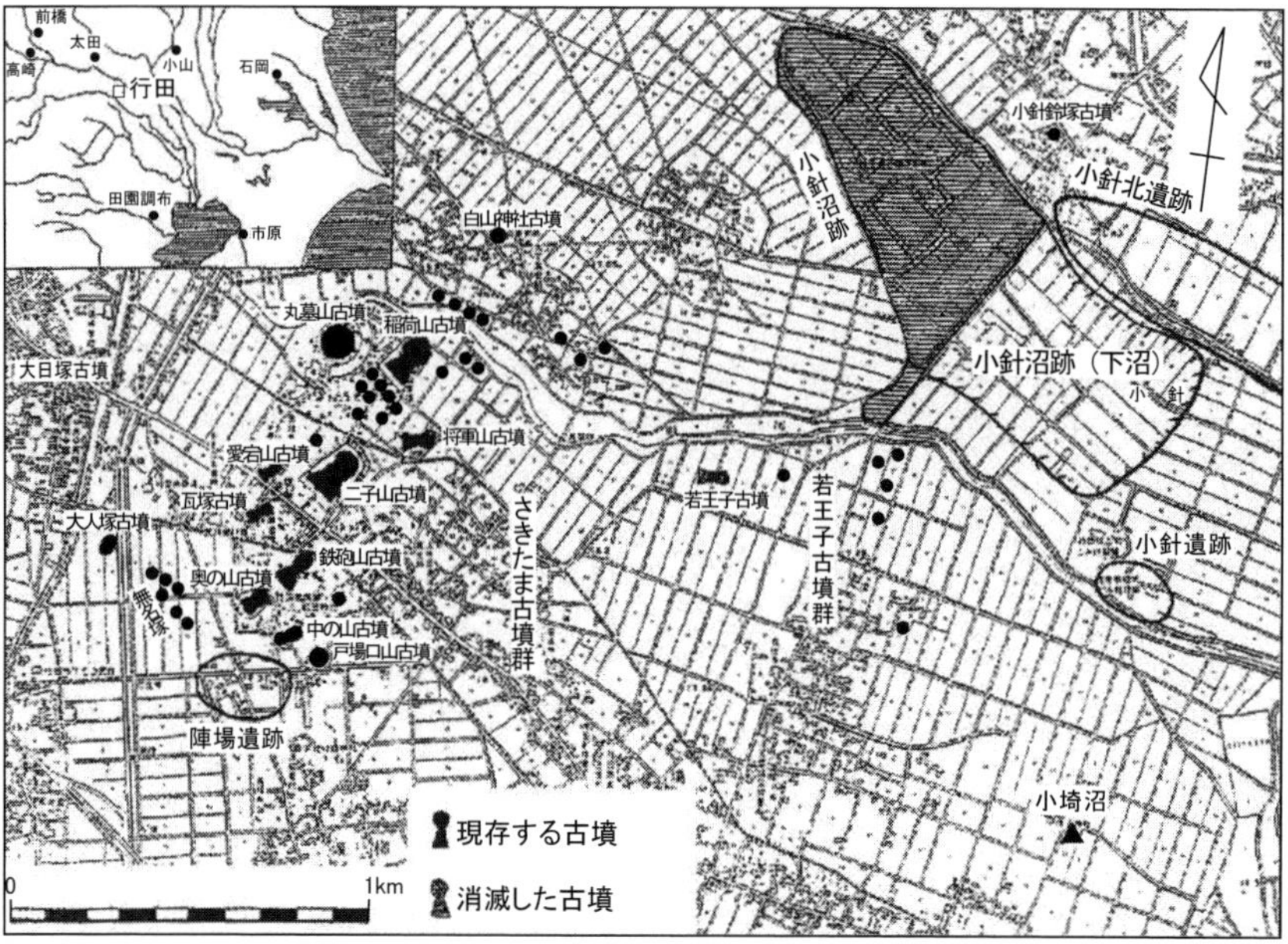

図付 2.2　さきたま古墳群とその周辺（中島洋一作成）

（出典）松浦茂樹編著（2011）:『埼玉の津と埼玉古墳群』NPO 法人野外調査研究所.

の地殻変動によって台地が沈降して低くなり、あるところではその上に河川からの土砂が堆積している。その比高は自然堤防と違わないが、自然堤防に比べて幅がかなり広い。埋没台地とよばれているが、埼玉古墳群が立地するのはこの台地上である（図付2・3）。この台地には利根川・荒川の洪水堆積物が薄く載っている。この台地周辺は沖積低地であって、利根川・荒川洪水と関係が深く、約一万年前から始まった完新世（沖積世）の時代に両川からの土砂が堆積して形成されたものである。両川とも、日本では大河川である。ちなみに、荒川は山地から平地部に出る寄居地点で九〇五平方km、利根川では本川が烏川と合流する八斗島《やったじま》地点で五一一四平方kmであり、古代の技術でもって制御できる河川ではなかった。

古墳を築くためには、当然、その周辺に労働力となる人々がかなりいたのであろう。その人々を養うためには食料が必要である、埼玉古墳群周辺には、古代の土地利用である条里制が図付2・4のように

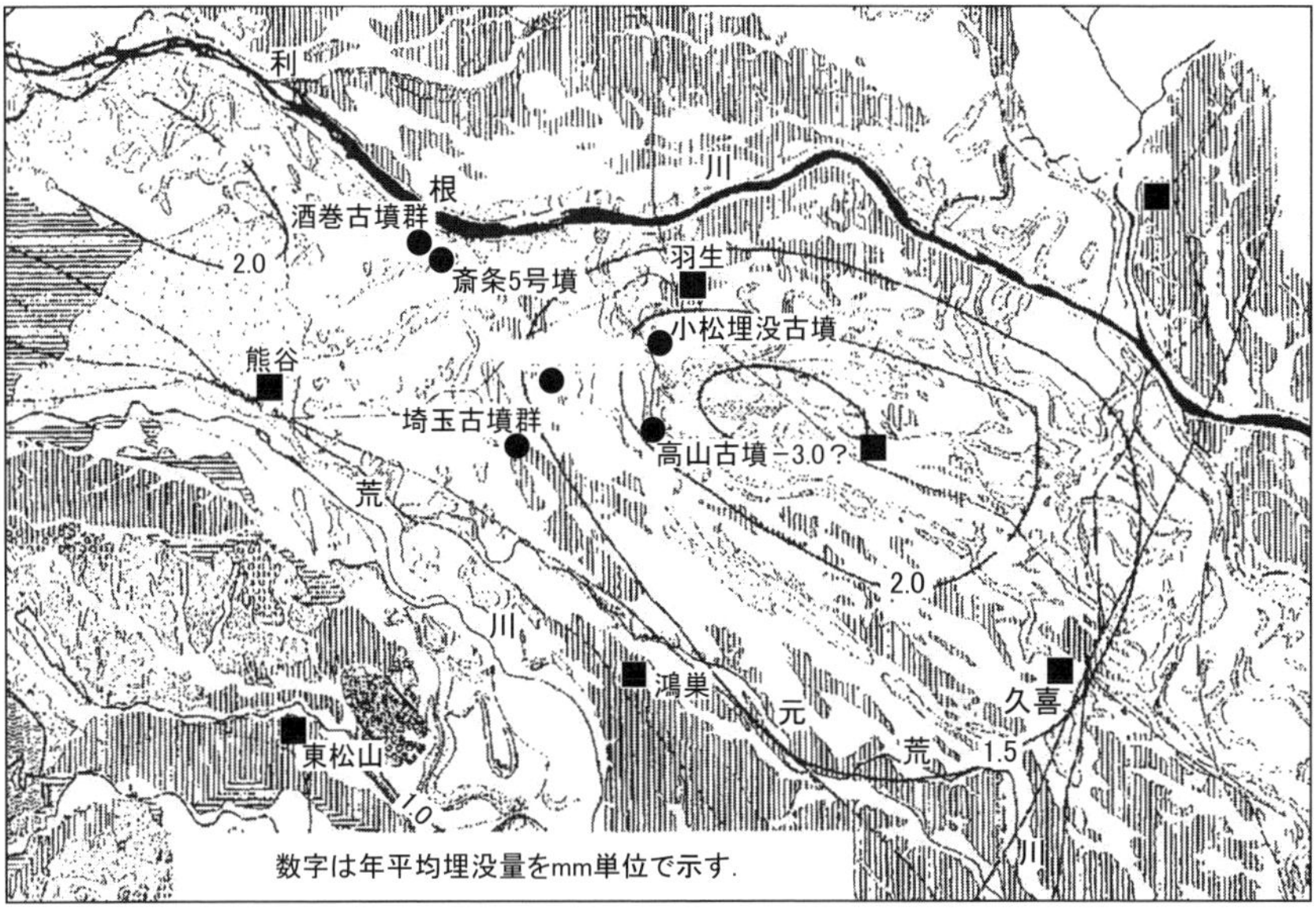

図付 2. 3　関東造盆地運動と古墳（堀口萬吉作成）
（出典）:『埼玉の津と埼玉古墳群』前出.

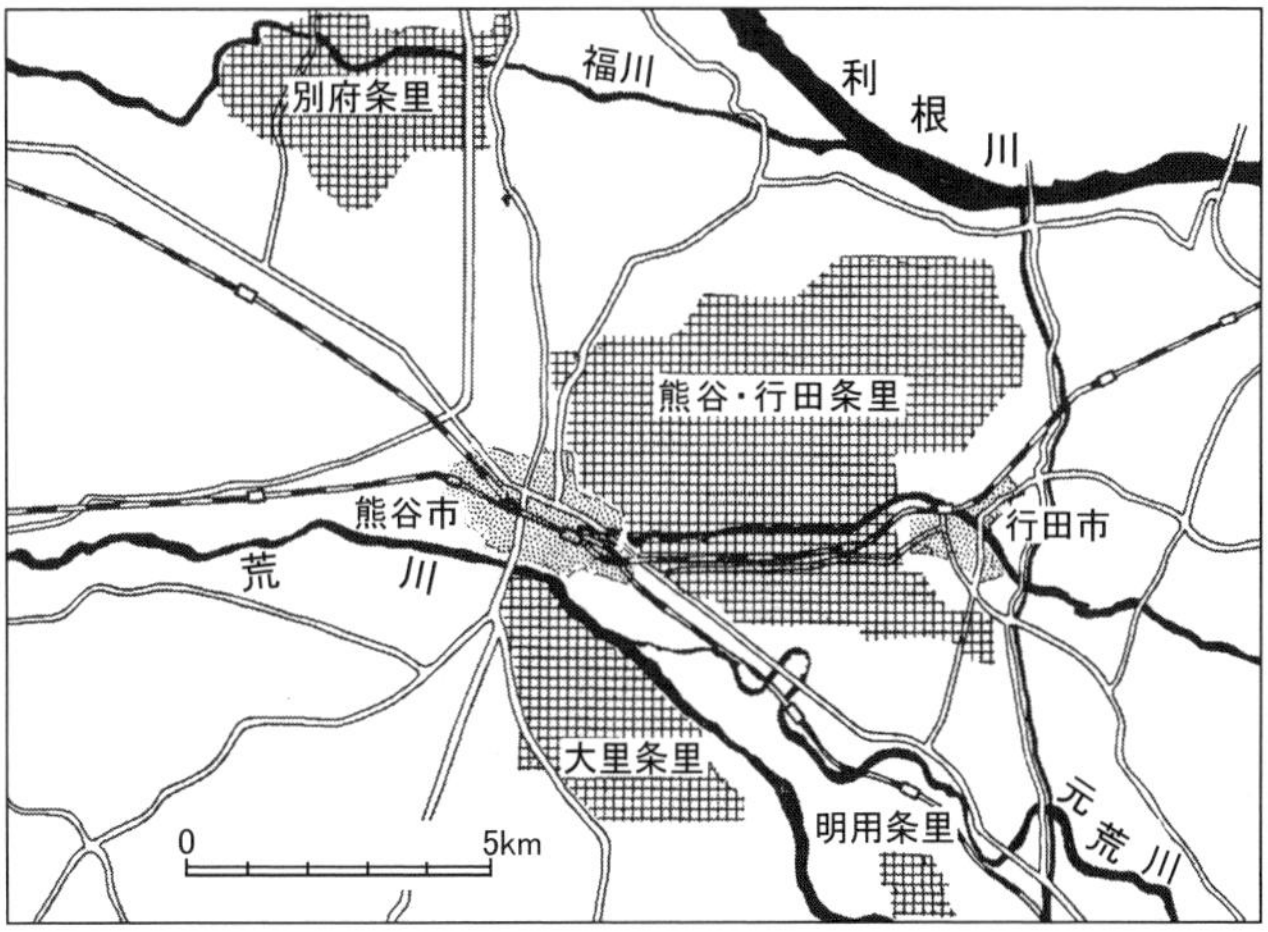

図付 2. 4　荒川中流部の条里位置図（吉川國男作成）
（出典）『荒川』人文Ⅰ，埼玉県，1987.

推定されている。その区域は、熊谷扇状地の末端から利根川・荒川による自然堤防が発達する地域で、豊富な湧水がでる土地である。ここでの条里制がいつ施行されたのかはっきりしないが、早くて八世紀（奈良朝）とされている。埼玉古墳群の最初の築造から二〇〇年以上がたっている。

また弥生時代の水田として、池上遺跡（熊谷）、小敷田《こしきだ》遺跡（行田・熊谷）、北島遺跡（熊谷）が知られているが、その場所は後に条里制が施行された区域とかさなる。豊富な湧水を灌漑に利用して整備されたことは間違いない。

これらの耕地は、利根川・荒川洪水とどのようにかかわっていたのだろうか。洪水が毎年襲うようなところでは無理である。この理解のためには、利根川・荒川の流路がその当時、どのようであったのか考える必要がある。

二　古代の利根川・荒川と埼玉古墳群

利根川・荒川は今日、別々の流路として東京湾、太平洋に流出しているが、周知のように元々はつながっていた。合流することなく本川が別々の澪筋となったのは、近世になってからである。両川が合流していた区域は、大宮台地の東北部とその東南部であるが、大宮台地の東北部にある埼玉古墳群あるいは忍城《おし》付近は、両川が最初に合流する地域に位置する。

ところで、先史時代には利根川は現在の荒川筋に流下していたことが、自然堤防の発達、堆積物のボーリング調査などにより図付2・5のように推定されている。この図には、さらに熊谷扇状地を流下する四つの荒川流路跡が示されている。

荒川からの土砂の堆積により、旧川本町菅沼《すがぬま》（深谷市明戸）を頂点として熊谷扇状地が形成されている。扇状地は、澪筋をいくつも変流させながら土砂を堆積させて形成されるが、その基底部は礫層となっている。礫層の堆積は、縄文時代草創期から早期頃にかけてとされ、その礫層の上に砂・泥層が堆積し自然堤防が発達した。その堆積状況か

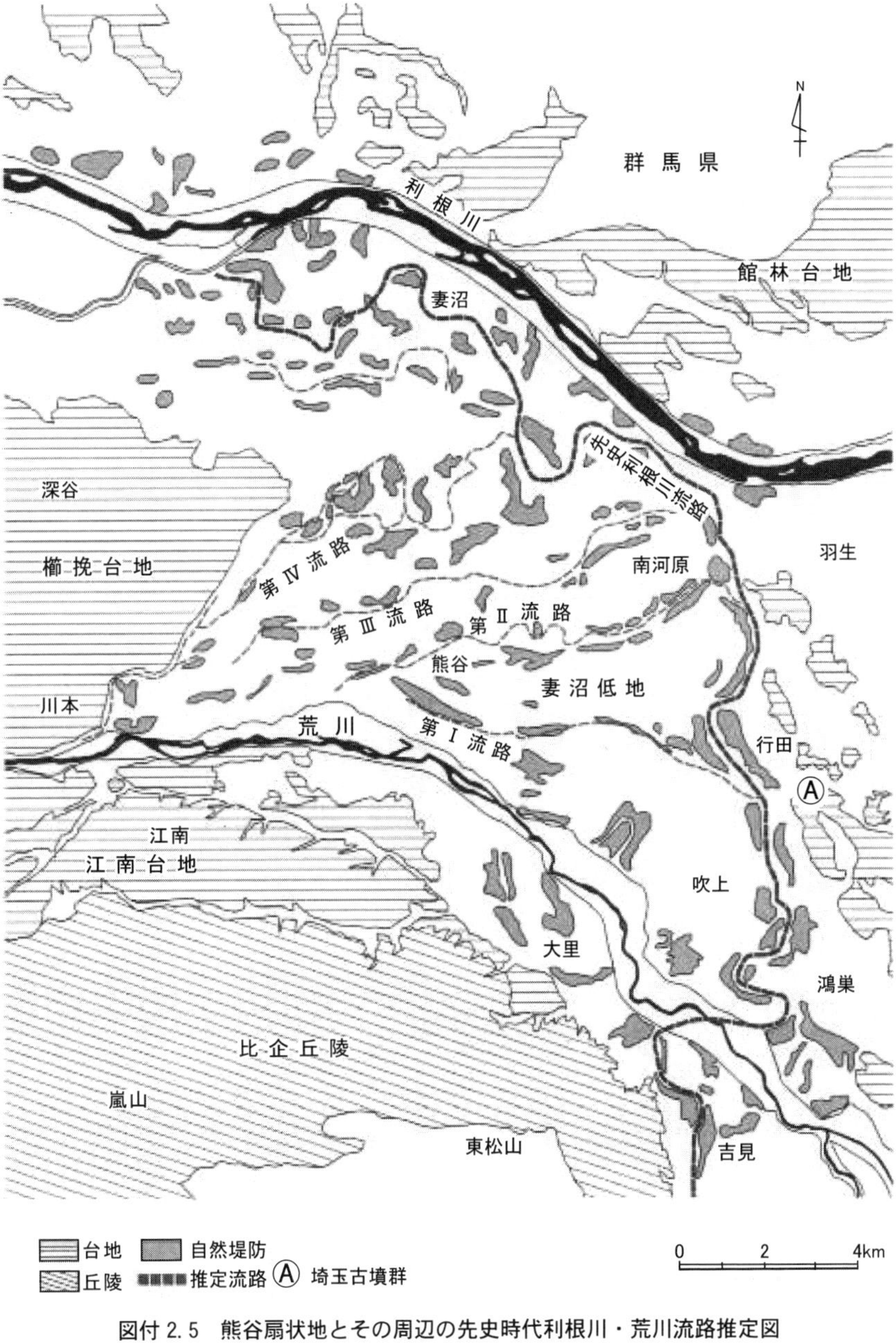

図付 2.5　熊谷扇状地とその周辺の先史時代利根川・荒川流路推定図

（出典）『熊谷市研究第三号　座談会荒川の流路と遺跡』熊谷市，2001，に一部加筆．

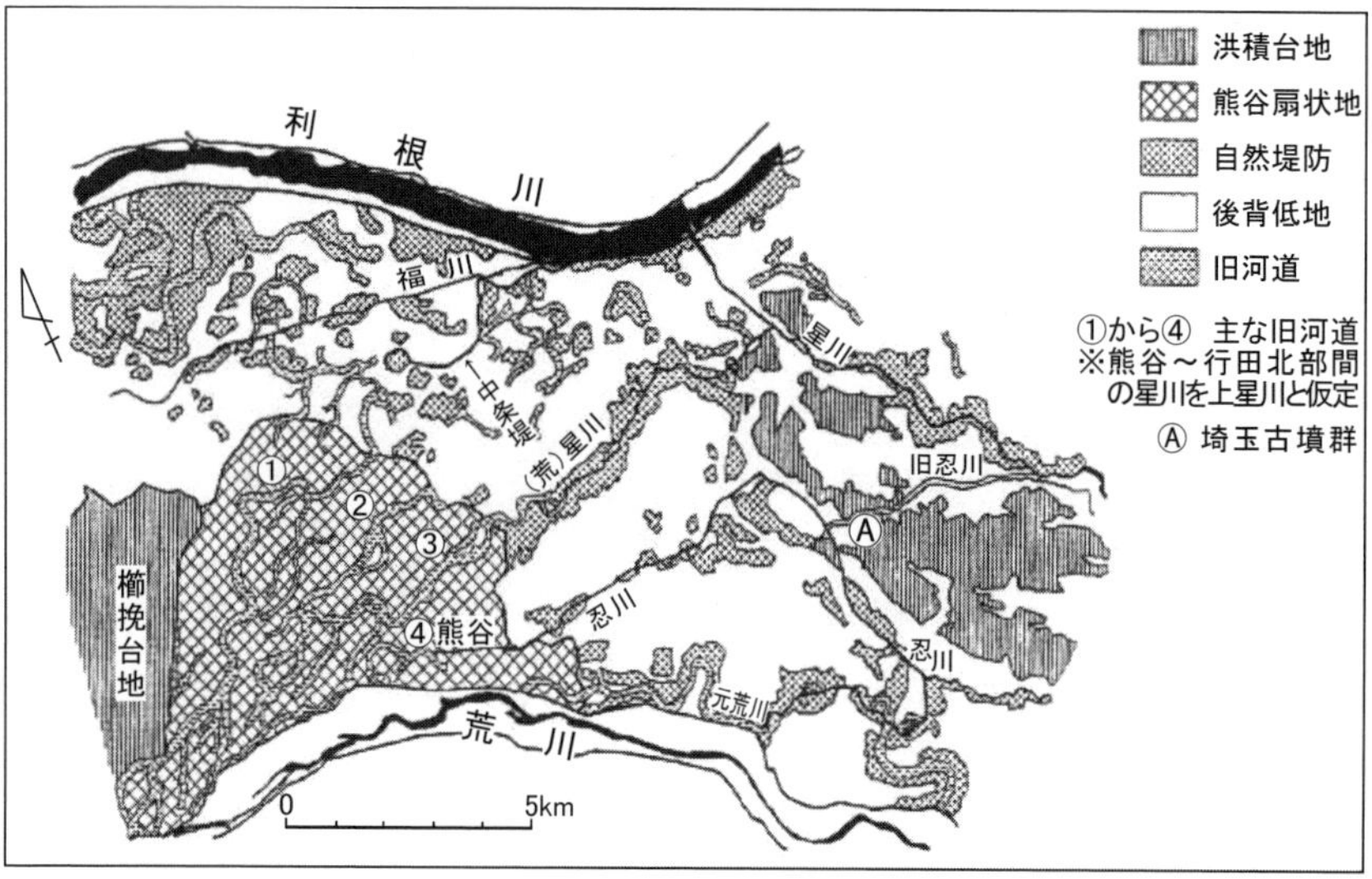

図付 2.6 荒川扇状地・自然堤防地帯の地形概況（澤口 宏作成）
（出典）『埼玉の津と埼玉古墳群』前出，に一部加筆.

ら第Ⅰから Ⅳの流路跡が推定された。この第Ⅰ流路が図付2・6のように忍川につながり、また第Ⅱ流路が（荒）星川（利根川の星川とは異なる）につながっている。扇状地から先の流れとして、忍川は有力な澪筋であったが、その自然堤防の発達から（荒）星川筋に流下していた時期は長かっただろう。

なお、旧忍川が埼玉古墳群のある埋没台地を開削して流れているが、その形状から人工開削されたものと考えている。ただし、その水路によって、稲荷山古墳の一部、丸墓山《まるはかやま》古墳の下部のかなりが削られているので、これらの古墳が築造された後に開削されたのである。

利根川東方転流

今日の荒川筋に流下していた利根川が、やがて現在のように加須低地に流下するようになった。利根川の東方転流であるが、いつの時代に生じたのだろうか。二つの考えがある。

一つは、古墳の埋没状況から古墳時代以降とするものである。羽生《はにゅう》市にあり、その築造年代が七世紀前半と推定されている小松古墳群一号墳が、会の川左岸沿いの地下三ｍに埋没している。その当時の地表面に造られた古墳が関東造盆地運動によって埋没し、その上が利根川氾濫土砂によって堆積したと判断されている。これらのことから、関東造盆地運動による加須低地の沈みこみと一体となって古墳時代以降に利根川は流入するようになったと考えるのである。

もう一つが縄文時代後期説である。それは、加須低地の谷底に堆積した土砂の分析からである。この要因は関東造盆地運動とともに、荒川による熊谷扇状地の発達が考えられている。扇状地の発達が南方への流下、つまり現荒川筋への流入を妨げて、東方へと流れるようになったとの理解である。

ところが近年、川島町のボーリング調査により、利根川からの堆積物は縄文時代後期後半、荒川低地には見られなくなったとの報告がなされている。[2] 縄文時代後期の後半には、利根川は荒川低地に流れなくなったと考えてよさそうである。その後、利根川はどのルートを通ったのだろうか。

六世紀後半の利根川流路

古墳時代後期の六世紀後半頃の利根川の流路が、秋池　武氏により図付2・7のように推定されている。[3] 六世紀に初めと中頃にかけて榛名山が大爆発したが、そのときに生じた軽石（角閃石安山岩）の堆積状況から推定されたものである。軽石は流下することにより礫となり、当時の利根川の河道筋に堆積する。これにより、六世紀後半当時の河道筋が理解できるとするのである。秋武氏は四三七カ所の調査資料をもとに、転石について次のように整理している。

①榛名山麓河川流域では「一ｍ前後の大型転石」が見られる。

②渋川から伊勢崎間では「四〇㎝前後の大型転石」がある。

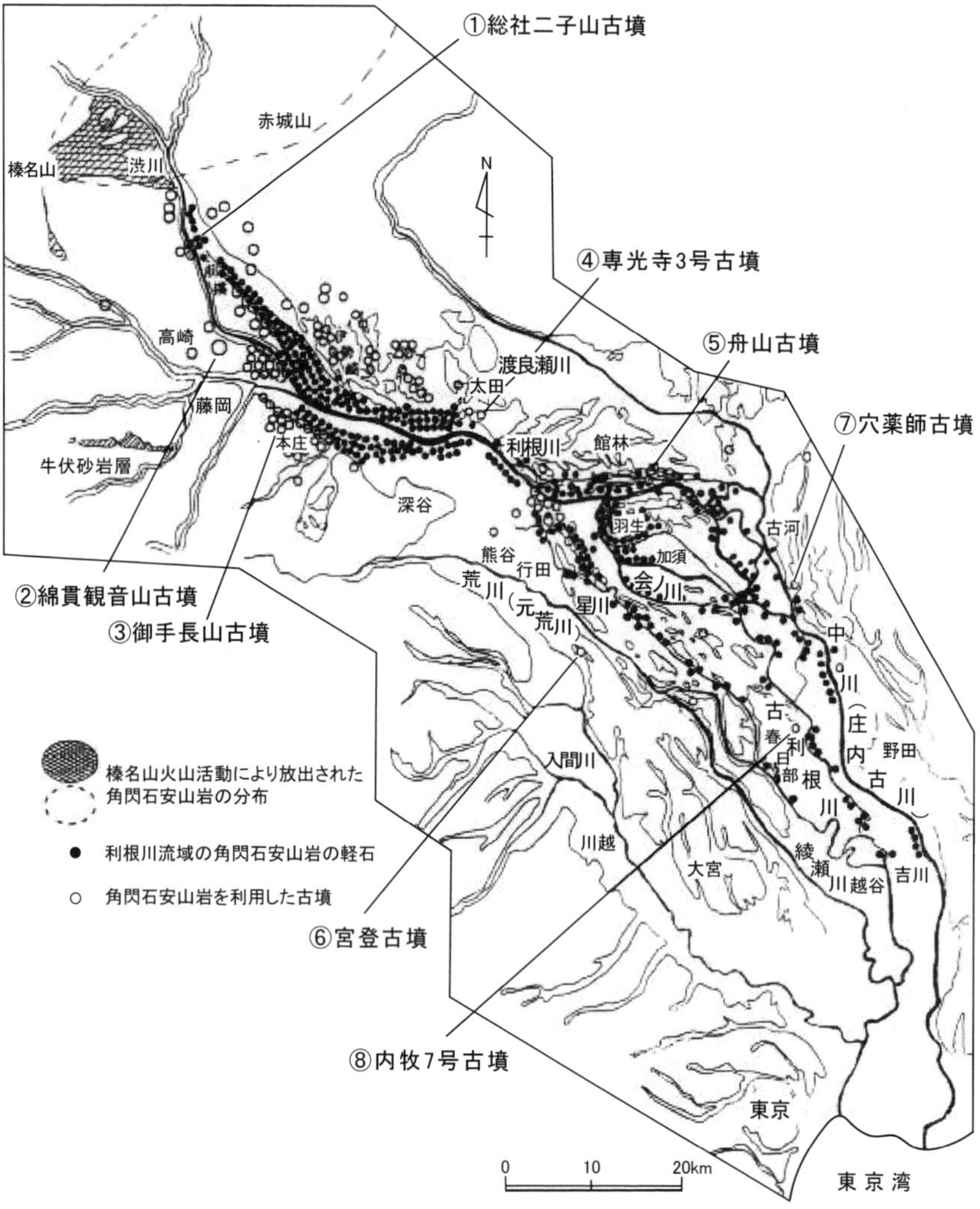

図付 2.7　利根川氾濫原の転石と古墳分布

（出典）秋池　武（2000）:「利根川流域における角閃石安山岩転石の分布と歴史的意義」『群馬県立歴史博物館紀要』，に一部加筆．

③本庄から妻沼低地では「二〇〜四〇㎝の中型・大型転石」がある。
④行田から加須低地では「一〇〜二〇㎝の中型転石」がある。
⑤下流域では「一〇㎝の小型転石」がある。

当然のことだが転石は上流から下流に流れ、下流に行くにしたがって小型化する。下流に到達するのには時間が要するので、図付２・７にみる河道が、噴火が生じた六世紀に堆積したものだとは即座には判断できない。一方、図付２・７には、この軽石を利用した古墳も記載されている。その近くに流れてきた転石を利用したと考えられるので、この古墳が位置する場所までは古墳が築かれた時代に河道は既にあって、転石が流下してきていると想定してよいだろう。それより下流は、そのご流下してきた可能性を否定することはできないが、そんなに時代を下ることはないだろう。ただし、転石が近くの河道にないのに使われている古墳もある。ある程度の距離は人力で運搬されたのであろう。

さて、図付２・７で古墳が築かれた時代、すでに利根川は加須低地に流出していることがわかる。詳しくみると、現在の星川筋にも堆積しているが、多くは羽生市北の現河道を流下し、会の川、新川用水筋、さらに群馬県の谷田川筋に流下している。谷田川は現河道の北方に位置する左岸を流れるが、この左岸側にも大量に流下している。一方、先述したように小松古墳群一号墳の埋没からみて、七世紀前半以降には会の川へかなり流下したと想定される。

星川筋を詳細に検討すると、南河原から現利根川筋を離れ、熊谷から流れてくる（荒）星川と合流した後、今日の星川筋に流れる（図付２・８）。また一部は、埼玉古墳群のある台地を開削した旧忍川にも流下する。この状況からいえることは、六世紀後半、行田より羽生にかけては現河道が有力な利根川河道であった。だが、今日の星川筋にもかなりの洪水が流下していた。このため、六世紀後半どちらが本流であったのか、よくはわからない。堆積状況から

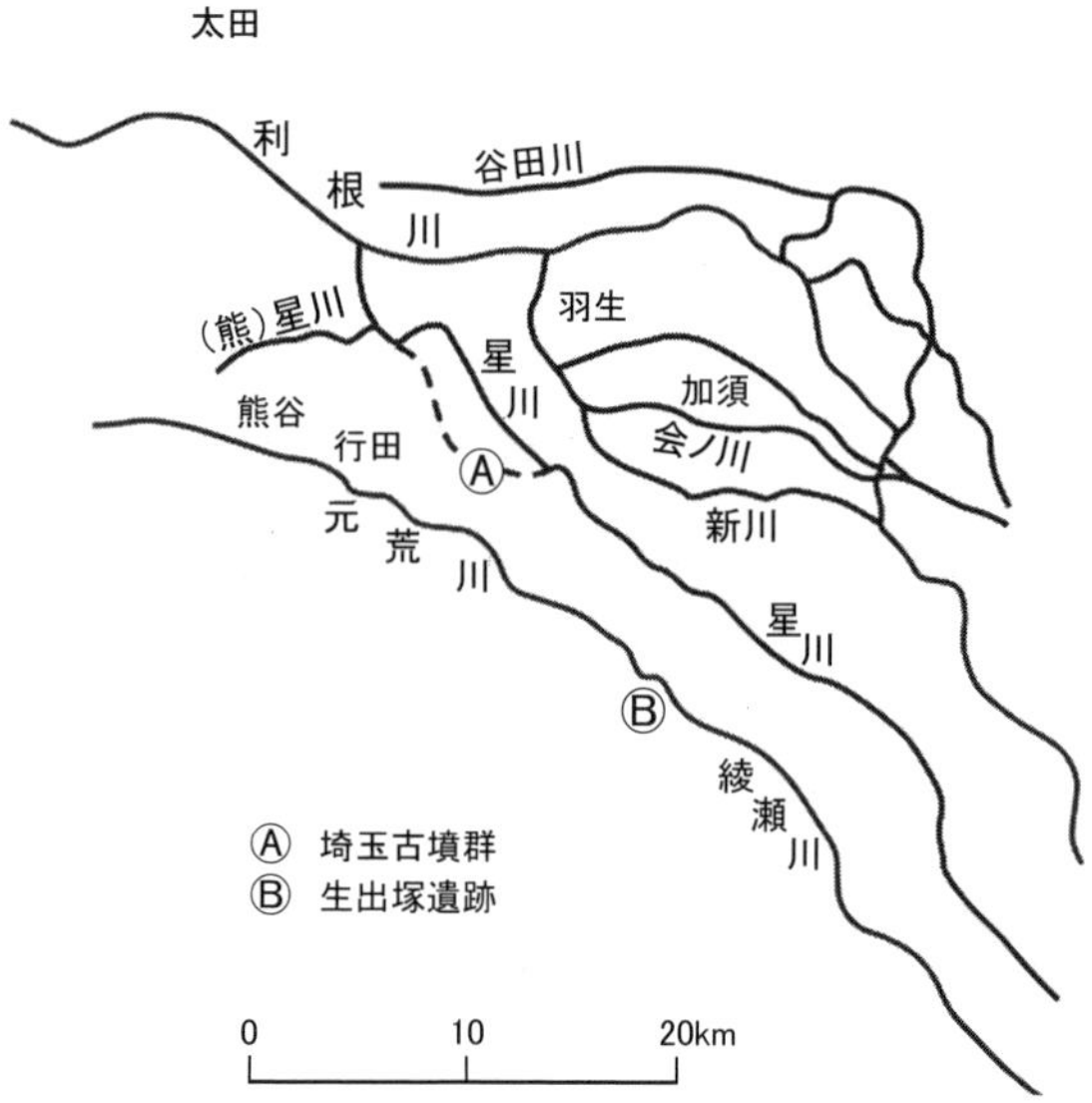

図付 2.8　6 世紀後半の行田・羽生周辺の河道概況

（出典）秋池　武：「利根川流域における角閃石安山岩転石の分布と歴史的意義」前出，から作成．

みて星川は本流ではなかった可能性が高いが、かなりの量が流下する河道であったことは間違いない。

では、縄文時代後期後半には、荒川低地に流れなくなった利根川は、図付2・7にみる六世紀後半の河道と即座になったのだろうか。筆者は、まず現在の元荒川から綾瀬川筋に流れていったと考える。岩槻台地と大宮台地の間を綾瀬川は流れているが、その下流部、現さいたま市内の東宮下・横根・高畑にかけて長い自然堤防が発達している。その長さからみて、利根川が流下していたことが想定されるのである。このことから、まず現荒川筋から元荒川・綾瀬川筋に移ったのだろう。その流路が、おそらく五世紀の中頃、星川筋、現利根川筋に移っていって新たな環境が生まれたものと想定している。

一方、荒川の洪水は、扇状地の頂点付近である程度分散して扇面を幾筋に分かれて流れる。一部は、現荒川筋にも流下する。このため、埼玉古墳群周辺では荒川よりも利根川の洪水の脅威がはるかに大きかったであろう。その利根川が変流し、それが熊谷から行田にかけての水田開発のベースとなり、埼玉の地に一〇〇年にもわたって大規模な古墳が築造される条件が生まれたと判断するのである。

もちろん、洪水からまったく安全であったのではない。数年に一度は洪水に確実に襲われたのだろう。しかし毎年襲われる状況ではなくなり、また洪水の主流部ではなくなった。このことから、水田開発の可能性が生まれたのである。

三　舟運と埼玉古墳群

利根川・荒川がはじめて連結するのは行田から南河原周辺であり、埼玉古墳群はその区域に築かれた。河道が船の行き来できる水路とするならば、利根川を通じて上野国（群馬県）、荒川を通じて秩父地域、さらに下流の東京湾とつながる。事実、埼玉古墳群の石材として榛名山安山岩、秩父石、房州石（将軍山古墳）が使用されていた。榛名山安山岩は利根川、秩父石は荒川を通じ、房州石は遠く千葉県の富津市の海岸から運びこまれたものである。

埼玉古墳群が築かれた時代、近くに有力な港があったことは間違いない。では舟運路となるその当時の河道はどこなのか。断言するのは困難であるが、推測するに荒川は（荒）星川筋を流れていただろう。利根川は、星川筋に有力な流れがあったと考えてよいだろう。（荒）星川と星川とは合流していたと判断するが、合流する前に分流して元荒川筋に流下し綾瀬川筋に流下する有力な流れもあったと推定する。つまり埼玉古墳群のある台地の東西に、東京湾とつながる河道がそれぞれあったのである。そして港があった。

古墳時代の集落として、星川に近いところの旧忍川沿いに小針《こばり》遺跡、元荒川沿いに築道下《つきみちした》遺跡がある。井上尚明氏は、築道下遺跡の下流約四㎞地点に埴輪窯跡群のある生出塚《おいねづか》遺跡があることに注目する。ここで生産された埴輪は、埼玉古墳群のみならず東京湾沿い、多摩川流域の各古墳で使用されている。このことから井上氏は、古墳時代、元荒川・綾瀬川ルートが東京湾と連絡する舟運ルートであったと推定する。[4] 適切な評価だと判断している。

ともかく、埼玉古墳群は舟運を通じて上野国（群馬県）、秩父地域、東京湾とつながる要衝に築かれたのである。

埼玉古墳群から北へ約二㎞の場所にある地蔵塚古墳では、その石室側壁に水鳥などとともに「舟に乗り櫂をもった人物」の線刻画が描かれている。当時、この周辺で舟運が盛んであったことが背景にあるのだろう。

埼玉の津

古墳時代の港が、約一五〇年後に万葉集に「埼玉の津に居る船の風を疾み　綱は絶ゆとも言《こと》な絶えそね」（第十四巻の三三八〇）とうたわれた「埼玉の津」と、どのような関係にあるのだろうか。場所はまったく同じでなくても、そう遠くない場所を想定してもおかしくない。

「埼玉の津」の場所として想定されている一つが、現在は干拓で消失した小針沼周辺である（図付2・2）。その近くに小針遺跡があるが、旧忍川を通じて星川につながっている。旧忍川は、先述したようにその地形から判断してローム台地を人工開削したものと考えているが、人工開削はいつ行われたのだろうか。この河道により、稲荷山古墳と丸墓山古墳が削られているので、これらの古墳築造時より後年だが、古墳をつくる技術からみて人工開削は古代でも十分可能である。荒川と小針沼周辺にある港と連絡するため、舟運路として開削されたと判断してもおかしくない。さらに、「埼玉の津」が、八世紀初めに秩父で採掘された和銅を運搬する中継港ではなかったかとの想いを膨らませていく。

埼玉古墳群周辺は、利根川上流部、荒川上流部、下流の東京湾をむすぶ重要な結節点だったと判断されるが、この状況は中世そして近世初めまで続いたと考えている。古墳群の近くに中世、忍《おし》城が築かれたが、近世の幕府体制下、武蔵国では岩槻城・川越城とともに残された。忍城周辺は、一六世紀初めに訪れた連歌師・宗長が「水郷なり。館の廻り四方沼水幾重ともなく蘆の霜枯れ二十余町」と記したように、湿地帯が広がっていた。当時、主要な街道もないこの地に城を築きまた存続させた理由、それは舟運からみたこの地の優位性からと考えている。

四　武蔵国造の地位をめぐる安閑《あんかん》紀の争い

六世紀前期の安閑朝に、武蔵国造の地位をめぐって争いがあったことが『日本書記』に記述されている。安閑元年(五三四)、武蔵国造《くにのみやつこ》である笠原直使主《かさはらのあたいおみ》が同族の小杵《おき》と争い、幾年も決着がつかなかった。そして小杵が連絡を取り、援けを求めたのが上毛野君小熊《かみけぬのきみおぐま》であった。このことに気付いた使主は京に上って状況を説明したところ、ヤマト王権は使主を国造と裁断して小杵を誅殺した。これに喜んだ使主は横渟《よこぬ》(比企《ひき》郡吉見町、かっての横見郡)、橘花《たちばな》(川崎市、かっての橘樹《たちばな》郡)、多氷《おおい》(東京都多摩郡)、倉《くら》す(倉樹か、横浜市南部、かっての久良岐《くらき》郡)の四カ所をヤマト王権に屯倉として献上したのである。屯倉とした土地は、横渟は北武蔵に属するが、後の三カ所は南武蔵にある。なお横渟について、多摩地域とする説もある。(5)

上毛野《かみつけの》(後の上野国、群馬県地域)をも巻きこんだ武蔵国混乱のこの記述は、何を物語っているのだろうか。たんなる伝承、あるいはヤマト政権の力をみせつける潤色に過ぎないかもしれない。しかし、ヤマト王権とのつながりを示す鉄剣も埼玉古墳群から発掘されていることからも、ヤマト王権が関東に進出していくなにがしかの史実を反映していると判断し、その背景を考えてみたい。小杵が救援を求めた上毛野君小熊は、上毛野の有力者であったことは間違いないだろう。上毛野には、五世紀前半には東日本最大の古墳である太田天神山古墳(墳丘長二一〇m)など多くの前方後円墳が造られている。

この争いの解釈として、主に二つの説がある。一つは、使主の姓である笠原の地名が現在も鴻巣市東部の元荒川沿いにあることから、使主は北武蔵の豪族、一方、小杵は多摩川沿いの南武蔵の豪族とし、朝廷の助力を得た北武蔵による南武蔵勢力の制圧を物語っているとの説である。(6) この背景としては、争いののち南武蔵を中心に天皇の直轄地とされる屯倉の設置が重視されたのだろう。もう一つは、武蔵全体の争いではなく、小杵の根拠地を野本将軍塚古墳（一一五m）がある比企地方とし、埼玉古墳群のある地域との争いとの説である。(7) 献上したという横渟の屯倉が比企地方にあることが、有力な根拠である。

興味深いことにどちらの解釈とも、上毛野君小熊は使主と比べて遠い地域を根拠地としている小杵と手を組んだとしている。遠交近攻なる言葉もあるように、遠い国と手を結び、近くを攻めることはおかしくはないかもしれないが、筆者には何とも腑に落ちない。少なくとも多摩川沿いを中心とする南武蔵との連携は、舟運でのつながりもなく、なかなか納得できない。

安閑紀の争いの時代背景

安閑朝の一つ前の時代である五世紀後半の雄略朝から六世紀初めの継体朝にかけ、日本列島の社会に大きな変動があったことが知られている。専制軍事政権として知られる雄略であるが、四七八年に武と称して宋に使者を送った。そして、自らの父祖は日本の東西、また海を渡って多くの国々を平定したと主張したことが『宋書』「倭人伝」に記述されている。埼玉古墳群の稲荷山古墳から発掘された金錯銘鉄剣には、雄略とされるワカタケルが刻まれている。

雄略が四八九年逝去して以降、倭国は混乱に陥ったと考えられている。雄略から五代後の天皇が継体であるが、越の国から大王（天皇）の位についた。このことは第三章で詳述したが、大和に入ったのは樟葉《くずは》（大阪府枚方市《ひらかた》）で五〇七年に即位してから二〇年後であって、一部では今日まで続く新たな王朝の開始とも評されている。継体は、各地域と新たな関係をつくり「筑紫君磐井《いわい》の乱」に勝利して国内の安定をみた。磐井との戦いは、継体にとっては国内統一の最終戦であったのだろう。そして継体を継いだのが安閑である。武蔵国造の地位をめぐる争いは、国内の混乱状況からみて雄略逝去から継体・安閑の時代と考えられる。地方とヤマトとの関係は、雄略朝までとは異なる段階に入ったのだろう。大王の直接的支配される屯倉が各地でつくられていき、その地域の政治組織としてヤマト王権と関係の強い国造が任じられていったのだろう。

五　前方後円墳からみた武蔵・上毛野（図付2・9）

古墳時代を代表する前方後円墳は、ヤマト王権の発祥の地である畿内、とくに大和川流域で造られ、それが全国に広がっていったものと解釈されている。その築造は、ヤマト王権の支配が直接的に及んだ地域とはいえないまでも、ヤマトと密接な関係がある地域であることを示している。つまり、前方後円墳はヤマト王権と強いつながりをもった人物のみが、中央の許可を得てはじめて造ることができたものとされている。

上毛野の前方後円墳

図付2・10は、上毛野（群馬県）の前方後円墳が築造年代とともに整理されている。東毛《とうもう》の太田地域では、太田天神山古墳（墳丘長二一〇m）が埼玉古墳群から利根川を挟んで北北東約二〇㎞の地点に造られた（図付2・11）。その築造年代は五世紀前半で、東日本最大の古墳で全国的には第二六番目の大きさである。その近くに墳丘長一〇六mの帆立貝式《ほたてがいしき》古墳である女体山《にょたいさん》古墳があるが、この古墳はその陪塚といわれる。

全国には二〇〇mを超える古墳は三六基あるが、このうち三二基は畿内に集中し、三基が吉備にあるのみである。

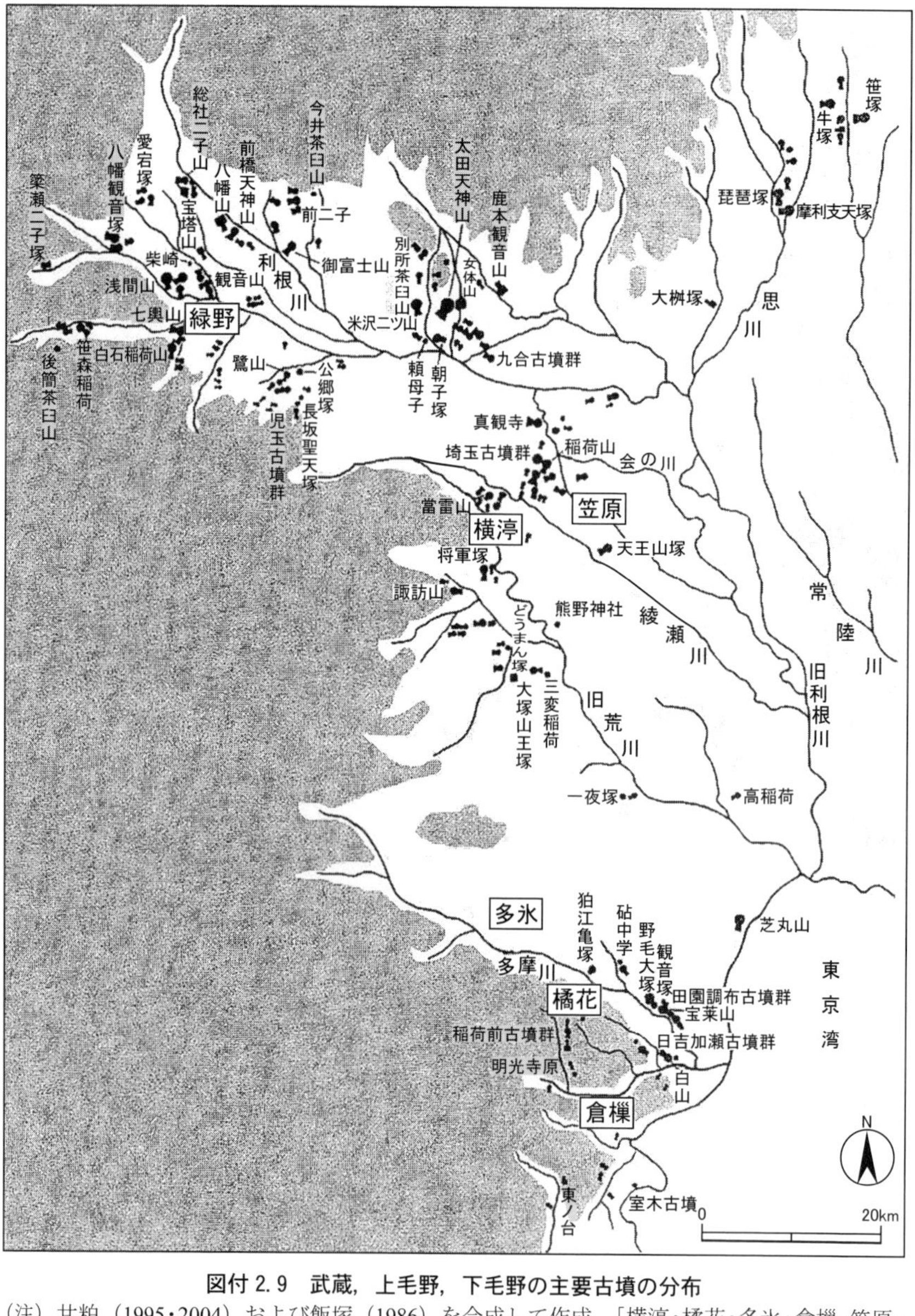

図付 2. 9　武蔵，上毛野，下毛野の主要古墳の分布

（注）甘粕（1995・2004）および飯塚（1986）を合成して作成.「横渟・橘花・多氷・倉樔・笠原・緑野」の比定地は通説に従った.「横渟」については，八王子周辺に比定する説もある. 旧利根川・旧荒川の古墳時代の流路に関しては諸説あるが，飯塚（1986）を示す.

（出典）城倉正祥（2001）:「武蔵国造争乱—研究の現状と課題」早稲田大学史学会『史観』，第 165 刷，一部加筆修正.

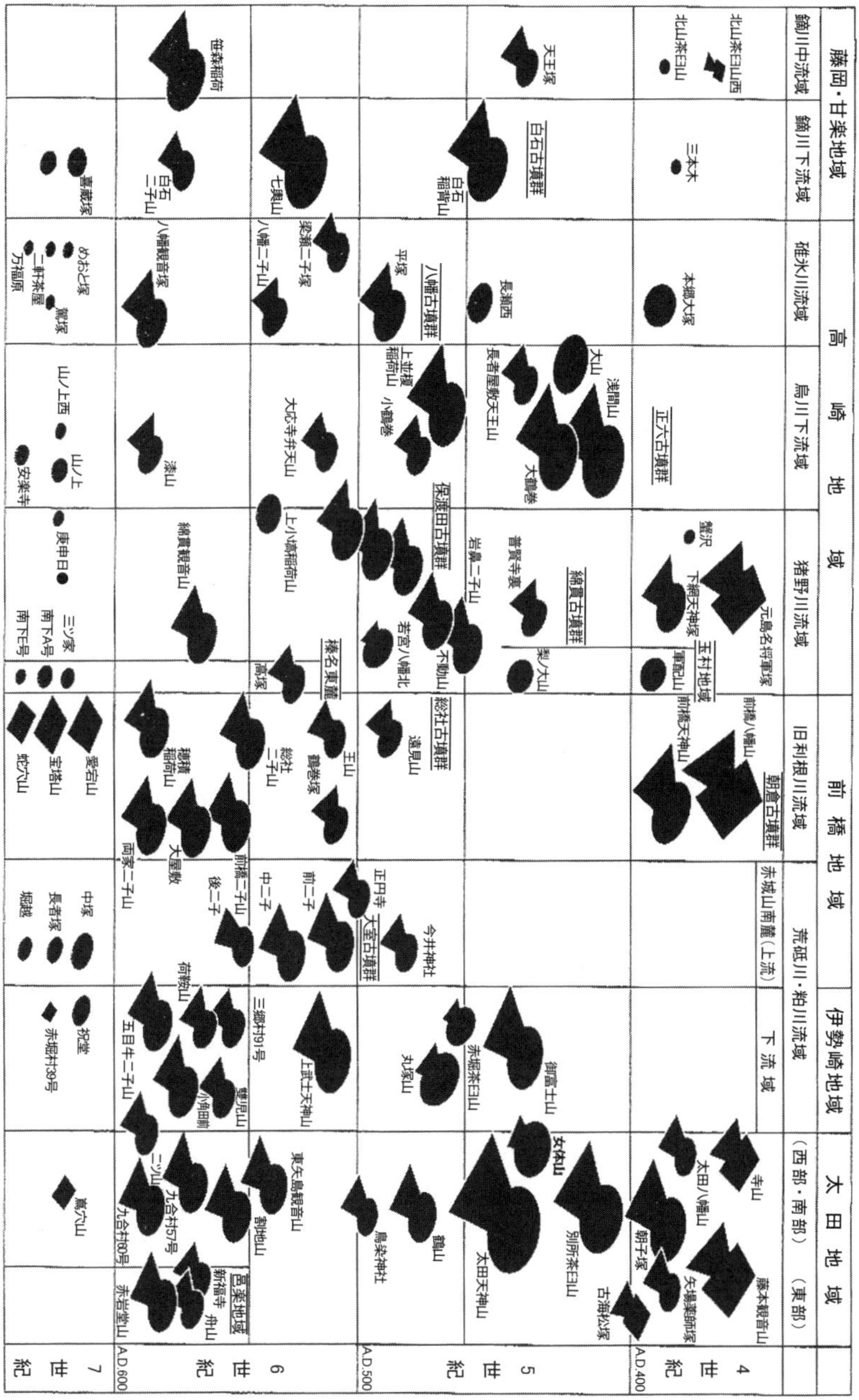

図付2.10　上野国（群馬県）の地域ごとの古墳の変遷

（出典）『よみがえる5世紀の世界』かみつけの里博物館，1999.

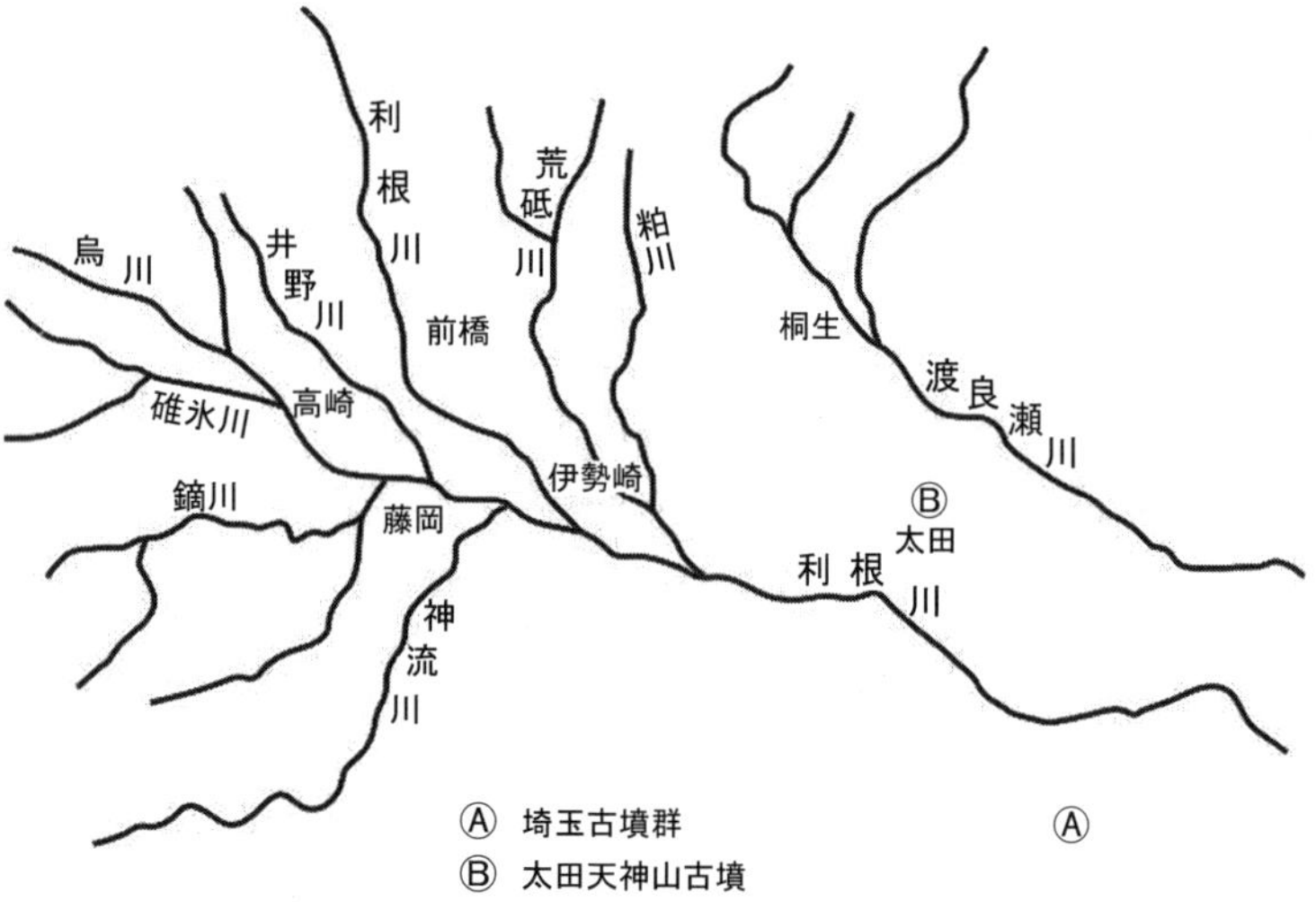

図付 2.11　群馬県河川概況図

太田天神山古墳は、これら以外の地域にある唯一のもので、その時代に造られた日本全体のなかで五番目の大きさの古墳である。ほぼ同時期に、高崎市倉賀野浅間山古墳（一七一・五m）・高崎市大鶴巻《おおつるまき》古墳（一二二m）・藤岡市稲荷山古墳（一七五m）などがつくられたが、太田天神山古墳は飛び抜けて大きい。この後、この古墳周辺では、五世紀後半に鶴山古墳（九五m）、つづいて米沢二つ山古墳（七四m）が造られたが、その規模は太田天神山古墳に比べてずっと小さい。なお太田天神山古墳の一世代前の古墳として、それほど遠くないところに別所茶臼山古墳（一六四・五m）がある。

一方、五世紀後半になると高崎地域に一〇〇m前後の前方後円墳が次々と造られていく。烏川下流部の上並榎《かみなみえ》稲荷山古墳、小鶴巻《こつるまき》古墳、碓氷川流域の平塚古墳であり、烏川支流井野川下流域の岩鼻二子山古墳、不動山古墳、その上流域で榛名山南面の二子山古墳、八幡塚古墳、薬師塚古墳よりなる保渡田《ほどた》古墳群である。このため、上毛野の政治中心地は東毛地域から高崎市周辺の西毛《せいもう》地域へ移動したと考えられている。ただし、六世紀前半になると、高崎地域では烏川流域の大応寺弁天山古墳、碓氷川流域の梁瀬二子塚古墳、八幡二子山古墳、さらに高崎近傍の鏑《かぶら》川下流域の七輿山《ななこしやま》古墳を合わせてもその数は少なくなる。そのかわり利根川上流の前橋地域では、王山古墳、鶴巻塚古墳、総社二子山古墳、正円寺古墳、前二子古墳、中二子古墳と数を増していく。また、太田市南部の利根川近くに位置する東矢島古墳群では、六世紀前半になると東矢島観音山古墳（一〇〇m）、後半には割地山古墳（一一〇m）などの九五mから一一〇m級の四つが造られていく。

それにしても、太田天神山古墳が飛び抜けて大きい。そしてこの古墳では、伊勢崎にある御富士山《おふじやま》古墳（一二五m、五世紀中頃）とともに、「王者の棺」といわれる長持形石棺《ながもちがたせっかん》が使われている。この石棺をつくるために畿内から工人が派遣されたであろうと推定され、ヤマト王権と密接な関係が指摘されている。

太田天神山古墳の立地と歴史的役割

太田天神山古墳は、利根川・渡良瀬川の大河川からかなり離れていて舟運との関係はほとんどない。後の律令時代に東山道として整備された道路を背景とし、立地されたと考えている（図付2・12）。この古道は、碓氷峠から上毛野に入り、烏川支流の碓氷川沿いに高崎に出る。この後、利根川北部を伊勢崎・太田と通り、下毛野に入って足利・小山・宇都宮につながっていく。この交通路の要衝に太田天神山古墳は造られたのだろう。そして、四世紀末から五世紀初めにかけて、ヤマト王権にとってこの地域は実に重要なところであったことを示している。

この古道を通ってヤマト勢力は東進していった。おそらく、鉄器農具などの新技術による開拓と一体となって進められたのだろう。当時、この古墳の周辺が東国経営（蝦夷征伐ともいわれている）の最前線であり、重要な拠点であったと想定される。その有力者は、ヤマト王権から派遣された官人とはいえないまでも、ヤマトと密接な首長連合を結成していたのだろう。ヤマトにとってその重要性は、『日本書紀』が記している崇神天皇の二人の皇子の夢見にも表われている。兄の豊城命《とよきのみこと》が「御諸山《みほろやま》（三輪山）にのぼり、東の方に向かって八回槍を突出し、八回刀を空に振る

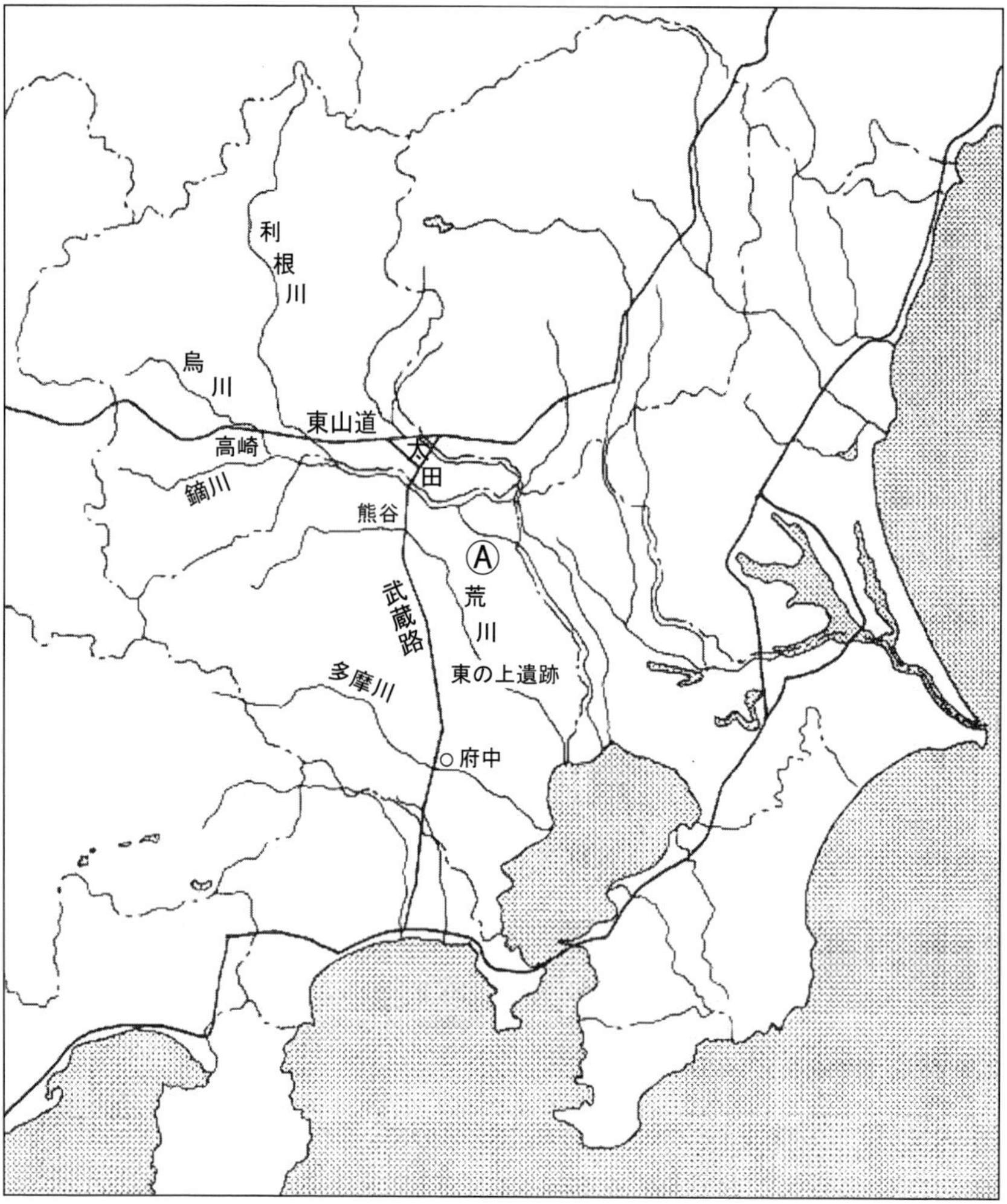

図付 2.12　7 世紀中頃の東国道路

（注）Ⓐは埼玉古墳群の位置.

（出典）中村太一（1996）:『日本古代国家と計画道路』吉川弘文館，に一部加筆.

夢を見た」というので、彼が東国を治めるのに適しているとし、東国（毛野国）を治めることとなったとの伝承である。そして、豊城命は上毛野君と下毛野君の始祖とされている。上毛野が古代、中央にとって特別な地域であったことは間違いない。

さらに、韓半島との緊張関係がその重要性を一層、増したと推察される。高句麗広開土王（好太王）碑により、四世紀末から五世紀初めにかけてヤマト王権（倭）が韓半島に武力で進出したことが知られているが、その兵士として上毛野から派遣されたことが想定されるのである。『日本書紀』で上毛野からの派遣をみるならば、五世紀初期と推定される仁徳朝に、上毛野君祖・田道《たみち》が新羅に派遣され、新羅軍と戦闘したことが述べられている。さらに『日本書紀』では、それ以前の神功皇后のいわゆる「新羅征伐」の項で、上毛野君の祖・荒田別《あらたわけ》が将軍として派遣されて新羅と戦ったこと、また応神朝でも同様に荒田別が百済に派遣され王仁《わに》を連れ帰ったことが述べられている。上毛野は、韓半島への遠征軍の中で重要な役割をもっていたのではないかと考えられる。

また田道は、その後、蝦夷が叛《そむ》いたとき派遣され戦ったが敗れ、「伊峙水門《いしのみと》」で死んだと記されている。これからも、上毛野が「蝦夷征討」の最前線であったことがわかる。(8) あるいは、田道が韓半島にひきいた兵士は、蝦夷の捕虜であったかもしれない。蝦夷の捕虜が兵士として派遣されたことは、雄略天皇の逝去直後、その死を知った韓半島遠征に向かう五〇〇名の蝦夷が、吉備国で反乱し皆殺しされたと『日本書紀』に記述されていることからわかる。

この後、五世紀後半から六世紀初めにかけ、下毛野（栃木県）の宇都宮・小山周辺に笹塚古墳（一〇〇m）などの大型の前方後円墳が造られていく。東北経営（征夷）の最前線は、さらに東に進んでいったことを反映しているのだろう。東北経営における太田地域の重要性は、低下していったのである。五世紀末になると、つまり上毛野も巻きこんだ武蔵の混乱の時期には、古墳の築造からみて上毛野における政治の中心地は舟運と陸運両面から重要拠点である高崎周辺に移っていったと考えられる。一方、太田周辺は、各地とつながる河川がない。陸路での中心地になりえても、舟運での各地との連絡は不能である。これが、太田周辺が一時期栄えても長期間続かなかった重要な理由ではないだろうか。

武蔵の前方後円墳

武蔵では、南武蔵で四世紀後半から五世紀にかけ、多摩川の中流部から下流部の左岸に墳丘長約一〇〇mの前方後円墳が造られた。宝来山《ほうらいさん》古墳(一〇〇m)、亀甲山《かめのこやま》古墳(一〇七m)であり、さらに帆立貝式古墳である野毛大塚古墳(八二m)が造られた。野毛大塚古墳は、発掘された多くの出土品からヤマト王権とかかわりが深いと評価されている。また、その対岸の右岸でも観音松古墳、白山古墳が造られた。その後、五世紀後半になると一部を除いて小規模化していった。東京都下での最大の前方後円墳は、東京湾沿いの墳丘長一一二mの芝の丸山古墳で、五世紀前半の築造とされている。四～五世紀中頃までは、南武蔵に大規模な前方後円墳が造られていたのである。

この後、五世紀末になると、北武蔵で大きな古墳が築かれるようになった。五〇〇年前後(五世紀末から六世紀初頭)とされる埼玉稲荷山古墳(全長一二〇m)からは、有名な金錯銘鉄剣が出土した。さらに、ほぼ同時期との説もある東松山市(比企)の野本将軍塚古墳(一一五m)がある。行田市の埼玉古墳群は、稲荷山以後、二子山(一三八m)、鉄砲山(一〇四m)、将軍山(九〇m)と、大規模な前方後円墳が約一〇〇年にわたって造られていく。異色なのは、稲荷山古墳の後、あるいは二子山古墳につづいて築かれたという円墳の丸墓山(一〇五m)であり、日本最大の円墳である

墳丘長一〇〇mを超す古墳としては、これ以外に元荒川沿いの菖蒲町(久喜市)に前方後円墳である天王山塚古墳

（一〇七m）があるが、その場所は埴輪の生産地とされる生出塚窯遺跡のある鴻巣市笠原から遠くない。築造の時期は六世紀後半と判断されていて、舟運との関係で興味深い。

なお先述した荒川支川市野川流域の東松山市の野本将軍塚古墳であるが、その形状から四世紀後葉の築造との説が有力になりつつあるという。(9) そして、その周辺の四世紀とされる五領《ごりょう》遺跡からは、東海系の外来土器が多く出土する。また、野本将軍塚古墳より古いとされる前方後円墳である諏訪山古墳（六八m）、さらに帆立貝式古墳で五世紀前葉とされる雷電山古墳（八五m）が周辺にある。雷電山古墳は、多摩川沿いの野毛大塚古墳とほとんど同じ形状・大きさである。

六　武蔵国の誕生

古代の北武蔵地域への進出

埼玉古墳群をつくった人々は、はたしてどこからやってきたのだろうか。考えられるルートとしては二つある。一つは、上毛野からの南下である。利根川上流の上毛野の人々、あるいは律令時代に東山道として整備された古道を通って西からやってきた人々が、行田周辺に進出してきたとの想定である。

もう一つのルートは、東京湾からやってきた勢力の進出である。宝来山古墳・亀甲山古墳のある多摩川中下流部から徒歩で武蔵野台地を横切り、行田周辺の埼玉平野北部に達する。それ以前に野本将軍塚古墳がある比企地域に進出し、さらに行田周辺に向かったと考えてもよい。このコースはほぼ平坦で、人々が歩くのに困難をもたらす急峻な山地はない。また別に、荒川・利根川河口部（利根川は古代、東京湾に流出していた）からのぼってくるコースがある。だが、この河口部周辺では渡良瀬川も流れこみ、いくつもの澪筋と多くの湖沼がみられる低平地であり、古墳時代、ここから多くの人々が内陸部に安定的に進出してくるとは想定されない。

律令時代になると、おもに荒川流域、多摩川流域、利根川氾濫域からなる武蔵国が成立するが、その国府がおかれたのは多摩川中流部左岸の府中である。くしくも宝来山古墳、亀甲山古墳からそんなに離れていない。武蔵国は当初、東山道に属していたが、東山道から遠く離れた地点に国府はおかれたのであり、東山道とは武蔵路で結ばれた。そのルートは、北武蔵を通っていた。道路を通じて南武蔵と北武蔵は連絡していたのである。さらにこの道路は、土砂が堆積する妻沼周辺で利根川を渡り太田周辺につながっていく。律令時代の武蔵国の成立は、それ以前からの一体性のある地域がまとまったと解釈するのが妥当と考えられるが、古墳時代からこの陸路を通じて人々の盛んな行き来があったことの反映だろう。では、一体性が成立したのはいつ頃からだろう。

安閑紀の争いが語るもの

五世紀末から六世紀初めの当時、上毛野の政治権力は高崎周辺にあった。五世紀前半、太田天神山古墳が造られた当時は、ヤマトとの間に強い絆があって首長連合の関係があったが、雄略天皇の逝去後、それまでの関係が疎遠になったと考えられる。その時代に、争いが生じたものと想定される。

この争いは、熊谷市から行田市にかけての地域の争奪戦、つまりこの地域の支配権をめぐる争いではないかと考えている。ここで安定的に水田経営が行われるためには、利根川・荒川の洪水から防御されなくてはならないが、先にみてきたように、五世紀の中頃、利根川は元荒川・綾瀬川筋から星川・現利根川筋への転流があったと推定している。この転流が、扇状地の扇端部を中心に熊谷から行田にかけての水田開発のベースとなったと考えている。そして後になると、ここでは広く条里制が展開されたのである。

この生産基盤を背景にして、埼玉の地に一〇〇mを超す大規模な古墳の築造となったのである。そして、最初の大規模な古墳である稲荷山古墳は、利根川上流部の上毛野の勢力によって造られたと考えられないだろうか。つまり、当初は上毛野の勢力下に開発が進められた。地理的に考えると、埼玉古墳群周辺は多摩川流域よりも舟運でつながる利根川上流の上毛野との結びつきが一層強い条件をもっている。ちなみに、埼玉の地より利根川上流に位置し上毛野に近い児玉地域は、古墳の葺石・埴輪などから上毛野の影響が強い地域とされている。

しかし、多摩川流域の南からの勢力と対立し、結局は南からの勢力が勝利したのである。稲荷山古墳に埋葬されている中心主体は、金錯銘文が刻まれた鉄剣が発掘された後円部頂上付近の礫槨《れきかく》の主ではなく、いまだ発掘されていない後円部中心に存在すると考えられている。このことから、上毛野の勢力を追い出したのち鉄剣をもつ礫槨の主が新たに埋葬されたと理解できる。その主は、ヤマト王権をバックにして上毛野の勢力を駆逐した指導者である。だが、銘文によりこの鉄剣の元来の所有者であり、杖刀人《じょうとうじん》の首《おびと》すなわちワカタケル大王（雄略天皇）の親衛隊長とされる乎獲居かどうかはわからない。彼から鉄剣をもらい受けた人物かもしれない。

一方、城倉正祥氏は、稲荷山古墳・丸墓山古墳には比企（東松山市）にある五世紀前葉とされる雷電山古墳のきわめて特徴的な円筒埴輪の系統をひく埴輪があると指摘している(10)。野本将軍塚古墳を築造した勢力の進出を想定しているのであるが、この埴輪は、上毛野国の勢力を追い払った後におかれたと考えられないであろうか。同時に、周溝などがつくり直されたとは考えられないであろうか。

さらに城倉氏は、稲荷山古墳・丸墓山古墳の後、六世紀中葉とされる二子山古墳の築造を埼玉古墳群の大きな画期としている。この古墳と埼玉古墳群の一つである瓦塚古墳の埴輪は生出塚窯から供給され、これ以降、ここの埴輪は大規模生産されて六世紀後葉には荒川筋から東京湾周辺、さらに多摩川周辺に供給された（図付２・13）。また、同時期に食膳具である比企型坏《ひきがたつき》が同様な地域に供給されている。これらのことから、六世紀の中葉以降に北武蔵と南武

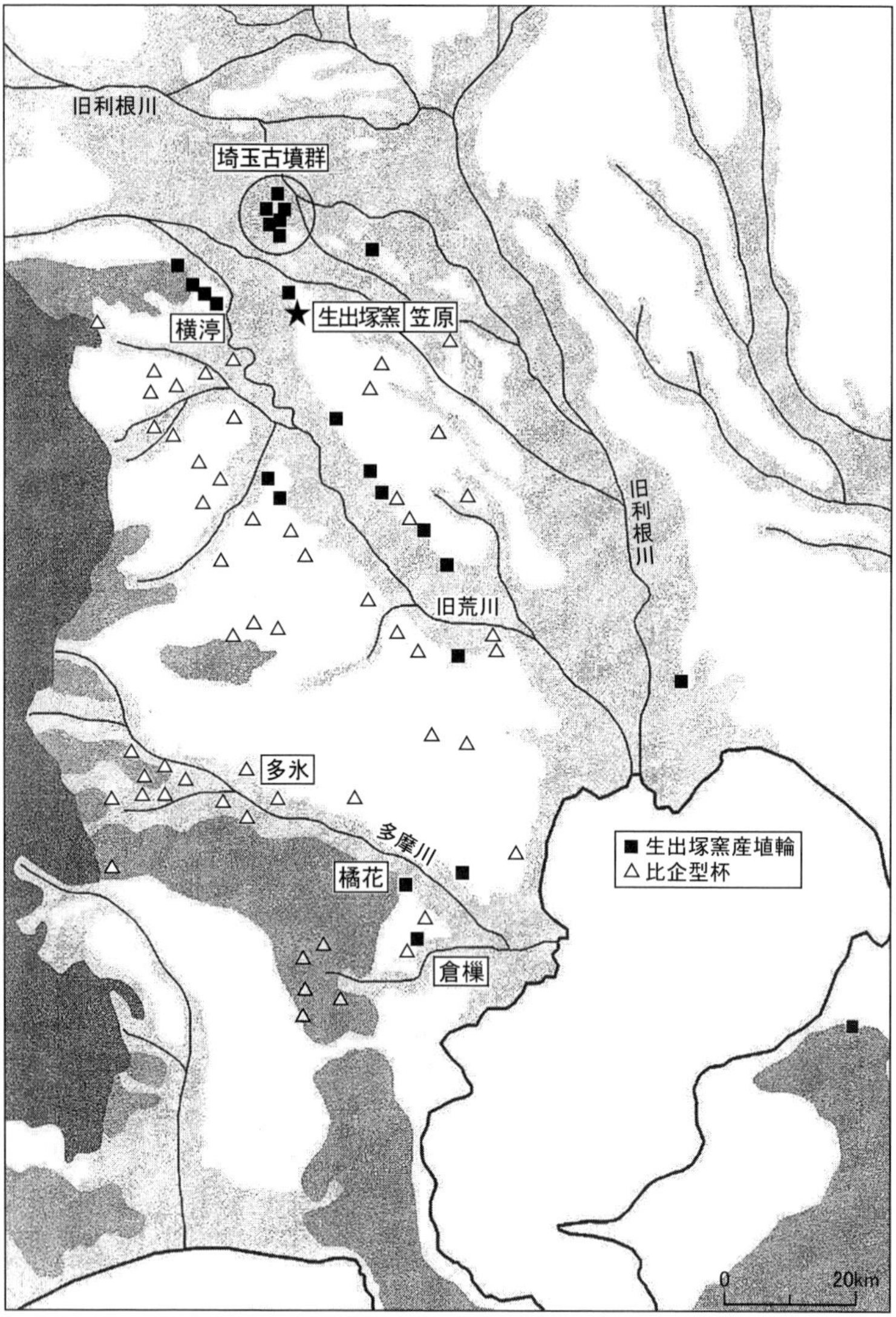

図付 2.13　生出塚窯産埴輪と比企型坏の分布

（出典）城倉正祥：「武蔵国造争乱—研究の現状と課題」前出，一部河道修正．

蔵の密接な関係を想定している。

『日本書記』にいう笠原直使主と同族の小杵との争いは、素直に埼玉の地の豪族内の争いとみてよいと考えている。この争いで小杵が頼ったのは、以前から関係の深かった上毛野である。一方、笠原直使主はヤマトと関係の深い南武蔵に援助を求めて勝利したのである。兵士の移動は陸路で行われた。これをきっかけとして、南武蔵と北武蔵の間で、律令時代になると武蔵国が成立したような一体性がはじめて生まれていったのである。つまり、安閑朝の争いが武蔵国誕生の重要な契機となったと想定される。

この争いの結果、笠原直使主は武蔵の四カ所をヤマト王権に屯倉として献上したというが、この争いをきっかけとして、地域と中央との新しい関係、つまりヤマトと強いつながりをもつ地域となったのだろう。一方、上毛野でも翌年（安閑二年）、全国二六の地域で屯倉が設置されたとき、その一つとして緑野（現藤岡市）に屯倉がおかれたことが『日本書紀』に述べられている。五世紀前半に比べ疎遠となった上毛野と間で、新たな関係が成立したことを物語っているのだろう。六世紀前半、それまで上毛野の政治権力の中心であった高崎地域また太田地域に前方後円墳があまり造られなくなったのは、武蔵の勢力に敗れたことの反映だったのかもしれない。なお埼玉二子山古墳は、笠原直使主の墓ではないかとの説もある。(11)

六世紀後半の築造とされる高崎市の八幡観音塚古墳から出土した画文帯管状乳神獣鏡《がもんたいかんじょうにゅうしんじゅうきょう》と埼玉古墳群の稲荷山古墳出土の鏡とは、一つの鋳型からつくられた同范《どうはん》関係にある。稲荷山古墳と六世紀後半の上毛野が強いつながりをもっていることが理解できる。

ところで白石太一郎氏は、六世紀中葉以降、畿内以外の地域で一〇〇mを越える古墳が造営されるのは関東地方のみであり、ヤマト王権の経済的、軍事的基盤の大きな部分は関東地方に依存するようになったとの興味深い指摘を行っている。[12] 要するに、関東地方は植民地として扱われるようになったとの指摘である。その後、律令期には防人の供給基地となり、坂東とされて東北地方支配のための「蝦夷征討」では兵站基地となったのである。

七　武蔵国府の立地特性

先述したように律令期に武蔵国の国府がおかれたのは、六世紀に栄えた埼玉古墳群のある北埼玉ではなく、海にもそう遠くない多摩川中流部左岸の府中である。国府自体は台地上にあるが、河口から三二km地点の多摩川沿いである。ここから一八km下流付近に宝来山古墳・亀甲山古墳などの四〜五世紀中頃の古墳が位置するが、府中は武蔵国全体からみたらあまりにも西に片寄っている。だが、その東の東京湾の奥深い地域は大河川である荒川・利根川の氾濫地域であり、古代においてここから多くの人々が内陸部に安定的に進出してくるのは困難だっただろう。

では、なぜもっと海近くではなく多摩川中流部の府中市におかれたのだろうか。第六章でも述べたが、海に面している相模・下総・上総・安房国は海に近い場所に国府をおいているにもかかわらず、武蔵国は海岸に接しながら内陸部に設置されたのである。海に面するとは、海運とも連絡できることを意味する。品川あたりにおいたら、港を築くのにそう困難なことではない。重要なヒントは、宝亀二年（七七一）東海道に編入されるまで、東山道に属していたことであろう。（図付2・12）。武蔵国は、東山道との間で支路（東山道武蔵路）が整備され、その道路沿いに国府が設置されたのであり、多摩川との交差点付近におかれた。

当時、畿内との連絡は、東山道の方が有利であった。このため武蔵国は上野国と密接な関係があり、上毛野（上野国）も絡んだ六世紀前期の安閑朝の争いが生じたのである。だが、やがて木曽川・天竜川・富士川などの整理、渡船などの配置などにより東海道が安定してくると、東海道に属することとなった。

武蔵国府から東海道までは多摩川を渡っていくが、渡るのにそう困難はなかったのだろう。近くに土砂の堆積地点があって水路も狭く浅く、出水時をのぞいて馬・徒歩で渡れたのだろう。狭い水路には簡単な橋をつくることも可能であったろう。近世のことであるが、甲州街道は河口から四〇km付近で多摩川を渡っていたが、水量の多い三月から一〇月までは渡船で、少ない時期は水路に土橋を架けて渡っていた。さらに武蔵国府立地に付け加えるならば、古代には国府近くまで不安定とはいえ船の行き来が可能であったかもしれない。

八　おわりに

最後に利根川との関係を整理しよう。武蔵国は、北部の上野国とは利根川とその支川神流川が国境になっている。東部では、律令時代の利根川主流と想定させる今日の古利根川筋が下総国との国境となっている（図7・9参照）。近世初期、利根川主流が庄内古川・太日川に移っていくと、ここが国境となった。要するに、北・東はぐるりと利根川に囲まれているのである。違った見方をすれば、利根川右岸から氾濫する地域が武蔵国となっている。この条件から、利根川右岸の氾濫水が襲う地域は一つのまとまりのある地域と認識され、武蔵国の一部となったのだろう。その氾濫域が埼玉県と東京府との異なる行政体となったのは、明治になってからである。

（注）

（1）近年では、臣を巨として乎獲居《ヨワケ》巨《コ》と読まれている。（『騎馬文化と古代のイノベーション』七一～七二頁、角川文化振興

委員会、二〇一六）
（2）清水康守・駒井　潔ほか「荒川低地北部の地形発達―利根川の流路変遷を中心として―」『埼玉県立自然の博物館研究報告』第4号、二〇一〇
（3）秋池　武「利根川流域における角閃石安山岩転石の分布と歴史的意義」『群馬県立歴史博物館紀要』第21号、二〇〇〇
（4）井上尚明「埼玉古墳群と河川交通」『埼玉の津と埼玉古墳群』NPO法人野外調査研究所、二〇一一
（5）鈴木靖民『相模の古代史』九五頁、高志書院、二〇一四
（6）『横浜市史』第一巻、一二五～一三〇頁、横浜市、一九五八
（7）『新編埼玉県史』通史編1、四一五～四二二頁、埼玉県、一九八七
（8）『日本書紀』景行天皇五六年八月条には、豊城命（崇神天皇の子）の曾孫にあたる御諸別王《みもろわけ》が、天皇により東国を統治することが命じられた。御諸別王は東国に赴き治めたが、蝦夷が騒動を起こしたので兵を挙げて撃った。このとき蝦夷の頭がぬかずいてきて罪を受け、ことごとくその地を献じたと述べられている。
御諸別王は豊城命の孫・彦狭嶋王《ひこさしま》の子である。彦狭嶋王は、東山道一五国都督に任命されたが、任地に赴く途中で逝去した。これを知った東国の百姓は悲しみ、遺体を盗んで上野国に葬ったと伝えられている。このことから、彦狭嶋王の任地は上野国と考えられる。つまり、古くから東国の中心地は上毛野であり、上毛野が「蝦夷征討」の最前線であったと想定されていたことがわかる。
（9）城倉正祥「武蔵国造争乱―研究の現状と課題」早稲田大学史学会『史観』第165刷、二〇一一。なお二〇一七年（平成二九）秋、東松山市と早稲田大学共同による非破壊調査（デジタル三次元測量）により、四世紀後半の築造の可能性が高いことが発表された。
（10）同上
（11）『横浜市史』第一巻、前出で、北武蔵の豪族と多摩川沿いの南武蔵の豪族との争いとの見解を示した甘粕　健氏は、二子山古墳の埋葬者として安閑紀の争いの勝利者である笠原直使主と想定している。（甘粕　健「武蔵国造の反乱」『古代の日本』第7巻、角川書店、一九七〇）

(12) 白石太一郎『古墳とヤマト政権』一七八～一八一頁、文藝春秋、一九九九

(参考文献)

『東京百年史』第一巻、東京都、一九七三
『新編埼玉県史』通史編1、埼玉県、一九八七
『行田市史』上巻、行田市役所、一九六三
『太田市史』通史編原始古代、太田市、一九九六
『よみがえる五世紀の世界』かみつけの里博物館、一九九九
『埼玉古墳群の謎』さきたま魅力アップ実行委員会、二〇一四
秋池　武「利根川流域における角閃石安山岩転石の分布と歴史的意義」『群馬県立歴史博物館紀要』第21号、二〇〇〇
甘粕　健「武蔵国造の反乱」『古代の日本』第7巻、角川書店、一九七〇
井上光貞監修『日本書紀』中央公論社、一九八七
大塚初重『東国の古墳と大和政権』吉川弘文館、二〇〇二
城倉正祥「武蔵国造争乱―研究の現状と課題」早稲田大学史学会『史観』第165刷、二〇一一
前沢和之「豊城入彦命系譜と上毛野地域」『国立歴史民俗博物館研究報告』第44集、国立民俗博物、一九九二
松浦茂樹編著『埼玉の津と埼玉古墳群』NPO法人野外調査研究所、二〇一一

おわりに

一九七三年（昭和四八）年、建設省に入省したが、その最初の勤務は河川技師としての奈良県への出向であった。関東に住んでいた私にとって、すべてが新鮮であった。周りが山地・丘陵に囲まれている景観は、ヤマトタケルの歌とされている「倭《やまと》は　国のまほろば　たたなづく　青垣　山隠《やまごも》れる　倭しうるはし」を実感させた。県庁の最上階から大津皇子が葬られているという二上山、さらに大和三山が遠くに見えるのに感動した。そして毎日、奈良公園を歩いて勤務先に向かったが、歴史のなかに浸っているとの思いを強くもった。仕事上からも現地で河川を見る機会が多く、先輩たちから大和盆地内河川の特徴、あるいは治水・利水の問題点を教えてもらった。また休日のとき河川を歩きながら地理・地形を理解していった。

水管理の専門家として興味深かったのは、河川が東西南北に曲流していることであった。きっと舟運と関係があるだろう、あるいは条里制を水管理から考えることができないかと推論し整理していった。これらの成果は、奈良県により『大和平野における開発と治水』として印刷していただいた。資料として主に参考にしたのは藤岡謙二郎著『大和川』（学生社、一九七二）であるが、拙著を藤岡先生に送ったところ、内容はともかくとして勉強してきたことを大いにほめられた。そうか、このような研究はあまりされていないのかと思い、気をよくしたことを覚えている。今から振り返っても、古代大和盆地開発についての研究は、当時、端緒についたばかりであったといってよい。

本著執筆のはじまりは、このときである。これ以降、首都の遷都をテーマとし、その背景について考えていった。さらにいえば、埼玉県出身の私にとって「日本の歴史において関東とは何であったのか」が、かくれた課題であった。思いかえせば四五年間にわたっての執筆であった。結果的に、ライフワークであったといえるのかもしれない。

さて、「大和盆地の古代開発」については、整理し直して専門誌である『水利科学』第二七巻第二号に掲載したのち、拙著『国土の開発と河川』（鹿島出版会、一九八九）に収めた。その後、第八章「明治政府と国土経営」は「明治の国土政策」として拙著『明治の国土開発史』（鹿島出版会、一九九二）に、第五章「桓武天皇と国土経営」については「古代の国土づくり」、第九章「北海道本府・札幌と国土経営」については「北海道本府―札幌の誕生」として、拙著『国土づくりの礎』（鹿島出版会、一九九七）に掲載した。これらは、建設省に勤務しながらの執筆であり、二次資料に頼っているところが多い。

一九九九年からは東洋大学での勤務となった。このとき執筆したのが第七章「徳川幕府と国土経営」で、「大河川に挑む……関東平野はいかにつくられたのか」として上田　篤・中村良夫・樋口忠彦編『日本人はどのようにして国土を造ったか』（学芸出版社、二〇〇五）に掲載された。さらに第一〇章「大正以降の国土づくり」は、「戦前の社会基盤整備政策」として拙著『戦前の国土整備政策』（日本経済評論社、二〇〇〇）に収めた。

二〇一三年四月、東洋大学をリタイアして年金生活に入り、多くの時間が自分のために使えるようになった。まずはじめたのが『古事記』『日本書紀』『続日本紀』を読むことである。現代語訳にもとづいたものだが、夢中で読んでいった。その内容は、断片的には知っていたが、通して読んでいくと面白くて仕方なく多くの知見を得た。そして古代について以前書いた拙稿を読み返してみると、不十分な点があるのはまだしも、思い違いがあったり、それも基本的な間違いがあったり、図面の整理に勘違いがあったりしていることに気がついた。なんの弁明もできない。全面的に見直し書き直さなかったら、死ぬに死ねないと思った。

一から勉強しなおす気持ちで、多くの先達の研究に目をとおし、二次資料に頼っていたものは元資料でチェックし直し、さらに内容を吟味して書き直していった。たとえば第五章「桓武天皇と国土経営」では、東北経営（「征夷」）について関東地方との関連で詳細に検討し加筆していった。また古代以外の章でも、その後の調査により新たな知見を付け加え、幅をひろげて書き直していった。たとえば第八章「明治政府と国土経営」では、明治時代に行われた社会インフラ整備を付け加え、第九章「北海道本府・札幌と国土経営」では、ペリー提督の訪日目的から検討し直していった。これらにより、元のものよりも数段充実したものになったと考えている。

一方、第二章「天智天皇と天武天皇の遷都戦略」、第三章「国土経営から「神武東征」を考える」、第四章「聖武天皇と国土経営」、第六章「鎌倉幕府と国土経営」、付章一「国土開発から「記紀神話」「出雲神話」を考える」、付章二「武蔵国誕生と埼玉古墳群」は、東洋大学リタイア後に執筆したものである。時間ができたらぜひ整理したいと考えていたので、楽しみながら書いていった。このなかで中世を取りあつかう第六章以外は、すべて古代である。

古代史家でもない筆者が古代について書いていく最大の不安は、現在の研究水準をどこまで理解しているかとのことである。見逃している重要な資料も多々あるかもしれない。重大な錯誤もあるかもしれない。あるいは、古代史研究家にとって当たり前のことを述べているにすぎないのかもしれない。

そんなおり、二〇一五年に三回にわたって今日の古代史の権威者たちによる古代史シンポジュウム「発見・検証日本の古代」が開催された。このときの基調報告・討論などにもとづき、翌年それぞれ『纏向発見と邪馬台国の全貌』、『騎馬文化と古代のイノベーション』、『前方後円墳の出現と日本国家の起源』として編集された。これを読むことにより、現代の研究水準について大いに参考になった。さらにカルチャーセンターに何回も通い、古代史の常識を整理していった。

カルチャーセンターに通って感じたのは、四〇代、五〇代の壮年の研究者の講義が興味深かったことである。六〇代以上になると、新書などに既に書かれていることを述べていることが多いが、四〇代、五〇代の研究者は、今日の最先端の研究成果を述べてくれる。このような方向に研究が進んでいるのか、このような考古資料の発掘があり新たな解釈となったのかと大いに勉強となった。

古代について、とくに興味をもっているのは鉄についてである。原材料からつくる製鉄がいつ日本列島で開始されたのか知りたいと思い、多くの専門書に目をとおしていった。だが研究者ごとに見解がわかれ、五世紀後半から六世紀初めごろというのがおおよその答えらしい。新たな発掘を期待し、工学系の金属研究者も交え、さらに研究が進展することを願っている。

さて、二〇一三年以降に書いた拙稿について、初出の専門誌は以下のとおりである。白陽社『季刊　日本主義』での掲載が多いが、書いてはみたがどこが掲載してくれるのかまったくあてのなかった当時、編集長の山岸　修氏に上田　篤先生主催の「縄文社会研究会」で会い、掲載を引き受けていただいた。

・「記紀神話と日本の国土開発」『季刊　日本主義』No.二三、白陽社、二〇一三
・「中大兄皇子と大海人皇子の遷都戦略」『季刊　日本主義』No.二九、白陽社、二〇一五
・『神武東征』神話を考える」『季刊　日本主義』No.三四、白陽社、二〇一六
・『国土史』から埼玉古墳群を考える」『季刊　河川レビュー』No.一七二、新公論社、二〇一六
・「『国土史』の視点からみた鎌倉幕府の意味」『季刊　日本主義』No.三七、白陽社、二〇一七
・「出雲〈杵築〉大社の創建と国譲り神話」『季刊　日本主義』No.四〇、白陽社、二〇一七

・「聖武天皇と国土経営」『水利科学』No.二五六、日本治山治水教会、二〇一七

私は、大学・大学院修士課程で「人と自然とをつなぐ技術」である土木工学を専攻した。河川工学、港湾工学、海岸工学などはその一分野であるが、そのなかでも河川を中心とした社会インフラ整備について、自然条件をベースに「河川と地域との関わり」を歴史的アプローチで勉強してきた。また河川技師として現場でも働き、そのとき得たものを大事にしている。それらを背景に本著では、日本列島の地形・地理など自然条件の理解のもと、技術水準に配慮しながら遷都を中心に日本の歴史を考えてきた。いま学問的な専門分野は何かと問われたら、「国土史」と答えている。

確かに、大学で歴史学の専門教育をうけていない私が、実証されていない多くの仮説を述べるなど、おこがましい限りと誹《そし》りを受けることは重々承知している。それらの仮説は、たんなる思い付きだ、空想だと言われるかもしれない。だが、実証のみを追求する「正当なる」専門家には見向きもされないかもしれないが、異なる分野の専門家による一つの見方として、それはそれなりに意味があるのではと期待している。

仮説の論じ方について、当然のことながら、資料にもとづいて裏打ちされた事実と、裏打ちのない主張とは、できるかぎり峻別して書いていったことは認めていただきたい。一方、史料の読み方について、とくに考古資料の把握について不十分であり、事実誤認があるかもしれない。たとえば、東西南北に卓越する大和盆地の河川の曲流について、明治の地形図にもとづき、その曲流は条里制の時代に整備されていたことを前提として述べてきた。

今日、一部の発掘によりそうではなかったとの報告もあることは知っている。その発掘の評価については何ともいえないが、水の合理的利用から判断して古代に整備されたことは十分、可能性があると考えている。巨大な古墳を造営する技術力をもった古代人である。その技術力をもとにした合理的利用を考えないとするのが不思議である。こん

な見識が学問的でないといわれたら、何の反論もできないが。

今から振り返ると、初々しく大和盆地を歩き回った二年間が想い出深い。このとき『印旛沼開発史』の著者・栗原東洋先生が訪ねてこられ、古代の大和盆地の開発についてお話したこともなつかしく思いだされる。個人的なことをいえば、この二年間の奈良県勤務で知り合った女性が生涯のパートナーとなった。ふたたび長期間、奈良に滞在して大和盆地を歩き考えてみたいとの強い思いにかられる。

大和盆地を勉強することによって、自然条件的にその正反対といってよい関東平野、なかでも埼玉平野の理解も進んだと考えている。埼玉平野は私の出身地であり、修士論文では荒川をとりあげている。読者には唐突と思われるのかもしれないが、付章二として「武蔵国誕生と埼玉古墳群」を記載している。ヤマト王権が誕生した大和盆地と、開発が遅れた埼玉平野とを比較してみたら、両地域がより理解できるのではないかと考えたからである。それをベースにし、埼玉平野で本格的に開発が進められた徳川幕府の国土経営が理解できると考えたからである。

最後に、出版事情のきびしいおり、『利根川近現代史』（二〇一六）に引き続いて地理専門の古今書院から刊行できたことを喜んでいる。現状の学問分野において、私が考える「国土史」にもっとも近い分野は「歴史地理」ではないかと思われる。古今書院の橋本寿資社長および編集部の長田信男氏に深く感謝いたします。

地名索引

人 名 索 引

事 項 索 引

〔カ　行〕

〔サ　行〕

〔著者略歴〕
松浦茂樹（まつうら　しげき）
1948 年生まれ, 埼玉県出身。1973 年, 東京大学工学系大学院修士課程修了。博士（工学）。建設省技官（1973 年），東洋大学国際地域学部教授（1999 年）など経て，現在は建設産業史研究会代表などを務める。
〔おもな著書〕
『国土の開発と河川－条里制からダム開発まで－』鹿島出版会（1989 年）
『明治の国土開発史』鹿島出版会（1992 年）
『国土づくりの礎－川が語る日本の歴史－』鹿島出版会（1997 年）
『戦前の国土整備政策』日本経済評論社（2000 年）
『埼玉平野の成立ち・風土』埼玉新聞社（2010 年）
『足尾鉱毒事件と渡良瀬川』新公論社（2015 年）
『利根川近現代史』古今書院（2016 年）など。

書　名	**遷都と国土経営－古代から近代にいたる国土史－**
コード	ISBN978-4-7722-4208-0　C3051
発行日	2018（平成 30）年 9 月 20 日　初版第 1 刷発行
著　者	**松浦茂樹**
	Copyright　©2018 Shigeki MATSUURA
発行者	株式会社 古今書院　橋本寿資
印刷所	株式会社　理想社
製本所	渡邉製本株式会社
発行所	**古今書院**
	〒 101-0062　東京都千代田区神田駿河台 2-10
電　話	03-3291-2757
FAX	03-3233-0303
振　替	00100-8-35340
ホームページ	http://www.kokon.co.jp/
	検印省略・Printed in Japan